ZHIHUI YUANQU YINGYONG YU FAZHAN

智慧园区应用与发展

《智慧园区应用与发展》编写组

上册

图书在版编目（CIP）数据

智慧园区应用与发展：全2册/《智慧园区应用与发展》编写组编著．—北京：中国电力出版社，2020.11

ISBN 978-7-5198-4982-5

Ⅰ．①智… Ⅱ．①智… Ⅲ．①工业园区–城市规划–研究–中国 Ⅳ．①TU984.13

中国版本图书馆CIP数据核字（2020）第178463号

出版发行：中国电力出版社
地　　址：北京市东城区北京站西街19号（邮政编码100005）
网　　址：http://www.cepp.sgcc.com.cn
责任编辑：王晓蕾（010-63412610）
责任校对：黄　蓓　郝军燕　李　楠
装帧设计：张俊霞
责任印制：杨晓东

印　　刷：北京雁林吉兆印刷有限公司
版　　次：2020年11月第一版
印　　次：2020年11月北京第一次印刷
开　　本：787毫米×1092毫米　16开本
印　　张：40.75
字　　数：800千字
定　　价：168.00元（上、下册）

《智慧园区应用与发展》编委会

《智慧园区应用与发展》编写组

主　　编　方东平

副 主 编　张新长　陈向东　党安荣　杨富春　曾立民　李　楠　李　洁

编写组成员（按姓氏拼音首字母排序）

蔡莎秀　曹菲菲　常向魁　陈大萍　陈功文　陈洁玙　陈宇龙　陈　振
崔海龙　丁　刚　丁鹏辉　丁燕杰　古博韬　顾　娟　顾旭光　韩雯雯
胡柏耀　黄　鸿　黄　俭　黄　炜　黄勇坚　黄圆圆　黄　朕　纪丽萍
姜欣飞　焦若琳　金国庆　金石成　景洁丽　康　娜　兰　林　黎　阳
李　晨　李道强　李公立　李洪艳　李君兰　李培宏　李　萍　李瑞杰
李田尧　李维佳　李晓萍　李玉琳　李月东　李　悦　李振军　李竹青
梁　慧　林　刚　林晓明　刘国强　刘激扬　刘晓莉　刘寅虎　刘智明
卢书宝　罗　康　吕大霖　马　可　马　伟　闵　康　彭　琛　彭海星
齐共同　饶真瑜　任　勇　史登连　史飞剑　苏家兴　孙　浩　孙九成
孙鹏辉　孙荣荣　孙晓亭　邰鑫月　田建方　田远东　佟庆彬　汪鑫远
王大昊　王　丹　王东伟　王飞飞　王海银　王海鹰　王剑涛　王　俊
王俊卿　王可煜　王良源　王妮坤　王　伟　王雯翡　王晓军　王尧杰
卫　文　魏乐霞　魏　亮　邬文达　吴品堃　伍小虎　席宏达　肖　扬
谢芸芸　邢　洁　许　斌　许　焰　严旌毓　阎力圆　杨　康　姚　莉
余　强　余铁桥　袁　雪　翟胜军　张国强　张海啸　张宏文　张　甲
张金文　张金源　张　婧　张　俊　张　力　张利华　张觅媛　张　培
张　维　张　勇　张志华　赵　虎　赵　华　赵志鹏　郑丰收　郑国江
郑锡村　郑　英　周立宁　周敏忠　周　强　周圣川　周　诗　朱正修
朱志斌　庄　娉　邹卫明

序　一

改革开放 40 多年，各行各业迅速发展。中国园区经济形态经历了以粗放型、土地开发、租售为主的工业园区 1.0 时代，到开始注重园区服务的 2.0 时代；随着移动互联网、物联网等技术的发展，园区逐渐进入信息化的 3.0 时代，比如逐步实现了园区信息化的管理模式等；伴随着 5G、人工智能等技术以及智慧城市的发展，“智慧园区” 4.0 时代，不久的将来即会到来。

按照中央关于加快 5G 网络建设及新型基础设施建设部署要求，发力新基建、培育新动能，让科技成为经济发展动力。在园区领域，智慧化建设成为热潮。在数字新基建的发展浪潮中，网络化、智能化已经成为帮助企业降本增效和塑造企业竞争力的重要举措。在智慧园区 4.0 时代，5G、大数据、人工智能、物联网等高新技术手段应用于智慧园区领域，帮助园区和写字楼实现更好的管理和运营。

随着去年 6 月 5G 商用牌照的发放，各大运营商都在加大 5G 基站的建设，我们马上就会迎来全民 5G 时代。《2019 百度两会指数报告》显示，热点话题 TOP10 中位列第一的就是“5G”，资讯指数达 4269 万。智慧园区行业已经实现了园区 VR 全景直播、VR 看房以及 AR 导览和展示、机器人自动巡检以及机器人智能导航、巡逻、检测等，为园区写字楼带来更多智慧化的体验和服务。

高新技术的发展促进了智慧园区发展，然而在实际的智慧园区发展过程中，还处于 3.0 到 4.0 阶段的过渡中，目前园区信息化主要存在以下问题：

一是系统隔离。园区进入 3.0 阶段后，各个园区逐渐搭建了物业、财务、停车等系统，但是各个厂家互不联通、互相隔离，导致管理和使用都更不方便。

二是人员疏离。很多传统的园区管理者对于园区企业、面积、租金等了如指掌，但是却很少有人知道园区内人的情况，90%的人其 90%的时间都在园区内度过，这里面有大量衣食住行的需求可以挖掘，园区管理者却因为缺乏对人的连接无法形成更好的服务。

三是数据分散。各系统数据分散，不能整合导致“智慧”决策的价值大打折扣。

因此，园区 4.0 时代智慧园区的核心就是广连接，首先是连接设备，如电梯、空调、闸机等；其次是连接原本独立不开放的系统，如物业、OA、停车等系统；连接系统就可以连接园区里的人，包括园区管理者、企业、员工、访客、商家甚至政府等，进而形成数据沉淀，数据又能够为企业和人的服务提供支撑，实现更优质、精准的服务，形成横向、纵向正向连接循环，实现真正全连接的智慧园区。要实现全连接，需要 5G、物联网等技术的成熟。智慧园区的统一管理和控制服务依托于园区高密度大规模部署的传感设备、安防监控设备、智能办公设备、工厂智能装备等对基础信息的采集，5G 的万物互联特点可以实现高密度的设备接入，让万物互联成为可能。

《智慧园区应用与发展》报告在此背景中应运而生。从智慧园区发展新范式、智慧园区的规划、建设、运营、智能设施、产业服务、园区大脑、创新应用等角度对智慧园区发展进行研究。

报告聚合行业各方面专业力量，总结了智慧园区应用的现状、短板和方向，为我国智慧园区行业发展贡献智慧和经验，对智慧园区的发展具有示范和促进作用。

展望未来，智慧园区的应用与发展可以从以下两方面来驱动：

第一，建设统一的园区运营管理平台。在信息化时代，园区设计的子系统和硬件多，大部分都是由不同厂商提供的。智慧园区时代来临，需要统一的平台能够把这些独立不开放的硬件和子系统连接起来。否则，只是一个个快速、好用的独立系统而已，无法形成合力的智慧运营管理，各个系统之间的数据壁垒反而会成为智慧化的阻碍。

第二，加强信息安全建设。智慧化功能的实现需要采集大量的个人信息，例如人脸和指纹等信息。此外，各个园区、企业的大量数据信息也极具机密性。应该从技术和法律双重入手，让技术成为园区相关信息安全的堡垒，用法律为园区信息安全保驾护航。

智慧化是园区发展的必然趋势，智慧园区是新基建的重要内容。信息技术在园区领域的发展，是园区智慧化转型升级的动力。智慧园区的应用落地和不断发展，需要多个领域的携手共进，推动园区的建设和运营走向更智慧的未来。

中国测绘学会理事长

序　二

伴随着中国经济的腾飞，产业园区的发展已经迈过了 41 个年头，全国园区数量超过 15 000 个，对国家 GPD 的贡献超过 30%，产业园区已经成为中国经济发展的重要驱动力。当前，新一轮科技革命和产业变革正在加速拓展，产业园区也因此进入了新的发展阶段。以科技创新为增长动力源泉，构建可持续发展的“智慧园区”，正迅速成为园区发展的新趋势。

智慧园区作为信息化、工业化、新型城镇化发展融合的产物，具备智能感知与控制、高效互联互通、资源全面整合共享、多方高效协作、科学分析决策等特征。相较于传统园区，智慧园区通过云计算、物联网、人工智能等技术的集中应用，将园区的各组分以有机体的形式加以整合，使得园区运行效率达到最优化状态。未来，基于数字孪生的智慧园区有望进一步提升园区的感知能力、数据融合能力、规律洞察能力、仿真推演能力，将智慧园区发展为虚实交融的数字孪生园区双体，从而将智慧园区的发展带到新的高度。

为了促进园区的智慧化发展，由中国测绘学会、清华大学和广联达科技股份有限公司联合 60 余家行业领先企业，共同组织编写了这本《智慧园区应用与发展》（以下简称《报告》）。《报告》概述了物联网、测绘技术、BIM 技术、5G 技术、移动互联网技术、大数据技术、人工智能技术与区块链技术等前沿技术的特点，讨论了各类技术在智慧园区建设方面的潜在应用价值；与此同时，《报告》还搜集和梳理了大量国内外智慧园区案例，涵盖园区建设、运营管理、智能化设施、智慧服务、园区大脑等丰富的业务场景，既展示了数字化技术在助力园区智慧化方面所能发挥的巨大价值，也探讨了相关技术在落地应用过程中可能面临的各类挑战。

总体而言，智慧园区行业当前仍处于起步阶段。考虑到智慧园区所具有的复杂物理、信息和社会属性，在推进智慧园区发展的道路上仍有大量问题和挑战有待在研究和实践中去进一步探索。《报告》汇集了该领域最前沿和最具代表性的有关成果，希望能借此引发全行业的讨论，为智慧园区未来发展方向和路径提出新的思路，进而促进智慧园区及相关产业进一步蓬勃发展。

清华大学土木水利学院院长 方东平

序　三

随着我国改革开放四十年的经济发展，产业园区作为区域经济发展重要载体，经历了诞生、成长、成熟的过程。如今，产业园区已经成为我国经济发展的重要引擎、我国新型城镇化建设的重要路径、我国参与国际经济竞争的主战场。

目前我国经济进入新的发展阶段，产业园区在集聚产业、推动经济发展的同时，也面临着转型升级的压力。首先，“新经济”要求园区建设发展模式改变，从传统的粗放式开发建设逐步向科学规划、高质建设、精细治理与服务全过程升级；其次，“新环境”带来园区企业、人员等消费结构升级，需求层面要求提高，需要宜业、宜居、安全、环保的园区环境；最后，“新基建”驱动CIM、5G、AI、物联网等新一代信息技术与园区规划建设和运营管理全过程深度融合，打造园区数字化建设与管理新模式。因此，通过技术创新、数字转型、智能升级等手段，建设绿色、智能、安全的“智慧园区”成为产业园区发展新趋势。

在这样的背景下，由中国测绘学会、清华大学和广联达科技股份有限公司联合60余家行业优秀企业，共同组织编写的《智慧园区应用与发展》（以下简称《报告》）应运而生。《报告》客观分析了我国“智慧园区”发展现状和趋势；系统提炼了基于数字孪生的智慧园区平台架构和关键技术；全面总结了涵盖园区规划、建设、运营、设施和服务全过程的智慧化应用；并收集整理了“智慧园区”的典型案例和最佳实践。《报告》为智慧园区的实施与建设提供了系统性的方法和实践指导，对园区建设与管理者是一本不可多得的工具书。

令人印象深刻的是，《报告》首次提出了“基于数字孪生的智慧园区”。一方面提炼了数字孪生的核心内涵——“三全”，全过程、全要素和全方位都需要融入数字化技术与手段。例如“全过程”代表了园区的规划、建设和管理不同阶段的智慧化应用；“全要素”代表了人、车、物、环境、能源、事件等园区管理要素升级改造；“全方位”是从园区空间与时间角度搭建数字孪生的空间底座。

另一方面提出了“数字园区”的核心特征——“三化”，数字化、在线化和智能化。从本质来讲“三化”解决了数字孪生的三个问题。一是数据统一性问题。之前的信息化系统存在多业务数据割裂与不一致性问题，通过 BIM+3DGIS 技术，以园区统一的参数化模型为载体，实现多源数据的汇集，解决了数据统一的问题。二是数据实时性问题。形成数据孪生需要解决数据的实时连接，基于物联网+智能设备+5G 技术，实现数据实时互联，支持业务纵向打通，实现物理园区和数字园区虚实映射。三是数据可分析性问题。通过数字化模型与多源业务数据的叠加，横向打通规划、建设和管理的业务数据，形成时空大数据库，基于时空数据分析支持园区科学治理与决策。

总之，《报告》的编写对于智慧园区的发展提供了重要的参考，智慧园区必将成为产业园区转型升级的关键支撑，驱动园区管理提升至细胞级精细化管理水平，助力每个产业园区成功！

广联达科技股份有限公司董事长

目　　录

下 册

第1章 智慧园区概述

1.1 园区的概念与发展

1.1.1 园区的概念

园区是为实现经济发展目标而创立的特殊经济活动空间，“是指政府集中统一规划指定区域，区域内专门设置某类特定行业、形态的企业、公司等进行统一管理”，因此园区不仅是一个地理空间范畴，也是一个经济范畴。它是人类社会生产力普遍发展的结果，也是一个国家经济以及区域经济发展到一定历史阶段的必然产物。

园区是以国家和地区的经济与产业政策规划为规划与建设基础、以园区管委会为园区管理者，由众多区内企业与相关支撑系统所组成的一个庞大而复杂的系统。园区建设与发展的主要主体包括园区管理者、园区企业和园区内各类工作人员，同时涉及园区的上级管理者和外部关联组织。

园区管理者（即一般所说的园区管委会）作为园区管理与运行发展的核心，主要承担园区内部与外部环境的建设与协调工作，既要履行好地方政府委托的各项政府管理职能，更要发挥平台作用，促进政府与企业、企业与企业之间的更好的协作，以及更便捷、高效的服务。

园区企业作为园区发展主体，一方面是园区管理者的主要服务对象，对园区的基础建设、产业政策、园区服务能力、上下游配套情况、人力资源供给能力有更高的要求；另一方面也是园区产业发展的引擎，在技术、经济、人才、资金、管理等方面具有集聚和带动作用，迅速形成产业集群优势，推动园区产业升级与转型，催生新兴产业如新型服务业等。

园区内各类工作人员包括入住园区的大量的各行各业、不同生活背景、不同教育水平的从业者，同时随着园区的主要功能从单一的生产向城市化转变，甚至也包括了在园区内的生活居民。因此园区已经不仅仅是从业者的工作地点，也是生活地点，园区在劳动保障、社会需求、生活环境、医疗卫生、教育培训、文体活动等方面也需要进行建设与管理，承担起一部分社会社区的职能，为园内各类人员提供良好的工作与生活环境。

1.1.2 园区的发展

在中国，园区是伴随着改革开放发起来的产物，其发展经历了五个阶段。

1. 孕育期（1979—1983 年）

党的十一届三中全会为园区的建立奠定了思想基础。在确立了改革开放的基本国策的情况下，我国园区才从无到有，由弱到强，开始发展起来。

1979 年 1 月 31 日，国务院批准设立蛇口工业区，该工业区是中国第一个外向型经济开发区。

2. 初始培育期（1984—1991 年）

“把开发区办成技术的窗口、管理的窗口、知识的窗口和对外政策的窗口”的“四窗口”模式和“发展工业为主，利用外资为主，出口创汇为主”的“三为主”发展方针，为园区的建立提供了明确的方向。

国务院在 1984 年 9 月 25 日首先批准设立大连经济技术开发区，这是我国正式批准设立的第一个经济技术开发区。在 1988 年 5 月，国务院批准建立了北京新技术产业开发试验区，这是我国第一个国家级的高新技术产业开发区，如今已发展成北京的中关村。

3. 高速发展期（1992—2002 年）

随着邓小平同志 1992 年的南方谈话，掀起了对外开放和引进外资的新一轮高潮，我国产业园区建设也随之进入快速发展阶段。

在这个时期，新增国家级经开区 39 家，新增国家级高新区 25 家，新增国家级保税区 20 家，新增国家级边境经济合作区 14 家，新增其他国家级开发区 17 家。至此，由经开区、高新区特区、边境自由贸易区、沿江沿边开放地带、保税区等构成的多层次、全方位开放格局基本形成。

4. 稳定调整期（2003—2008 年）

针对一段时期内各类开发区规划建设趋于泛滥的情况，2003 年，国务院开始对全国各类产业园区进行清理整顿，国务院连续下发了《关于暂停审批各类开发区的紧急通知》《关于清理整顿各类开发区加强建设用地管理的通知》等文件，在产业园区的良性发展治理方面取得了重要成果。

在此期间，提出了“以提高吸收外资质量为主，以发展现代制造业为主，以优化结构为主，致力于发展高新技术产业，致力于发展高附加值服务业，促进园区向多功能综合性产业区转变”的“三为主，一致力”的发展方针，园区的发展逐步走向成熟。

5. 创新发展期（2009 至今）

在园区的发展步入成熟期后，国家、各省市、区县等根据经济和社会发展需求，利用新思路、新模式大力发展各类园区，使园区发展进入了创新发展期。以产业园区为例，据国家发展改革委、科技部等联合发布的《中国开发区审核公告目录》（2018 年版）统计，国家级开发区 552 个，省级开发区 1991 个，各类社区超过 30 万个。据 IDC 统计，2017 年全国园区投资达 220 亿美元，未来三年复合增长率 8.5%，园区经济已成为中国经济主要的承载平台和增长动力。

1.1.3 园区的分类

1. 按园区主导产业分类

按主导产业分类可分为软件园、物流园、文化创意产业园、高新技术产业园、影视产业园、化工产业园、医疗产业园和动漫产业园等。

软件园为了促进我国软件行业快速、健康的发展。1992 年，国家相关部门当时率先命名了我国最早的三大软件基地，即北京软件基地、上海浦东软件园基地和位于珠海的南方软件园基地。2001 年 7 月，国家相关部门在软件园原本的基础上，确定北京、上海、西安、南京、济南、成都、广州、杭州、长沙、大连和珠海为国家重点建设的 11 个国家级软件产业基地。如今，软件园遍布全国各地，成为我国软件产业的中坚力量。

物流园区是指在物流作业集中、多种运输方式衔接的地区，将多种物流设施和不同类型的物流企业在空间上集中布局场所，也是有一定规模的、多种服务功能的物流企业的集结点。

文化创意产业园是一系列与文化管理、产业规模集聚的特定地理区域，是具有鲜明文化形象并对外界产生一定吸引力的集生产、交易、休闲、居住为一体的多功能园区。

高新技术产业园是由各级政府批准成立的园区，是依托智力密集、技术密集和开放环境，依靠科技和经济实力，吸引和借鉴国外先进的科技资源、资金和管理方式，通过实行税收和贷款方面的优惠政策和各项改革措施，最大限度地把科技成果转化为现实生产力而建立的，促进科研、教育和生产结合的综合性基地。

影视产业园是以影视制作为核心，打造的影视制作工业体系，具体建设影视传媒、数字内容、创意设计等产业规模集聚的特定地理区域，是具有鲜明文化形象，对外界产生一定吸引力的体现文化影视、商学、研究、居住的高度融合，并形成人气、创意、产业和活动等高度集聚的多功能园区。

化工产业园又称化学工业园，主要以石油化工产业为基础，并服务于石油化工产业。

医疗产业园是以医药医疗器械产业作为功能定位的园区，它致力于发展医药医疗器械生产研发中心、科研成果转化基地和物流集散中心。

动漫产业园是指以引进动漫图书、报刊、影视、音像制品、舞台剧和基于现代信息传播技术手段的动漫新品种等动漫直接产品的开发、生产、出版、播出、演出和销售，以及生产与动漫形象有关的服装、玩具、电子游戏等衍生产品的生产和经营为主的产业企业，促使这些企业在产业园内实现上下游企业的无缝对接，达到节约成本、提高效率、提升竞争力等效果的园区。

2. 按园区内主要建筑的类型和功能分类

根据园区内主要建筑的类型和功能，园区分为生产制造型园区、物流仓储型园区、商办型园区以及综合型园区。

生产制造型园区是以生产制造为主体的园区，主要建筑多以车间、厂房为主。

物流仓储型园区主要建筑多以仓库为主，其行业涵盖现代物流和交通运输两类生产性服务行业。

商办型园区建筑类型包括商务办公、宾馆、商场、会展等。

综合型园区包含生产制造型园区、物流仓储型园区和商办型园区三种形态在内的大型综合性的园区。

除了上述两种常用分类方法外，还可以按其他方式进行分类：按照园区级别可分为国家级园区、省（自治区、直辖市）级园区、地市级园区、县级园区；按照园区功能特征可分为经济特区、沿海开放城市及经济技术开发区、沿海经济开放区、高新技术产业开发区，边境自由贸易区等。

1.2 智慧园区的概念

1.2.1 智慧园区发展背景

在我国经济发展进入新常态，从高速度向高质量转变，从“重视数量”转向“提升质量”，从“规模扩张”转向“结构升级”，从“要素驱动”转向“创新驱动”的新形势下，不少园区由于缺乏系统性规划，在信息化建设方面，大多是基于单点业务的建设，系统孤立、管理粗放、园区服务支撑不足，已难以满足人们园区各方日益增长的多样化、便捷化需求。

近期，国家又提出“新基建”策略部署，以新发展理念为引领，以技术创新为驱动，以信息网络为基础，面向高质量发展的需要，提供数字转型、智能升级、融合创新等服务的基础设施体系。其中以 5G、人工智能、大数据、工业互联网为代表的“数字基建”，建设以数字化为核心的全新基础设施，将为园区转型发展提供更好的基础设施，更好、更快的使园区向数字化、智慧化转型。

世界信息技术呈现加速发展的趋势，以物联网、云计算、大数据为代表的新一代信息技术不断涌现，信息技术在国民经济中的地位日益突出，也为园区的转型升级与创新发展提供了新手段、新思路和新方法，“智慧园区”建设成为园区发展的新趋势。一是政策环境方面，党中央和国务院相继出台了多项政策推动智慧园区建设，智慧园区建设已成为国家信息化发展战略的要求，对提高我国综合国力、发展战略性新兴产业、拉动内需、构建和谐社会、实现可持续发展具有重要意义。二是经济环境方面，建设智慧园区是经济转型和产业升级的需要，可以使园区自身管理与服务水平不断提升，更好地满足入园企业的可持续与创新发展诉求。三是技术层面，新型测绘、3D GIS、物联网、云计算、5G、人工智能、机器学习、深度学习、大数据、区块链等技术的快速发展，使得建设具有智慧能力的园区具备了基本的技术条件。例如5G的高带宽、低延时使园区的各类人、事、物等的互联互通、快速反馈、及时协同处置成为可能；人工智能技术可对园区内出入人员进行人脸识别核验快速放行、陌生人/黑名单人员预警，人车物体貌特征速查等，极大提升园区安全布控，提升通行效率；应用3D GIS+BIM+IoT，构建全要素、全尺度、全数据的数字孪生园区，以可视化立体空间方式创新园区运营管理模式。

可以说在需求与技术双轮驱动下，智慧园区建设已经成为提升园区吸引力、破解可持续发展难题、加速经济转型升级的重要方式。

1.2.2 智慧园区概念

无论是信息化园区、数字园区，还是智慧园区，这些概念都是伴随着信息技术的发展逐步提出来的。在1999年前后开始，数字地球、数字城市、数字园区的概念在我国引起巨大反响。总体上说，数字园区是数字地球的重要组成部分，是数字地球在园区管理领域更具体的体现，它主要是通过空间数据基础设施的标准化、各类园区信息的数字化整合多方资源，从技术和体制两方面实现数据共享，实现了园区各个行业数据和地理信息数据相结合的三维虚拟现实展现，但由于当时传感、物联网、智能控制等技术限制，只是实现了数据和信息的单方向传递（数据的上行传递）以及在三维地理信息系统标记中与展现，无法实现对物理实体的控制数据的下行传递与应用。随着物联网、大数据、云计算等新一代信息技术的发展，数字园区在数字化的基础上进一步演进到智能化成为现实。例如对园区设备不仅可以智能化感知、识别、定位、跟踪，还可以进行控制；借助云计算及智能分析技术可实现海量信息的处理和决策支持，实现多系统的联动等。基于新技术所带来的新手段和方法，使人们对园区规划、建设、管理的全生命期形态演变有了更深的理解，智慧园区的概念也应运而生。

目前，业界对于“智慧园区”概念还没有一个统一的、完整的认知和定义。在樊森所著的《智慧园区》中定义为“智慧园区就是要利用新一代信息与通信技术来感知、监测、分析、控制、整合园区各个关键环节的资源，在此基础上实现对各种需求做出智慧的响应，使园区整体的运行具备自我组织、自我运行、自我优化的能力，为园区服务对象创造一个绿色、和谐的发展环境，提供高效、便捷、个性化的发展空间”。在全国智能建筑及居住区数字化标准化技术委员会和华为技术有限公司联合编制的《中国智慧园区标准化白皮书》（2019）中定义为“智慧园区是指一般由政府（企业与政府合作）规划的，供水、供电、供气、通信、道路、仓储及其他配套设施齐全、布局合理且能够满足从事某种特定行业生产和科学实验需要的建筑或建筑群，结合物联网、云计算、大数据、人工智能、5G 等新一代信息技术，具备互联互通、开放共享、协同运作、创新发展的新型园区发展模式，和园区建设、管理深入融合发展的产物”。在王文利主编的《智慧园区实践》中，智慧园区是“以‘园区+互联网’为理念，融入社交、移动、大数据和云计算、将产业集聚发展与城市生活居住的不同空间有机组合，形成社群价值关联、圈层资源共享、土地全时利用的功能复合型城市空间区域”。在华为技术有限公司和埃森哲（中国）有限公司合著的《未来智慧园区白皮书》中畅想园区的未来，“未来智慧园区，是运用数字化技术，以全面感知和泛在连接为基础的人机物事深度融合体，具备主动服务、智能进化等能力特征的有机生命体和可持续发展空间”。

综合各种文献资料，以及信息技术对园区的转型升级与创新发展的重要作用，智慧园区可以定义为物理空间的园区通过综合应用移动、物联网、云计算、大数据、人工智能、5G 等新一代信息技术，使园区具备设备设施互联互通、数据资源开放共享、园区各方协同运作、园区产业创新发展的能力，实现对园区资源优化配置与集约化利用，园区全生命期的数字化、在线化、智能化、精细化管理，提高园区运行效率，降低运营成本，降低环境污染，消除安全隐患，实现园区的可持续发展的先进发展模式。

1.2.3 智慧园区特征

智慧园区可以说是信息化、工业化、新型城镇化发展融合的产物，一般有以下特征：

1. 智能感知与控制

通过将各种创新的传感器嵌入园区各种物体及设备之中，使园区内每一个物体和系统都可以被全面感知，园区全生命期（规划、建设、招商、运营、服务等）和园区各个系统（建筑、道路、照明、能源、安全、给排水、环境等）的运行状态都可以转变成定量化的数据，不仅使整个园区系统能够进行数字化展示，还可以为各类智慧化应用、企业和公众服务的预测分析提供数据基础，并可以根据管理需求进行动态、实时控制。

2. 高效互联互通

建设全面覆盖、集约共享的高速泛在的通信网络，为各类工作数据、物联感知数据和各个应用系统信息的全面集成提供网络通路，包括传感器与网络的互联、系统与系统的互联、系统与数据中心的互联等，建立彼此之间的信息互通、数据共享和流程控制，让各种数据、语音、视频、图像等都能不受约束地实现园区子系统之间和园区内外的互联互通。

3. 资源全面整合共享

构建园区统一的泛在连接网络和数据中心，将园区内部的各种市政设施、部件等统计进行接入与管理，并将园区内部的地理信息、BIM、物联感知数据、业务数据以及园区外部进行融合集成，实现设备设施共用共享、各应用系统在 IT 基础设施层面的共建共享以及信息资源层面的整合共享，实现园区资源的集约化管理与优化配置应用，充分发挥各类资源的价值。

4. 多方高效协作

通过对信息资源的整合共享，通过数据中心打破园区内外部分散的、各自为政系统的信息壁垒，实现多系统资源综合开发利用，跨部门信息整合，促进园区相关各方的互动协作能力。例如将园区中的招商系统与政府的工商、税务等系统连接融合，可以优化政府、企业和公众群体之间的沟通交互方式，提高明确性、灵活性和响应速度，将园区提升为一个有良好协同能力和调控能力的有机整体，实现多方的高效协作。

5. 科学分析决策

以汇聚的园区各类专业系统，监测运行的关键数据指标等数据为基础，结合人工智能算法，以数据驱动为分析决策提供科学依据。如园区管理单位可以通过分析，为园区的建设规划和运营管理提供科学的决策依据，可以包括前期的园区产业布局规划、空间规划布局，中期的人才智力引进、园区设备运维，后期的企业价值量化、成长能力研判及运营潜力评估等，为整个园区的可持续发展决策提供技术手段支撑。

1.3 智慧园区发展历程

智慧园区是园区信息化发展的延续和更高级的阶段，是建立在数字化园区基础上的智能化园区。数字园区通过与物联网深度融合，实现对物理园区的全面感知，高效的互联互通，信息资源整合共享，更注重信息化服务的整体效能和普适性。

信息技术的不断发展，政府管理改革和创新，企业发展的需求，在客观上推动了园区信息化建设。园区信息化建设经历了以下几个阶段：

1. 办公自动化阶段

此阶段是园区信息化建设的起步阶段，时间范围是 1980 年前后至 20 世纪 90 年代中期。建设重点是园区基础硬件建设（包括服务器、网络设备、存储设备等）和园区管理者自身办公系统的建设，主要内容包括园区门户网站、电子政务系统和管理办公系统的开发。到这一阶段后期，其信息化系统建设逐步具备了初步的应用基础，大多数园区已经建立了园区核心机房、园区网站、电子政务系统和协同办公系统等，并在逐步完善办公管理系统的各项功能，例如项目管理功能、招商管理功能、规划建设管理功能等。

在此阶段，园区信息化建设普遍存在缺乏整体统一规划、对整体信息化意识不深问题，建设的不同应用系统间没有实现数据共享，整个园区信息化呈现多个信息化孤岛。

2. 数字化管理阶段

此阶段是园区信息化建设的发展阶段，时间范围是 20 世纪 90 年代中期至 2010 年。

建设重点面向园区运行主要参与者（园区管理者和企业）的各类信息系统，主要内容包括企业网上办公、土地信息、基础设施信息、管网信息等系统，并结合虚拟现实、3D、多媒体等技术对园区进行数字化虚拟展现。

在数字化管理阶段，基本解决了园区信息化孤岛问题，整个园区基本实现数据共享，可较全面掌握园区整体的运行状态，但在对园区的智能化控制响应、科学决策分析方面有待提升。

3. 智慧化管理阶段

此阶段是园区信息化建设的高级阶段，时间范围自 2010 年至今。建设重点是通过云计算、物联网、人工智能等技术的集中应用，将人、市政、交通、能源、商业、生产、运输等园区运行的各个核心系统整合起来，以一种更智慧的方式运行，使园区整体运行效率达到最优化状态，进而创造更美好的园区环境。目前，我国各地园区智慧化建设呈现出百鸟争鸣、百花齐放的状态，不过并没有形成统一的规范和发展模式，不同园区对于智慧化建设有着不同的侧重，例如苏州工业园区重点是建设基于虚拟化技术的计算中心，并逐步向区内企业开放服务；无锡高新技术园区与深圳龙岗科技园区则以物联网为建设重点，推进园区的整体智慧化水平。

4. 数字孪生阶段

2017 年，中国信息通信研究院智慧城市团队提出了“以数字孪生城市推进新型智慧城市建设”的创新理念，将“数字孪生”理念从制造业引入到智慧城市、智慧园区的建设与管理中，并在雄安新区规划中提出建设“数字孪生”新城。数字孪生园区将具有更敏锐的感知能力、更全面的数据融合能力、更透彻的园区运行规律洞察能力、更强大的预测仿真推演能力，未来将形成虚实协同、深度学习、自我优化、内生发展的高度智能化的园区发展新形态。

1.4 智慧园区建设内容

智慧园区的建设，旨在突破现有园区信息系统孤立现状，通过促进园区内技术融合、资源共享、业务协同以及实时状态反馈，打造以园区管理、服务业务为主导，以人为本的智慧园区，全方位重塑园区安全、体验、成本和效率；重塑园区管理运营模式，驱动行政管理的变革；重塑园区发展与创新模式，实现园区的可持续发展，引领区域产业集聚与发展。

智慧园区建设内容可概括为“规—建—管—服—决策”，建设内容如下：

1. 智慧规划

多规合一。集成园区总体规划、控制性详规、产业规划、专项规划等各种空间性和非空间性规划，形成全域覆盖、要素叠加的园区规划一张图：在一张图上分层叠加显示基础地理信息、现状数据、多规合一成果、建设项目设计成果等信息；基于一张蓝图实现空间共管，项目协同审批、业务共商，优化园区空间格局和功能布局。

规划方案辅助审查。基于二三维一体化的园区 CIM 平台，实现对规划成果、规划设计方案三维辅助审查、智能化审查，保证规划设计方案的科学性、合理性，保障各级各类规划目标、指标等规划管理内容的传导和落实。

规划评估。通过制定反映园区发展建设目标和实施状况的量化指标，对园区规划实施落地情况进行评估，检测、监督既定规划的实施过程和实施效果，并在此基础上形成相关信息的反馈，对园区规划提出修正、调整建议。

三维规划招商。基于 CIM 平台，在实景三维场景下，对建筑、道路、绿化、水电等城市基础设施进行全方位三维实景展现，展示园区、功能分区及不同建筑的相关招商信息，实现产业规划、产业构成、产业配套、企业信息、招商引资等可视化展示，为园区规划招商提供支撑服务。

2. 智慧建设

园区建设项目数字化监管。面向园区管理部门（管委会、建设指挥部等），综合运用云计算、大数据、物联网、移动互联、人工智能等信息技术实时采集施工现场“人、机、料、法、环”等各要素与工程质量、安全相关信息，实现园区管理部门对工程项目的劳务、进度、质量、安全、绿色施工等全过程数字化综合监管。

园区建设工程项目管理。面向园区建设工程项目建设方，实现对建设工程项目的立项管理、招采管理、进度计划管理、合同管理、成本管理、工程管理及资料管理等功能。

园区工地现场智慧管理。面向工地现场施工方，实现对工地现场的劳务人员、机械设备、进度、质量安全、绿色施工、现场物资等进行数字化、智慧化管理。

工厂式生产智慧管理。基于 BIM 和工业互联网平台构建建筑构件、材料的数字化生产管理系统，打通建筑工地施工与建筑构件、材料的工厂生产的业务流和信息流，实现建筑构件生产排产、物料采购、生产加工和运输的数字化、精细化管理。

3. 智慧管理

（1）运营管理

资产管理。实现对园区资产全流程的智慧化管理，包括从早期园区建设期对项目、楼栋和门牌的管理，到招商期对潜在客户的管理，再到运营期对合同、物业、账单等的全流程管理。

物业管理。实现包括通知公告、报事报修、投诉建议、入驻办理、装修办理、账单查询等客户服务，以及房屋及设施设备管理、访客管理、安防巡更、环境管理等全方位园区物业管理功能。

能源管理。实现对园区供能系统和用能系统的监视控制、流程化管理、优化调度、用供一体化、能源协同等统一能源管理功能，在保证能源系统安全、稳定运行的基础上，实现能源系统的自动化、高效经济运行。

产业与经济。基于园区 CIM 模型，展示园区内集聚的产业链及对应产业链企业的主营领域及发展现状，监测园区营收额度、年复合增长率、毛利率等经济指标，分析园区产业与经济运行情况，有针对性制定相关产业扶持和经济政策。

绿色健康园区。以绿色和健康相关指标数据为基础，运用物联网技术、智能感知技术，基于园区 CIM 平台，集成建筑各类绿色指标数据和健康指标数据，实现提升园区建筑室内外环境舒适度，合理降低建筑能耗，提升设备设施实时使用效率和效果，延长设备设施使用寿命，同时建立一套市场认可的绿色运维评估方式，辅助实现绿色健康园区的动态评价。

（2）设施运维

综合安防管理。集成园区安防视频监控、入侵报警、门禁、周界防范、电子巡更等系统，实现园区安防综合管理和系统联动。

智慧停车。基于物联网、智能视频识别等技术，实现对园区车辆出入口无人值守管理、车辆/车牌识别、车位监测、反向寻车、自动充电桩等智慧停车管理功能。

人员管理。运用人脸识别技术，实现对园区人员考勤、门禁、访客、梯控、消费、会议签到等智慧化人员管理功能。

智能设施运维管理。基于 BIM 和物联网技术，集成园区各智能化子系统、设备设施，实现设施设备状态监测、报警、运行维护全过程的可视化综合管理。

4. 智慧服务

政务服务。利用云计算、大数据、人工智能等技术，从服务企业角度，打造政策集中和智慧政务服务平台，以信息化、智能化的方式，为企业提供从政策查找、政策解读到准确匹配、主动推送、咨询等一站式政策服务。

企业服务。以“招商、稳商、育商”为核心理念，为入园企业提供智能化、线上化、统一化、标准化的基础服务，可为园区运营方带来收益的如企业团餐、办公采集、商旅出行等增值服务以及由第三方提供的如人力、法务、财务、金融、投融资等专业服务。

公众服务。为园区入驻企业员工、居民提供包括园区生活服务、园区社群服务、园区的支付营销服务以及在线订票、交通出行等其他服务在内的综合服务。

安全服务。为园区入驻政府部门、企业、个人提供网络空间安全综合服务，如安全事件研判分析服务、威胁情报预警服务、安全策略优化服务、安全产品运行监管服务、安全基线评估加固服务、安全应急响应服务和网络安全培训服务等。

5. 智慧决策

通过建设园区 IOC 智慧大脑实现园区的智慧决策。园区 IOC 智慧大脑是整个园区的智慧运营大脑，通过集成对接各智慧应用和服务，提供园区统一的总体态势呈现、综合运行监测、应急指挥调度、安全态势感知与分析及决策支持等功能，为园区日常运营管理和应急事件处置提供有效支撑。

总体态势呈现。通过物联网平台收集汇聚园区感知设备的数据，实现对园区运行状态的实时感知，基于 CIM 平台进行三维可视化展示呈现，为园区管理者和业务运营人员提供全局视角的园区整体态势呈现，为重大和突发事件处置提供全面的业务和数据支撑。

运行监测。基于 CIM 平台，实现人员、交通、能耗、环境、安全、重大危险源、消防、安防等园区方方面面运行状况的在线监测，以及事件与地点等相关信息的全面挂接，让园区的运行过程实时可查、事后追溯，保障园区安全稳定运行。

应急指挥调度。实现对园区突发事件的预警分析、自动流转、分拨调度、应急联动、应急预案、恢复重建以及事件评估等应急指挥调度功能。

安全态势感知与分析。实现园区网络和互联网等多个关键网络节点和数据的采集和存储，并对相关数据进行综合处理和关联分析，实现对智慧园区网络安全风险态势、业务资产风险、业务违规操作等安全风险的感知，并通过多种可视化技术将园区网络综合安全态势进行统一呈现。

决策支持。基于各业务数据进行可视化统计分析，通过空间辅助决策、数据分析决策、节能诊断分析、环境健康诊断分析、AI 图像分析预警等功能，面向园区运行管理决策者展示多维度实时准确数据和分析结果，为决策提供依据。

1.5 智慧园区与智慧城市

《中华人民共和国国民经济和社会发展第十三个五年规划纲要》中提出，我国将支持绿色城市、智慧城市、森林城市建设和城际基础设施互联互通，智慧城市建设的发展在中国步入快车道。在智慧城市这一先行理念的引导下，园区的智慧化建设率先进入城市建设的规划当中，不仅是国家实施信息化战略的具体表现，也是建设智慧城市的关键。

1. 智慧园区是智慧城市的重要表现形态

智慧园区作为智慧城市的一种重要表现形态，其结构与发展模式是智慧城市在园区这种小区域范围内的缩影，既体现了智慧城市的主要体系模式与发展特征，又具有与智慧城市发展模式所不同的独有特性。

智慧园区的建设不是单一技术的叠加，它是新一代信息技术、云计算、物联网等领域内高、精、尖技术的聚集，也是智慧产业的聚集区。在智慧园区建设过程中通过携手国内外技术、产品方面领先的专业化公司进行产产联合，与市场领先的专业化公司实现产业化联盟，与知名高校、科研院所实现产学研联合，为园区在孵企业提供专业孵化及综合配套服务，实现智慧技术、产业、管理模式的孵化，从而带动产业的发展，是现实产城融合发展的主要驱动力之一。

2. 智慧园区将与智慧城市走向一体化融合

从行政权划分来看，园区是城市管理的重要组成部分，它既包含了产业发展方面的管理，也包含了公共行政方面的管理。未来智慧园区的功能将从传统的招商引资和管理职能向全方位的政府、产业及城市综合化服务转型，并逐渐建立园区内外主体之间的整合优势。智慧城市发展与管理可以以智慧园区建设为牵引，拉动智慧城市建设，将智慧园区的管理职能融入智慧城市的管理体系建设中去，实现智慧园区管理与城市化管理的高度融合，打造极具区域影响力的“智慧化”城市管理体系。

1.6 国内外智慧园区发展综述

1.6.1 国外智慧园区发展综述

近十年来，美国、英国、荷兰、日本等世界各国不断加大信息技术在园区管理、服务和运行中的应用，主要集中在园区的智慧化需求上，关注云计算、大数据、物联网、人工智能等新技术的应用，努力打造基于新一代信息技术的“智慧园区”。

美国政府高度重视园区、社区的智慧化建设与新一代信息网络建设工作。世界500强企业IBM公司提出了智慧楼宇与园区建设的解决方案，通过对信息技术的充分利用，将感知、互联网和智慧化应用高度集成，对楼宇和园区遇到的各种类型的情况进行系统的分析、判断和决策，从而形成有机的园区智慧化形态。大型园区在智慧园区建设过程中首先会关注基础设施领域，中小园区则偏重某个应用系统智慧化，例如智慧运维系统、智慧储运系统等。美国在智慧园区方面中非常重视大数据的积累和应用，并通过数据来提高管理效率，促进园区创新发展。

美国较早地启动了智能电网工程，该工程通过安装部署大量的智慧化电力设备，将现有的测量设施改造成强大、动态的电力系统和通信网络，并通过配电网络提供实时、高速、双向的通信服务，将现有的变电站改造成具备远程监控、实时数据发布等功能的“智能”电力系统。

在智能道路照明方面，圣何塞2009年4月启动了智能道路照明工程，智能控制物联网技术以新型灯具的效率为基础，通过诸如失效路灯的早期排查、停电检测、光输出平衡以及调光等功能来降低成本和改善服务，同时使城市的街道、道路和公路更安全美观。

智能交通系统建设方面包含智能基础设施和智能交通工具。智能基础设施由高速公路管理、意外预防及安全保障系统、道路天气管理、道路作业和维修、运输管理、交通事故管理等十三项管理措施组成，智能交通工具则包括防撞保护、驾驶者助手和碰撞信息发布。

英国智慧化建设模式注重发展应对世界气候变化的各种智能和环境友好型的技术与方案，“绿色环境”是其智慧化的主要目标。

2007 年英国在格洛斯特建立了“智能屋”试点，将传感器安装在房子周围，传感器传回的信息使中央电脑能够控制各种家庭设备。智能屋装有以电脑终端为核心的监测、通信网络，使用红外线和感应式坐垫可以自动监测老人在屋内的走动情况。屋中配有医疗设备，可以为老人监测心率和血压等，并将测量结果自动传输给相关医生。此外，“智能屋”还可以提供空调温度设定等诸多功能。

英国还在贝丁顿社区建设了“贝丁顿零化石能源发展”生态社区，其建筑构造是从提高能源利用角度考虑，是表里如一的真正“绿色”建筑。该社区的楼顶风帽是一种自然通风装置，设有进气和出气两套管道，室外冷空气进入和室内热空气排出时会在其中发生热交换，从而节省保暖所需的能源。社区内的小型热电厂使用的燃料是废旧木头等物质，不会造成额外的环境负担。它在发电过程中散发出的热能也被用来制造热水，热水通过管道送入社区内的每家每户。每户家中都装有一个一米多高的热水桶，除了因生活需要取用热水外，热水桶还可以在室温较低时自动释放热量，辅助取暖。采取这些措施后，只要没有特殊需求，居民家中就不必再安装暖气，整个社区也没有安装中央供暖系统。

荷兰政府非常重视智慧园区建设方案的可复制性，借助埃因霍温科技园区中的新一代信息技术研究成果，纷纷合作布局智慧园区项目建设，在安全生产、应急救援、环境保护、节能减排、空间管理、运营管理等领域实现了内外资源的整合，将各类信息有机串联起来，通过多个系统的有效协作，为园区提出合理的解决方案，最大限度确保园区高效运营。

在改善环境方面，荷兰启动了 West Orange 和 Geuzenveld 两个项目，通过节能智慧化技术，降低二氧化碳排放量和能量消耗。在 West Orange 项目中，500 户家庭将试验性地安装使用一种新型能源管理系统，目的是节省 14%的能源，同时减少等量的二氧化碳排放。Geuzenveld 项目的主要内容是为超过 700 多户家庭安装智慧电能表和能源反馈显示设备，促进居民更关心自家的能源使用情况，学会确立家庭节能方案。

交通废气排放方面，还实施了 Energy Dock 项目，该项目通过在阿姆斯特丹港口的 73 个靠岸电站中配备了 154 个电源接入口，便于游船与货船充电，利用清洁能源发电取代原先污染较大的燃油发动机，减少了轿车、公共汽车、卡车、游船等二氧化碳排放量对该市的环境造成的严重影响。

日本政府在 2009 年 7 月制定了《I－JANPAN2000 战略》，该相关战略目的在于逐步实现社会高效数字化与智能化，让国人生活更加的便捷与智能，其蕴含的含义也包括了各类园区的智慧化应用建设。

德国政府通过《德国数字化战略》的实施，首先将信息化技术运用到园区的安全生产和管理环节，随后再扩展至安防、仓储、物流等其他环节，逐步来促进园区智能化升级。

1.6.2 国内智慧园区发展综述

随着国内城镇化的全面建设，国内智慧城市建设步伐的不断加快，党中央和国务院更加注重智慧园区的建设与发展，从 2012 年至今，已经颁布了多项政策推进智慧园区的建设。

2012 年 11 月，中党的十八大提出全面建设小康社会，智慧城市、智慧园区建设是国家城市化发展过程中的必然选择。

2014 年 3 月，《国家新型城镇化规划》中特别强调推进智慧化城市建设、推进智慧化的信息服务和新型的信息支持、产业发展向现代化转型等内容。经国务院同意，国家发展改革委、工信部、科技部、公安部、财政部、国土资源部、住房城乡建设部、交通运输部八部委联合印发《关于促进智慧城市健康发展的指导意见》，提出到 2020 年，建设一批特色鲜明的智慧城市。

2017 年 2 月，国务院办公厅发布《关于促进开发区改革和创新发展的若干意见》，在加快开发区转型升级方面，提出“推进实施‘互联网+’行动，建设智慧、智能园区”。

2017 年 10 月，党的十九大报告中提出，加快建设创新型国家，建设数字中国、智慧社会。“智慧社会”的提出是新型智慧城市建设的要求，智慧园区作为智慧城市的重要表现形态也将进入一个新的发展时期。

2018 年 6 月，国家发展改革委发布《关于实施 2018 年推进新型城镇化建设重点任务的通知》，要求分级分类推进新型智慧城市建设，以新型智慧城市评价工作为抓手，引导各地区利用互联网、大数据、人工智能推进城市治理和公共服务智慧化。

2019 年 10 月，国家发展改革委发布《绿色生活创建行动总体方案》，提出推动绿色消费，促进绿色发展，开展绿色社区、绿色出行、绿色建筑等创建行动。这对智慧园区的建设与管理提出过了更高的要求。

各级政府也积极开展智慧园区的建设，促进智慧园区政策的广泛落地。北京市在 2017 年开展首批智慧小区示范工程建设工作。自 2018 年起，部分经济开发区如中关村国家自主创新示范区、上海化工区、湖南长沙雨花经济开发区等也纷纷设立智慧园区建设专项补贴或扶持项目，以促进智慧园区的建设和发展。

截至 2018 年年底，国家级高新区共 168 家，国家级经开区共 219 家，总数已达到 387 家之多，其中 10 家软件园区被确定为首批智慧园区试点。2019 年的抽样调查显示，目前全国 2543 家省级以上各类型开发区当中，逾六成提出在建或拟建智慧园区。

从空间维度来看，目前我国智慧园区建设已经初步呈现出集群化分布特征，从国家级高新区、国家级经济技术开发区智慧园区建设情况来看，已基本形成“东部沿海集聚、中部沿江联动、西部特色发展”的智慧园区空间格局。

环渤海（以京津冀为中心）、长三角和珠三角地区以其雄厚的工业园区作为基础，成为全国智慧园区建设的三大聚集区。截至 2018 年底，环渤海地区拥有 28 个高新技术产业开发区，园区经济发展迅速，智慧园区建设需求旺盛。其中的河北雄安新区“坚持数字城市与现实城市同步规划、同步建设，适度超前布局智能基础设施，推动全域智能化应用服务实时可控，建立健全大数据资产管理体系，打造具有深度学习能力、全球领先的数字城市”。作为雄安新区的第一个建设项目雄安市民服务中心充分体现了“坚持数字城市与现实城市同步规划、同步建设，适度超前布局智能基础设施”的建设理念，不仅是数字化智慧城市的雏形和缩影，同时也是国际领先、中国特色的智慧生态示范园区（见图 1–1）。

图 1–1　雄安市民服务中心鸟瞰图

雄安市民服务中心的智慧园区应用包括智慧生活、智慧企办、智慧政办、智慧物管、智慧运营五大场景。基于雄安云的大数据引领，通过 SOP–BIM 运维管理平台的技术支撑，真正实现了从设计、施工到运营管理及数据分析的全过程同期智能建筑模型，做到“数字孪生”的建筑镜像；结合 IBMS 智慧管理平台，实现园区二十一大智能化子系统信息集成，通过数据共享、信息融合等，整体呈现智慧园区和智慧生活体验。应用效果如图 1–2 所示。

图 1–2　雄安市民服务中心智慧应用

在全球范围内的数字化转型浪潮方兴未艾、我国大力建设数字中国、智慧社会、新基建的大趋势下，国务院、国家发展改革委、住房和城乡建设部、科技部发布的一系列与智慧化、数字化建设相关的政策及指导意见，为智慧园区的建设创造了良好的政策环境，给智慧园区带来新的建设机遇。在未来的 3～5 年内，全国智慧园区建设或将来迎来全新的建设浪潮。

参 考 文 献

[1] https://baike.baidu.com/item/%E5%9B%AD%E5%8C%BA/10349467?fr=kg_qa

[2] 樊森. 智慧园区［M］. 陕西：陕西科学技术出版社，2013.

[3] https://www.sohu.com/a/404901843_120731637

[4] 华为技术有限公司. 埃森哲（中国）有限公司. 未来智慧园区白皮书，2020.

[5] 王文利，等. 智慧园区实践［M］. 北京：人民邮电出版社，2018.

[6] 全国智能建筑及居住区数字化标准化技术委员会. 中国智慧园区标准化白皮书. 2019.

[7] 高艳丽，等. 数字孪生城市［M］. 北京：人民邮电出版社，2019.

第2章　基于数字孪生的智慧园区发展新形态

2.1　数字孪生技术的发展背景

数字孪生（Digital Twin）是通过对物理世界的人、物、事等所有要素进行数字化，在信息空间进行克隆再造一个与之相对应的“虚拟世界”，形成物理空间上的实体世界和信息空间上的数字世界相互映射、同生共存、虚实融合的数字孪生双体。业界一般认为，数字孪生的概念早在2002年由密西根大学教授迈克尔·格里弗斯（Michael Grieves）提出，在NASA（美国国家航空航天局）的航空航天飞行器健康维护与保障中最先得到应用，即在数字空间建立真实飞行器模型，并通过传感器实现与飞行器真实状态完全同步，通过模型计算评估飞行器健康状况、是否需要维护等。

数字孪生技术在工业领域大型高端装备制造业中得到广泛应用，通过搭建数字孪生生产系统，实现从产品设计、生产计划到制造执行的全过程数字化。近年来，工业4.0、工业互联网和智能制造的蓬勃发展，使得数字孪生技术受到业界的广泛关注，成为社会上一个热点技术领域。2017年底，中国信息通信研究院（以下简称中国信通院）首先在国内提出了数字孪生城市的概念，将数字孪生技术引入智慧城市领域，把数字孪生城市作为技术演进与需求升级驱动下新型智慧城市建设发展的一种新理念、新途径、新思路。目前，数字孪生城市在国内还处于理论研究和技术探索阶段，尚无建成案例。园区作为城市的基本组成部分，可看作是一个微缩版的城市，功能结构较城市又更为简单，可将数字孪生城市的理念直接引入，结合园区特点研究探讨基于数字孪生的智慧园区建设新模式。

本章对基于数字孪生的智慧园区的概念内涵、特征、价值意义、总体架构以及涉及的关键技术进行初步探讨和介绍。

2.2 基于数字孪生的智慧园区

2.2.1 基于数字孪生的智慧园区概念与内涵

基于数字孪生的智慧园区，是指利用 BIM+3D GIS 和物联网、移动互联网、云计算、大数据、人工智能等信息技术，实现物理园区全过程、全要素、全方位的数字化、在线化、智能化，构建起物理维度上的实体园区和信息维度上的数字园区协同运作、互联互通、全面感知、智能处理、虚实融合的线上线下相结合的园区发展新形态（见图 2–1）。

全过程，是指涵盖园区规划设计、建设施工、运营管理和服务的全生命周期过程；

全要素，是指园区人、车、物、环境、能源、事件等所有要素；

全方位，是指时间维度的过去、现在、将来和空间维度的地上、地面、地下。

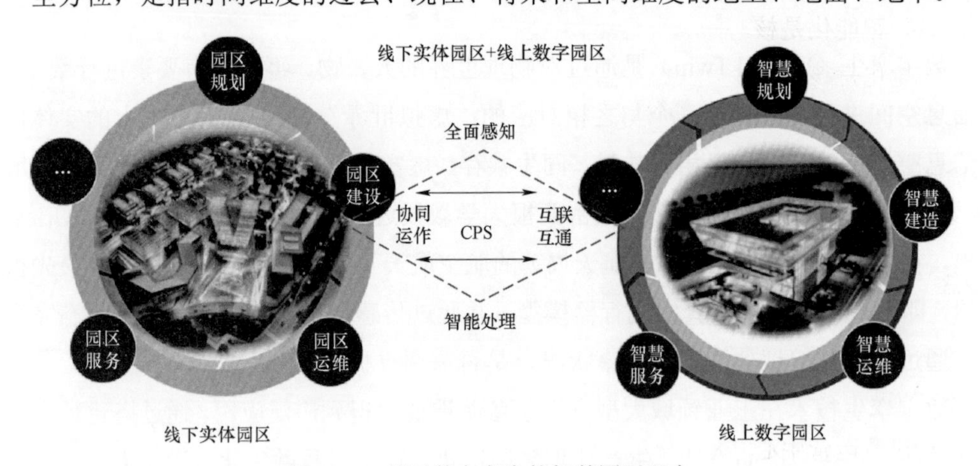

图 2–1 基于数字孪生的智慧园区理念

2.2.2 基于数字孪生的智慧园区特征

数字化、在线化、智能化是基于数字孪生的智慧园区的三大典型特征（见图 2–2）。其中数字化是基础，围绕园区本体实现全过程、全要素、全方位的数字化解构的过程；在线化是关键，通过泛在连接、实时在线、数据驱动，实现虚实有效融合的数字孪生的连接与交互；智能化是核心，通过全面感知、深度认知、智能交互、自我进化，基于数

图 2–2 基于数字孪生的智慧园区“三化”特征

据和算法逻辑无限扩展，实现以虚控实，虚实结合进行决策与执行的智能化革命。

（1）数字化是基础——从实入虚，建立数字模型

数字化是指通过对物理园区实体与实体活动的解构与建模，构建与实体映射的数字化模型，实现全过程、全要素、全方位三方面的数字化。全过程数字化要实现园区数字规划、数字建设、数字管理和数字服务；全要素数字化要实现园区内人、车、物、环境、能源、事件等所有要素的数字化表达；全方位数字化要实现园区过去、现在、将来，地上地面地下的时空一体化、天地一体化的模型构建。

（2）在线化是关键——虚实双生，形成融合机制

在线化是关键，通过虚实双生并形成融合机制，将园区实体以及人、车、物、环境、能源、事件等所有要素、各类终端进行泛在连接和实时在线，并对园区管理、生产和服务等管理过程加以改造，提高园区生产效率、管理效率和决策能力等，实现数字化、精细化、智慧化管理。

（3）智能化是核心——数据驱动，演化智能算法

智能化是核心，本质上是数据驱动，演化智能算法。虚体园区与实体园区在大数据、智能算法基础上具备可感知、可适应、可预测能力，相互依赖与优化，成为具有全面感知、深度认知、智能交互、自我进化的数字孪生，形成科学决策、精准执行的“人工智能”，在数据闭环自动流动过程中实现资源的优化配置和智能决策、操控。

2.2.3 基于数字孪生的智慧园区总体架构

基于数字孪生智慧园区的总体架构可分为基础设施层、网络传输层、信息资源层、平台支撑层、智慧应用层和园区 IOC（Intelligent Operations Center，智慧城市智能运行中心）智慧运营中心（智慧大脑）六大层次，如图 2–3 所示。

（1）基础设施层

主要包括智能化设施/子系统和物联感知设施等两大类。

智能化设施/子系统是实现数字孪生的智慧园区的基础，包括园区建设的智能卡、访客管理、停车场/库、综合布线、卫星通信、会议系统、信息导引及发布、楼宇自控、智能门禁、视频安防、火灾自动报警、入侵报警等各智能化设施和智能化子系统。

物联感知设施是园区布设的各种智能感知设施，如智慧灯杆、智能路灯、智能井盖、智能垃圾箱、传感器、摄像头、RFID（射频识别）等。

（2）网络传输层

主要包括园区内布设的移动通信网、光纤宽带网、园区通信专网以及无线宽带网，为智慧园区各应用的互联互通提供基础通信网络支撑。

（3）信息资源层

信息资源层是整个基于数字孪生的智慧园区的大数据中心，包括基础地理信息数

据、地上地下空间三维模型数据、建筑及基础设施 BIM 数据、空间规划数据、物联感知数据、业务专题数据等，结合园区基础地理信息数据，进行空间化处理和多源异构数据融合，构建形成园区 CIM（City Information Modeling，城市信息模型）时空信息模型数据库。

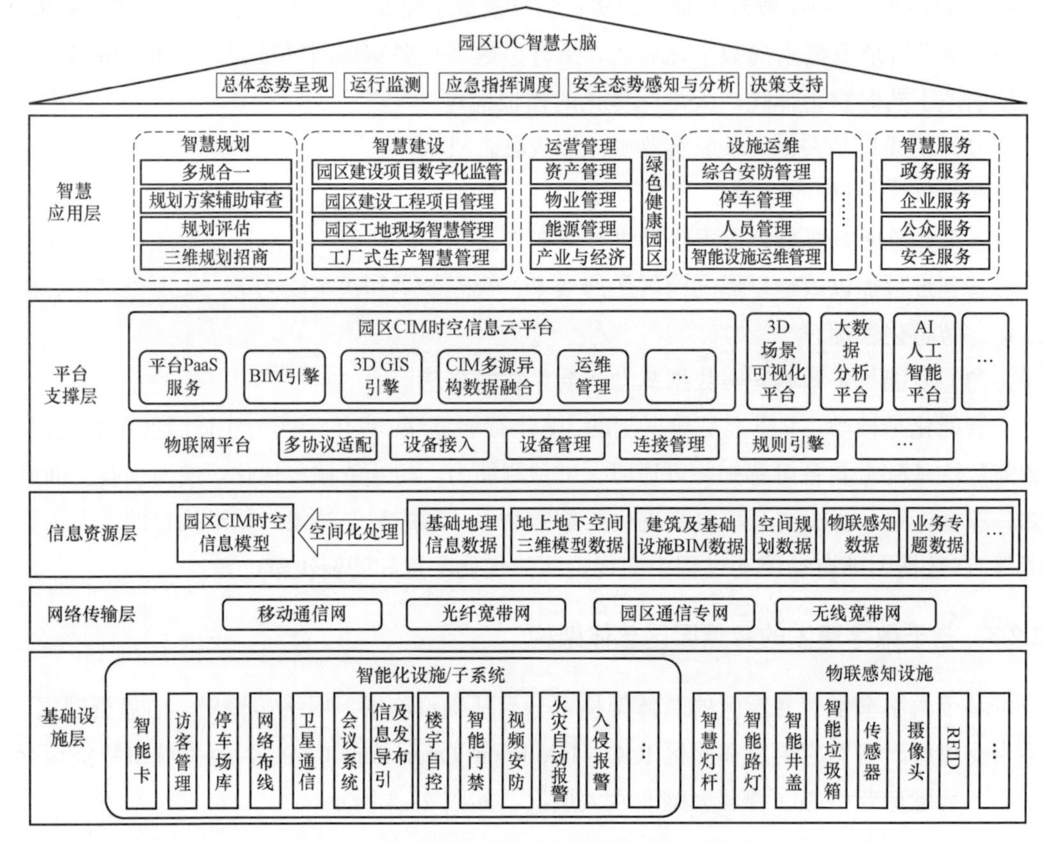

图 2-3 基于数字孪生的智慧园区总体架构图

（4）平台支撑层

包括 CIM 时空信息云平台、物联网平台、AI（Artificial Intelligence，人工智能）平台、大数据平台等支撑平台，为整个数字孪生的智慧园区上层应用提供平台支撑服务。

1）园区物联网平台：提供整个智慧园区的前端物联网感知设备和感知数据的统一接入，包括多协议适配、设备接入、设备管理、连接管理、规则引擎等功能模块。

2）园区 CIM 时空信息云平台：通过平台 PaaS（Platform as a Service 的简称，平台即服务）服务、BIM（Building Information Modeling，建筑信息模型）引擎、3D GIS（三维 GIS）引擎、CIM 多源异构数据融合、运维管理等功能模块，对 CIM 时空信息模型进行多源数据集成、数据存储、数据调度、数据渲染等管理，保障海量模型数据的高效使用，以组件、可插拔方式，向上承载园区规划、建设、管理和运营服务等智慧应用。

3）3D 场景可视化平台：采用 UE4（Unreal Engine 4，虚幻引擎 4）、U3D（Unity 3D）等 3D 实时渲染引擎技术，为数字孪生园区 3D 场景构建提供支撑，通过实时渲染，实时还原真实场景，模拟各种真实世界的材质、元素、环境、天气，将真实场景数据注入虚拟场景进行展示、叠加和融合。

4）大数据分析平台：为智慧园区上层业务应用提供基于大数据的各种处理工具和分析服务。

5）AI 人工智能平台：为智慧园区上层业务应用提供计算框架、资源调度、基础算法、开发工具和接口等 AI 人工智能应用服务。

（5）智慧应用层

智慧应用层是涵盖园区规划、建设、管理和服务全过程的各项智慧应用和服务，包括智慧规划、智慧建设、运营管理、设施运维和智慧服务等应用内容。

（6）园区 IOC 智慧运营中心

园区 IOC 智慧运营中心是整个园区的智慧运营大脑，通过集成对接各智慧应用和服务，提供园区统一的管理驾驶舱、综合监控、事件流转、智慧决策、应急指挥和协同联动、服务门户等功能，为园区日常运营管理和应急事件处置提供有效支撑。

2.3 园区 CIM 时空信息云平台

园区 CIM 时空信息云平台是打造基于数字孪生的智慧园区的核心关键。CIM 时空信息云平台大致可分为应用 PaaS 服务、空间数据引擎、DaaS（Data as a Server，数据即服务）数据服务和运维管理四大部分，平台总体架构如图 2-4 所示。

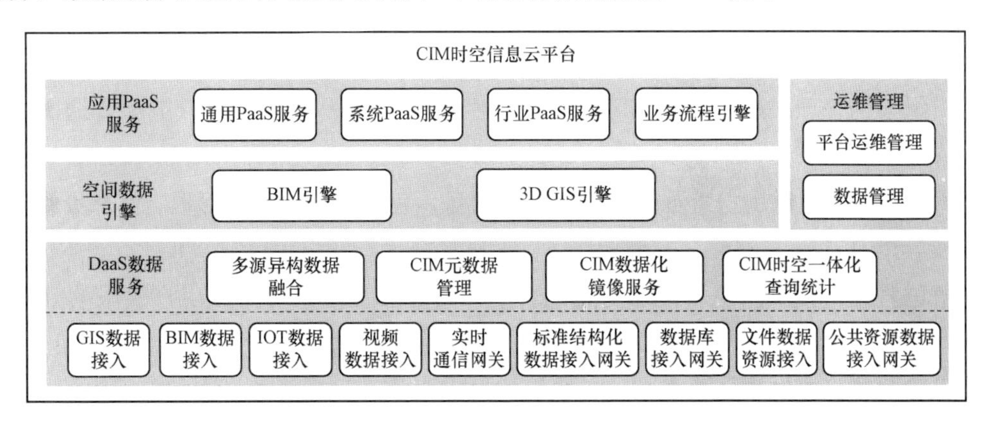

图 2-4　CIM 时空信息云平台总体架构图

2.3.1 应用 PaaS 服务

应用 PaaS 服务包括通用 PaaS 服务、系统 PaaS 服务、行业 PaaS 服务、业务流程引擎等功能模块。

（1）通用 PaaS 服务模块

通用 PaaS 服务模块主要针对数字园区上层智慧应用的通用需求，提供常见通用 PaaS 服务，为业务应用提供标准化的开发接口和服务支持，节省系统资源、提高复用率，避免重复开发，加速业务子系统开发和功能扩展，方便业务系统之间交互、协作，方便数据共享和能力复用。平台提供的通用 PaaS 服务主要包括内容见表 2－1。

表 2－1　　平台提供的通用 PaaS 服务

服务名称	功能
实时消息服务	支持业务应用的用户消息通知，故障告警信息通知等功能实现
邮件推送服务	支持业务应用中需要通过邮件发送的用户消息，例如用户注册、代办处理事项等通知功能的实现
短信通知服务	支持业务应用的实时短消息推送，例如注册消息、用户订阅故障告警、状态更新等业务功能的实现
消息队列	支持业务应用的消息队列应用开发和业务应用之间的数据传递、交换，也支持大数据量的业务数据流式传输等功能实现
对象存储	支持业务应用的非结构化数据的存储、管理、访问、分享，例如图片、文档、二进制数据文件、模型数据、用户表单配置、录像视频等功能实现
流数据时序处理服务	支持业务应用的实时流数据处理，例如 IoT 数据的实时流数据区间分析、统计、平均、故障告警处理等功能实现

（2）系统 PaaS 服务

系统 PaaS 服务模块主要针对数字园区上层智慧应用提供平台系统级 PaaS 服务，包括：

统一登录：提供不同内部、外部业务系统接入、数据接入的登录和授权服务；

安全认证：提供平台整体以及各业务系统的 API 调用认证、业务界面访问控制服务；

组织架构管理：提供平台组织架构和各业务系统的组织机构和用户分配等通用组织架构管理服务；

用户管理：提供用户管理的一般性通用服务，包括用户注册、管理、信息更新、安全管理等；

角色管理：提供角色管理服务，配合用户管理、组织架构完成用户权限的分组和分配；

日志服务：提供平台及各个业务系统的日志服务，包括系统日志和应用服务日志，能够提供日志保存和查询检索等常用功能；

平台监控：提供对平台主要系统指标和服务运行健康状态的实时监控，能够提供平台故障报警和性能分析报告，为平台日常运维和扩容提供支持；

Web 管理：实现平台的 Web 内容发布、更新、同步等管理，便于各业务系统发布、更新业务和更新前端界面；

权限管理：实现平台的权限管理服务，协助各个业务汇总权限操作，配合组织架构、用户管理、角色管理，完成权限的分配。

（3）行业 PaaS 服务

为数字园区上层智慧应用提供行业 PaaS 服务套件，如规划辅助审查、建设项目管理服务、项目招投标、应用调度管理、设备运维管理、空间疏散、城市模拟仿真等专业 PaaS 服务功能。

（4）业务流程引擎

为上层业务应用提供可视化业务流程、表单统一的设计工具，以有向图方式设计各种类型的表单，控制流程各节点数据采集和流程的实现，实现业务流程过程控制。基于业务流程引擎，为上层业务应用提供方便、灵活、可定制的业务流程服务。

2.3.2 空间数据引擎

空间数据引擎基于 BIM、3D GIS 一体化融合技术，为数字孪生园区应用提供异构空间融合和数据加载、实时渲染、空间分析计算等的空间数据综合服务。

（1）BIM 引擎模块

提供对 BIM 建筑信息模型数据的接入、处理、呈现等能力支持，包括：

提供文件格式解析功能，能够解析各类常见工程图纸和 BIM 模型，并能通过功能扩展的方式持续支持新的数据格式。

提供基于不同格式 BIM 模型数据的集成、转换、轻量化简功能，使用户能够在浏览器中流畅查看 BIM 模型，实现空间测量、剖切截面、漫游浏览等操作。

通过云端高性能分布式任务调度引擎，实现 BIM 模型的高效场景调度管理和控制，支持大体量 BIM 模型的流畅高效显示。

基于分布式存储、计算等对大体量 BIM 模型构件进行管理和索引，支持高效的数据查询和访问服务。

结合 SDK，实现基于 Web 端和移动端的 BIM 模型特效渲染，以增强模型的表现能力，满足业务应用需要。

（2）3D GIS 引擎模块

提供二三维一体化的 GIS 数据接入、数据管理和呈现能力，包括：

2D/3D GIS 地理信息的基础地理数据集成、数据分层展示，能够支持地形、影像、2D 矢量 GIS、3D 模型、CAD、点云、倾斜摄影等多源异构空间数据的集成显示。

实现与 BIM 模型数据的集成，支持从宏观地图到微观建筑内部细节部位管理构件的无缝衔接、流畅展示和调度浏览、检索、选择及控制。

实现基于 Web 端的模型特效渲染，以增强模型的表现能力，满足业务应用需要。

2.3.3 DaaS 数据服务

DaaS 数据服务实现对 CIM 数据服务功能，包括 DaaS 数据接入层和 DaaS 数据服务层。

1）DaaS 数据接入层：实现对 CIM 多源异构数据的统一汇集和接入，主要功能模块包括：

2D/3D GIS 数据接入：传统地理数据和 3D 模型数据接入接口；

BIM 数据接入：BIM 类数据统一接入和处理接口；

IoT 接入网关：通用 IoT 设备适配和设备流数据接入接口；

视频流数据服务网关：视频、监控摄像类实时数据接入和访问网关；

实时通信网关：实时消息通知类数据接入；

标准结构化数据接入网关：开放的标准结构化数据输入网关；

数据库接入网关：负责外部数据库的接入，例如 Oracle、SQLServer、MySQL、MongoDB 等；

文件资源数据接入：按照对象存储方式，接入并汇集外部文件数据源；

公共资源数据接入网关：外部公共资源例如天气、空气质量、工商服务等公共资源数据。

2）DaaS 数据服务层：在数据统一接入和处理的基础上，提供 CIM 数据服务功能，包括：

多源异构数据融合：实现 CIM 多源异构数据的分析处理和融合，完成各类异构数据的结构解析；

CIM 元数据管理：以对象化方式定义 CIM 数据类型，通过元数据存储 CIM 数据对象定义，并提供 CIM 元数据管理功能；

CIM 数据化镜像服务：根据 CIM 数据对象定义，实现不同维度的 CIM 多源异构数据连接、绑定和数据关联，完成全部异构数据的数字镜像化，将数据统一联结 CIM 数据模型之上；

CIM 时空一体化查询统计：在 CIM 异构数据的数字化镜像基础上，提供 CIM 对象的对象化数据访问接口，能够对异构数据进行一体化的查询、统计和分析，屏蔽异构数据的差异，实现基于 CIM 对象的异构数据互联、互通。

2.3.4 运维管理

提供 CIM 平台的运维管理功能，包括平台运维管理和数据管理。

1）平台运维管理：提供平台运维管理工具，实现对平台运行状态的实时监控、权限管理、日志管理和应用门户功能，方便平台运维人员使用。

2）数据管理：提供一体化的CIM数据资源管理功能，包括：

一站式资源管理：支持地形、影像、二/三维模型、BIM模型、外部数据源、Office文档、图片视频文件、智能感知设备数据等全格式数据的一键式导入与发布；

在线资源查看浏览：支持BIM模型在线浏览、Office文件在线浏览、CIM属性集的在线查看；

灵活自定义的目录组织及权限管理。

2.3.5 CIM应用案例

案例一：福州滨海新城规建管一体化应用平台项目

项目基于CIM平台和滨海新城CIM时空信息模型，在规划阶段构建“规划业务管理系统”“一张蓝图信息系统”“地上地下规划辅助审查系统”，实现滨海新城城市规划一张图、规划业务高效审批、规划信息联动与共享、冲突检测与决策支持，让土地资源和空间利用更集约，方案更科学，决策更高效；在建造阶段构建“建设工程数字化综合监管系统”，可实现滨海新城建设监管一张网，采用物联网及现场智能监测设备等技术手段，与工程现场数据实时互联，实现对建设工程项目从设计图纸审查、建造过程监督和竣工交付的全生命周期智慧监管，全面提升工程项目监管效能；在运营管理阶段构建“地下综合管网系统”“市政设施管理系统”“协同督办系统”，实现城市治理一盘棋，实时监测城市运行状态，敏捷掌控城市安全、应急、生态环境突发事件，事前控制，跨部门多级协同，将城市管理精细到“细胞级”治理水平。

案例二：青岛中央商务区基于CIM的城市综合治理平台

青岛中央商务区基于CIM的城市综合治理平台项目，通过综合应用BIM+3D GIS+IoT等技术手段，打造中央商务区CIM平台，在数字空间再造了一个与实体城市相匹配对应的数字虚体。基于CIM平台和CIM三维城市信息模型集成接入智慧灯杆、视频监控、智慧交通等各业务系统和数据，实现了整个商务区三维可视化综合管理和精细化治理，将传统静态的数字城市升级为可感知、动态在线、虚实交互的数字孪生城市，改变了传统依靠人工的作业方式，提升了中央商务区城市治理和管理效能，大大降低人工成本，降费增效，延迟设备使用寿命，同时实现了资产保值增值的目标。

2.4 基于数字孪生的智慧园区关键技术

2.4.1 BIM技术

BIM是以建筑工程项目的各项相关信息为基础，集成建筑物所有的几何形状、功能和结构信息，建立起三维建筑模型，通过数字信息模拟建筑物所具有的真实信息。BIM

模型包含了从方案设计、建造施工到运营管理阶段全生命周期的所有信息，并把这些信息存储在一个模型中。BIM 技术的应用可以使建筑项目的所有参与方在从建筑规划设计、建造施工到运行维护的整个生命周期，都能够在三维可视化模型中操作信息和在信息中操作模型，进行协同工作，从根本上改变依靠符号文字形式表达的蓝图进行项目建设和运营管理的工作方式，实现在建筑项目全生命周期内提高工作效率和质量、降低资源消耗、减少错误和风险的目标。

BIM 关键技术主要包括：

（1）BIM 模型文件转换化简

基于桌面的 BIM 原始模型，通常采用多个文件来存储模型的几何信息、材质信息、纹理贴图及属性信息等，模型体量很大。在网络应用环境下，从服务器端下载 BIM 模型，需要等待时间太长。因此，需对模型文件进行转换，将原始 BIM 模型（标准模型和项目模型）转化为适合网络传输的轻量化的模型文件（数据包），并配合模型显示引擎，实现 BIM 模型的在线浏览。BIM 模型文件转换化简主要技术包括：将原始 BIM 模型文件转换成“模型流”的数据包组织方式，把具有相同形状的几何对象进行唯一性表达以及对 BIM 模型文件进行数据压缩等。

（2）基于 Web 的 BIM 模型加载渲染

基于 B/S 方式的应用开发方式已经成为主流趋势。在 Web 上显示 BIM 模型一般采用 Web GL 技术，通用 Web GL 的显示引擎（如 ThreeJS、SceneJS 等），基本上只能够满足中小规模三维场景的显示需求，加上浏览器本身资源（内存、CPU、网络传输）的限制，在 Web 上流畅并完整地显示大规模的（四千万三角形面片，二十万构件以上的）BIM 三维场景具有很大的技术挑战。

基于 Web 的 BIM 模型加载渲染技术，综合利用 BIM 模型场景的空间划分、LOD 分级动态加载、模型绘制加速等多方面技术，以实现大体量 BIM 模型在 Web 上轻量化加载显示。

（3）BIM 逆向建模

数字孪生园区建设过程中，会遇到大量已建成建筑物没有 BIM 模型的情况，对此需要通过 BIM 逆向建模方式，构建 BIM 模型。BIM 逆向建模主要有两种方式：第一种是人工建模方式，第二种是半自动化建模方式，利用航空摄影测量、激光扫描、倾斜摄影等技术实现 BIM 建模。

2.4.2 3D GIS 技术

3D GIS 是随着计算机可视化技术的发展对传统 2D GIS 技术的升级。2D GIS 的本质是将 3D 现实世界中的地物与地理现象投影到二维平面上进行表达，虽然简化了空间信息理解与表达过程，却损失了空间信息量（尤其是高程信息和 3D 拓扑空间信息），是以牺牲空间信息的真实性和完整性为代价的。3D GIS 正是针对 2D GIS 的这一本质缺陷，试图直接从 3D 空间的角度去理解和表达现实世界中的地物、地理现象及其空间关系。相比 2D GIS，3D GIS 为空间信息的展示提供了更丰富、逼真的平台，使人们将抽象难懂的空间信息可视化和直观化，更易于理解，从而做出准确而快速的判断。

3D GIS 的关键技术包括：

1）2D/3D 一体化：在底层数据模型、数据存储管理、数据可视化以及空间分析等层面实现 3D GIS 与 2D GIS 的无缝一体化融合。

2）多源数据融合：综合采用坐标转换、数据融合匹配、定义三维空间数据规范等技术手段，实现包括倾斜摄影、激光点云、线性三维模型、3DMax 手工建模、三维地形等三维数据与传统的影像、矢量、地形、精模等多源异构数据的一体化融合。

3）基于 Web GL 的 3D 实时渲染：通过借助用户显卡 GPU 加速，结合实时渲染引擎、LOD 分级加载、纹理压缩、特效渲染等技术，以实现让用户无须下载、安装插件，即可在用户浏览器中流畅显示三维场景和模型的目的。

4）3D GIS 与 BIM 无缝集成：在底层模型数据、图形引擎优化和平台应用层面上实现 CIM 场景下 BIM 与 3D GIS 的无缝集成和应用切换。

2.4.3 物联网技术

基于数字孪生的智慧园区应用涉及的物联网关键技术，包括 RFID、卫星定位（GPS/北斗）、低功耗广域网、物联网平台等。

物联网技术是互联网技术的延伸和拓展。互联网技术实现了人与人之间的联网，物联网技术实现物与物之间的联网，在物与物之间进行信息交换和通信。IoT 物联网技术大致可包括感知终端、网关、物联通信网络和物联网平台四大部分。

（1）感知终端

感知终端主要通过 RFID、摄像头、传感器及各种前端采集设备，实现对“物”的状态信息、属性信息的在线感知和采集。

（2）网关

物联网网关实现对前端物联网感知终端的接入，实现不同厂家、不同类型、不同协议的物联网感知终端的统一接入，并提供对前端感知终端设备的统一管理功能，用户可通过物联网网关设备统一获取各前端感知终端信息，并对前端感知设备进行统一管理、配置和指令下发。

（3）物联通信网络

物联通信网络实现对前端感知终端/网关获取的物联感知信息的网络接入和通信传输，使前端现场获取的物联网数据能够有效回传到远端后台应用。物联网通信网络大致可分近距离无线通信技术、移动蜂窝通信技术和 LPWAN 低功耗广域网三大类。

近距离无线通信技术：主要用于从几米到几百米的近距离范围内的无线通信数据传输，包括无线宽带（Wifi）、蓝牙、紫蜂（ZigBee）、超宽带（UWB）、近场通信（NFC）等。

移动蜂窝通信技术：主要包括蜂窝移动通信技术，如 GPRS、3G、4G 等，可实现远距离大范围的物联网感知信息的传输。

LPWAN 低功耗广域网是专为低带宽、低功耗、远距离、大量连接的物联网应用而设计，与蓝牙、Wifi、ZigBee 等近距离无线连接技术相比，LPWAN 技术距离更远，与蜂窝技术（如 GPRS、3G、4G 等）相比连接功耗更低。LPWAN 大致可分为两类：一类是工作于未授权频谱的 LoRa、SigFox 等技术，另一类是工作于授权频谱下，如 3GPP 支持的 NB－IoT 和 5G 蜂窝通信技术 mMTC 技术等。

（4）物联网平台

传统物联网垂直应用开发，需要通过点对点的方式独立开发接口，以接入不同类型终端，适配不同协议，导致开发成本较高。物联网平台可实现前端海量物联网感知设备的统一接入/适配，为前端感知设备提供设备接入、协议解析、数据存储/转发等功能，为上层应用提供统一物联网设备/数据访问接口。上层物联网应用可基于物联网平台快速构建应用，从而大大降低物联网应用开发、部署、维护成本。物联网平台的核心技术模块包括设备接入、协议适配、连接管理、数据存储、规则引擎、开放 API 接口等。

2.4.4 新型测绘技术

数字孪生园区的基础，是在数字空间构建园区三维信息模型，新型测绘技术的应用，将大大方便园区三维建模的工作。基于数字孪生的智慧园区应用涉及的新型测绘关键技术，包括三维激光扫描、全息影像、点云与全景融合等。

（1）三维激光扫描

三维激光扫描技术利用激光测距的原理，通过记录被测物体表面大量、密集的点的三维坐标、反射率和纹理等信息，可快速复建出被测目标的三维模型及线、面、体等各种图件数据。三维激光扫描技术突破了传统的单点测量方法，具有精度高、速度快、分辨率高、兼容性好等优势。根据应用场景不同，三维激光扫描设备主要包括固定式/架站式三维激光扫描仪、移动式三维激光扫描仪、手持式三维激光扫描仪等。在实际建模场景中，有时候需要多种扫描设备协同合作进行扫描。

（2）全景影像

全景影像技术，又被称为 3D 实景，一般是通过多个带有鱼眼镜头的相机进行拍摄，后期再使用软件进行拼接后生成的影像，可以在特定的软件或平台展现出三维沉浸式的效果。全景影像的一大特点就是它的 360°环视效果，可以全方位地展示出所在地的周边环境，使用者可以根据自己的兴趣，从任意一个角度浏览所在场景，犹如身临其境，如图 2-5 所示。

图 2-5　全景影像

（3）点云与全景融合技术

全景影像和三维激光点云模型在平台中参数自动配准，广泛应用于三维建模、环境识别、真实虚拟场景可视化方向。

通过激光雷达和全景相机传感器采集三维激光点云和光学影像数据，将激光雷达与光学相机参数匹配、高精度结算，以三维激光点云作为物理框架，提供丰富真实高精度的物理信息，全景影像为三维点云提供 RGB 信息，弥补激光点云模型空洞等劣势，生成全真彩三维模型效果。

2.5　基于数字孪生的智慧园区价值意义

基于数字孪生的数字园区的核心价值，在于通过数字化建立基于高度集成的数据闭环赋能新体系，生成园区三维数字虚拟映像空间，并利用在线化手段，全面感知获取园区运行方方面面的动态信息，结合人工智能、大数据、模拟仿真等技术，形成软件定义园区、数据驱动决策、虚实交融的数字孪生园区双体，使得园区规划建设、运行、管理、服务由实入虚，可以在虚拟空间准确记录、仿真、演化、操控，同时由虚入实，改变、促进物理空间中园区资源要素的优化配置，从而形成智慧园区建设和治理新范式。

在园区规划方面，对于一张白纸零起步的新园区，可与物理园区同步规划建设数字园区，规划阶段即可导入园区规划模型，对园区未来发展规划进行数字仿真和模拟，以三维可视化方式推演园区未来的发展，丰富规划决策和辅助审查的手段，评估、优化和修正规划方案，实现管理前置、科学规划。

在园区建设方面，构建园区细胞级管理——建设项目 BIM 模型，通过基于“人、事、物”的 HCPS（信息物理系统）的泛在连接和实时在线，让建造过程的全要素、全参与方都以“数字孪生”的形态出现，形成虚实映射与实时交互的融合机制，有效转变与提升园区建设的管理效益、生产效率、决策能力，确保工程项目的按时、高质、安全交付，大幅降低时间、人工和物料成本。

在园区运营管理方面，则依托数字园区模型和全量数据管理物理园区，数字园区与物理园区两个主体虚实互动，孪生并行，以虚控实。通过物联感知在线化手段实现由实入虚，再通过科学决策和智能控制由虚入实，实现对物理园区的最优管理。这样通过由实入虚到由虚入实的不断迭代和优化，逐步形成深度学习、自我优化的内生发展模式，大大提升园区的运营管理能力和水平，实现园区运营管理的精细化、智能化。

在园区服务方面，基于数字虚体园区，构建线上的数字园区综合服务平台，形成线下实体园区服务+线上数字园区服务的园区服务新形态，为园区内入驻企业、员工、居民提供全方位的政务服务、企业服务和生活服务。

参 考 文 献

［1］高艳丽. 以数字孪生城市推动新型智慧城市建设［N］. 人民邮电，2017-12-08.

［2］崔颖. 数字孪生城市服务的形态与特征［N］. 人民邮电，2017-12-29（006）.

［3］中国信息通信研究院. 数字孪生城市研究报告［R］. 北京：中国信息通信研究院，2018.

［4］中国信息通信研究院. 数字孪生城市研究报告［R］. 北京：中国信息通信研究院，2019.

［5］广联达科技股份有限公司. 数字建筑白皮书：新设计、新建造、新运维—拥抱建筑产业数字化变革，2018.

［6］全国智能建筑及居住区数字化标准化技术委员会、华为技术有限公司. 中国智慧园区标准化白皮书，2019.

［7］华为技术有限公司、埃森哲（中国）有限公司. 未来智慧园区白皮书，2020.

第 3 章 智慧园区关键技术与应用

3.1 概述

智慧园区以信息技术为手段、智慧应用为支撑，能够实现内外资源的全面整合，做到基础设施网络化、建设管理精细化、服务功能专业化和产业发展智能化，使管理服务更高效便捷。智慧园区关键技术主要包括物联网技术、新型测绘技术、BIM 技术、5G 技术、信令技术、大数据技术等，这些技术在智慧园区建设中正在被广泛应用。

3.2 物联网技术

3.2.1 技术概述

物联网（Internet of Things，IoT）是“传感网”在国际上的通称，是传感网在概念上的一次拓展。通俗地讲，物联网是指通过信息传感设备［例如无线传感器网络节点、射频识别（RFID）设备传感器、GPS 等信息传感器、红外感应器、全球定位系统、激光扫描器等］按约定的协议，把任何物品与互联网连接起来，进行信息交换和通信，以实现智能化识别、定位、跟踪、监控和管理的一种网络。它是互联网基础上的延伸和扩展的网络。

物联网大致被公认为有四个层次：底层是用来感知数据的感知层，第二层是数据传输的网络层，第三层是 IoT 连接管理层，最上面则是行业应用层。其中感知层由各种具有感知能力的设备组成，主要用于感知和采集物理世界中发生的物理事件和数据。感知层至关重要，是物物相连的基础，是实现物联网的最底层技术。物联网感知层是物联网络建立的基础，深入地了解物联网感知层的网络层部分为建立低成本、高效、灵敏的物联网络提供一定的依据。感知层的作用相当于人的眼耳鼻喉和皮肤等神经末梢，它是物联网获识别物体，采集信息的来源，其主要功能是识别物体、采集信息。

3.2.2 发展历程

物联网从概念提出至今已 20 余年。1999 年，MIT（美国麻省理工学院）的 Kevin Ashton（凯文·艾什顿）第一次提出，把 RFID 技术与传感器技术应用于日常物品中形成一个“物联网”。

2005 年，ITU（国际电信联盟）报告提出，物联网是通过 RFID 和智能计算等技术实现全世界设备互联的网络。

2008 年，IBM（国际商用机器公司）提出，把传感器设备安装到各种问题中，并且普遍连接形成网络，即“物联网”，进而在此基础上形成“智慧地球”。

2009 年，欧洲物联网研究项目工作组制定《物联网战略研究路线图》，介绍传感网/RFID 等前端技术和 20 年发展趋势。

针对物联网到来的信息浪潮，我国先后提出了“感知中国”“数字中国”“物联网十三五发展规划”的发展战略。随着我国市场经济与高新技术产业的快速发展，物联网成为继互联网之后的又一研究热点。通过对监测设备和传感器的全面感知，利用大数据分析、智能决策与预警系统，实现设备的控制精准化、管理可溯化、决策智能化，这是今后各行业物联网发展的重要方向。随着城市建设的发展，各类物联设备陆续建设，由于信息不对称、沟通不畅通以及系统缺乏标准化导致当前物联网应用呈现出碎片化、垂直化、异构化，使得所建立的系统从物联网感知层到上层应用层都受到设备异构性、互通性以及设备接入流程复杂性的制约，需要建立统一的物联网架构，实现物联网平台设计与实现的统一。

越来越多的行业成了物联网应用的新领域，传统设备与新型物联网终端作为数据采集的重要节点，将逐步得到更加广泛的部署。随之而来的是海量设备的通信、接入及管理问题。物联网平台将解决海量物联网设备的统一接入与管理问题，并实现对智慧园区、智慧城市应用的数据支撑。

3.2.3 技术内容

物联网体系结构设计，自下而上分为感知层、网络层、IoT 连接管理层、行业应用层。

具体技术架构如图 3-1 所示。

1. 感知层

感知层位于面向设备接入的物联网系统架构的最底层，主要利用传感器、智能硬件、遥感技术等各类终端设备，在不同的地理位置采集信息，并通过 GPRS（通用分组无线服务技术）、Wifi（无线局域网技术）、ZigBee（紫蜂）、串口、RS485、RS232 等网络

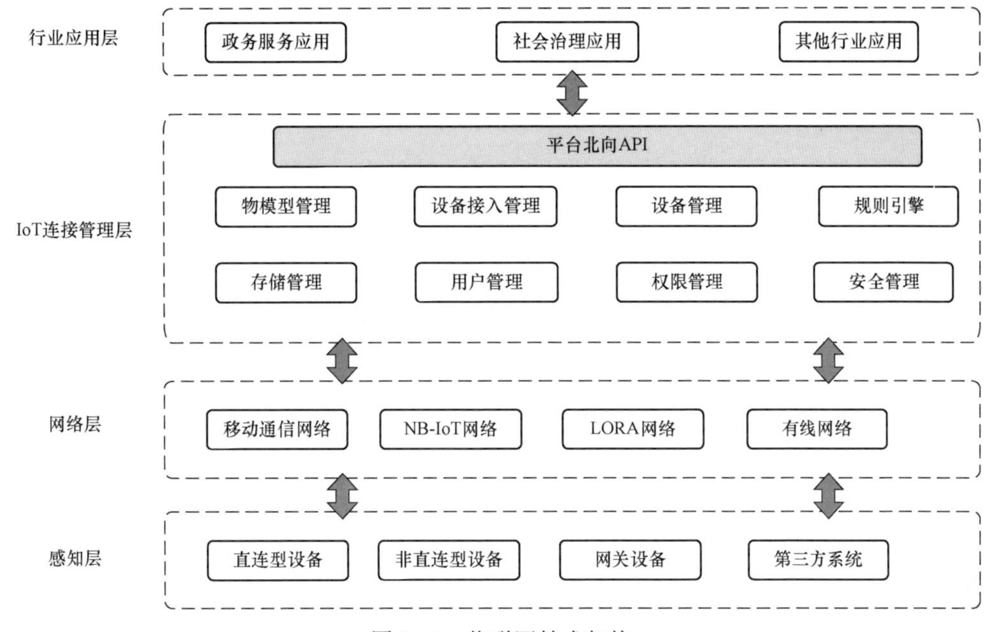

图 3－1　物联网技术架构

通信方式将采集的数据实时发送到 IoT 连接管理层。物联网下感知层的设备设计的功能有简易和复杂之分，既有微芯片级的小设备，又有汽车、楼宇监测设备等大型设备，设备的区分标准不能以设备的大小来区分，而应以设备的功能和结构的复杂程度作为划分标准。按照设备的功能来分，感知层的设备可以是功能简单的设备，主要包括部分传感器、RFID 设备、ZigBee 设备等简易的终端；也可以是功能复杂的设备，例如智能终端，M2M 终端，车辆终端等，其结构设计复杂，成本较高，但功能强大。

目前主要使用的感知技术有传感器技术、RFID 技术、二维码技术、ZigBee、蓝牙等。

2. 网络层

网络层是物联网的交通命脉。它在物联网四层模型中处于感知层和平台层之间，起到承上启下的作用，负责稳定、高效、实时、安全地传输上下层的数据。

网络是指终端设备和 IoT 设备管理平台之间进行远程信息交换的介质，其南向对接物联网感知层设备，北向对接 IoT 设备管理平台。网络层根据不同的应用场景及业务需求可以选择相应的数据传输方式，例如 NB－IoT、eMTC 以及 LoRa 的解决方案。对于视频等实时性和速率较高的场景可以采用 4G、5G 或者 Wifi 网络带宽比较大的传输方式来满足需求，可以满足随时随地的信息交换和共享。对于像没有基站信号覆盖的场景还可以采用自组网的 LoRa 网络，它适合在没有基站覆盖的大范围开放空间使用。

3. IoT 连接管理层

IoT 连接管理层主要提供物联网基础功能、设备接入套件、设备管理、数据流转、运维监控管理、安全管理、数据存储、在线开发服务，提供多协议设备接入、设备管理、数据转发、数据存储等服务。

4. 行业应用层

行业应用层是物联网设备管理平台的上层，对接的是不同的行业领域。IoT 设备连接管理层负责连接设备并获得设备数据，汇集和处理后提供给行业应用层进行数据分析或应用系统开发，将数据有效地利用起来，结合大数据和人工智能相关技术实现行业应用平台的智能化、精准化、科学化。

在面向不同行业的物联网设备接入管理平台总体架构中，应用层主要功能是实现设备的智能接入，对设备的智能管理以及设备的采集数据进行汇集、存储、控制以及可视化展现。

物联网赋予各行各业新形态，大大提高了政府的监管效率及其所辖区域的综合竞争力。园区管理利用物联网、移动网络等技术感知和利用各种信息、整合各种专业数据，建立一个集行政管理、园区规划、应急指挥、决策支持与园区服务等综合信息为一体的园区综合运行管理体系。

3.2.4 技术特征

1. 实时感知

物联网是各种感知技术的广泛应用。物联网上部署了海量的多种类型传感器，每个传感器都是一个信息源，不同类别的传感器所捕获的信息内容和信息格式不同。传感器获得的数据具有实时性，按一定的频率周期性的采集环境信息，不断更新数据。

2. 信息传输

物联网是一种建立在互联网上的泛在网络。物联网技术的重要基础和核心仍旧是互联网，通过各种有线和无线网络与互联网融合，将物体的信息实时准确地传递出去。在物联网上的传感器定时采集的信息需要通过网络传输，由于其数量极其庞大，形成了海量信息，在传输过程中，为了保障数据的正确性和及时性，必须适应各种异构网络和协议。

3. 智能控制

物联网具有智能处理的能力，能够对物体实施智能控制。物联网将传感器和智能处理相结合，利用云计算、模式识别等各种智能技术，扩充其应用领域，从传感器获得的海量信息中分析、加工和处理出有意义的数据，以适应不同用户的不同需求，发现新的应用领域和应用模式。

3.2.5 应用场景

在智慧园区的运营管理中，各种类型的园区已经越来越多地利用 IoT 技术物联感知、实时传输、智能处理的特点进行智慧化应用。

在智能楼宇建设方面，园区可进行水、电、气等数据的实时监测和精准测量，空调、照明、供热、电梯等系统的控制，对设备的健康、运转情况进行相应的检查以及故障维护，达到智能化管理楼宇的目的。

在智能管理方面，智慧园区有很多智能设施（井盖、路灯、消防栓等），运用 IoT 技术，可以对这些市政设施的状态实时了解和监控。例如智能井盖，可通过园区物联网管理平台进行资产管理、实时定位、防盗或者报警联动。

在智能安防方面，安防和园区管理密不可分，通过各类传感器，可实现远程管理和远程授权门锁或门禁，定位巡检，外部入侵等探测，从而对全园区实现全方位安防监测。

3.3 3S 与新型测绘技术

3.3.1 技术概述

测绘学是研究与地球有关的地理空间信息的采集、处理、显示、管理、利用的科学与技术。现代测绘科技的发展与遥感、全球导航卫星定位、地理信息系统密不可分。遥感（Remote Sensing，RS）、全球导航卫星系统（Global Navigation Satellite System，GNSS）、地理信息系统（Geographic Information System，GIS）合并简称 3S，根据应用需要，三者经常有机地组合成一体化、功能更加强大的新型系统，称为 3S 集成。

经历工业革命和信息革命，测绘科学已从光学机械仪器为主要手段的模拟方法发展为以空天地一体化测绘遥感技术和地理信息系统集成的数字化方法，融合和吸收了大量其他边缘学科的理论和技术，如航空航天技术、通信技术、计算机技术、航海技术、数据库技术、天文学、海洋学、气象学和水文学等理论，云计算、大数据、物联网、人工智能等现代信息和通信技术。不同学科、技术间的相互渗透和相互作用，促进了现代测绘的发展，逐步形成以地球空间信息服务为目标的新的信息化智能化测绘体系，业界称之为“新型测绘”。

测绘科学在国民经济、国防建设中发挥了重要的基础性作用，以测绘科技为支撑的地理信息产业已成为我国战略型新兴产业，测绘科学迎来重大的战略发展机遇。

3.3.2 发展历程

自 1794 年人类首次通过气球升空侦察以来，遥感技术在空间分辨率、时间分辨率、光谱分辨率、光谱域和空间测量维度等技术指标上不断发展，从单一的航空遥感发展为航空、航天遥感，从可见光遥感发展到包括紫外、可见光、红外、微波在内的全波段遥感，从单一波段发展到拥有几百个波段的高光谱遥感，从静态的影像获取到动态的视频监测，从单一卫星到星座组网，从大卫星到纳米卫星，逐渐形成了手段多样、数据获取能力强、数据分析智能化的遥感技术体系。据 UCS（美国 UCS 优势公司）2020 年发布的数据，目前全球在轨卫星一共 2666 颗卫星，其中美国在轨卫星数量为 1327 颗，中国 363 颗，俄罗斯 169 颗。我国高分系列卫星涵盖了高空间分辨率、高光谱、立体观测、微波遥感、视频监视等多种特点的传感器，可以进行全天候、全天时、全球覆盖的对地观测，提高了我国空间数据的自给率。我国发射了一系列商业遥感卫星，有力支撑了民用空间基础设施体系的建设，探索了国家民用空间基础设施市场化、商业化发展的新机制，提升了卫星遥感支撑经济社会发展的水平和能力。

相对航天（卫星）遥感，航空遥感可以在云下对目标进行观测，避免了气象因素的影响，而且可获取超高分辨率（优于 0.3m）的影像，适用于小区域的精细化观测。航空遥感的发展主要是随着传感器的发展进步的，从框幅式到线阵式，从单一下视到多镜头倾斜摄影，从影像获取到激光扫描。另外，近年来，以无人机为代表的中低空飞行平台让遥感技术的发展如虎添翼，无人机起降灵活、不受空间限制，可搭载可见光、多光谱、激光雷达等多种传感器，在诸多领域有着广泛的应用。

1957 年苏联成功发射世界上第 1 颗人造地球卫星，揭开了全球导航卫星定位技术发展的序幕。进入 21 世纪后，全球导航卫星系统蓬勃发展，主要有美国的全球定位系统（GPS）、俄罗斯的格洛纳斯卫星导航系统（GLONASS）、欧盟的伽利略卫星导航系统（GALILEO）和中国的北斗卫星导航系统（BDS）。我国的北斗卫星导航系统工程于 1994 年启动建设，经历“国内服务—亚太区域服务—全球覆盖服务”三个建设发展阶段，2020 年 6 月北斗卫星导航系统（北斗三号）建成，完成了第三代北斗卫星导航系统的升级换代，北斗卫星导航系统全面实现了服务全球的能力。2035 年前，北斗系统计划建设更加泛在、更加完善、更加融合、更加智能化的综合时空体系。

利用 GNSS（全球导航卫星系统）技术，我国部分省、市建成了卫星定位服务连续运行参考站（CORS）系统，已广泛应用于环保、交通、海洋、测绘、防灾救灾、自然资源调查、导航、农业等诸多领域，满足了不同行业用户对精确定位、快速实时定位和导航的需求，产生了显著的经济社会效益。随着北斗卫星导航系统与大数据、人工智能、物/互联网、区块链、5G 等新技术的深度融合，产生了以北斗技术为核心的“北斗+N”新业态应用模式，在智慧城市建设、智能物流、新基建、通信授时、电子商务等多个领域广泛应用。随着国际化合作的深入推进，现阶段 BDS 与 GPS、GALILEO、GLONASS 先后建立了各个系统之间兼容合作机制，促进了四大全球导航卫星系统的优势互补和交流，为多边推动全球卫星导航应用产业的发展起到积极作用。值得一提的是我国北斗卫星导航系统在“一带一路”的大背景下，已为全球上百个国家基础设施建设、交通、旅游、农业、灾害监测、民用及社会应用等诸多领域提供服务。

1963 年，加拿大测量学家 R.F.Tomlinson（罗杰·汤姆林森）首先提出了“地理信息系统”这一概念，并建立了“加拿大地理信息系统（CGIS）”，用于对自然资源的管理和规划。20 世纪 80 年代，地理信息系统引入我国，90 年代开始迅速发展，在理论研究、应用探索、平台研发、人才培养等方面取得了进步，出现了 SuperMap、MapGIS 等国产地理信息系统软件。1992 年，国际著名 GIS 学者 Michael Frank Goodchild 首次提出地理信息科学（Geographic Information Science，GIScience）概念，他认为地理信息科学是“信息科学有关地理信息的一个分支学科”，与地理信息系统（Geographic Information System）相比，它更加侧重于将地理信息系统看作一门科学，而不仅仅是一个技术实现。进入 21 世纪后，地理信息系统开始从单一的、分散的系统发展为多功能的、共享的综合性系统，应用领域也越来越广，各行业几乎都开始将空间数据管理、可视化、空间分析等地理信息系统技术融入本行业的应用中，地理信息系统产业迅速发展。随着计算机软硬件技术进步，以及物联网、移动互联网、大数据、云计算、人工智能等新兴技术的快速发展，网络 GIS、移动 GIS、三维 GIS 等新型地理信息系统开始出现，并以惊人的速度拓展到各个行业中，成为自然资源、数字城市、智慧城市、生态环境、农业、应急、交通、能源、金融、通信、电力等领域信息化建设的重要技术支撑。

随着技术和社会的变化发展，传统测绘产品已经不适应多样化、精细化、个性化的需求。国家适时开展了新型基础测绘试点，按照“海陆兼顾、联动更新、按需服务、开放共享”的特征要求，积极探索基于数字地球、智慧城市、数字孪生、自动驾驶等需求背景下的新型测绘发展路径。2019 年，上海市通过在智能化全息采集、地理实体构图、非尺度地理实体全息数据库构建、数据分发、产品服务等方面的开展探索，创新性地提出了“智能化全息测绘”的概念，发布了《基于地理实体的全息要素采集与建库》团体标准，在探索建设数字孪生城市，数字化模拟城市全要素生态资源，构建城市智能化运行的数字底座方面做出了有益的尝试。

3.3.3 技术内容

1. 3S 技术内容

遥感技术（RS）是指在不直接接触有关目标物的情况下，在飞机、飞船、卫星等遥感平台上，使用光学或电子光学仪器等传感器接收地面物体反射或发射的电磁波信号，并记录下来，经过信息处理和判读分析实现对目标物体观测的技术。相对于传统的观测技术，遥感技术具有覆盖范围广、周期短、监测手段丰富、立体化、动态化的特点，可以快速、全面地对监测对象开展持续性的观测，获取丰富的信息。遥感成果多种多样，包括各种谱段的影像（可见光、多光谱、高光谱等）、倾斜影像、激光点云、水下波束测深、夜光遥感影像、视频等数据，以及进一步处理得到的地表覆盖、数字高程模型、实景三维、数字表面模型、地表形变、变化图斑等各种衍生数据，可以用于自然资源、生态环境、国土空间规划、应急救灾、农林水利等各行业。

全球导航卫星系统（GNSS）是利用一组卫星的伪距、星历、卫星发射时间等数据对地球表面和近地空间的全球用户提供全天候、全天时、高精度位置（三维坐标）、导航和授时服务的科学技术。卫星导航系统由卫星、地面站和用户终端（即 GNSS 接收机）三部分组成。随着卫星、地基和星基增强系统建设，采用兼容多星系统的 GNSS 接收机，通过静态观测、精密单点定位（PPP）、实时动态测量（RTK）、动态后处理测量（PPK）等定位技术，结合高精度似大地水准面精化模型，实现厘米级甚至毫米级的精准空间位置信息服务。当今，GNSS 是体现新时代大国地位、核心竞争力的重要标志，在国家安全、经济社会发展、军事、民用、位置服务等领域具有重要意义。

地理信息系统（GIS）是在计算机科学技术的基础之上，融合了遥感、地理、环境、管理等众多科学技术，汇集而成的一门新兴科学技术，在计算机硬、软件系统的支持下，对某个区域内的地理分布数据进行输入、储存、管理、运算、分析、展示和输出。地理信息系统分为基础平台型和专业系统型，其中基础平台型地理信息系统提供基础性的空间数据管理、处理、分析和展示功能，可以作为各种空间信息应用的基础性平台，例如 SuperMap、GeoScene、MapGIS、ArcGIS、MapInfo 等；而专业系统型地理信息系统则是在基础平台型的基础上，面向行业应用，融合行业数据、标准和模型，以服务专业应用而产生的地理信息系统。

GNSS、RS、GIS 技术走向集成，是技术发展趋势。在 3S 技术的集成中，GNSS 主要用于实时、快速地提供目标的空间位置；RS 用于实时、快速地提供大面积地表物体及其环境的几何与物理信息及各种变化；GIS 则是对多种来源时空数据的综合处理分析和应用的平台。

2. 新型测绘的技术内容

“新型测绘”还没有形成学界、产业界的专有名词，技术内容也不是很明确。在 2019 年上海市测绘院主办的“新型基础测绘技术交流研讨会”上，原国家测绘地理信息局李维森副局长指出，测绘单位应积极探索新型基础测绘“产品体系、技术体系、组织体系和标准体系”的转型升级，并与各行各业社会经济信息进行关联融合，让过去需要专业知识才能使用的测绘产品，变为普通老百姓都能掌握的无处不在的地理信息化服务。上海市测绘院顾建祥副院长介绍了全国首个新型测绘试点实践成果，综合利用测绘卫星、无人机航测、激光雷达、倾斜摄影、移动测量、探地雷达等设备，采集地上地下、室内室外的地理实体三维空间数据，形成多传感器的空–天–地–地下立体化、组合式、全空间数据获取技术体系，建立了支撑海量数据成果管理的实体化、一体化的全息数据库，形成了按需组装、动态更新的要素级应用服务体系。

智能时代，全面准确实时的地理信息支撑、虚实空间的深度融合、以地图和影像为代表的二维空间数据表达，已远远不能满足人们对现实三维空间认知的需求。以新时期新形势应用需求为出发点，以适应物联网大数据、云计算、人工智能等新技术要求的地理信息、遥感和卫星导航定位技术为支撑，以实景三维为切入点，以地理实体为对象，加快建设基于现代测绘时空基准、海陆空天地全息采集、同一地理实体最高精度采一次、自动处理、二三维数据集成化管理、一库多能、智能分析、按需分发、快速更新的新型测绘技术体系，从数据获取、处理、集成管理到服务应用全生命周期正不断深入探索实践。

以激光扫描为代表的主动采集方法和以倾斜摄影为代表的被动采集方法为现实世界的三维数字化提供了直接有效的手段，可获取具有三维空间位置和属性信息的稠密点云。激光扫描方法通过不同平台搭载集成的全球定位系统、惯性测量单元和激光扫描仪，进行激光发射器的位置姿态信息和到目标区域距离的联合结算，获取目标区域的三维点云。根据搭载平台类型可分为地面、手持/背包、机载、车载移动、星载等激光扫描系统。倾斜摄影方法是通过搭载在同一飞行平台的一个垂直和多个倾斜的镜头从不同视角同步对地面“拍照”采集影像，获取地形地貌、建筑物等各个角度的高分辨率纹理，经过特定的数据处理后，在计算机里直观重现物理世界的外观、位置、高度等信息，更加高效生成三维实景模型。

3.3.4 技术特征

2019 年，宁津生院士在武汉大学学报发表的《测绘科学与技术转型升级发展战略研究》中指出，当前测绘的科技手段与应用已从传统的测量制图转变为包含 3S 技术、信息与网络、通信等多种手段的地球空间信息科学，近年来更与移动互联网、云计算、大数据物联网、人工智能等高新技术紧密融合。人工智能引发的智能革命星火正向各行业蔓延，测绘科学技术的相关方法、技术、产业形态和商业模式面临着巨大的挑战与机遇。随着地理空间信息资源的深度融合和地理信息产业的蓬勃发展，测绘对象的范畴也将扩大到陆、海、空、天甚至互联网络及人自身等领域。多尺度、个性化、智能化、全天候的测绘服务型需求会越来越多，又会产生诸如统一时空基准的四维地理信息服务，无时不有、无处不在的泛在位置服务，室内外一体、智能无缝的协同精密定位服务等新职能。

2019 年，顾建祥等在测绘通报发表的《面向数字孪生城市的智能化全息测绘》中描述了新型全息测绘的全息化、精细化、智能化、统一化四大亮点。采集内容以“全息要素、应采尽采”为原则，包括地上、地下、可见、不可见的所有实体及其自然属性、社会属性。采集精度为“按需测绘、不同要素不同精度”，通过实体构建可按需综合的地理实体库。利用 5G 传输、边缘/云计算、区块链等技术，提高全息城市空间数据云存储与计算能力，借助深度学习、强化学习、迁移学习等人工智能手段，提升全息地物要素智能化提取水平。对基于地理实体的全息地理时空数据处理、建库、管理进行了统一，明确地理实体分类、编码规则，规定了基础地理实体及点线面图元的制作、加工和处理要求。

3.3.5 应用场景

目前，新型测绘技术已在智慧园区的规划、建设及管理等全生命周期服务中得到广泛应用，对于提升园区的智慧化水平起到了重要的技术保障支撑作用。

1. 园区规划设计阶段

在园区规划设计阶段，以北斗为主的GNSS技术为园区提供高精度的时空基准信息服务，综合应用倾斜航空摄影技术、三维激光扫描技术等获取园区地形地貌、市政设施、建筑物、交通、管线、实景三维模型等基础性空间数据，形成覆盖园区地上地下的基础空间设施数据，为园区规划提供更为直观、数据内容更丰富、信息量更大的底图现状数据支撑；通过航空遥感（通常所说的航飞）获取园区建设初期影像，提取地理现状数据，为园区规划及后期常态化建设变化监测提供基础现状数据。

2. 园区建设阶段

在园区建设阶段，采用低空无人机航摄技术可获取不同阶段施工场景的快拼影像和全景影像，一方面可对施工进度、安全生产、环境保护等重点内容进行监管，确保建设工程顺利进行；另一方面可作为工程建设档案资料的重要组成，为后期查阅工程建设情况提供更直观可靠的影像档案信息；针对园区内的地下空间开发利用，可采用三维激光扫描的技术手段，获取不同阶段的三维点云实景影像；在竣工阶段还可采用车载移动测量系统对园区内的道路、小区等建设工程进行可量测全景影像采集，作为竣工验收的重要依据；通过多期常态化监测获取不同建设阶段的航空、航天影像，记录园区建设进程，为规划实施监督、园区生态环境变化监测服务；将GIS与规划业务充分结合，整合园区多源数据资源，实现一张图数据处理与交换、规划监督管理、数据分析和挖掘、多维数据综合可视化的数据应用；通过BIM+GIS的手段可以及时掌控施工的进度，及时对设计进行变更，最大限度地节约建设成本，实现园区施工管理及运营管理；通过建设园区三维场景直观展示园区的景观及风貌，立体宏观地展示园区特色及基础设施资源情况，并通过提供空间可达性服务分析功能，为项目落地提供可行性分析，辅助招商决策。

3. 园区运营阶段

在园区运营管理阶段，基于北斗、移动测绘车、无人机航测、激光扫描等多种技术手段相结合的方式进行高精地图采集，通过二三维可视化表达，为园区内无人自动驾驶、智慧物流、智慧停车管理、智慧设备巡检、智慧安防监控等提供高精度的导航地图；在井盖上安装基于北斗的位移报警装置，一旦井盖发生移动，系统即时监测发出警报，便于相关部门及时处置；利用高分遥感影像对园区内的各类资源要素进行动态监测，通过可见光、红外及高光谱遥感技术获取诸如土地利用、园区绿化、原有地貌保护、森林病虫害、地面沉降、水质、透水面、热岛效应等自然资源和生态环境数据，以及建筑物平面及高度、夜光遥感、人类活动图斑等数据，为园区的健康可持续发展建设提供决策支撑。将 GIS 和 BIM 融合，形成基于 CIM（City Information Modeling，城市信息模型）的智慧园区综合管理平台，通过园区地上地下的三维立体表达、室内室外信息的统一管理、二三维的一体化展示技术手段，构建智慧园区精细化数据底座，打造“孪生园区”；基于各种 GIS 子系统，服务园区的园区招商、园区规划、园区建设、巡查监管、应急安防、地下管网等运营管理工作，节约建设成本、提升管理效率和能力水平。

3.4 BIM 技术

3.4.1 技术概述

BIM 是 Building Information Modeling 或 Building Information Model 的缩写，代表建筑信息模型化或建筑信息模型。BIM 是以三维数字技术为基础，集成了建筑工程项目各种相关信息的工程数据模型，是对工程项目设施实体与功能特性的数字化表达。BIM 模型能够连接建筑项目生命期不同阶段的数据、过程和资源，是对工程对象的完整描述，可被建设项目各参与方共享使用。

BIM 技术应用于建筑、市政等工程项目的规划设计、建造、运维全过程，项目所有参与方能够以三维可视化方式在模型中操作信息和在信息中操作模型，进行协同工作，从根本上改变传统的依靠符号文字形式表达蓝图进行项目设计、建设和运营管理的工作方式，实现在建筑项目全生命周期内提高工作效率和质量、降低资源消耗、减少错误和风险的目标。

3.4.2 发展历程

BIM 理念的诞生至今已四十余年。1975 年，乔治亚技术学院建筑与计算机专业的查克 • 伊斯曼以其研究的课题“Building Description System”为原型发表的论文中提出：“建筑信息模型综合了所有的几何模型信息、功能要求和构件性能，将一个建筑项目整个生命周期内的所有信息整合到一个单独的建筑模型中，而且还包括施工进度、建造过程、维护管理等的过程信息。”BIM 的概念就此产生。

1994 年，以 Autodesk（欧特克）公司为首的 12 家美国企业共同创建了 IAI（International Alliance for Interoperability，国际协同工作联盟）协会，意在整合行业规范，协调制定一套行业全生命周期以及全行业产业链共同需要并遵守的行业标准，并将之推广至全世界，这就是著名的 IFC（Industry Foundation Class，工程数据交换标准）标准。BIM 技术开始在世界范围内形成技术风潮。

2002 年，Autodesk 公司收购了 Revit（建筑信息模型软件）科技公司，并以 Revit 软件平台为基础，根据工程实际与设计需求，在原有 Architecture（建筑）模块的功能外，融合添加了 Structure（结构）模块和 MEP（机械 Mechanical、电气 Electrical、管道 Plumbing）模块，并可以实现不同阶段和不同工作的协同管理，使得 Revit 软件平台的功能更为完善。Autodesk 公司大力推广 BIM 技术与 Revit 软件平台的应用，并在之后陆续收购了一系列软件整合丰富了 BIM 产品线，并逐渐放弃了旗下的 CAD（计算机辅助设计 Computer Aided Design）产品线 BIM 化的努力，BIM 技术逐渐成为主流技术。

20 世纪末，IFC 标准引入中国，中国开始逐渐接触 BIM 的理念和技术，BIM 概念开始随之在中国发展开来。总的来讲，BIM 技术在我国的发展经历了概念导入、理论研究与初步应用、快速发展及深度应用三个阶段。

从 1998 年到 2005 年为概念导入阶段。1998 年我国行业研究人员开始接触和研究 IFC 标准，2000 年 IAI 开始与我国政府有关部门、科研组织进行接触，我国开始全面了解并研究 IFC 标准应用等问题。2002 年 11 月，由建设部科技司主办，中国建筑科学研究院承办了“IFC 标准技术研讨会”，同时也针对 IFC 标准展开一些研究性工作，探索 IFC 标准实际工程的应用问题，并结合我国建筑行业的实际情况进行必要扩充。

从 2006 年至 2010 年为理论研究与初步应用阶段。在该阶段，BIM 的概念逐步得到大家的认知，科研机构针对 BIM 技术开始理论研究工作，并开始出现 BIM 技术在项目中的实际应用。2006 年，奥运场馆项目尝试使用 BIM 技术，BIM 开始引起国内设计行业的重视，BIM 在设计阶段中的应用得到快速发展。

自 2011 年之后，BIM 技术进入快速发展及深度应用阶段。无论从国家政策支持，还是理论研究方面都得到了高度的重视，特别是在工程项目上得到了广泛的应用，在此基础上，BIM 技术不断地向更深层次应用转化：一是以 BIM 技术为核心，保证工程建设各阶段、各专业、各参与方之间的协作配合可以在更高层次上充分共享资源，有效避免由于数据流不通畅带来的重复性劳动，提高生产效率和质量；二是以 BIM 技术为核心，保证不同应用软件之间能够基于统一的模型和标准进行高效互用，提高模型利用率，发挥更大的价值；三是以 BIM 技术为核心，集成 GIS、云计算、大数据、物联网和移动应用等先进信息化技术，优势互补，形成对工程建设全过程的监控、管理、决策的立体信息化体系。

3.4.3 技术内容

BIM 是以三维数字技术为基础，集成了建筑工程项目各种相关信息的工程数据模型，具有单一工程数据源，可解决分布式、异构工程数据之间的一致性和全局共享问题，支持建设项目生命期中动态的工程信息创建、管理和共享。BIM 技术一般具有以下特征：

1）面向对象：即以面向对象的方式表达建筑，使建筑成为大量实体对象的集合。例如一栋建筑物包含了三维实体化的结构、建筑、机电等构件，可以实现在相应的软件中，用户操作的对象就是这些实体，而不再是点、线、面等几何元素。

2）信息的完备性：除了对工程对象进行 3D 几何信息和拓扑关系的描述，还包括完整的工程信息描述，如对象名称、结构类型、建筑材料、工程性能等设计信息；施工工序、进度、成本、质量以及人力、机械、材料资源等施工信息；工程安全性能、材料耐久性能等维护信息；对象之间的工程逻辑关系等。

3）信息的关联性：信息模型中的对象是可识别且相互关联的，系统能够对模型的信息进行统计和分析，并生成相应的图形和文档。如果模型中的某个对象发生变化，与之关联的所有对象都会随之更新，以保持模型的完整性和健壮性，比如设计中将墙的位置移动之后，墙关联的柱子、梁、门窗等应该同时、自动进行移动。

4）信息的一致性：在建筑生命期的不同阶段模型信息是一致的，同一信息无需重复输入，而且信息模型能够自动演化，模型对象在不同阶段可以简单地进行修改和扩展而无需重新创建，避免了信息不一致的错误。

5）信息的开放性：即支持按开放式标准交换建筑信息，从而使建筑全生命期各阶段产生的信息在后续环节或阶段中容易被共享，避免信息的重复录入，保证信息的一致性和准确性。

3.4.4 技术特征

1. 可视化

可视化，即“所见即所得”，这是 BIM 技术与传统 2D 平面建筑图纸区别的特点之一。传统的 2D 图纸基本是点线面的形式构成，需要使用者具有很强的专业知识才能看懂。BIM 技术将 2D 图纸转变为 3D 的可视化模型，让点线面变成了墙、梁、柱、门、窗，使得项目参与各方能够对建筑整体及内部的细节一目了然，直观呈现。

2. 模拟性

模拟性，就是利用 BIM 模型并不是只能设计出的三维建筑物模型，还可以通过参数控制来模拟不能够在真实世界中进行操作的事物。这样就是要在工程还没实际进行前，透过拟真的事前分析与模拟，来协助各项决策及运筹帷幄，以降低甚至避免工程中可能发生的误解、冲突、错误、浪费与风险等。例如：节能模拟、紧急疏散模拟、日照模拟、热能传导模拟等。

3. 协同性

协同性，就是工程项目参建各方可以基于 BIM 模型进行协同信息交互，专业与专业之间的协同，设计与经济之间的协同，可以大大减少传统工程建设中各自为战的，信息之间沟通不畅，脱节、信息孤岛的情况出现。比如以往在由于设计中各个专业间的工作人员沟通不畅或者不到位，经常出现碰撞的问题，例如暖通专业在管线排布的时候，由于施工图纸在各自专业图上，所以真正工作时发现结构设计妨碍的综合排布，必须重新设计或者返工，造成了浪费与工期延误。

3.4.5 应用场景

在智慧园区的规划、建设、管理过程中，已经有许多园区利用 BIM 技术可视化、模拟性、协同性的特点进行智慧化应用。

1. 规划设计阶段

在规划设计阶段运用 BIM 技术，可以实现方案设计和详细设计的三维可视化，生成渲染的 BIM 模型和动态模型，有助于多角度立体式的展示设计成果，方便设计方案、设计细节的交流与汇报。运用 BIM 可以进行各种模拟分析，如结构分析、管线综合分析、日照模拟、环境影响模拟、节能模拟、紧急疏散模拟等，不仅可以提高设计质量，也可以用于辅助方案审查。业主利用三维手段，更好的理解设计后，可以对设计方案和设计细节提出更有针对性的修改、优化建议。同时，也可以利用 BIM 模型进行三维可视化招商，让招商对象在规划设计阶段就可以形象了解园区空间布局、周边配套环境等，并可身临其境的体验建筑内部的情况。

2. 工程建设阶段

在工程建设阶段，应用 BIM 技术，可将多专业模型集成进行碰撞检查，检查设计图纸中的错误、遗漏及各专业间的碰撞等问题，消除由此产生的设计变更和工程洽商，减少施工中的返工。项目施工进度计划与 BIM 模型连接起来以动态的三维模式模拟整个施工过程与施工现场，直观地了解整个施工环节的时间节点和相关工序，清晰地把握施工过程中的难点和要点，从而优化方案、提高施工效率、确保施工方案的可行性和安全性。在施工过程中，应用基于 BIM 的 4D 进度管理系统对施工过程中的进度和资源进行统一管理和控制，可基于 BIM 模型以可视化的方式对工程进度实际值和计划值进行比较，提前预警后续任务中可能出现进度风险，并根据进度计划相关算法，给出优化调整方案，达到缩短工期、降低成本和项目风险的目的。基于 BIM 和工业互联网平台构建建筑构件、材料的数字化生产管理系统，打通建筑工地施工与建筑构件、材料的工厂生产的业务流和信息流，实现场、厂联动，可提升建造质量和效率，缩短工程项目建设周期。

3. 运营管理阶段

在运营管理阶段，应用 BIM 可建立园区内建筑物、固定资产、设备设施、地下管线等的数字化资产，进行可视化展示、定位及信息查询与分析。通过 BIM 可实现园区的空间的优化管理，以不同的色域划分出不同的单位区域及相应的属性信息，如：房间编号、名称、面积等相关内容。通过 BIM 与物联网技术集成，可通过三维可视化方式对建筑物内的各种设备的运行状态进行实时监测及弹出式报警，并智能联动各系统进行协同处置，例如消防报警与视频监控、公共广播、门禁等系统的联动，对消防事故进行快速处置。对于园区的能耗与环境管理，可在 BIM 模型中实时显示环境参数及能耗数值。对环境指标异常的点位可进行可视化报警提醒。对各个区域及空间的能耗，可按不同的颜色显示能耗指标区间，直观显示高能耗区域，辅助提醒物业人员进行处理，为园区人员提供健康、舒适的工作环境，同时也利于调整优化能源运行策略，打造健康绿色园区。

3.5 5G 技术

3.5.1 技术概述

如果说 4G 改变了人们生活的话，那么 5G 的到来将改变我们的社会，也就是说，这种新的改变无论从广度还是深度，都要巨大而深刻。第五代移动通信技术（5th Generation mobile networks 或 5th Generation wireless systems、5th－Generation，简称 5G 或 5G 技术）是最新一代蜂窝移动通信技术，也是继 4G（LTE－A、WiMAX）、3G（UMTS、LTE）和 2G（GSM）系统之后的延伸。5G 时代，人类将进入一个把移动互联、智能感应、大数据、智能学习整合起来的智能互联网时代。在 5G 时代，移动互联的能力突破了传统带宽的限制，同时时延和大量终端的接入能力得到根本解决，从根本上突破信息传输的能力，能够把智能感应、大数据和智能学习的能力充分发挥出来，并整合这些能力形成强大的服务体系。

3.5.2 发展历程

无线通信历经了从 1G 到 5G 的发展历程，如图 3－2 所示。

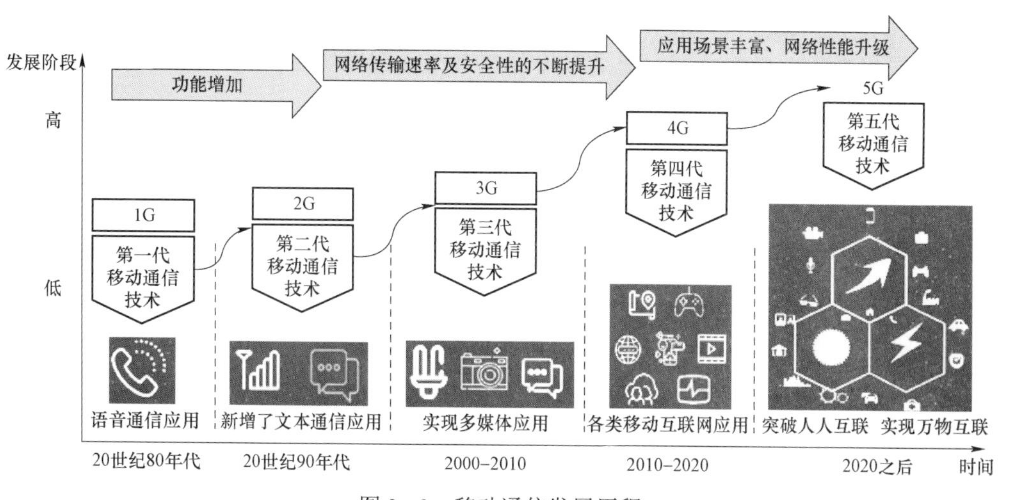

图 3－2　移动通信发展历程

1G：世界最早的移动通信系统

第一代移动通信的想法是在 1939 年的万国博览会上，由美国最大的电信运营商

AT&T 提出。经过多年的探索与实践，终于在 20 世纪 80 年代，世界上最早的蜂窝式移动通信网正式商用，1G 时代实现了移动电话语音传输，我国移动电话公众网由美国摩托罗拉移动通信系统（A 系统）和瑞典爱立信移动通信系统（B 系统）构成，即 A、B 网。A、B 网间是不通的，因此当时手机不可以漫游。

2G：数字时代正式开启

与第一代移动通信相比，第二代移动通信的技术要更进一步，关键在于，它先将声音的信息变成数字编码，通过数字编码，再用对方的调制解调器解开编码，把编码解调成声音，相比于第一代移动通信系统，它具有稳定、抗干扰、安全的特点。我国在 20 世纪 90 年代开始进行了电信改革，原邮电部在河北廊坊召开了紧急会议，宣布在中国 50 个城市部署 GSM 通信标准，中国的移动通信正式进入 2G 时代。

3G：数据时代正式到来

2000 年 5 月，国际电信联盟正式发布第三代移动通信标准，中国的 TD-SCDMA、欧洲的 WCDMA 和美国的 CDMA2000 一起成为了 3G 时代的三大主流技术。随着 3G 时代到来，人类进入了智能手机时代，数据通信不再是简单的语音和文字，通信速率大大增加，还能实现多媒体通信，为中国推出国际智能手机品牌奠定了坚实的基础，同时也为 4G 技术发展提供了技术条件。

4G：数据爆发时代

到第四代移动通信，中国基于 TD 提出了 TD-LTE，欧洲在原有 WCDMA 基础上提出了 FDD-LTE。2013 年 8 月，国务院召开常务会议，李克强总理专门提出要加快 4G 牌照的发放，用 TD-LTE 进行部署。由于 4G 网速的急剧提升，用户数量大幅增加。截至 2018 年 6 月，中国 4G 用户数超过 11.1 亿。在此基础上中国手机产业迎来飞速发展，移动电子商务、移动支付、共享服务等相关业务发展迅速，人们的生活方式也随之改变。

5G：智能互联网时代

为积极推动 5G 的标准化进程，国际电信联盟于 2015 年明确了全球 5G 工作时间表，随后 3GPP（3rd Generation Partnership Project，第三代合作伙伴计划）在其框架下也紧锣密鼓地开展了相关的标准化工作。在 2015 年 9 月于美国凤凰城召开的 5G 专题讨论会中，3GPP 就 5G 场景、需求、潜在技术特点进行了讨论，并制定了 5G 标准化的工作计划；随即，3GPP 于 2016 年 2 月在 R14（Release 14）阶段启动了 5G 愿景、需求和技术方案的研究工作，并于同年 12 月发布了 5G 研究报告。2017 年 12 月，3GPP 第 78 次全会会议上，RAN（无线接入网）工作组发布了 5G 新空口的 NSA 标准，SA（业务和系统架构）工作组发布了面向 SA 的 5G 新核心网架构与流程标准。2018 年 6 月举行的 3GPP 第 80 次全会，RAN 工作组正式宣布冻结并发布 5G SA 标准，CT（核心网和终端）工作组正式发布 5G SA 下面向 R15（Release 15）新核心网的详细设计标准。这些标志着5G第一个完整标准体系的完成，它能够实现5G独立部署，提供端到端5G全新能力，将全面满足通信与垂直行业对5G的需求和期望，为运营商和产业合作伙伴带来新的商业模式。

3.5.3 技术内容

根据国际电信联盟的愿景，5G面向eMBB（增强移动带宽）、mMTC（大规模互联网）、uRLLC（超可靠低时延通信）三大场景，全面提升包括峰值速率、移动性、时延、体验速率、连接数密度、流量密度和能效等能力，同时，满足“人与人通信”和“物与物连接”的需求。5G还将与超高清视频，VR/AR、车联网、工业互联网等垂直行业相结合，渗透到社会的各个领域。

具体来说，eMBB是在移动宽带业务基础上提高用户体验速度，在4G无法满足4K、8K高清视频直播时，利用5G的eMBB上行用户体验速度可以达到50Mbps以上，完全可以支持4K、8K高清视频直播，大大提升用户体验。mMTC是指大规模互联网，5G每平方公里可以支持100万台终端的连接数，这完全突破了传统的人与人通信，使人与物、物与物的大规模通信成为可能。可应用于智慧楼宇的智能水电气表等物联网终端设备。uRLLC是超高可靠低时延通信，比如无人驾驶、工业机器人等场景，要求网络做到高可靠性且网络时延尽可能低。

3.5.4 应用场景

智慧园区管理是近年提出的新理念，通过充分借助5G网络、物联网打造智能型管理新方式。基于5G+MEC（边缘云），面向各类园区，包括工业园区、产业园区、物流园区、都市工业园区、科技园区、创意园区等，提供高效便捷的办公生活，拉近物业与业主/租户的距离，并整合近域商圈及生态，极致体验尽在掌握。

从产业园区开发商的角度来看，所谓智慧园区，是指融合新一代信息与通信技术，具备迅捷信息采集、高速信息传输、高度集中计算、智能事务处理和无所不在的服务提供能力，实现园区内及时、互动、整合的信息感知、传递和处理，以提高园区产业集聚能力、企业经济竞争力、园区可持续发展为目标的先进园区发展理念。

智慧园区建设的重点在于“智慧”，通过信息技术和各类资源的整合，将“智慧”渗透到园区建设与运营的每个细节，加强园区业务、服务和管理能力，创新组织架构，在日趋激烈的竞争中，维持园区的可持续性发展，为园区铸就一套超强的软实力，通过5G赋能智慧园区，衍生出在园区内的5G创新应用。

1. 5G+AGV（自动导引运输车）小车应用场景

基于5G网络下，5G应用将开启“万物互联、万物可控”的智能制造新时代，5G比4G实现单位面积移动数据流量增长1000倍、数据传输速率峰值可达10Gbps、端到端时延缩短5倍、联网设备的数量增加10到100倍。5G将成为支撑智能制造转型的关键使能技术，将分布广泛、零散的人、机器和设备全部连接起来，构建统一的互联网络，帮助园区企业摆脱以往无线网络技术较为混乱的应用状态，推动制造企业迈向“万物互联、万物可控”的智能制造成熟阶段。

目前制造企业AGV小车类型主要有三类：搬运AGV、仓储AGV、无人叉车。

搬运AGV是工业物流企业常用的AGV小车，有潜伏式、背负式、牵引式、滚筒式等几种形式。体积大，载重几百公斤到几十吨。仓储AGV多用在物流自动化立体仓库等，主要用于搬运和分拣。体积小，载重在几十到几百公斤。无人叉车是在传统叉车基础上增加定位导航系统，成为无人叉车。

按照路径引导技术大致可以分为三种：固定路径引导、半自由路径引导和自由路径引导。固定路径引导是通过沿路径布设标志物，引导AGV沿预先设置好的路径运动。标志物通常是电磁、磁条、色带、惯性等方式，可靠性较高，成本较低，但是灵活性较差。目前磁条导航在工业企业中大量使用。半路径引导是通过在路径中部分节点设置标志物，构建场景地图，使AGV在运动过程中基于地图自行规划路径，主要通过二维码、反光板激光、磁钉等方式。自由路径引导是通过激光SLAM（同步定位与建图）技术，无需标志物，AGV可以构建场景地图，进行自主路径规划。

以上技术在当前工业环境中仍存在定位不准确、价格较高的问题。目前激光雷达SLAM的价格较高，越来越多的工业企业考虑混合了激光雷达SLAM和其他传感定位以及远程控制的方式，通过5G+视觉识别定位可以有效识别小车周围的环境，相比传统的网络传输，可以提供可靠和精确的定位识别。

除了定位导航，AGV调度控制也非常关键。一方面AGV需对接MES/WMS/ERP等系统，同时逐步引入AI等能力进行多AGV、复杂场景下的集群调度控制和路径优化。5G+AI智能调度也是其中重要的一环，在工厂环境中引入5G边缘云技术，可以满足复杂环境下调度系统以更低时延、更安全的方式传输信令等调度信息，辅助AI和大数据，智能分析厂区状况，便于后台管理人员对厂区整体状况更清晰的了解。

2. 5G+全息、VR视频会议

5G全息会议结合5G高带宽、低时延的特点，完美实现全息投影的真实现场感，可以让会议跨越空间的限制，帮助身处异地的工作人员进行“面对面”的互动会议，使得远程会议的形式更加丰富，实现总部与分公司间异地会议、跨国会议、远程协同办公等，可随时随地开启真人3D沉浸式视频会议，提升团队沟通协作效率。

除全息会议外，近年来VR技术也逐步应用于会议、教学等场景中。传统的VR终端通常需要连接PC电脑或者自身具备强大的视频处理能力，利用5G+MEC（边缘云）技术，将视频的编转码能力放在5G边缘云上进行处理，可以降低视频传输的时延，降低VR终端的购置成本。

3. 5G+智慧能耗管理

基于5G超大连接的特性，园区可对能耗系统中的终端设备，如水表、电能表、气表进行监测和管理，传统的4G网络和有线网络存在布线困难、设备连接数量少的问题，5G 网络在理想情况下可满足百万级的设备连接数，满足大型园区内各种物联网计费终端的连接。另外基于5G+MEC的智慧能耗平台，可对用电安全进行实时监管；对常用的监管数据，可以实时上传云端，云端再结合大数据进行智能分析，有助于园区节约能源、减少浪费，提高设备使用效率。

3.6 移动互联网+信令技术

近年来，大数据行业进入快速发展阶段，知人、知城、知行业的发展模式受到越来越多的追捧。为了达成这个目标，移动互联网技术和数据加持，是必不可少的。

生活中，我们每个人的手机终端如同一支探针，观察着我们日常的生活习惯，记录着我们的行为特征。移动互联网分析的本质，就是把碎片化的上网记录，抽象为个体或群体的样貌特征。

用户在互联网、App上的具体行为数据，通常可以很有效地分析和挖掘使用者的兴趣画像，但在更大视角下，比如智慧城市、智慧交通、测绘、规划领域，狭义的移动互联网数据再一次变成了碎片信息，而一种移动互联网的“管道数据”——手机信令数据，将得到更大的应用空间。

3.6.1 技术概述

手机信令是手机用户在通信网络活动时产生的时空信息，属于非自愿、被动、无感式采集。当手机发生开机、关机、主叫、被叫、收发短信、网络使用、切换基站、移动交换中心或位置更新时，都会产生手机信令数据。

通信系统处理这两种业务的交换技术就是电路交换（Circuit Switching，CS）和分组交换（Packet Switching，PS），如图3–3所示。

信令数据通常记录的内容有匿名用户唯一标识、信令发生时间、当时所处的基站编号、网络环境、事件类型等，属于大规模采样的时空轨迹数据。通过串联用户行为轨迹，可以挖掘其中蕴藏的丰富的人员活动特征信息，进而体现人员的时空变化、出行链轨迹、出行量等出行信息。手机信令数据有助于从“以人为本”的视角，描述城市居住、就业、游憩、交通、公共设施等活动的时空动态特征，对众多“对人服务”相关的应用场景起到支撑作用。数据特点简要如下：

真实性。手机数据拥有大量的数据样本，覆盖范围广，可真实反映具有当地特点的人员出行特征并提取城市出行规律。

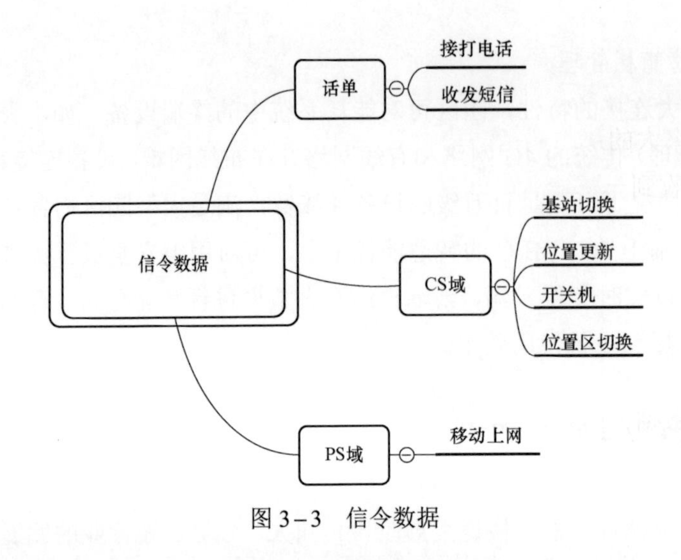

图 3－3　信令数据

连续性。手机数据的应用能够实现以信息化手段自动获取交通基础数据与出行特征数据，建设实施快，可操作性强，具备较好的连续性。

新颖性。该项技术能够获得传统调查难以获得的数据，如流动人口、访客等。

灵活性。手机数据的时空全覆盖特性，能够满足不同时间颗粒的和空间颗粒度的出行链分析及出行需求分析。

3.6.2　发展历程

随着移动通信系统的演进，信令数据的规则和采集也在不断发生改变，大体来说可以分为语音业务和数据业务两大类，体量上来说，语音业务需要的带宽要明显小于数据业务。

语音业务一般通过 CS 的方式在通信网内传输数据，而数据业务以 PS 方式传输。随着技术发展，LTE（Long Term Evolution）是由 3GPP 组织制定的通用移动通信系统。在 LTE 中，语音和数据业务已经统一使用分组交换技术来传输数据了。

作为行业应用技术的基础，离群点检测是数据挖掘领域中的一项重要门类，且具有很长的研究历史。通常在基于手机信令数据的分析研究中，认为所有影响停留点提取的轨迹点均为离群点，通过运用离群点检测算法检测并剔除这些离群点，能够有效地提高后续停留点提取的效率与精确度。

Hawkins（豪金斯）于 1980 年提出，离群点就是一个明显异于其他观测值，让人怀疑它是由不同的机制生成的数据点。

分析用户高频次驻留点作为潜在居住点、工作点的判断中，需要进一步使用空间聚类的算法。Karli 等（2009）利用聚类算法 DBSCAN 对用户运行速度较慢的区域进行聚类，从而发现用户的兴趣区域。Nanni（2006）通过对历史轨迹数据进行用户相似性分析，提出通过基于密度的聚类算法 OPTICS（Ordering Points To Identify the Clustering

Structure，OPTICS）来发现用户的热点兴趣区域。

Pu Wang 等（2009）将一天划分成 24 小时的时间段，并查找在每个时间段内，选择信息出现概率大的那一个基站作为用户的所在地。例如，如果从点 1 到 2 点间，A 基站与 B 基站均收到一条信息，则我们将随机 A 或 B 中的一个作为用户所在地；若 A 基站有两条信息（呼叫、短信等），而 B 基站仅为一条，则 A 基站的概率为 0.67，我们选择 A 基站作为用户所在地。

3.6.3 技术内容

手机信令数据，体现为用户在使用手机过程中，因为接打电话、收发短信等主动使用手机的事件，产生主动信令。在移动过程中及完全静默状态下，也会与附近基站定期或不定期的产生信息交换，以保持通信联系的畅通。经由数据降噪处理，形成手机用户在唯一时间、唯一基站的信令记录。

按照时间序列排序，便表现为手机用户在移动网络，各基站间的切换活动规律。

结合基站工参表，可以获取基站的经纬度信息，即基站在地理空间上的分布。结合真实空间上划定的分析区域范围，可以完成基站和分析区域的空间对应关系。

将信令轨迹序列与制作好的对应关系表进行关联分析，得到手机用户在不同分析单元之间的位移切换，完整连接即形成手机用户在地理空间上的活动情况，如图 3–4 所示。

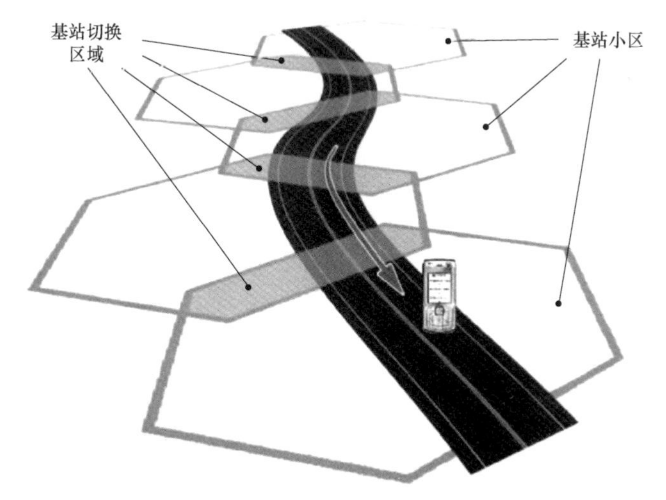

图 3–4　手机用户在地理空间上的活动情况

以运营商某信令大数据处理平台为例，如图 3–5 所示，底层采用基于分布式计算 Hadoop 架构的 Spark 集群的先进大数据处理框架。

平台采用三层技术架构：

数据获取层：主要完成信令数据的接入、脱敏和清洗，以及不同来源数据（信令数据、基站工参等）之间的数据关联处理工作；

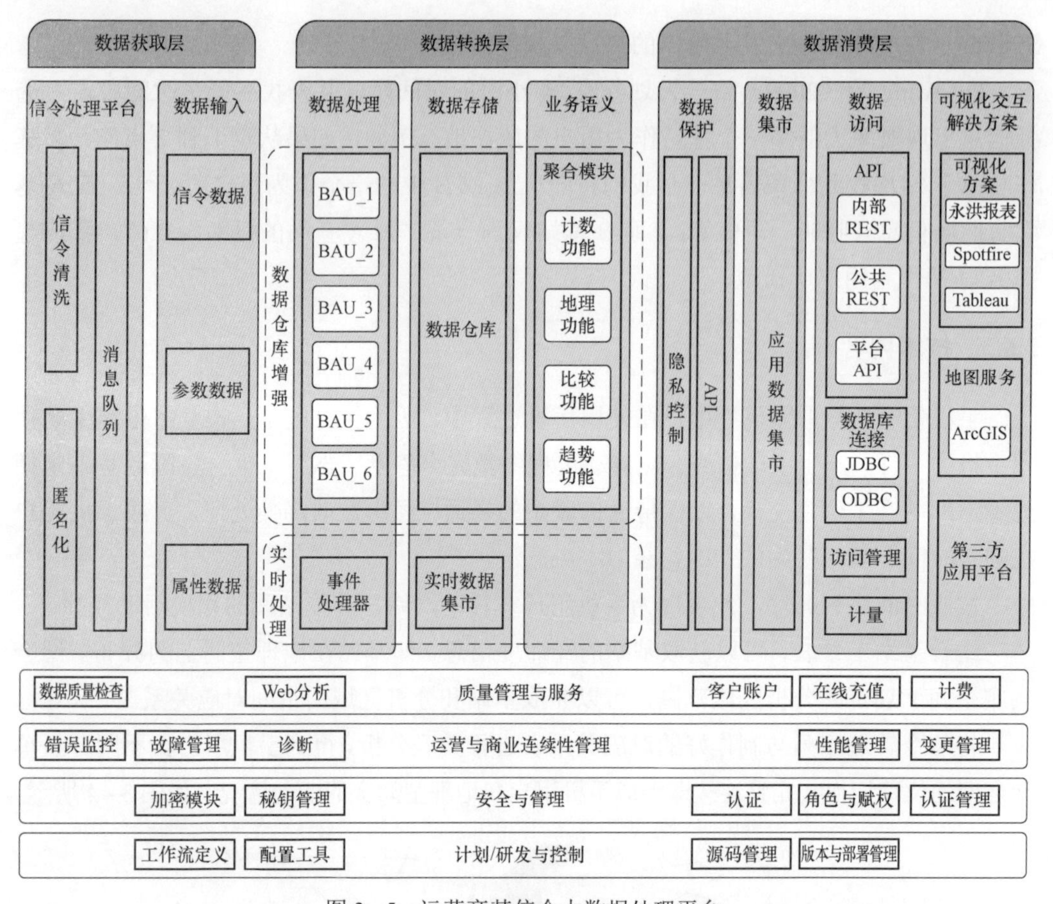

图 3-5　运营商某信令大数据处理平台

数据转换层：主要基于数据仓库，通过大数据模型处理，将历史信令数据聚合计算为网格化标签数据，以及基于 GIS 数据的路径拟合、基于预测算法的趋势分析等多种数据挖掘分析处理；

数据消费层：对于数据转换层产出的数据结果，提供外部 API 访问、可视化平台展现和地图服务等多角度、多场景的应用。

3.6.4　技术特征

人口数据库服务是智慧城市/智慧园区平台提供的一个基础服务，系统集成架构如图 3-6 所示。

3.6.5　应用场景

1. 信令技术可在园区应用服务中进行园区人流监测与分析

1）通过人流监测模块，重点关注区域实时人口数量及特征。以每 15min 为时间切片，分析统计该时间切片内，自定义区域（大于 250m×250m），全体驻留人口数量；对该区域设定人口预警值和警戒值，当人口数量达到不同设定阈值时启动人口预警或警告；借助人口职住算法模型，对区域内驻留人口进一步区分人群属性（常住、工作、访客），借助人员标签系统反映区域内驻留人员的人口性别、年龄段、使用手机的各项行为喜好等属性（见图 3－7）。

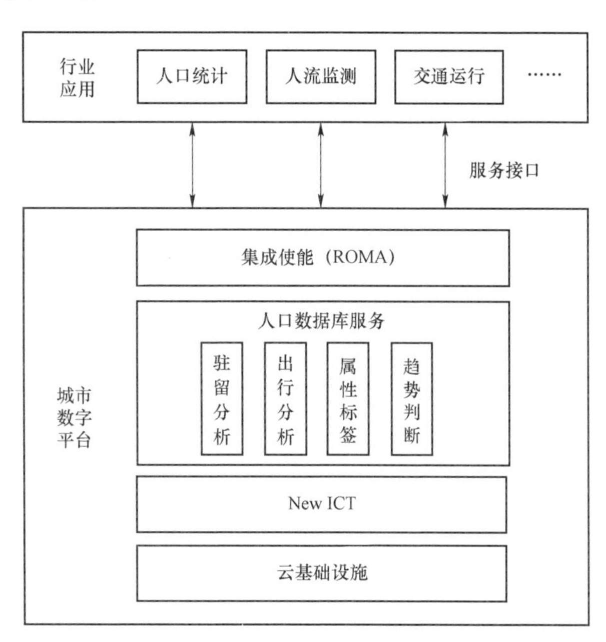

图 3－6　人口数据库系统集成架构

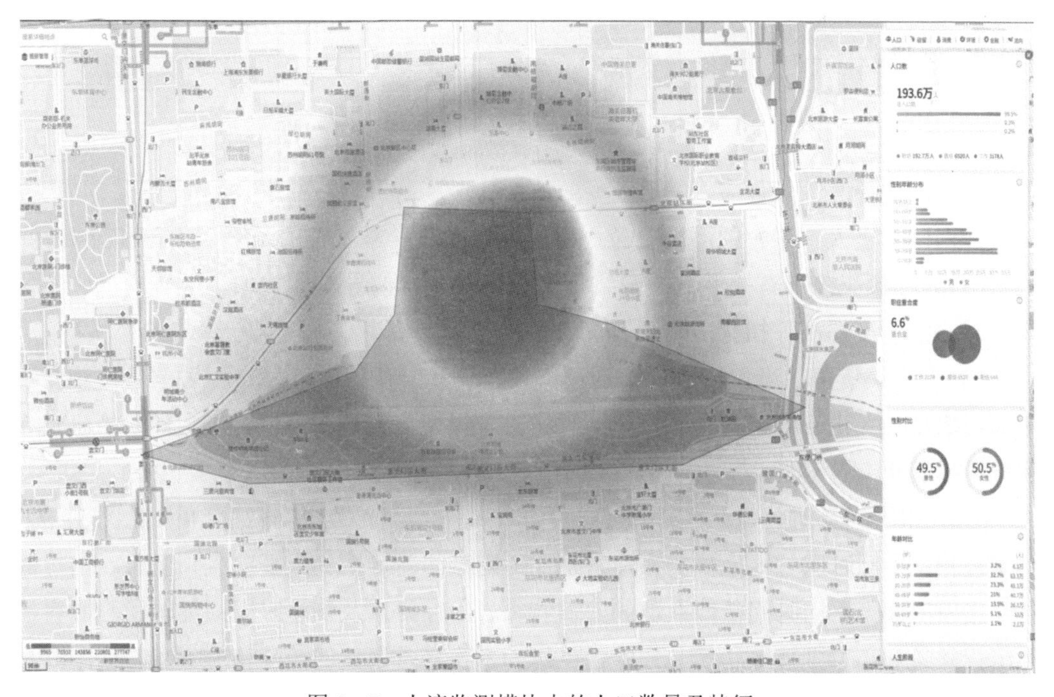

图 3－7　人流监测模块中的人口数量及特征

2）通过人流分析模块，关注人口数量变化情况及流动情况。拥有人口数量历史会看功能，分析每天区域人口的分时变化情况，并针对自然周、自然月，分析区域不同时间段内的平均客流情况，对预警值和警戒值的设定提供参考；区域人口预测，基于区域人口变化规律和 2.5 小时内趋势，预测半小时内区域人流情况，如图 3-8 所示；出行 OD、跨域迁徙等分析，通常需要完成完整出行链方可得到结论。实时抓拍的分析模式，对于行进中的人口，通常较难把握出行终点信息。相较日分析报表，实时系统尽可能提供更快的数据更新服务，反映 1 小时内出行情况。

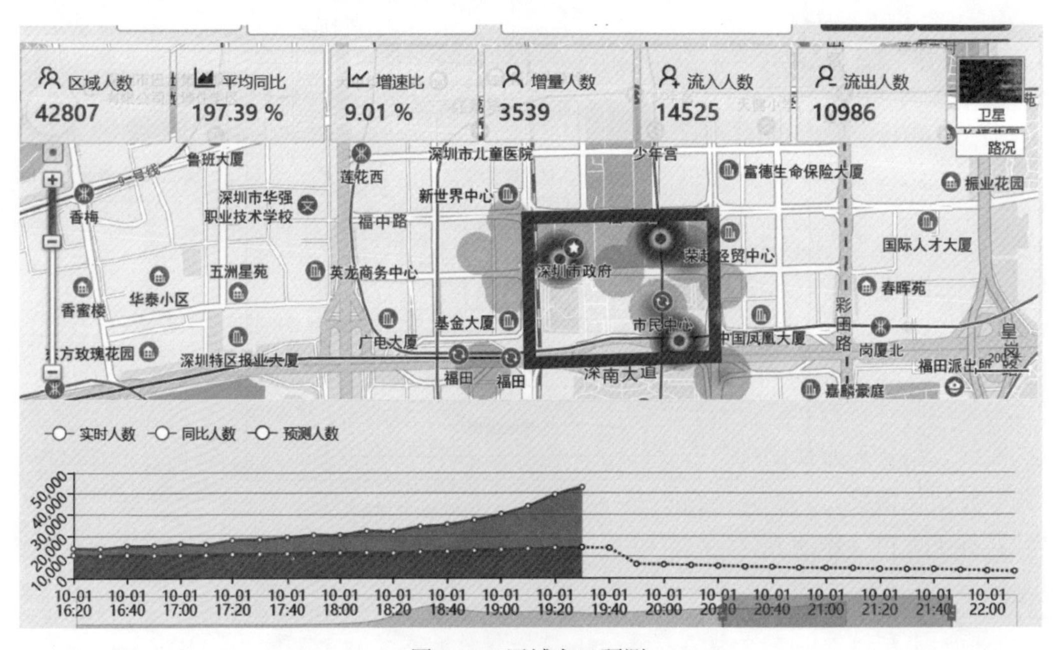

图 3-8　区域人口预测

2. 辅助决策-人流异常聚集分析

数据应用于人口聚集的不同阶段，可实现对人流异常聚集的预测、预警和分析。

1）人口聚集前：有关区域的网络搜索量增加、定位导航量增加、区域内已驻留用户的网络活跃度提高，指标应用于客流预测模块，预估半小时内可能聚集的客流量。

2）人口聚集中：当人口数量达到预留预警值和警戒值时，发布相关信息，辅助决策部门启动相关出入管理应急预案。同时实时掌握聚集人群的属性特征，辅助信息发布和疏导措施更有针对性。

3）人口聚集及消散后：对聚集人群的人口属性、出行 OD 等详细分析（见图 3-9）。具体包括：不同时间驻留人群的人口特征；不同时间新增聚集人群的人口特征、出行起点及出发时间；不同时间消散人群的人口特征、出行终点及到达时间；集聚和消散客流的出行轨迹和出行速度分析等。分析既可作为本次异常聚集的疏导措施评价，也同时记入客流分析模块，对类似客流聚集事件努力做到源头治理。

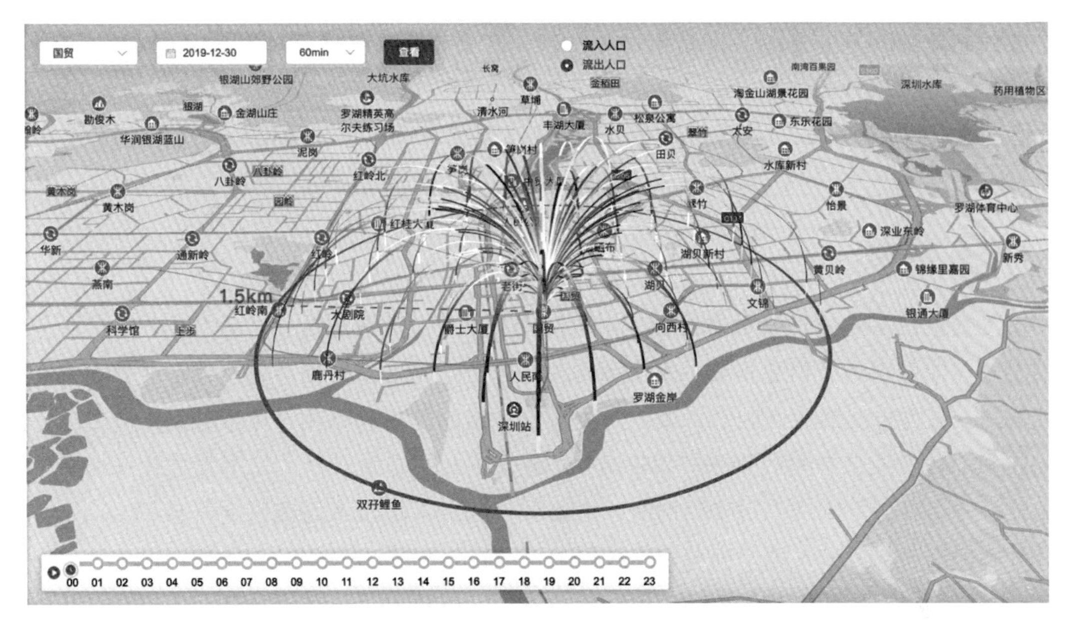

图 3-9　人流异常聚集分析

3. 在智慧城市、智慧园区中的其他应用

分析区域内人口分布、人口增长、人口与产业发展、人口与住房、人口与土地利用以及与人口有关的社会经济指标的关联关系，可按照周度、月度统计城市或社区区域人口增减变化情况。

外来人口（流动人口）动态监测。通过对外来流动人口的结构分析（户籍、年龄、性别、民族等）了解社区外来人口的总体素质；分析外来人口从业分布了解外来人口就业状况。

区域人口迁移流动。人口迁移流动是人口变化过程上最为迅速、剧烈和可重复的事件。人口流动、劳动力流动、人口聚集与分散是密切相关的，通过构建全面、快速、准确的人口迁移流动模型，总结认可流动、迁移变化趋势和变动规律等。

建立流动人口、农民工等统计模型分析城市及社区人口流动、迁徙情况。

流动人口：月度统计社区人口增减情况，增加为流入人口分析起来源地；减少为流出人口并分析去向地。

区域产业人口分析。区域产业人口主题画像包括：产业趋势、产业概况、行业概况、行业占比情况、片区数/园区数/楼宇数、商事主体数、总人数/高层次人才数、GDP、总纳税额等。

人口与公服设施关系。人口结构决定医疗资源的配给，人口结构包括数量、年龄、性别、分布，结合 POI 数据评估是否满足居民就医需要。建立模型与算法制作医疗语义标签分析医疗机构就医人群特点，为决策提供数据依据。

建立人口与教育资源配给合理性评估模型，分别从人口结构中的年龄、性别、等级、分布等角度结合 POI 数据，分析人口与资源关联关系。

3.7 大数据技术

3.7.1 技术概述

大数据技术是信息技术发展到一定阶段的必然产物，最早提出“大数据”时代到来的是全球知名咨询公司麦肯锡，麦肯锡称“数据，已经渗透到当今每一个行业和业务职能领域，成为重要的生产因素。人们对于海量数据的挖掘和运用，预示着新一波生产率增长和消费者盈余浪潮的到来。”如今，大数据技术的广泛普及，使得数据让一切有迹可循、一切有源可溯成为现实。同时，大数据技术为人类步入智能社会开启了大门，带动了互联网、物联网、电子商务、现代物流、网络金融等现代服务业发展，也催生了车联网、智慧电网、新能源、智慧交通、智慧城市、智慧园区、高端装备制造等新兴产业发展。大数据进而以大数据产业的姿态迅猛发展，与实体产业、数字经济紧密融合，正不断刷新人类对未知世界的认知（见图 3–10）。

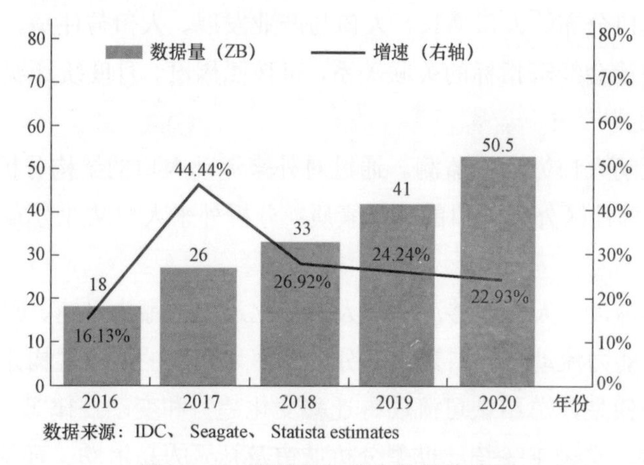

图 3–10 全球每年产生数据估算图

3.7.2 发展历程

大数据技术的发展是伴随数据处理技术、计算机硬件技术、互联网技术、线上用户规模增长等要素的发展变化而同步发展的。整体来看，大数据技术发展也经历了孕育和启蒙、形成和发展、稳定和成长、成熟和融合等几个重要的发展阶段。

1. 孕育和启蒙阶段——数据库技术商业角逐

在大数据技术形成之前，对数据的处理和服务都依赖于数据库技术，数据库应用得到了空前的发展。以 Oracle、IBM、Microsoft、Teradata、Sybase 等数据库厂商为代表，几乎占据了全球整个数据库服务市场。为赢得更高的市场份额和满足日益增长的数据存储和服务的需求，各数据库厂不断研发新的数据库技术，比如数据库集群化技术、横向扩展技术、数高可用技术、主从分离技术、读写分离技术、数据分区分片技术、内存数据库技术、数据库一体机技术等。各商业巨头不惜巨资，展开了数据库技术和人才巅峰对决，将传统数据库技术应用和行业发展推向顶峰，与此同时也培养了大量数据科学人才，积累大量行业实际应用经验。

随着互联网技术进一步发展，行业数据呈现爆炸式增长，传统数据库技术明显已无法满足数据应用需求，或者即使暂时能达到使用需求，但也需要付出非常昂贵的代价，且面向未来的解决方案并不尽如人意，应用厂商苦不堪言。此时，以谷歌为代表的一些互联网应用厂商依靠自身的人才和应用场景方面的优势，开始研发新的数据计算和存储的技术，并取得了实质性的进展。谷歌发表了三篇技术论文，分别是 GFS、MapReduce 和 Big Table。GFS 解决了数据大规模存储的问题；MapReduce 解决了数据大规模计算的问题；Big Table 解决了在线实时查询的问题。正是因为谷歌这三项技术的问世，引起了数据技术颠覆性革命，从而揭开了大数据时代的序幕。

2. 形成和发展阶段——Hadoop 开源技术生态引爆大数据时代

雅虎公司依据谷歌的论文理念开发出了 Hadoop，在其搜索业务上进行实际落地应用，并不断测试和完善 Hadoop 源代码，后来雅虎将自身核心产品 Hadoop 项目推向开源，成为 Apache 基金会的开源项目，企图通过技术领先优势和标准制定权来抢占市场份额。

在全球开源爱好者和企业技术负责人的奉献和努力下，Hadoop 项目形成了更加完善的技术框架，解决了如何简单、便捷使用 Hadoop，如何处理实时数据以及如何以更廉价高效的方式存储数据等企业应用的现实问题，带动 Hadoop 项目走向更加长足的发展和应用实践，形成 Hadoop 开源技术生态圈。这些技术生态的诞生又促使了更多用户依赖于 Hadoop，越来越多的用户和相应的需求让这些开源技术有了变现的价值。Hadoop 可以帮助企业分析和处理庞大的数据，并且从中获得了巨大的商业利润，促使企业愿意投入大量精力不断对其改进和完善，Hadoop 的易用性、可靠性和性能也不断地提高，Hadoop 占据的市场份额进一步猛增，逐渐构建了一套属于自己的周边技术生态、用户生态和商业生态，如图 3－11 所示。Hadoop 开源生态就这样引爆了大数据时代。

3. 稳定和成长阶段——后 Hadoop 时代的百花斗艳

大数据技术经过十余年的指数式发展，新技术迭代更新速度日益加快，新技术运行非常稳定、可靠，在数据爆炸时代发挥着极其重要且不可替代作用。围绕大数据实际应用场景，各类产品层出不穷，用户选择余地也越来越多，呈现出了后 Hadoop 时代大数据技术百花斗艳的态势。

1）数据采集：主要的技术包括 Flume、Logstash 等。

2）数据存储：主要的技术包括 Hive、HDFS 和 Kafka 等。

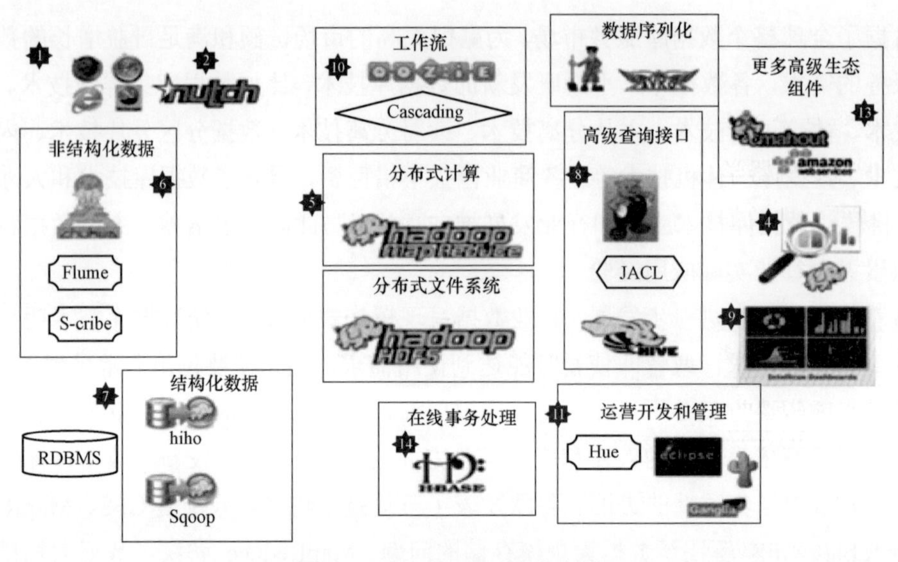

图 3-11 Hadoop 开源生态图

3）数据计算：主要的技术包括 MapReduce、Spark、Spark Streaming、Storm 和 Flink 等。

4）数据查询：主要的技术分为 NoSQL 和 OLAP。NoSQL 主要解决随机查询，包括 Redis、HBase、Cassandra 等；OLAP 技术主要解决关联查询，包括 Kylin、Impala 等；同时基于索引技术实现快速查询的技术也很成熟，如 Lucene 和 Elasticsearch 等。

5）数据挖掘：主要包括机器学习和深度学习等核心技术，包括 Spark ML、TensorFlow、Caffe、Mahout 等。

4. 成熟和融合阶段——行业价值驱动和产业化

随着大数据技术在行业的深度应用，商业化价值程度越来越高，不仅驱动大数据技术自身走向成熟，而且大数据技术与行业深度融合，实现行业价值驱动，大数据也走向产业化阶段，形成了大数据的基础硬件、基础软件和专业服务等完整产业模块。产业上游主要为数据来源供应商，存储、计算和分析涉及硬件厂商和软件厂商，产业下游包括垂直应用行业、互联网和运营商等。如今大数据结合紧密的行业逐步向工业、政务、电信、交通、金融、医疗、教育等领域广泛渗透，应用逐渐向生产、物流、供应链等核心业务延伸，大数据技术、产业、应用等多方面的发展呈现融合趋势，具体情况如下：

算力融合：多样性算力提升整体效率；

流批融合：平衡计算性价比的最优解；

TA 融合：混合事务/分析支撑即时决策；

模块融合：一站式数据能力复用平台；

云数融合：云化趋势降低技术使用门槛；

数智融合：数据与智能多方位深度整合。

3.7.3 技术内容

大数据技术平台的核心内容一般包括数据接入、数据治理、离线/实时计算、集中式作业调度、机器学习、多租户资源管理、数据资产管理以及集群运营监控等八大方面的基本功能。大数据技术平台基本架构如图 3－12 所示。

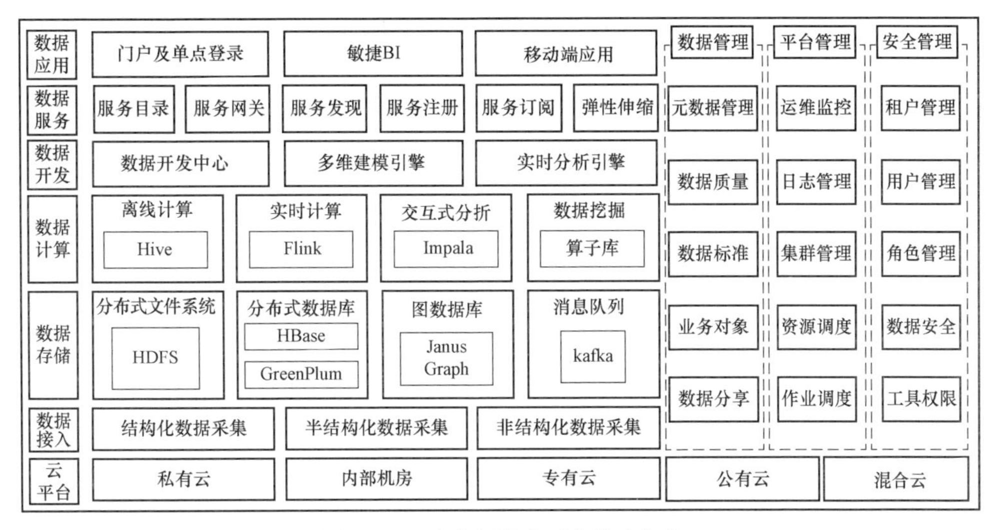

图 3－12　大数据技术平台基本架构

数据接入功能具备从不同数据源（结构化数据、非结构化数据）进行指定规则的数据提取作业，抽取后的数据存储支持落地与不落地两大类进行，抽取后的数据可以为数据转换环节进行处理提供输入，也可以直接进行处理或者加载。

数据治理为数据资源提供集中的数据清洗、转换、加工、加载等服务，支持元数据管理、数据质量管理、数据资产管理，支持元数据的血缘分析、影响分析和全链分析，支持数据质量的自动检测和告警，可以为用户提供一套完整的数据自服务能力。

大数据技术平台还需要提供高性能技术能力组件，如提供 Hadoop 支持的各类计算引擎和方式，实时计算平台支持 Flink，离线计算平台支持 MR、Hive、Spark、Shell、Python 方式，各类计算可以通过大数据平台可视化开发集成环境、工作流任务设计实现数据离线计算任务调度和实时分析功能，如图 3－13 所示。

大数据技术平台能力复用和管理方面要求支持多租户设计方案，通过服务进行租户资源信息的管理，将租户之间数据隔离，保证平台用户在访问系统时，能使用不同租户的数据权限对库、文件、数据表、数据表子段以及其他资源做读写安全控制访问。

大数据技术平台需要建设统一的运营监控系统，实现组件、作业以及租户操作等信息实时采集，可以灵活配置监控、告警指标及阈值，提供统一的监控告警功能，监控可视化，并提供平台的审计功能。

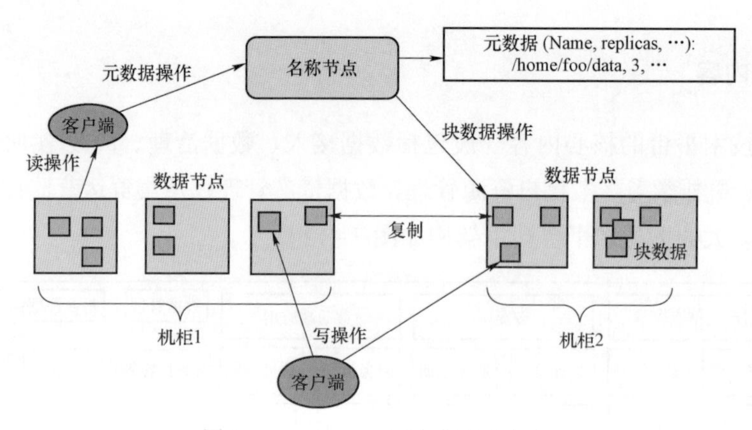

图 3－13 Hadoop 平台集群化架构

大数据技术平台具备全链路大数据平台微服务能力，支持多源异构数据接入、海量数据存储、数据资产管理、大规模分布式数据计算、可视化数据分析挖掘等服务方案，并全部提供可视化的门户开发方式。数据微服务能力让用户无需了解底层大数据专业技术，通过开发者门户可以自助实现数据接入、存储、查询、计算、输出的核心功能，并能支持多个业务线和用户的并发操作，同时在部署、性能、安全等方面都具备相应的支撑和保障，最终确保大数据技术平台在行业应用中稳定、安全、可持续地发挥着应有的作用。

3.7.4 应用场景

在智慧园区建设过程中，大数据技术用于帮助管理者以数据价值驱动园区管理和运营，让管理者所见即所得。综合来看，大数据技术在园区的主要应用场景有以下几种。

1. 园区基础应用场景

（1）园区数据治理和拉通

智慧园区建设中涉及大量数据采集和治理工作，如智能设备数据、园区平台应用数据、园区运营数据、园区经营数据、园区从业者数据、第三方数据等。大数据技术用于园区各类异构数据清洗、转换、加工、存储等基本数据治理，并基于业务规则、数据标准将非同源的数据横向拉通，构建园区统一管理的数据资产体系和数据服务体系，为园区各类应用提供数据支撑和业务创新，减少各业务部门信息资源的协调难度，让数据能够更加快速存放与利用。

（2）园区“数据湖”的建设

利用大数据技术帮助园区快速建设“数据湖”，针对园区的实时数据、批量数据、结构化数据、半结构化数据、二进制文档等进行快速收集和存储，且保障“数据湖”快速查询、海量存储的能力，同时也为后续的数据仓库和知识图谱的建设提供数据资源池，提升园区数据资产管理的规范性、持续性。

（3）园区数据仓库的建设

大数据技术帮助园区建设统一数据仓库，以业务和服务需求的视角对业务系统资源数据进行统一存储和服务，数据仓库的应用主题、业务模型、多维分析模型、标签类目、知识图谱等重要内容项的建设都依赖于大数据技术。

（4）园区数据中台支撑

园区数据中台建设目的就是要统筹智慧园区建设过程中沉淀的数据资源的规划、管理、交换和使用，建立有序的数据资源管理和共享机制，为园区各业务子系统数据提供规范、科学的共享发布手段，为各业务子系统数据使用对象提供资源的检索、定位与获取服务。数据中台的建设离不开大数据技术应用和平台支撑，涉及大数据采集、存储、计算、知识图谱、数据挖掘等较多的大数据应用场景。

2. 园区数据智能应用场景

（1）园区知识图谱建设

园区智慧运营管理“大脑”的构建离不开知识图谱应用，利用大数据技术帮助园区构建基于数据、规则、专家经验的知识图谱库，赋能园区运营管理、服务、决策、预测等综合服务的智能化、智慧化，如图 3－14 所示。

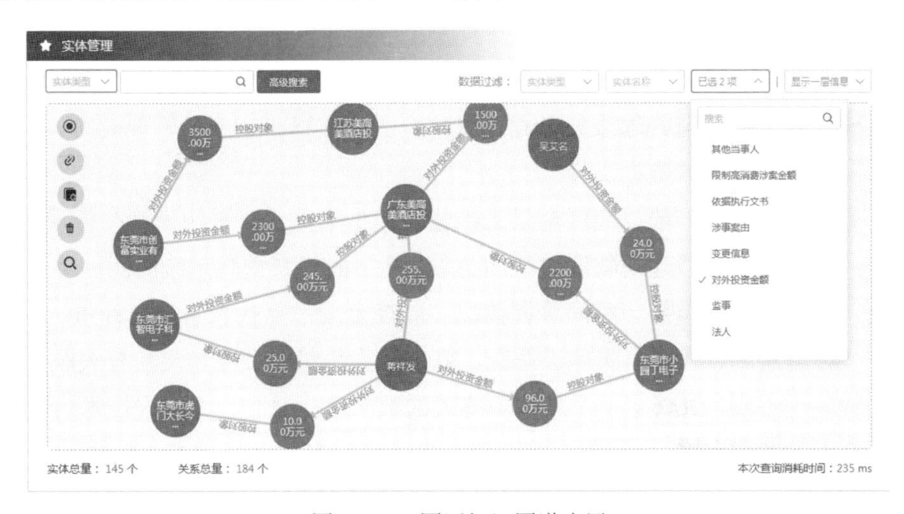

图 3－14　园区知识图谱应用

（2）园区各类画像服务

以大数据技术为底层驱动，以“关联”为原则，打破各个业务系统的“信息孤岛”，从时空尺度把相关因子综合考虑在内，构建园区的数据运营所需的各类画像：

园区居民和周边用户的日常行为画像构建；园区企业的经营画像构建；园区产业的产业链画像构建等；园区智能硬件预警和运营。

利用大数据技术，将智能硬件设备设施台账、设备的巡检、保养、故障报修、运行时间等各项数据指标采集汇聚，通过数据统计分析全程掌握设备运行状态，识别即将进入报废阶段及高频故障的设施设备，以便于及时维护或更换设施设备，保障园区整个系统正常运作、经济损失最少、设备利用效率最高。

（3）园区安防监控支撑

利用大数据技术将园区的人、地、物、事进行多维度分析，支持位置定位、属性标绘，视频调用、信息查询等方面数据进行聚合分析等操作，不仅对风险数据进行分析和预警，也利用数据对安防布控、建设进行评估，更直观地分析和展示监控覆盖度、预警成因分析、薄弱监控点等信息，支撑管理者对园区智能安防措施进行合理调整，帮助管理者精细掌控园区运行状态，实现园区立体化的安防监控。

（4）园区智慧能源应用支撑

基于园区供水、供电、供气、供热等管网系统数据，大数据技术帮助实现三维管线数据、三维地表数据、建筑以及景观数据的一体化可视决策。支持所有能源设备和关键节点进行位置、属性、运行状态等查询，帮助管理者对园区综合管网进行高效管理。另外通过设备运行 KPI 指数、历史能耗数据统计进行预测趋势分析和预警，从而帮助管理者更加直接找到痛点，有效地进行管理、降本增效。

（5）园区数字化分析决策平台

通过大数据归集、分析和应用，协助园区管理者掌握企业、居民的公共需求与态度偏好，理解企业需求特征缘由，发现最新动向趋势，判断前期施政决策的实际效果，调整和优化园区政策，再造管理服务流程，提高园区的觉察、响应、管理能力。

（6）园区数字孪生的数据支撑

园区数字孪生建设一般以园区全景三维建筑模型为载体，采用宏观与微观相结合，由面及点的方式展示智慧建筑物联系统的全貌。其中面代表物联系统的园区总览和整体运行监测，方便管理人员第一时间掌握情况，监控全局。点代表着能耗计量、停车场、视频监控、环境监测、智慧消防等子系统。每个子系统相对独立，又互有关联，形成相对完整的物联生态圈，组成了一个立体矩阵式的数字孪生平台，大数据技术为园区数字孪生提供全面的数据支撑。

3.8 人工智能技术

3.8.1 技术概述

近几年，人工智能的迭代发展正迅速推动着智能时代的到来。随着算法及深度学习能力的加深，人工智能技术得以进一步发展。人工智能（Artificial Intelligence，AI），它是研究、开发用于模拟、延伸和扩展人的智能的理论、方法、技术及应用系统的一门新的技术科学。

3.8.2 发展历程

1946 年，全球第一台通用计算机 ENIAC 诞生。它最初是为美军作战研制，每秒能完成 5000 次加法、400 次乘法等运算。ENIAC 为人工智能的研究提供了物质基础。

1950 年，艾伦・图灵提出“图灵测试”。如果电脑能在 5 分钟内回答由人类测试者提出的一系列问题，且其超过 30%的回答让测试者误认为是人类所答，则通过测试。这篇论文预言了创造出具有真正智能的机器的可能性。

1956 年，在美国达特茅斯大学举行的一场为其两个月的讨论会上，“人工智能”概念首次被提出。

1959 年，美国发明家乔治・德沃尔与约瑟夫・英格伯格发明了首台工业机器人。该机器人借助计算机读取示教存储程序和信息，发出指令控制一台多自由度的机械。它对外界环境没有感知。

1964 年，美国麻省理工学院 AI 实验室的约瑟夫・魏岑鲍姆教授开发了 ELIZA 聊天机器人，实现了计算机与人通过文本来交流。这是人工智能研究的一个重要方面。不过，它只是用符合语法的方式将问题复述一遍。

1965 年，专家系统首次亮相。美国科学家爱德华・费根鲍姆等研制出化学分析专家系统程序 DENDRAL，它能够分析实验数据来判断未知化合物的分子结构。

1968 年，首台人工智能机器人诞生。美国斯坦福研究所（SRI）研发的机器人 Shakey，能够自主感知、分析环境、规划行为并执行任务，可以柑橘人的指令发现并抓取积木。这种机器人拥有类似人的感觉，如触觉、听觉等。

1970 年，能够分析语义、理解语言的系统诞生。美国斯坦福大学计算机教授 T・维诺格拉德开发的人机对话系统 SHRDLU，能分析指令，比如理解语义、解释不明确的句子并通过虚拟方块操作来完成任务。由于它能够正确理解语言，被视为人工智能研究的一次巨大成功。

1976 年，专家系统广泛使用。美国斯坦福大学肖特里夫等人发布的医疗咨询系统 MYCIN，可用于对传染性血液病患诊断。这一时期还陆续研制出了用于生产制造、财务会计、金融等各领域的专家系统。

1980 年，专家系统商业化。美国卡耐基・梅隆大学为 DEC 公司制造出 XCON 专家系统，帮助 DEC 公司每年节约 4000 万美元左右的费用，特别是在决策方面能提供有价值的内容。

1981 年，第五代计算机项目研发。日本率先拨款支持，目标是制造出能够与人对话、翻译语言、解释图像，并能像人一样推理的机器。随后，英美等国也开始为 AI 和信息技术领域的研究提供大量资金。

1984 年，大百科全书（Cyc）项目。Cyc 项目试图将人类拥有的所有一般性知识都输入计算机，建立一个巨型数据库，并在此基础上实现知识推理，它的目标是让人工智能的应用能够以类似人类推理的方式工作，成为人工智能领域的一个全新研发方向。

1997 年，“深蓝”战胜国际象棋世界冠军。IBM 公司的国际象棋电脑深蓝 DeepBlue 战胜了国际象棋世界冠军卡斯帕罗夫。它的运算速度为每秒 2 亿步棋，并存有 70 万份大师对战的棋局数据，可搜寻并估计随后的 12 步棋。

2011 年，IBM 开发的人工智能程序“沃森”（Watson）参加了一档智力问答节目，并战胜了两位人类冠军。沃森存储了 2 亿页数据，能够将于问题相关的关键词从看似相关的答案中抽取出来。这一人工智能程序已被 IBM 广泛应用于医疗诊断领域。

2016—2017 年，AlphaGo 战胜围棋冠军。AlphaGo 是由 Google DeepMind 开发的人工智能围棋程序，具有自我学习能力。它能够搜集大量围棋对弈数据和名人棋谱，学习并模仿人类下棋。DeepMind 已进军医疗保健等领域。

2017 年，深度学习大热。AlphaGo Zero（第四代 AlphaGo）在无任何数据输入的情况下，开始自学围棋 3 天后便以 100:0 横扫了第二版本的“旧狗”，学习 40 天后又战胜了在人类高手看来不可企及的第三个版本“大师”。

3.8.3 技术内容

人工智能是计算机科学的一个分支，它企图了解智能的实质，并生产出一种新的能以人类智能相似的方式做出反应的智能机器。该领域的研究包括知识表示、自动推理和搜索方法、机器学习和知识获取、知识处理系统、自然语言理解、计算机视觉、智能机器人、自动程序设计等方面。人工智能从诞生以来，理论和技术日益成熟，应用领域也不断扩大，可以设想未来人工智能带来的科技产品，将会是人类智慧的“容器”。人工智能可以对人的意识、思维的信息过程进行模拟。人工智能不是人的智能，但能像人那样思考、也可能超过人的智能。

人工智能的发展历史是和计算机科学技术的发展史联系在一起的，除此之外，人工智能还涉及信息论、控制论、自动化、仿生学、生物学、心理学、数理逻辑、语言学、医学和哲学等多门学科。

人工智能的应用领域主要有：

1）问题求解。人工智能程序要能知道如何考虑它们要解决的问题，即搜索解答空间，寻找较优解答。

2）逻辑推理。逻辑推理是人工智能研究中最持久的领域之一，包括医疗诊断和信息检索等一系列需要逻辑运算。

3）自然语言处理。自然语言的处理是人工智能技术应用于实际领域的典型范例，目前该领域的主要课题是计算机系统如何以主题和对话情境为基础，注重大量的常识——世界知识和期望作用，生成和理解自然语言。

4）智能信息检索技术。信息获取和精化技术已成为当代计算机科学与技术研究中迫切需要研究的课题，将人工智能技术应用于这一领域的研究是人工智能走向广泛实际应用的契机与突破口。

5）专家系统。专家系统是目前人工智能中最活跃、最有成效的一个研究领域，是一种具有特定领域内大量知识与经验的程序系统。近年来，在“专家系统”或“知识工程”的研究中已出现成功和有效应用人工智能技术的趋势。人类专家具有丰富的知识，拥有超强的解决问题能力，如果计算机程序能体现和应用这些知识，应该也能解决人类专家所解决的问题，且能帮助人类专家发现推理过程中出现的差错，现在这一点已被证实。如在矿物勘测、化学分析、规划和医学诊断方面，专家系统已经达到了人类专家的水平，如 PROSPECTOR 系统（用于地质学的专家系统）发现了一个钼矿沉积，价值超过 1 亿美元；DENDRL 系统的性能已超过一般专家水平，可供数百人在化学结构分析方面使用；MY CIN 系统可以对血液传染病的诊断治疗方案提供咨询意见，经正式鉴定结果，对患有细菌血液病、脑膜炎方面的诊断和治疗方案已超过了这方面的专家。

3.8.4 应用场景

智慧园区建设目标，依托 AI、物联网、大数据技术实现园区管理智慧化升级，最终达到实现安全等级提升、工作效率提升、管理成本下降的目的。然而，传统园区安全管理更多地依赖保安人工布控，人工成本高，且易疏漏；部分园区虽然部署了智能化报警设备，但误报率高，保安人员疲于现场查证，如周界报警系统、消防系统；另外当出现事故后，查证通常需花费几小时，甚至几天时间查证相应录像，耗时耗力。园区绩效管理上效率低，管理难。

随着人工智能技术的成熟，智慧园区具备智能化 AI 管理平台，园区门禁采用人脸识别技术，非接触，无感快速通行，告别刷卡/指纹验证模式，高效流畅通行，从而实现访客高效管理。在停车管理方面，智慧园区引入智慧停车管理系统，基于车牌识别和无感支付的智慧停车系统，大大优化了园区停车管理资源，使园区停车管理更高效。基本 AI 的安防系统也是智能园区必不可少的部分，园区提供了安全监视、侵入报警、出入口控制管理。在园区的主要通道、出入口、电梯、地下车库等重要位置安装 AI 摄像机，进行安全监控，实现园区内的报警系统在出现突发状况时会第一时间通知管理人员进行紧急处理。

智能一卡通系统是园区建设的重要组成部分，是园区信息化工程之一，“智能”一卡通是以非接触式 IC 卡和软件平台为核心，实现园区内门禁、考勤、消费、停车场、通道、梯控、访客、会议签到等应用的综合管理系统。用户可将园区内的人、财、物管理和服务，全面纳入“智能一卡通”平台，实现园区内部身份认证和财务结算的统一管理，提升园区管理的集中化、安全化和电子化。一卡通解决方案，可以方便园区管理、提升园区形象、为员工提供便捷的服务。

而随着 AI 人脸识别技术的成熟，为传统门禁一卡通市场打开了新的应用领域，一卡通慢慢往一脸通转变，传统以 IC 卡为认证介质正转换成刷脸模式。相比传统刷卡模式，刷脸能有效避免了卡片丢失、被复制等造成的安全隐患，刷脸也能有效提高认证效率从而带给用户更好的体验感。

“一脸通”，已是目前人脸识别技术在企业园区最广泛的应用之一，用户通过刷脸即可实现通行、访客、考勤、巡更、消费、梯控、会议签到等各个场景，如图 3-15 所示。

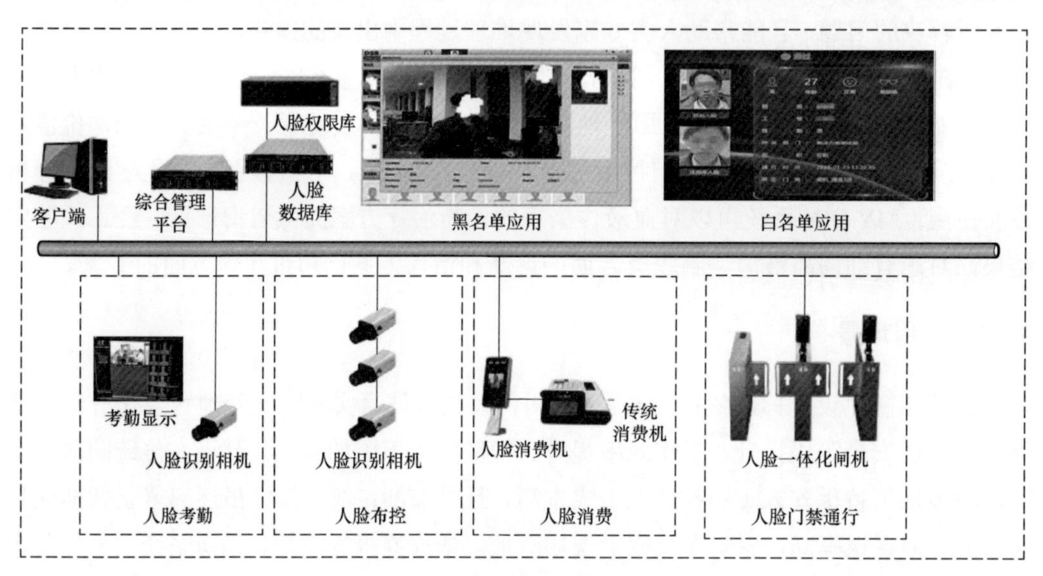

图 3-15　用人脸识别应用组网

3.9　区块链技术

3.9.1　技术概述

区块链是比特币的底层技术和基础架构，利用块链式数据结构来验证与存储数据，其本质上是一个去中心化的数据库：利用分布式节点共识算法，来生成和更新数据；利用密码学的方式，保证数据传输和访问的安全；利用由自动化脚本代码组成的智能合约，来编程和操作数据。按照央行的定义，区块链是一种多方共同维护，使用密码学保证传输和访问安全，能够实现数据一致存储、防篡改、防抵赖的技术体系。

2019 年 10 月 24 日，习近平总书记在中共中央政治局就区块链技术发展现状和趋势进行第十八次集体学习的讲话时明确：“要抓住区块链技术融合、功能拓展、产业细分的契机，发挥区块链在促进数据共享、优化业务流程、降低运营成本、提升协同效率、建设可信体系等方面的作用”。党中央对区块链技术及其集成应用的前瞻性部署，彰显了区块链技术所蕴含的巨大潜力。区块链技术的核心作用是构建信任并传递信任，基于密码学的加密算法，公开透明和防篡改的特性，区块链被称为信任的机器。目前，区块链技术已经在金融、公共服务、信息安全、物联网、供应链等多个行业领域取得了成功应用，解决这些领域的信任问题。

3.9.2 发展历程

区块链技术其实是基于一系列成熟的技术整合，包括密码学技术、分布式计算技术都已经在2001年前取得理论和实践的突破。区块链从2009年随着比特币诞生，根据技术发展的里程碑，可以划分为1.0、2.0、3.0三个阶段。

区块链1.0——比特币区块链

中本聪在2008年11月的时候发表了著名的论文《比特币：点对点的电子现金系统》，紧接着2009年1月2日，他第一版的软件挖掘出了比特币的第一个区块——创世区块（Genesis Block），代表着比特币的诞生。

区块链1.0的应用场景仅限于数字货币，但是其意义巨大，相当于第一次实现虚拟货币与实物联系起来，最著名的例子莫过于流传至今一万比特币买一块比萨的事迹。数字货币的兴起为区块链2.0的到来奠定了坚实的基础。

区块链2.0——以太坊登场

2013年，以太坊的创始人Vitalik Butcrin发布了以太坊初版白皮书《以太坊：下一代智能合约和去中心化应用平台》，2015年7月以太坊发布第一个正式版本。区块链2.0最大的创新是引入了图灵完备的智能合约，允许多个微事务发生并处理更大的事务量。

区块链2.0的应用从数字货币扩展至整个金融领域，包括如股票、债券、期货、贷款、抵押、产权、智能财产等应用场景。

区块链3.0——可编程社会

区块链1.0是区块链技术的萌芽，区块链2.0是区块链在金融，智能合约方向的技术落地。而区块链3.0是为了解决各行各业的信任问题与数据传递安全性的技术落地与实现。技术上，区块链3.0核心是要解决可扩展性、效率、隐私保护等问题。

区块链3.0应用领域包括了身份认证、公证、仲裁、审计、域名、物流、医疗、邮件、签证、投票等领域，应用范围扩大至整个社会，区块链技术有可能成为未来互联网的一种最底层的协议。

3.9.3 技术内容

区块链是一系列技术的整合，基本架构可以分为数据层、网络层、共识层、激励层、合约层和应用层。数据层封装了区块链的链式结构、区块数据、非对称加密等区块链底层技术；网络层提供P2P数据通信传播及验证机制；共识层是节点间达成共识的各种共识算法，常用的包括工作量证明共识算法（POW）、权益证明共识算法（POS）、实用拜占庭容错共识算法（PBFT）等；激励层将经济因素引入区块链技术体系中，包括经济因素的发现机制和分配机制；合约层封装了各类脚本、智能合约和算法，为区块链数据操作的接口；应用层则是区块链各种应用场景的封装。

根据去中心化的程度，区块链可以分为三种形式即公有链（Public Blockchains）、联盟链（Consortium Blockchains）、私有链（Private Blockchains）。

1）公有链是指全世界任何人都可读取的、任何人都能发送交易且交易能获得有效确认的、任何人都能参与其中共识过程的区块链。比较典型的公有链包括比特币、以太坊等。

2）联盟链是指其共识过程受到预选节点控制的区块链，各个节点通常有与之对应的实体机构组织，通过授权后才能加入与退出网络。各机构组织组成利益相关的联盟，共同维护区块链的运行。联盟链与公有链相比可谓“部分去中心化”，比较典型的联盟链包括 R3 区块链联盟、超级账本、阿里云 BAAS 服务等。

3）私有链。区别于公有链开放的特性，私有链就更加私密，仅限在一个企业、组织以及机构内的用户访问和交易。如果把公有链当作互联网，那私有链就是封闭的局域网。私有链对单独的个人或实体开放，仅在私有组织，私有链上的读写权限，参与记账的权限都由私有组织来制定。比如集团企业使用私有链进行数据存证和审计就是一种应用场景。

3.9.4 技术特征

1. 共享账本

所谓共享账本，就是所有节点统一维护一套账本。由于区块链使用分布式核算和存储，每个节点都可以记账，都有记账权，不存在中心化的硬件或管理机构，任意节点的权利和义务都是均等的，系统中的数据块由整个系统中具有维护功能的节点来共同维护。

2. 开放透明

所谓开放透明，是指区块链系统是开放的，除了对交易各方的私有信息进行加密，区块链数据对所有人公开，任何人都能通过公开的接口，对区块链数据进行查询，并能开发相关应用，整个系统的信息高度透明。

3. 防篡改

区块链系统的信息一旦经过验证并添加至区块链后，就会得到永久存储，无法篡改；除非能够控制系统中超过 51%的节点，否则单个节点上的对数据库的修改是无效的，因此区块链的数据稳定性和可靠性极高。

4. 自治性

区块链采用基于协商一致的规范和协议，使整个系统中的所有节点能够在去信任的环境自由安全地交换数据、记录数据、更新数据，把对每个人或机构的信任改成对体系的信任，任何人为的干预都将不起作用。

3.9.5 应用场景

区块链在工程建设领域有广泛的应用前景，在智慧园区的规划和建设过程中在承发包交易、材料供应、合同及现场变更等方面都有很好的应用前景。

在承发包交易领域，可以基于承包商基于区块链提供资质、业绩、奖励、人员等资信数据，并可以与权威数据进行共享核验，利用区块链数据的防篡改特性对承包商企业资信造假起到威慑作用。

在材料供应领域，可以利用区块链打通厂商到物流供应全过程的供应链信息，可以有效防止材料“偷梁换柱”造假现象，有效保障材料的质量可靠。

在合同和现场变更领域，可以基于区块链的电子合同和变更签约来实现多方协同，利用智能合约实现部分合同条款的自动执行，可以有效管理控制进度和支付，防止合同执行中的各种纠纷。

参 考 文 献

[1] 中国信息通信研究院. 数字孪生城市研究报告［R］. 北京：中国信息通信研究院，2019.

[2] 项立刚. 5G 时代——什么是 5G，它将如何改变世界［M］. 北京：中国人民大学出版社，2019.

[3] 赵国锋，陈婧，韩远兵，徐川. 5G 移动通信网络关键技术综述［J］. 重庆邮电大学学报（自然科学版），2015，27（04）：441–452.

[4] 李高广，吕廷杰. LTE 发展现状和前景分析［J］. 移动通信，2008（09）：32–35.

[5] 赖见辉. 基于移动通信定位数据的交通信息提取及分析方法研究［D］. 北京工业大学，2014.

[6] 陈力. B3G/4G 系统中的无线资源分配的研究［D］. 北京邮电大学，2012.

[7] D. M. Hawkins. Identification of Outliers［M］. Springer，Dordrecht：1980–01–01.

[8] Karli S，Yücel Saygin. Mining periodic patterns in spatio–temporal sequences at different time granularities［J］. Intelligent Data Analysis，2013，13（2）：301–335.

[9] Ruiz Juan Carlos，Campistol Josep M，Sánchez–Fructuoso Ana，Rivera Constantino，Oliver Juan，Ramos David，Campos Begoña，Arias Manuel，Diekmann Fritz. Increase of proteinuria after conversion from calcineurin inhibitor to sirolimus–based treatment in kidney transplant patients with chronic allograft dysfunction.［J］. Nephrology，dialysis，transplantation：official publication of the European Dialysis and Transplant

Association – European Renal Association，2006，21（11）.

［10］Wang Pu，Gonzá，lez Marta C.. Understanding spatial connectivity of individuals with non-uniform population density［J］. Philosophical Transactions of the Royal Society A，2009，367（1901）.

［11］刘祖军，陶周天，张岩，李振军，王乾佳. 信令数据匹配方法、装置及电子设备［P］. 北京市：CN111125282A，2020-05-08.

［12］Apache Hadoop［OL］. http://hadoop.apache.org/

［13］中国信通院大数据白皮书 2019 年版

［14］近平在中央政治局第十八次集体学习时强调 把区块链作为核心技术自主创新重要突破口 加快推动区块链技术和产业创新发展［OL］. http://www.xinhuanet.com//2019-10/25/c_1125153665.htm.2019.10

第4章　智慧园区规划

园区建设、规划先行，规划是推动智慧园区建设的关键环节之一。本章从智慧园区规划概述入手，重点从智慧园区多规合一、规划方案审查、规划评估、三维招商、绿色健康发展等几个方面，阐述智慧园区规划所涵盖的主要内容及其技术方法。

4.1　概述

4.1.1　基本内涵与发展

1. 智慧园区规划的内涵

智慧园区规划，主要是以“数字孪生”理念为指导，开展园区物质空间与信息空间的同步规划设计工作，一方面解决园区建设的用地类型、功能布局、基础设施等的空间安排，另一方面通过信息化顶层规划设计，避免信息孤岛与重复建设等问题，发挥顶层规划覆盖面广、渗透性强、带动作用明显的优势，助力园区统一高效的智慧化建设。遵循需求导向、服务园区、信息安全等原则，编制园区规划方案、规划文件和概算，优化与指导智慧园区规划设计和建设管理，并完善信息基础设施，提供智慧化服务。

2. 智慧园区规划的作用

在园区规划方案设计阶段，通过集成园区地面三维场景、建筑物 BIM 模型、地下空间模型以及二维矢量、影像等时空信息，通过丰富的二三维场景分析、地上地下一体化分析等，避免规划要素冲突，生成园区规划数据指标，满足智慧园区对规划分析的需求。在园区规划方案审查阶段，规划协同编制、数据实时共享，多规集成可视，汇聚各类规划指标，对项目实现过程规划跟踪、动态评估与实施监督，保证多部门信息沟通联动、审批协调一致，有效解决城市空间规划冲突难题，推演园区发展，让土地资源和空间利用更集约、方案更科学、决策更高效，保证一张蓝图的实时性和有效性。

3. 智慧园区规划的发展

智慧园区规划工作是伴随着智慧城市及智慧园区的规划建设而诞生的。早在 2012 年，刘步荣就发文探讨智慧园区规划和建设问题，认为传统园区规划与建设只完成园区基本的水、电、气、道路、绿化、建筑等“九通一平”基础设施，而随着信息化的发展，智慧园区规划与建设需要关注通信、网络等息基础设施。王佳等（2014）思考大型智慧园区智能化专项规划的问题。曹茂春（2015）系统性探讨了智慧园区总体规划与建设，认为智慧园区规划一般包括规划总体目标、规划依据、规划原则、规划期限、总体构架、规划主体内容等；而不同类型园区的规划和建设，其思路应围绕园区现状、园区定位、服务需求和发展需求展开其相应功能的规划与建设，做到规划与建设理念一致、业务架构与功能架构协调，实现园区各系统互联互通和资源共享。臧胜（2017）研究了智慧园区智能化系统的规划及设计，认为智慧园区作为城市空间体系的重要组成部分，其智能化系统的规划设计应从全局出发，不仅需要满足园区自身的需求，还需为智慧城市的有效运营提供必要的技术支撑。许斌等（2020）研究了智慧园区信息基础设施规划，认为在园区规划初期需充分考虑园区信息基础设施需求，统筹规划、集中建设，为后续智慧园区建设提供基础保障。总体而言，经过近十年的探索，智慧园区规划逐步从单纯的信息化规划，逐步走向信息化规划与物质空间规划的一体化发展。

4. 智慧园区规划的案例

国内已有地区探索将智慧化手段应用于园区规划，如福州滨海新城规划建设管理一体化、苏州工业园构建园区规划管理数据库，北京大兴国际机场临空经济区以“数字孪生”城市为载体，建立园区的城市信息模型（CIM），实现园区规划一张图等。

福州滨海新城通过探索规划建设管理一体化业务，充分应用 IoT、大数据、BIM、云计算、3D GIS 等信息技术，建设了基于 CIM 的规建管一体化平台，研发了规划、建设、管理 3 个阶段的应用系统，同步形成与实体城市“孪生”的数字城市，如图 4-1 所示。整体建设内容概括为：一个平台两个中心规建管三阶段应用系统（基于 CIM 的规建管一体化集成平台，时空数据中心，运营监测中心），实现滨海新城规建管全过程的数字化管理与应用，达到信息互通与共享。

苏州工业园建立了园区规划管理数据库，包含了园区成立以来所有的项目、地块、建筑单体、业务过程和审批档案等数据，做到了“先规划、后建设，先建地下、后建地上”，实现了“一张规划图、管它到结束”。截至 2018 年底，园区城市公共信息服务平台已汇集园区 800 多个专题信息图层，基本满足了园区智慧城市的规划、建设等各业务领域及应用系统的信息交换共享需求。

北京大兴国际机场临空经济区基于 BIM+GIS 融合模式，通过搭建临空经济区全信息模型，应用数字孪生技术实现临空经济区发展的超前管控，整合展现园区宏观规划和具体项目方案，探索了具有临空经济区特色的规划、建设、管理一体化创新模式，初步

图 4－1　福州滨海新城规建管一体化平台

奠定了“数字临空园区”的数据基础与技术基础。

4.1.2　需求与总体框架

1. 智慧园区规划的需求

当前，以数字化、网络化、智能化为核心特征的新一轮科技与产业革命正蓬勃兴起，5G、物联网、大数据、云计算、边缘计算、3D GIS、AR/VR、AI 等新一代信息技术推动新模式、新平台、新业态持续发展。作为城市的重要单元和功能载体，智慧园区的信息基础设施、运营管理方式、产品应用场景等正面临全时空、全方位、全要素的数字化重塑，有望成为未来构筑数字孪生城市的重要落脚点，实现全面感知、传递、整合园区各个环节，并分析园区人、物、企业、管理功能系统之间的各项关键信息。

2. 智慧园区建设的需求

将高新科技与智能技术渗透到园区生产、经营、管理各个方面，为园区入驻企业提供高效、便捷、安全的园区管理和公共服务，打造优良的创新、发展环境，提升园区对企业创新等要素的吸引力和凝聚力，扩大产业发展空间，加速产业集聚，具体而言：对于园区管理者来说，支撑园区的规划、建设与整体协调工作，其智慧化需求主要集中在以资源整合和信息共享为基础的电子政务、园区管理、公共服务、招商引资、经济数据分析等方面。园区企业是园区主要服务对象，是园区日常运营的创造性主体，其智慧化需求主要体现在办公便捷、产业升级、创新孵化等方面，如智慧会议、智慧生产、产业大数据统计、产业地图活力分析等；园区公众是园区内的劳动者、从业者，也可以是居民、游客，是园区重点服务的个体对象，其智慧化需求主要集中在以提升幸福感为目标的衣食住行等方面，包括公共交通、劳动保障、物流运输、文体娱乐、教育医疗等。

3. 智慧园区规划的框架

智慧园区规划管理信息化建设主要目标是实现智慧化园区管理，推动智慧园区公共平台的建设和功能拓展，建立园区统一的建筑物和构筑物等多源数据库，研发园区统一的地理空间信息平台，统筹推进园区总体规划、近期建设规划、项目规划、招商引资、绿化健康规划等规划管理和应用的智慧化和精准化。

为此，智慧园区规划的总体框架包括数据层（BIM+GIS）、平台层（多规合一平台）、技术网络层（5G、可视化、AI 等）、应用层（园区规划、设计、评估、展示、应用）以及用户界面层（终端用户登录），如图 4–2 所示。

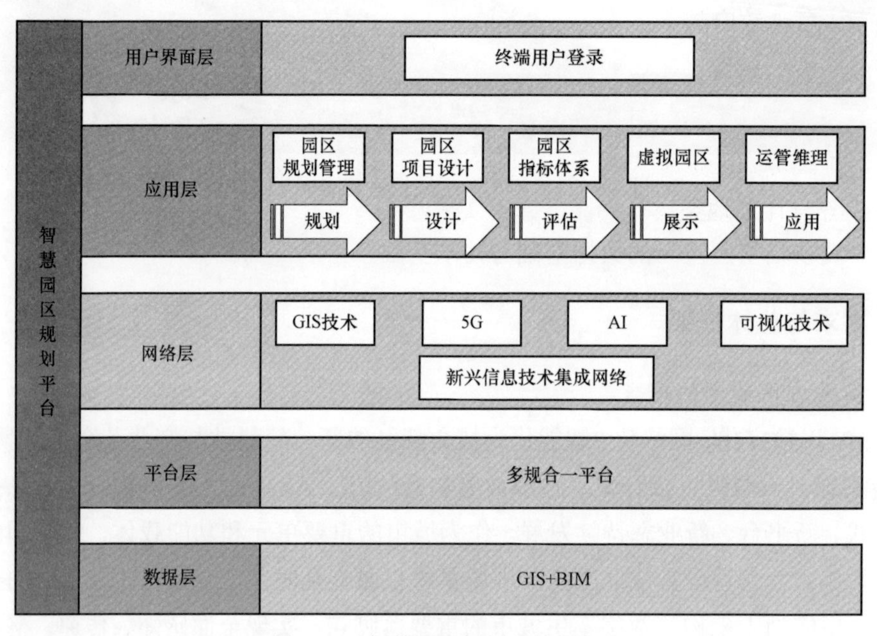

图 4–2　智慧园区规划总体框架

4.1.3　应用体系与成效

1. 智慧园区规划的应用体系

在园区的规划阶段，通过 5G、BIM、大数据、AI 等数字孪生技术在万物互联、虚实融合、数据驱动等方面的能力优势，打通多层级的数据孤岛和业务孤岛，建立人本、互联、智慧的园区规划管理和规划决策全过程体系，应用体系涵盖规划、设计、评估、展示等领域，涉及多规合一、规划方案辅助审查、规划评估、三维规划招商展示、绿色健康园区展示等方面，推动精准规划编制、精确管理实施、精明决策支持、精密评估诊断，整体提升园区规划及管理的高效化、智能化、服务化能力。

2. 智慧园区规划的应用成效

涵盖规划、设计、评估、展示等领域的智慧园区规划应用体系，实现了覆盖规划设计全业务过程的智慧化管理、监督和决策。通过多规合一，汇聚园区各类规划指标，实现“多规合一”智能化、空间管控精准化。通过规划方案辅助审查，在国土空间规划基础信息数据、模型库、指标及其标准库的支撑下，对园区规划成果进行自动化质检和自动化审查，实现对规划成果的科学管理和有效利用。通过规划评估，定期对园区规划的实施效果以及实施环境的趋势和变化进行检测，实现是否符合园区规划的评估。通过三维立体展示，实现园区布局、产业特色等内容及各类管理对象、活动在数据空间的全时空镜像的逼真呈现，服务于园区招商、绿色健康园区展示等业务。

3. 智慧园区规划存在的问题

目前，各地政府越来越重视智慧园区规划建设，但是规划建设过程中缺乏顶层设计方案和组织架构部署，导致智慧化项目建设缺乏集中统筹和规划。智慧园区规划建设是整体性且较为复杂的系统，其规划建设过程中涉及部门较多，为统筹园区各参与主体的需求，同时统筹园区资金投入、技术能力等因素，需要通过科学合理地制定顶层规划方案，有步骤有计划地整体推动园区建设实施落地。

4.2 智慧园区多规合一

多规是指涉及城市空间利用的国土、规划、环保以及林业、文化、教育、体育、卫生、交通等多部门的规划。“多规合一”是指利用信息化手段，协同空间规划，建立以空间战略规划为纲领的统一的空间规划体系，搭建规划信息共享和业务协同办理的统一平台，推进行政审批制度改革，实现城市统筹发展的系列工作。

4.2.1 建设目标

1. 总体目标

智慧园区“多规合一”平台的建设目标为以全域现状数据为基础，运用 BIM+GIS 技术，集成各类空间性规划和相关规划，做到“发展目标、用地指标、空间坐标”相一致，形成全域覆盖、要素叠加的一本规划、一张蓝图，逐步实现部门协同、信息共享、项目审批、评估考核、实施监督、服务群众等功能，促进相关部门信息共享交互，实现项目协同审批，提高行政服务效能，促进智慧园区建设，提高园区治理水平。

2. 专项目标

（1）建立统一数据库，实现数据共享

由于智慧园区多规合一数据涉及不同部门、不同专业、不同阶段，对于数据管理和数据共享提出了更高的要求，因此需制定统一的数据标准，并依据标准建立统一的专业数据库，汇集相关部门数据，实现基于统一平台的数据共享。

（2）集成三维空间一张蓝图，实现空间共管

按照“一张蓝图绘到底”的要求，解决部门规划“打架”问题，需基于数据共享平台，在现状数据的基础上，叠加各部门规划数据、设计数据和管理数据，形成“三维空间一张蓝图”。并基于三维空间一张蓝图实现空间共管，优化空间格局和功能布局，加强资源要素的精准配置，提升空间治理能力。

（3）协同项目审批，实现业务共商

基于“三维空间一张蓝图”，通过信息共享、项目生成、空间协调、协同审批，实现业务共商，最大程度利企便民，提高政务管理和服务水平。

（4）定期更新数据，实现动态监督

基于规划核心指标，利用卫星遥感监测、航拍技术等多种手段监督规划实施情况，通过建立评估考核模型，辅助行政监管和社会监督。

4.2.2 技术体系

智慧园区多规合一平台的技术体系如图 4-3 所示，包括工具层、数据层、支撑层和业务层。

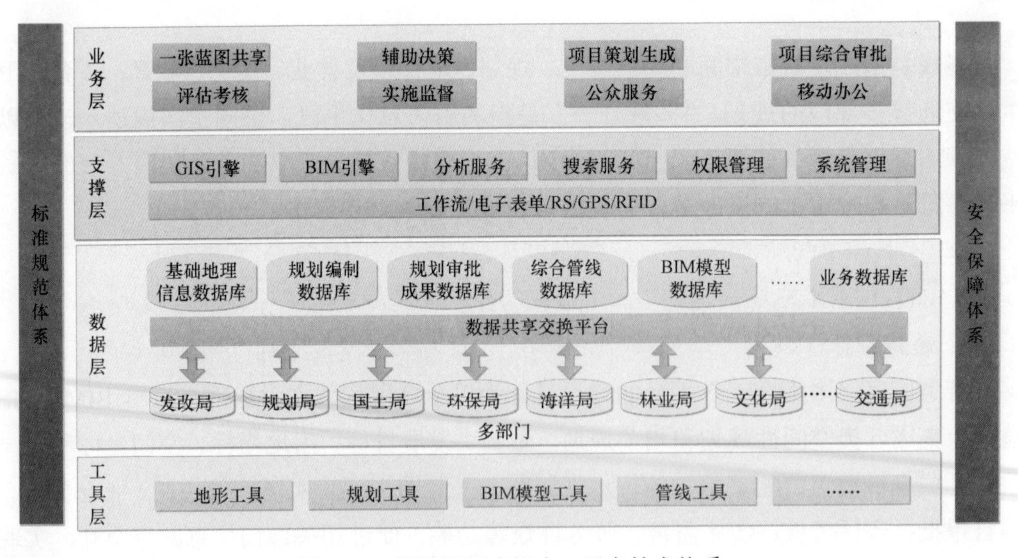

图 4-3 智慧园区多规合一平台技术体系

1. 工具层

工具层主要包括对多规合一平台所需要的数据进行处理的工具，如地形分析工具、规划分析工具、BIM 模型工具、管线布局工具等。

2. 数据层

数据层主要由多规合一平台需要数据库构成。基于统一空间坐标、统一数据标准、统一数据协调机制，对现状数据、规划数据、设计数据等进行标准化质检、数据建库及动态更新，确保多规合一数据库的信息现势性、唯一性、权威性，从而保障多规合一数据共享平台的生命力。

数据建库内容主要包括现状数据、规划数据、设计数据、业务数据等。现状数据主要包括建构筑物数据、道路交通数据、地下综合管网数据、地形数据以及基础地理信息数据等；规划数据包括总规、控规、详规数据；设计数据包括经过审查之后的各部门、各专业设计数据；业务数据主要包括在业务运行过程中的审批意见、协同办公业务数据等。系统将不同类型的数据进行划分，建立专业的数据库，进行独立维护和运行，并在数据库之间实现数据互通和共享，达到统一数据库的目的。

3. 支撑层

支撑层主要包括支撑业务应用开发的技术引擎及服务，涉及 GIS 引擎、BIM 引擎、分析服务、检索服务、权限服务、系统服务等。

4. 业务层

业务应用层主要是为满足多规合一业务需求所提供的功能模块。具体包括一张蓝图共享、辅助决策、项目策划生成、项目综合审批等。

4.2.3 应用体系

1. 一张蓝图共享

提供现状数据、规划成果、设计成果、业务数据的信息集成、空间叠加及共享查询，横向满足园区各部门应用需求，纵向满足各级单位的应用需求。

如图 4-4 所示，园区行政机关可以通过平台查询“多规合一”成果，在一张图上分层叠加显示基础地理信息、现状数据、多规合一成果、建设项目设计成果等信息，实现多图层叠加、逐级按比例显示。提供部门审批成果下载，在多部门间实现协同办公，通过信息共享查询提取办事结果，提高办事效率。对多规合一信息平台中的各类规划编制成果数据，根据各部门工作需要，提供在线数据共享服务。

2. 辅助规划决策

借助多规合一的各类规划数据和现状数据，提供基于空间位置的分析决策功能，满足多规应用部门对重大建设工程的选址需求。同时建立预测评估模型，开展人口分布、交通运行、土地利用等模拟分析，实现园区空间的可视化展示和分析（见图 4-5）。

图 4-4　智慧园区多规合一平台：一张蓝图共享

借助辅助规划决策应用功能，可为建设项目选址提供辅助分析功能，可以根据建设项目用地性质、规模，综合考虑多规管控要求，各部门规划要求、交通条件、现状情况等因素，提供多套备选方案提供领导决策使用。依据现状数据开展公共服务设施步行15分钟覆盖圈分析、公园绿地步行5分钟覆盖率分析等。

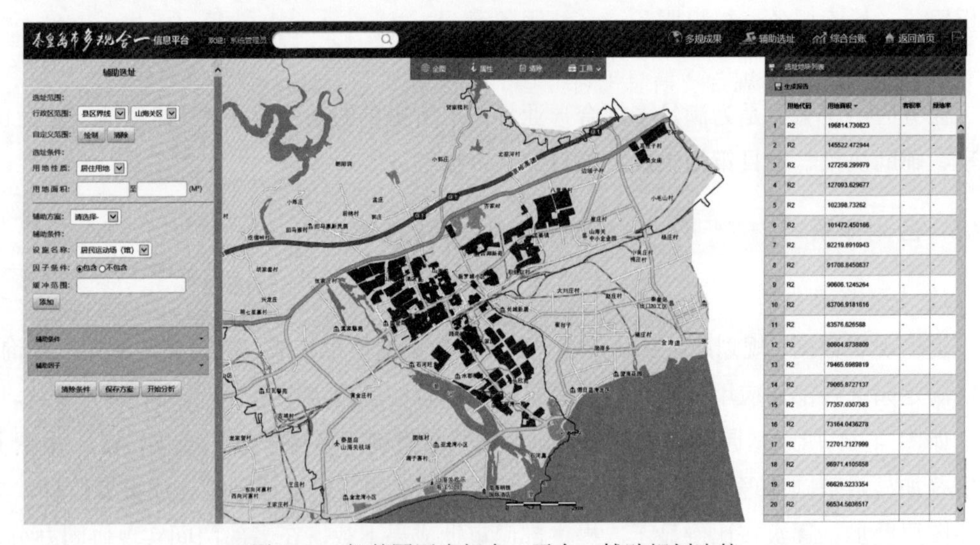

图 4-5　智慧园区多规合一平台：辅助规划决策

3. 项目策划生成

面向项目前期生成、储备、策划和管理等需求，由相关部门牵头根据园区总体规划和园区经济中长期发展计划建立项目储备库，以国家、省、市、县战略发展为导向，实现园区建设工作的共同缔造和有效管控，确保园区建设工作有序开展。

建立项目策划生成机制，为园区各部门及各区提供公共服务设施、市政基础设施、招商引资等项目上报的端口，便于园区政府单位统筹全园区项目意向，前期开展项目用地合规性审查，明确项目建设存在问题开展跨部门的在线矛盾协调，生成建设项目储备库，实现园区建设项目统筹管理、有序安排、规划管控，对接建设项目后期的行政许可审批，提高行政审批效率。

对已经明确的选址意向，开展规划选址符合性检查，确保各类项目符合控制线管控要求，促进重大项目的快速落地。

4. 项目综合审批

利用多规合一平台的信息共享和部门协同，对智慧园区建设项目落地选址进行协同审批，结合多规合一数据成果对项目预选址红线进行合规审查，为各部门的协同审批提供辅助决策依据。

通过再造项目用地供给流程，将发改、国土、规划、环保等多部门串联审批的项目建议书批复、建设项目环境影响评价、规划选址意见书、规划设计条件核实、用地预审、用地规划许可证，改造为建设单位一次报件、各部门信息共享、联审联办的综合审批模式，各部门可以通过信息共享互相查询提取办事结果，从而实现建设项目用地审批的一窗受理、一表申请、联审联办、超时默许、快速许可，提高企业办事效率，做到让信息多跑路，让入驻园区的企业少跑腿。

5. 评估考核

利用智慧园区多规合一信息平台，基于“三维空间一张蓝图”规划核心指标，开展规划实施情况的体检，建立规划实施情况台账并结合各类专项数据进行规划评估，有效指导园区建设（见图 4-6）。

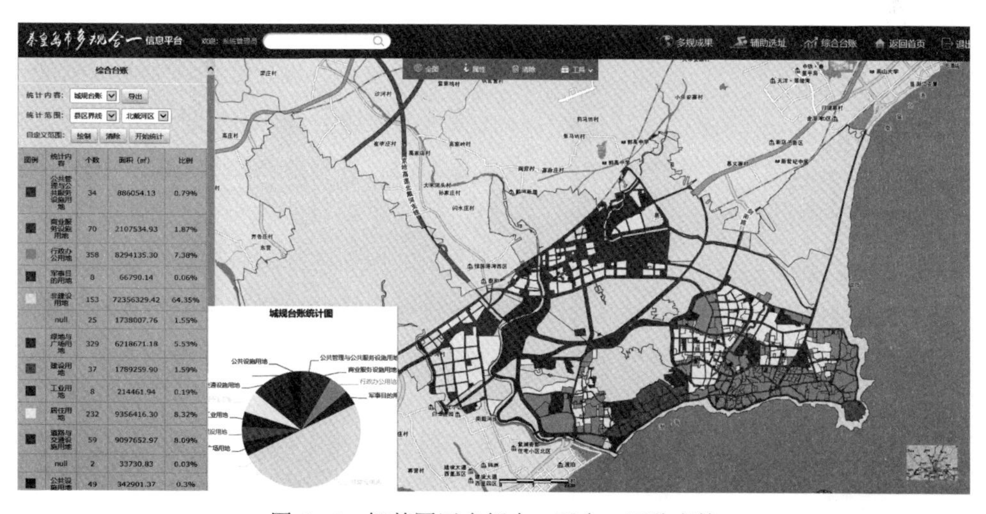

图 4-6　智慧园区多规合一平台：评估考核

对园区的规划和建设项目，根据时间、区域等条件进行用地规模、建设面积、路网密度等规划指标体系相关内容分类统计汇总，可以对规划指标和实际建设进展对比分析，也可以对不同分区进行对比分析，还可以结合园区建设进展开展园区绿化率提升、人均公共医疗卫生服务设施用地面积增长等分析，为规划实施的评估考核提供支撑。

6. 实施监督

面向政府相关职能部门、社会公众，利用信息平台及数据成果对规划实施进行监督，处理日常巡查及公众举报反馈的各类问题，确保规划的目标能够得到有效的实施。

一是改革规划审查机制，任何规划在上专家评审会前，必须开展多规合一审查，最终成果必须提交方能批复；二是对接规划部门的批后管理系统及综合执法系统，为综合执法部门提供规划信息、审批项目信息共享服务，及时发现违法违规建设，为开展查处工作提供便利；三是导入卫星监察图斑，开展监察处理。

7. 公众服务

基于多规合一大数据共享平台，面向社会公众，实现“三维空间一张蓝图”的公共服务，把通过行政许可审批发证的项目进行图形化展示，并可以查看许可项目的审批信息。在此基础上提供投诉建议入口，让广大群众对行政审批许可项目提出建议或意见，接受大众监督，更好地服务群众。

8. 移动办公

智慧园区多规合一的移动办公功能，能为园区各部门领导提供方便快捷的移动办公平台，使领导可以随时随地查询多规合一成果，包括土地利用总体规划、控制性详细规划拼合图、两规用地差异分析图、产业区块及建设项目分布图、“多规合一”规划图、“多规合一”远景规划图等，如图 4-7 所示。

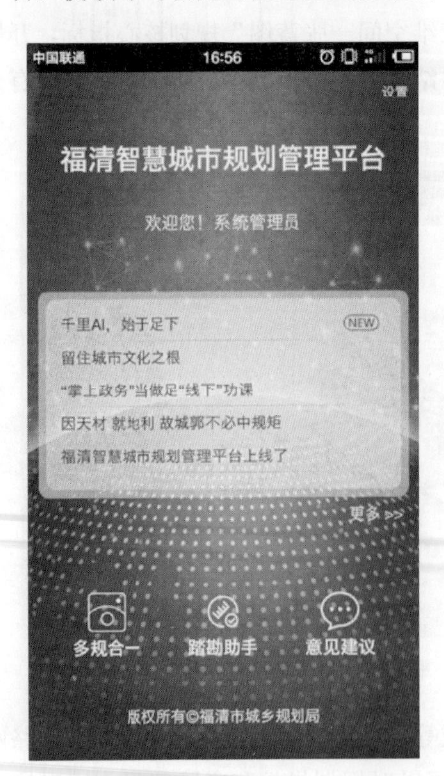

图 4-7 智慧园区多规合一平台：移动办公

智慧园区多规合一平台基于对现状数据、规划数据、设计数据、业务数据的一体化管理，构建了“三维空间一张蓝图”，实现了各部门、各专业规划数据的叠加显示和分析，促进了项目的联合审批和实施监督，保证了园区规划运行的协调性。

目前多规合一平台集成了现状、规划、设计以及业务管理的各种静态数据，实现了对园区多规合一的基本业务管理目的，随着对园区精细化管理和智能化管理的需求激增，未来需应用大数据、云计算、移动互联、物联网、人工智能等新技术，实现对园区的实时体检，促进智慧园区建设，提高园区治理的智慧化水平。

4.3 规划方案辅助审查

基于二三维一体化、微服务、容器、指标管理、空间规则引擎等技术，以涵盖智慧园区规划管理全过程的标准规范体系、数据资源体系、管控指标体系、规则模型体系为基础支撑，构建规划方案辅助审查系统，实现规划设计管控要求的集成与核提，实现规划成果、规划设计方案的标准化质检，为规划成果、规划设计方案的精细审查与多方案比选提供智能化辅助支撑，助力智慧园区的高质量发展。

4.3.1 建设目标

1. 总体目标

规划审查是规划编制、审批、实施和监测评估预警全过程中重要环节之一，通过规划审查，对规划成果进行自动化质检和自动化审查，实现对规划成果、规划设计方案的科学管理和有效利用，保证规划方案和规划设计方案的科学性、合理性，保障各级各类规划目标、指标等规划管理内容的传导和落实，并衔接建设项目实施和落地，充分发挥规划的科学引导约束作用。

2. 具体目标

（1）通过自动化质检，保证规划成果、规划设计方案标准化和高质量

实现对规划成果、规划设计方案自动化质检，基于“任务、方案、模板和规则”四要素质检模型，实现质检方案的可扩充、可定制，提供全面可靠、有针对性的数据检查方法，以及自动、高效、稳定的检查手段，快速检测成果方案是否符合相关标准和要求，保证规划成果、规划设计方案的标准化和高质量。

（2）通过智能化审查，落实规划设计管理条件全面贯通

实现对规划编制成果、规划设计方案智能化技术审查，基于基础数据库、标准库、指标库、规则库和模型库的技术支撑，从上报的规划方案中自动提取数据信息，以审查要点为引导，自动化对规划成果、规划设计方案进行技术审查，包括目标定位、底线约束、控制性指标、相邻关系、空间形态等控制性审查内容，并能够自动生成审查报告，辅助规划审查。

（3）通过审查任务与成果管理，实现对规划方案体系的统筹管理

将规划成果、规划设计方案与相关材料、审查意见等进行挂接，动态建立审查任务“一棵树”，关联并管理每个阶段每次审查的成果，便捷查询调阅成果审查任务中提交的成果图纸、审查报告、修改意见等，以及各阶段的成果批复文件，实现对规划成果和规划设计方案的统筹管理和有效利用。

4.3.2 技术体系

1. 技术架构

基于“大平台、微服务、轻应用”的理念进行系统技术架构设计，综合微服务、容器、二三维一体化、分布式空间计算、指标管理、大数据可视化、云计算等技术方法，构建集高速计算、精准管控、模拟决策为一体的总体技术架构，支持服务资产化、模型配置灵活化及数据高效分析，具有可扩展性、高可用性和创新的技术特性。如图 4-8 所示，技术架构涉及基础设施、数据服务、微服务治理、核心服务、应用系统五个层次。

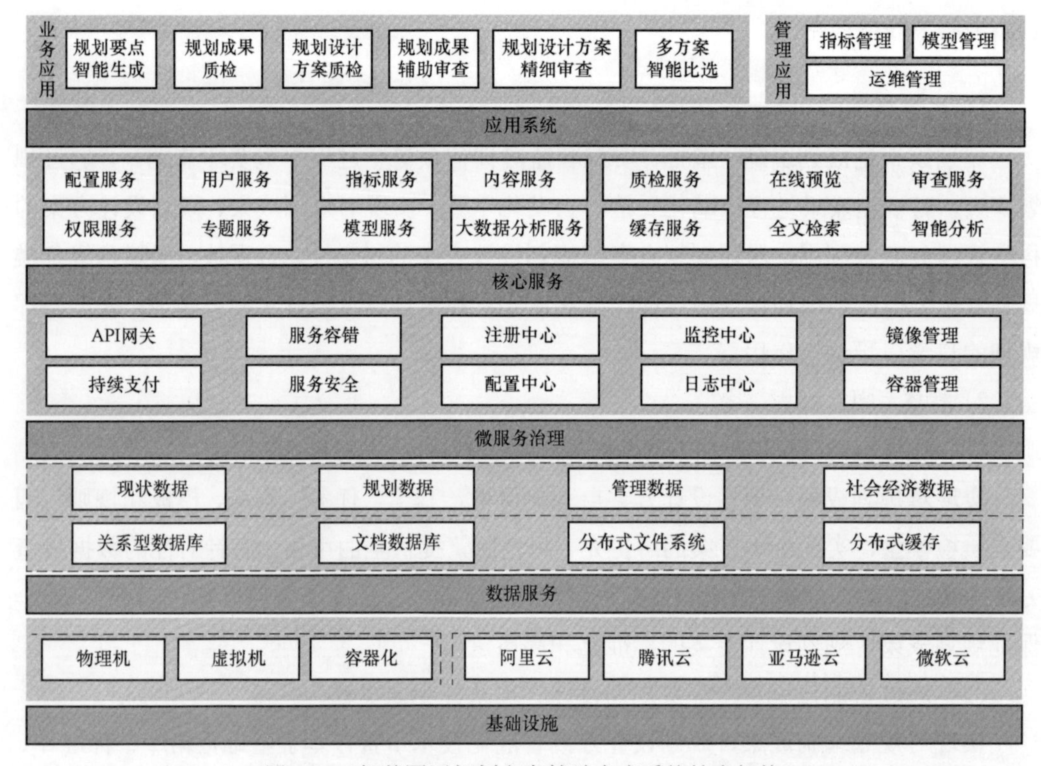

图 4-8　智慧园区规划方案辅助审查系统技术架构

（1）基础设施

架构设计对部署设施层面的资源进行充分考虑，同时支持私有云和公有云的部署。其中，私有云可以是传统的物理机和虚拟机，甚至可以进行应用的容器化，从而充分使用服务器的资源；公有云可以是阿里云、腾讯云等。

（2）数据服务

数据服务层面向智慧园区相关的数据资源，分别从存储类型和业务类型两个方面进行数据服务的设计，解决数据的统一存储、管理和应用的问题。从存储类型上有传统的关系型数据库，主要存储结构化空间数据和业务数据；新兴的文档数据库，主要存储一般的文档型数据；分布式文件系统，主要存储大批量的新数据；以及高性能的分布式缓存。从数据的业务类型上主要分为现状数据、规划数据、管理数据和社会经济数据。根据业务数据本身的特性，例如数据量、数据更新频率、数据是否持久化等，分别存储到不同介质的存储库里，充分融合大数据与传统数据，保证数据可稳定获取、指标可持续计算、监测评估预警可落实。

（3）微服务治理

基于数据服务层，引入分布式微服务框架进行应用架构的设计，同时结合微服务治理的各个组件能实时监控到服务的健康状态，主要包括注册中心、配置中心、监控中心、日志中心、服务容错、服务安全等。为了提高研发效率和交付效率，基于持续交付研发工艺流程，逐步实现“研发运维一体化”。随着研发运维一体化的完善，利用容器作为微服务的载体，通过容器调度、编排、镜像管理等实现微服务容器化，通过微服务与容器实现灵活、稳定、高性能的服务治理架构。

（4）核心服务

基于微服务治理的架构，根据业务领域进行拆分核心服务，降低系统的复杂度和耦合度，提升服务的内聚性、敏捷性，包括指标服务、模型服务、配置服务、大数据分析服务等。核心服务层聚焦于系统功能和数据资产的服务化，不断把核心服务进行沉淀，同时可以接入和对外提供基于空间数据的通用应用服务，为业务应用提供规范化的可复用组件和服务资源，快速地响应业务和应用开发的需求，形成信息资产，统一对外提供服务资产输出。

（5）应用系统

基于核心服务的输出能力，助力快速构建规划方案辅助审查的应用系统，包括规划要点智能生成、规划成果质检、规划设计方案质检、规划成果辅助审查、规划设计方案精细审查、多方案智能比选的业务应用，以及指标管理、模型管理和运维管理三个为业务应用提供管理支撑的管理应用。通过应用层的快速构建，为需求变化提供敏捷的应对能力。

2. 数据架构

围绕智慧园区数据全生命周期，以实现地上地下、集成融合、可持续更新为目标，全面梳理数据资源，按照统一标准、空间参考和分类体系，采用数据流分析、领域分析，按照数据类别、层次和关系，形成“一数一源一主体”的核心数据目录体系。数据架构采用“物理分散、逻辑集中”的分布式设计，各数据管理个体分别做好数据的本地存储管理和更新，同时综合运用服务接入、数据汇交、实时备案、共享交换等多种方式，接入系统进行管理和服务，从而形成动态的、权威的数据中心。同时对内对外提供数据服务，从而实现共享开放的数据应用服务以及数据资产运营。

3. 标准规范架构

为了保障规划方案辅助审查的实际落地应用和持续化发展，标准规范架构起着至关重要的基础支持作用，它决定了系统成果的应用场景、后续拓展以及兼容性。以成果要求为基础、以管理需求为导向，聚焦智慧园区的规划方案辅助审查应用，制定与规划设计体系、园区体系和管控管理体系相契合的标准规范。标准规范按用途类别划分为数据类、指标模型类、系统类和管理类。其中数据类标准是针对各类数据的生产建库、数据质检、数据汇交、数据共享等各个方面所指定的标准规范，可包括术语标准、分类与编码标准、制图标准、数据库标准、数据提交标准、数据库质量检查细则等；指标模型类标准是针对规划管控核心指标和基本模型的含义、计算方法、数据来源等内容的标准规范；系统类标准是面向应用系统开发、配置和集成的相关规则；管理类标准是支撑和确保规划方案审查过程中的管理体系、制度、方法以及相关运行保障的标准和规范。

4. 指标模型架构

基于“全覆盖、可落实、可定制”的原则，构建规划方案审查的指标模型架构，梳理明确各核心管控指标的意义与内涵、指标属性、计算方法、获取方式、基础数据等。综合考虑指标管控和管理需求，构建指标库，利用指标管理技术，落实指标体系管理、指标计算管理、指标值管理和字典管理，对指标模型进行统一管理，实现管理要素全覆盖、指标计算可落实、业务和管理需求可定制、分层分级可管理。

5. 规则模型架构

针对规划审查需求，将审查管控内容进行逐级梳理，并按照计算实现方式进行归类，突出各类的管控要素和管控强度，最终形成包含规划业务类别、计算实现类别、管控强度等多层多维的规则体系。基于审查管控规则体系，将自然语言描述的规则进行结构化解析，提取规则涉及的对象、对象间的空间关系及空间关系的约束值，运用规则标记语言规范，转化为计算机理解和执行对象，为进一步数字化辅助审查提供权威依据。

针对每一类规则进行计算模型构建，对各类空间管控模型、规则模型进行算法开发实现，通过算法注册、数据源管理及配套可视化工具进行模型构建，通过空间规则引擎技术，实现规则模型的灵活配置、构建、扩展、重复使用与管理，从而实现审查规则可落实、模型可配置、管控可计算。空间规则引擎对模型的管理与应用由模型管理、任务调度、计算服务三部分组成，其中模型管理以算法、模型为核心，具有算法注册和管理、模型构建、模型管理和模型计算的能力；任务调度中心响应外部命令和输入数据，调用运行时服务，获取计算模型，将计算任务按资源分发，对作业流进行编排、监管和干预；计算框架集成模型运算的环境，接受调度中心分发的任务，进行逻辑运算，产生相应的输出。

4.3.3 应用体系

基于“大平台、微服务、轻应用”为原则的技术总体架构，以数据架构、标准规范架构、指标模型架构、规则模型架构为强有力的基础技术支撑，系统性地为规划方案审查的几大核心环节提供智能化辅助支撑，包括明确上位规划条件的规划要点智能生成模块，辅助规划成果、规划设计方案报建的质检模块，基于人机交互的规划成果、规划设计方案审查模块，以及多方案的直观化量化比选模块。

1. 规划要点智能生成模块

规划要点智能生成模块，通过对既有规划成果内容进行筛选，对需要管控的规划设计意图与管控要素进行梳理，将管控内容与条目进行细化，将管控要点精准落到相应地块，并通过数字化转译和录入，实现规划有效信息的集成与综合。通过任意划定规划范围，系统自动链接范围内相关的规划内容，最大限度地集成上位规划设计对选定范围的管控要求，基于报告模板一键生成规划设计要求（见图 4–9），是落实规划设计条件全面贯通的重要抓手。

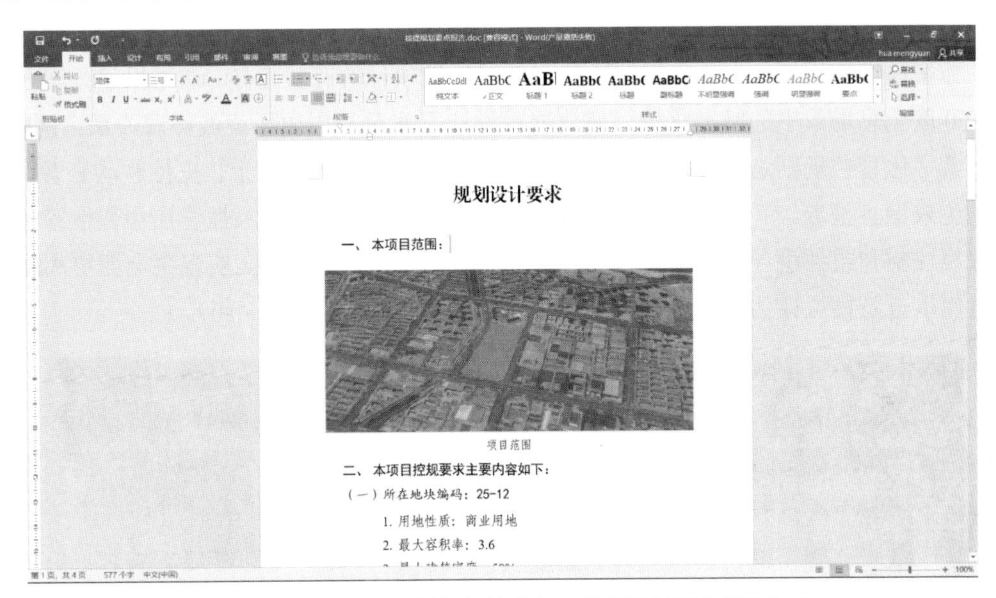

图 4–9　智慧园区规划方案辅助审查系统规划要点智能生成

2. 规划成果质检模块

规划成果质检模块，基于统一的质检要求及细则，以质检任务为中心、质检方案为驱动，针对规划编制成果，提供全面可靠、有针对性的数据检查方法，进行包括成果符合性、完整性、规范性等方面的质量检查，并自动生成质检报告，从而规范并提升规划成果质量，确保对数据成果的质量控制，保证数据成果的正确性与一致性，大幅度提高规划审查效率，便于对各阶段规划编制成果实施管理和利用。

3. 规划设计方案质检模块

规划设计方案质检模块，提供对上报的规划设计方案标准化规整功能，保证方案按照既定的标准规范进行组织，通过对质检规则的灵活配置，实现对成果的标准化质检，并将通过质检的成果更新入库，将其自动融合到数字化沙盘中，实现数据的及时更新和智慧园区的动态监测，极大提高报建审批的效率，并为后续的规划管理提供有效支撑。

4. 规划成果辅助审查模块

规划成果辅助审查模块，依据上位规划中的指标要求、主体功能区定位要求、控制线要求等管控内容，构建涵盖包括目标定位、控制性指标、底线约束、图数一致性、图文一致性等内容的审查规则模型，对规划成果进行自动化审查，生成分析结果，为规划成果审查提供参考依据。以审查要点为引导，协助审查人员进行各项要点的资料查看、成果查看和审查结果填写，涉及技术审查的部分，系统自动生成分析成果为审查提供参考依据，辅助提升审查效率，缩短审批时间。同时，将规划成果与相关材料、审查意见等进行挂接，动态建立审查任务一棵树，关联并管理每个阶段每次审查的成果，便捷查询调阅成果审查任务中提交的成果图纸、审查报告、修改意见等，以及各阶段的成果批复文件。

5. 规划设计方案精细审查模块

方案精细审查模块，落实规划管控要求对建设项目的有效指导。通过报建方案在城市 360 度全息场景中的精准落位，充分展示设计方案及与周边环境的协调关系。同时，基于数字化管控规则进行审查，结果自动定位到对应的建筑模型上，支持联动查看，并自动生成审查报告。审查过程中实现审查要点精准无遗漏，通过刚性管控和弹性管控实现底线控制和柔性引导，通过人机交互方式辅助进行综合性决策，实现更全面更高维度的方案审查及模拟评估，使规划管理工作更为科学高效（见图 4-10）。

图 4-10　智慧园区规划方案辅助审查系统规划设计方案精细审查

6. 多方案智能比选模块

多方案智能比选模块，面向实际管理中对重点项目需要进行多个方案比选的应用需求，针对传统比选论证方式中存在的难点问题，例如多个方案间对比效果不直观、可以人为通过设定展示视角规避方案缺点，专家不能对方案内容进行全方位的细节浏览等，本模块通过分屏对比，实现多个方案的全方位同步展示，并且结合制定的核心管控指标，从多个情景维度对各方案进行量化测度与计算，生成方案对比雷达矩阵图、体征报告等结果，为决策者提供基础的理性框架。

7. 应用效果及典型案例

（1）规划方案辅助审查系统应用效果

系统集成基础地理、DEM、实景三维、建筑模型、LBS 数据、规划设计成果等多源异构数据资源，将二三维数据属性相关联，为每个空间要素制作数字档案，形成动态感知、信息互联和智能融合数据底板。同时将规划设计成果和管控规则进行数字化转译，把厚厚的规划文本转化成数字化的、可操作可落地的数字化管控规则，通过一键导出规划要求数据包，智能生成规划条件，大幅提升业务人员工作效率，指导智慧园区规划设计建设工作。基于数字化管控规则，提供对规划成果、建设方案的辅助审查，实现审查要点精准无遗漏，通过人机交互辅助进行综合性决策，并充分考虑与周边环境、更宏观层面上的协调性，使规划实施管理工作更为科学高效，增强规划的适应性和可用性，创新人机双向互补、高效率的精细化规划审查模式，形成“用数据审查、用数据监管、用数据决策”的智慧园区规划管控新机制。

（2）威海三维空间智能管控系统

系统建设集成了基础地理、实景三维、二三维规划设计成果等多源、异构的数据资源，基于数字化数据标准规范进行数字化转译，构建了门类多样、内容丰富、二三维结合的综合管理数据库，为智能化应用提供权威依据。系统面向实际的规划管理工作，提供了统一的工作沙盘，一站式提供多类数据的自主浏览、查看、导出、空间分析等功能，支持一键导出规划要求数据包，智能生成规划条件，提供对建设方案的精细化审查，改变威海以简单指标和定性判断等粗放型管理城市建设的传统模式，促进威海市规划管理的进一步科学化发展。

4.4 智慧园区规划评估

4.4.1 建设目标

1. 规划评估需求

随着物联网、各种信息技术的飞速发展，智慧城市的规划建设已经如火如荼，科技园区的智慧管理也成为智慧城市建设的重点内容。科技园区聚集了大量科技创新要素和高科技企业，成为区域十分重要的发展极。同时园区及周边存在人口密集、交通拥堵、城市功能缺失、环境品质不高等问题，“大城市病”现象非常严重。需要通过规划实施评估，改善地区交通状况，弥补城市功能短板，提升环境品质，提高园区治理水平，构建更加有利于科技创新和宜居宜业的新型园区形态。

2. 规划评估目标

规划评估旨在深入贯彻落实城市及园区规划与发展战略，全面实施规划监测预警和绩效考核机制，聚焦民生领域，以问题为导向、以重点项目为抓手，不断完善城市功能，不断提升园区及城市品质，盘活低效土地利用，破解交通出行难题，弥补公共服务短板，打造高品质公共空间，提升园区治理能力和治理水平。

4.4.2 技术体系

1. 规划评估技术路线

针对园区存在的问题，面向精细化管理问题和新时代管理要求，在大数据背景下，研究园区规划评估技术。探索开展基于空间大数据的评估体系，构建指标、指数及评价体系，分为土地与建筑评估、道路交通和市政评估、公共服务评估、就业人口评估、生态环境评估、应急安全评估、产业经济评估等评估专项，提出了与发展阶段水平相适应的指标参考值，并形成完整的信息化平台（见图 4-11）。

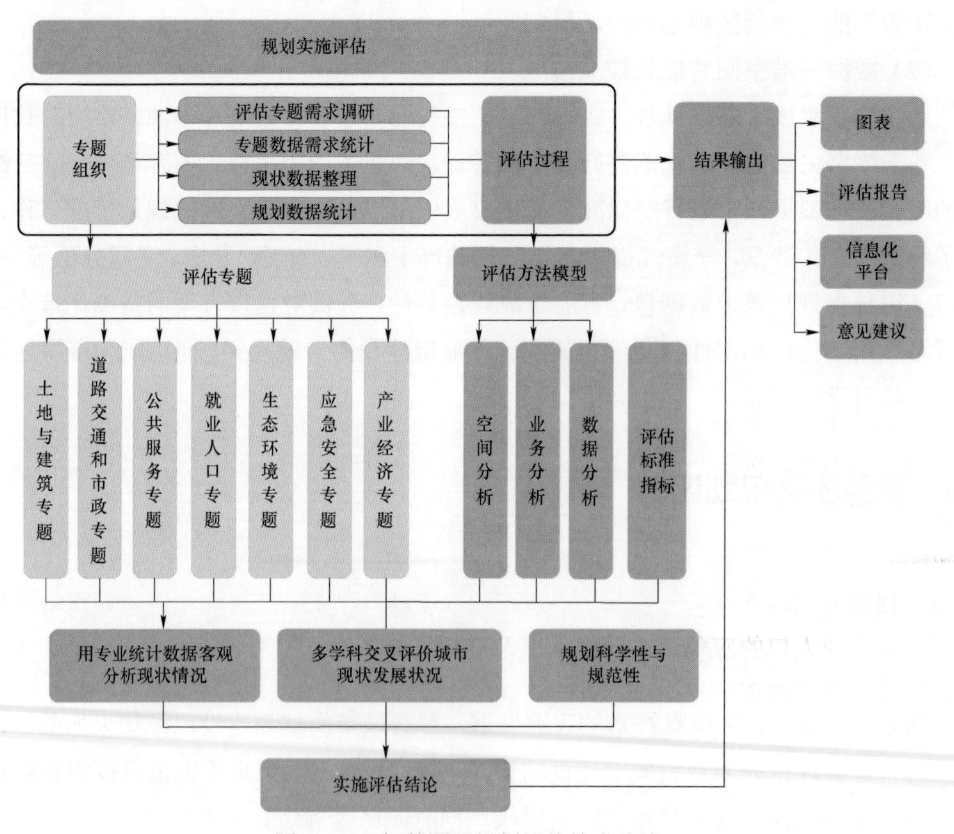

图 4-11 智慧园区规划评估技术路线

2. 评估工作机制

以规划编制成果作为园区发展的指引蓝本，探索构建“监测—诊断—预警—维护”

的园区城市体检闭环工作体系：通过实时运行的体检数据收集和城市体检平台及时反映规划总规实施情况。规划实施评估是检验发展是否到位、合理、正确的评判指标，在园区发展过程中，及时发现问题、找到问题和问题预警，则是动态监测所应发挥的作用。

4.4.3 应用体系

1. 规划评估内容

（1）土地与建筑评估

依据城市总体规划、分区规划、园区专项规划，基于规划编制技术要求、成果规范及相关标准，评估园区建设用地使用现状、建筑规模现状、违法建设现状，评估规划实施率。

（2）道路交通和市政评估

依据城市总体规划、分区规划、园区专项规划，评估园区及周边道路网络、地面公交服务能力、轨道交通服务能力、公共自行车服务能力、停车服务能力（园区内部停车位、周边路侧停车位、周边公共停车场）、市政管线的现状情况及规划实施率，是否满足需求。

（3）公共服务评估

依据城市总体规划、分区规划、园区专项规划，评估园区及周边商业设施（包括菜市场/蔬菜零售、超市/便利店、早餐/餐饮、美容美发、便民维修、家政、洗染、末端配送等）、医疗设施（医院、社区卫生服务中心、社区卫生服务站）、文化设施（公共场馆、社区文化室）、体育设施（公共体育场馆、室外健身器材、公共步道）、教育设施服务能力（幼儿园、小学、中学）的现状情况及规划实施率，是否满足人口需求。

（4）人口评估

评估园区就业人口教育结构、年龄结构、工作年限、工作通勤情况。

（5）生态环境评估

依据城市总体规划、分区规划、园区专项规划，评估园区及周边绿化环境的现状情况和规划实施率，包括公园、街头绿地、防护绿地。评估园区及周边水系环境的现状情况和规划实施率。

（6）应急安全评估

依据城市总体规划、分区规划、园区专项规划，评估园区及周边应急避难场所是否满足区域就业人口的应急避难要求，以及应急避难场所到医院的可达性是否满足要求。评估园区及周边城市积水点、内涝点。

（7）产业经济评估

评估园区产业研发机构数量、行业分布、GDP 年均增速、创新成果拥有量、单位 GDP 能耗降低等情况。

2. 评估理论与实现方法

（1）建设城市体检评估指标体系

针对园区发展特点，构建园区具有典型性和针对性的规划评估指标体系，分为土地与建筑评估、道路交通和市政评估、公共服务评估、就业人口评估、生态环境评估、应急安全评估、产业经济评估（见表 4–1），确定各指标健康参考，健康参考值依据以下四种类型确定。目标差值比较：评价年度现状与规划目标值参考比较。标准差距比较：评价年现状与行业标准值参考比较。空间序列比较：评价年现状与区域整体平均值比较。时间序列比较：评价年现状与区域往年数值比较。

表 4–1　　　　智慧园区规划评估指标体系

评估专题	评估指标
土地与建筑评估	建设用地规模、实现程度
	建筑规模
	违法建设拆除规模
道路交通和市政评估	道路网络长度
	道路网络密度
	地面公交服务能力
	轨道交通服务能力
	公共自行车服务能力
	停车位服务能力
	地下管线
公共服务评估	商业设施服务能力
	医疗设施服务能力
	文化设施服务能力
	体育设施服务能力
	教育设施服务能力

评估专题	评估指标
就业人口评估	就业岗位总量
	学历结构
	技术职称
	工作年限
	年龄结构
	通勤情况
生态环境评估	绿化环境
	水环境
应急安全评估	应急避难场所
	积水点
	地质灾害
产业经济评估	企业机构数量
	行业分布
	企业总收入
	利润总额
	人均收入
	创新成果拥有量

（2）保障严谨灵活的业务模型库

基于空间分析、业务分析和数据分析的多维度技术框架，提出了空间数据情景式应用的个性化分析与展现模式，建设了城市体检评估模型库，包括基于园区规划、交通、人口、建筑等全面的业务模型库，如图 4–12 所示。

（3）提供多元、全面的数据资产建库方式

提供城市体检数据采集 App，实现城市感知数据的智能采集。以空间资产为管理核心，突破了互联网数据自动抓取、众源异构数据集成、地块变化的实时监测与数据更新技术，并提供生产和融合数据资源的各类工具，研发了数据集成管理与展示系统，建立了城市体检空间大数据中心，实现数据资源的定量化、空间化和动态化，保障城市体检评估真实、准确、延续，如图 4–13 所示。

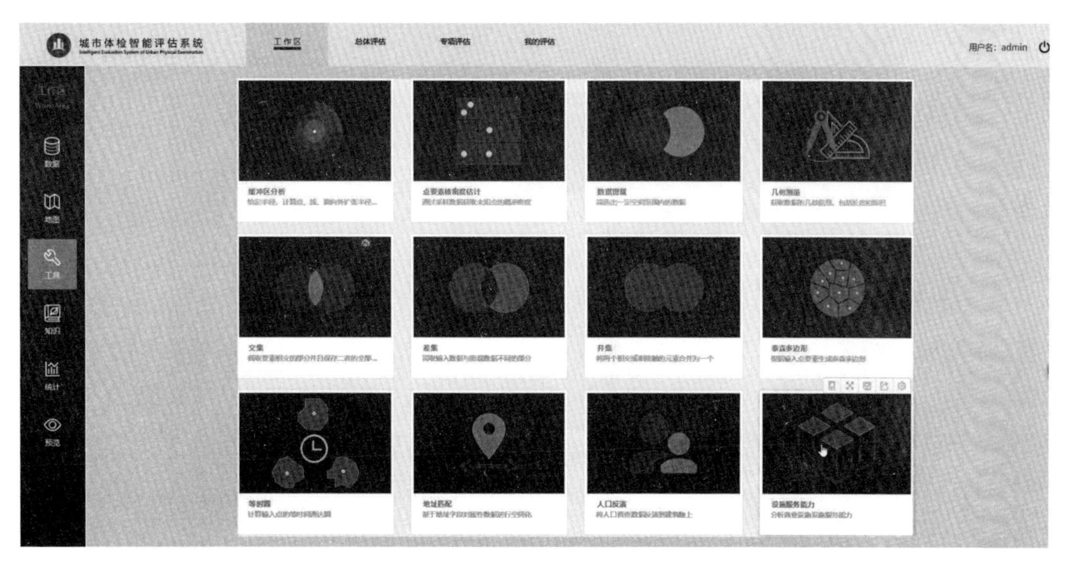

图 4-12　智慧园区数据分析平台

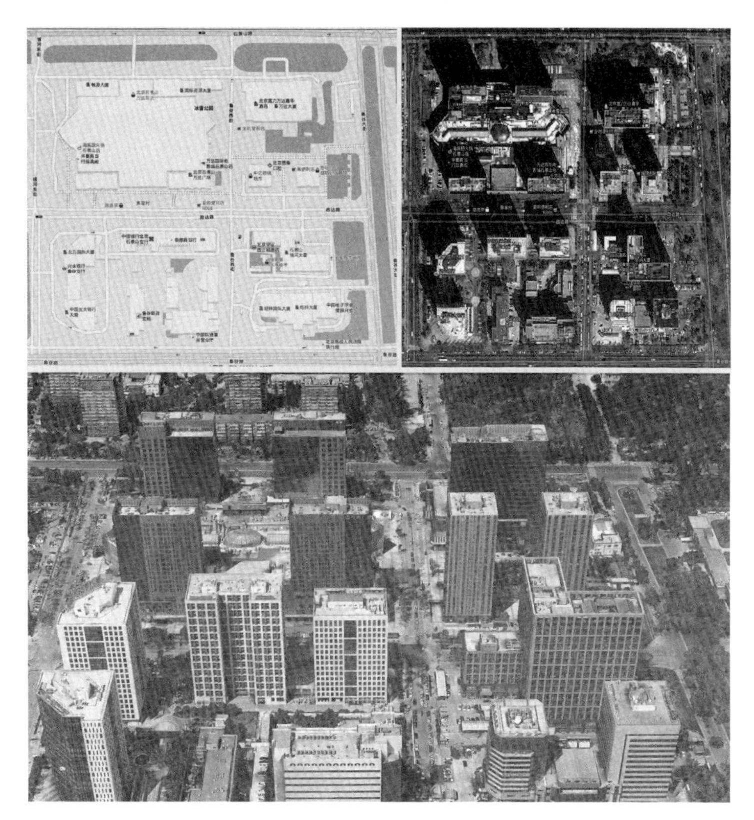

图 4-13　智慧园区一张图数据融合采集

（4）建设城市体检信息化平台

通过对多源矢量数据、三维、物联网和视频数据的高效管理和人工智能工具的提供，研发了城市体检智能评估系统及城市体检发布平台，推动城市体检评估由“人力”向“智力”转型，如图 4–14 所示。

图 4–14　智慧园区规划体检监测平台

3. 典型应用场景

（1）场景一：就业人口评估

针对不同年份园区就业人口的学历结构、技术职称、本企业工作年限、年龄结构开展评估分析，如图 4–15 所示。

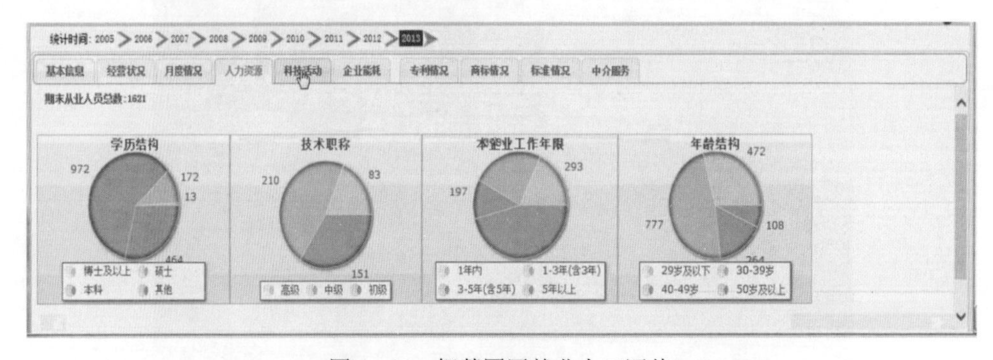

图 4–15　智慧园区就业人口评估

（2）场景二：建设用地评估

基于规划部门的规划用地现状和控制性详细规划数据，重点从建设用地变化、可利用建设用地等方面进行现状和规划的对比分析，如图 4–16 所示。

（3）场景三：道路交通评估

根据道路交通规划编制，评估道路实现率和道路实施率，推进构筑内联畅通的道路网体系，全力提升规划道路网密度和实施率，如图 4–17 所示。

（4）场景四：产业经济评估

可以针对不同年份园区地块的企业详情、行业分布、经济运行、技术领域、创新成果等方面开展评估分析（见图 4–18）。

图 4－16　智慧园区建设用地评估

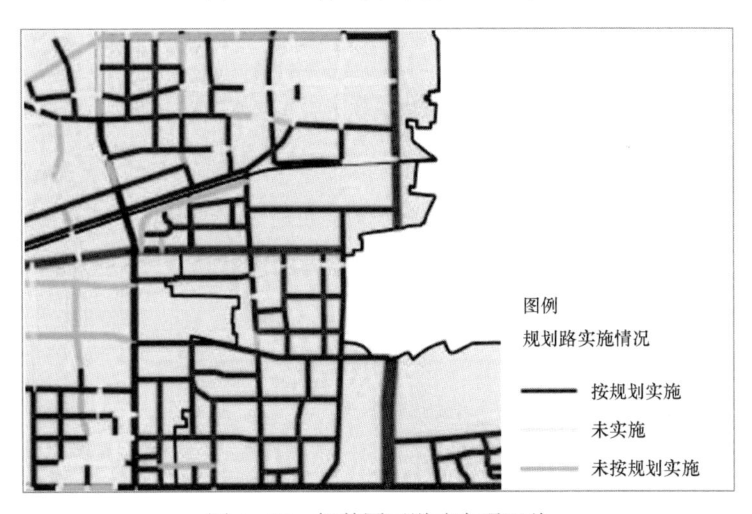

图 4－17　智慧园区道路交通评估

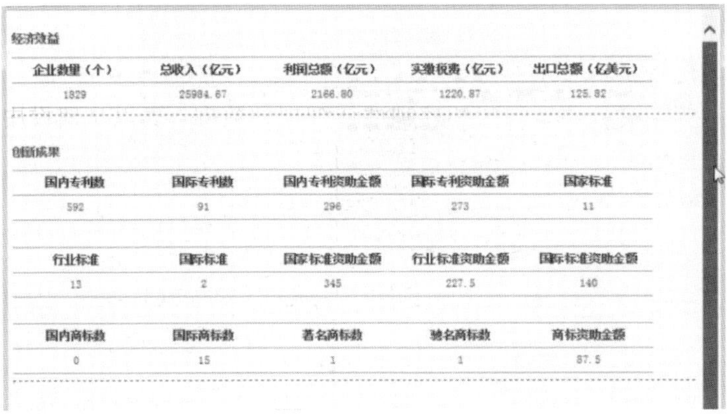

经济效益

企业数量（个）	总收入（亿元）	利润总额（亿元）	实缴税费（亿元）	出口总额（亿美元）
1829	25984.67	2166.80	1220.87	125.82

创新成果

国内专利数	国际专利数	国内专利资助金额	国际专利资助金额	国家标准
592	91	296	273	11
行业标准	**国际标准**	**国家标准资助金额**	**行业标准资助金额**	**国际标准资助金额**
13	2	345	227.5	140
国内商标数	**国际商标数**	**著名商标数**	**驰名商标数**	**商标资助金额**
0	15	1	1	87.5

图 4－18　智慧园区地块产业经济评估

或者针对不同年份园区单体楼宇的经营信息、经济运行等方面开展评估分析（见图 4–19）。

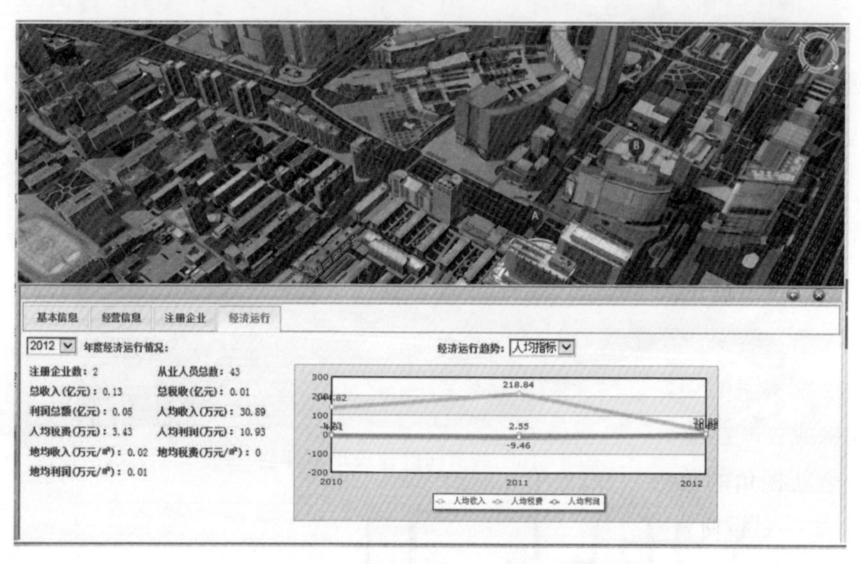

图 4–19　智慧园区楼宇产业经济评估

（5）场景五：公共服务评估

依据城市总体规划、分区规划、智慧园区专项规划，评估园区及周边商业设施、医疗设施、文化设施、体育设施、教育设施服务能力的现状情况及规划实施率，是否满足人口需求（见图 4–20）。

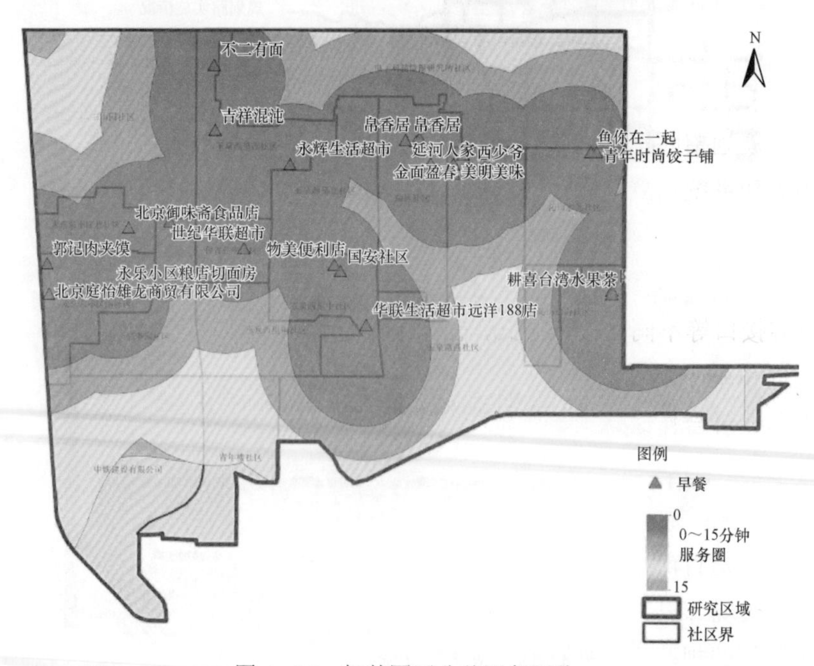

图 4–20　智慧园区公共服务评估

4.5 智慧园区三维规划招商

4.5.1 建设目标

1. 三维规划招商概念

对于智慧园区发展而言，规划招商是个永恒的课题，“规划难”“招商难”目前已经成为行业内普遍面临的问题。为完成任务指标，管理部门用尽浑身解数，不惜将入门门槛一再降低，但是城市的规划招商之路仍困难重重。通过将城市的规划招商工作由“二维”向“三维”转变，在实景三维场景下，进行建筑、道路、绿化、水电等城市基础设施全方位三维实景展现，展示城市的功能分区及不同建筑的相关招商信息，实现产业规模、产业构成、产业配套、企业信息、招商引资等可视化展示，可以为城市规划招商提供准确、全新视角的数字化管理基础服务。

2. 三维规划招商需求

基于三维实景场景，查看城市现状、叠加城市规划，“以所见即所得”的形式进行规划方案会商评审，模拟天际线，进行视域分析、日照模拟、限高分析、红线退让分析等三维辅助分析。在城市建设过程中，可以通过定期采集的三维实景数据，分析城市建设变化过程。在进行招商引资与项目策划时，打通时空隔阂，基于三维实景数据快速分析目标地块现状，进行精准的三维量测分析和设计。通过准确、可靠、直观的三维实景数据有效保障城市规划招商工作的开展。

4.5.2 技术体系

智慧园区规划招商系统技术体系主要分为四个层次：系统运行环境、系统数据库、系统支撑服务和系统功能应用，如图 4–21 所示。

系统所用数据主要包括三维场景数据，基于 DEM 和 DOM 数据构建的三维地表模型；专题数据包括营收、税收、规划等数据，根据数据来源和特点不同，采用 Web Service 服务、第三方接口等不同的接入方式，在系统中进行有效管理和统一的调用，进行高效的显示、查询和统计分析。

青岛国际经济合作区三维规划招商系统采用 SuperMap 搭建三维平台，二三维场景数据采用 SuperMap iServer 9D 进行统一管理和服务发布，基于当前主流的 Web GL 技术进行三维渲染，无须插件，极大提高用户安装和应用体验。数据统计展示方面采用主流的 Echart 技术，是目前基于 HTML5 的主流的可视化工具。依托主流的三维平台和可视化手段，系统实现二三维的可视化表达和有效交互；同时，规定了接口调用的规范和标准，保障了系统的规范化和后续的可扩展性。

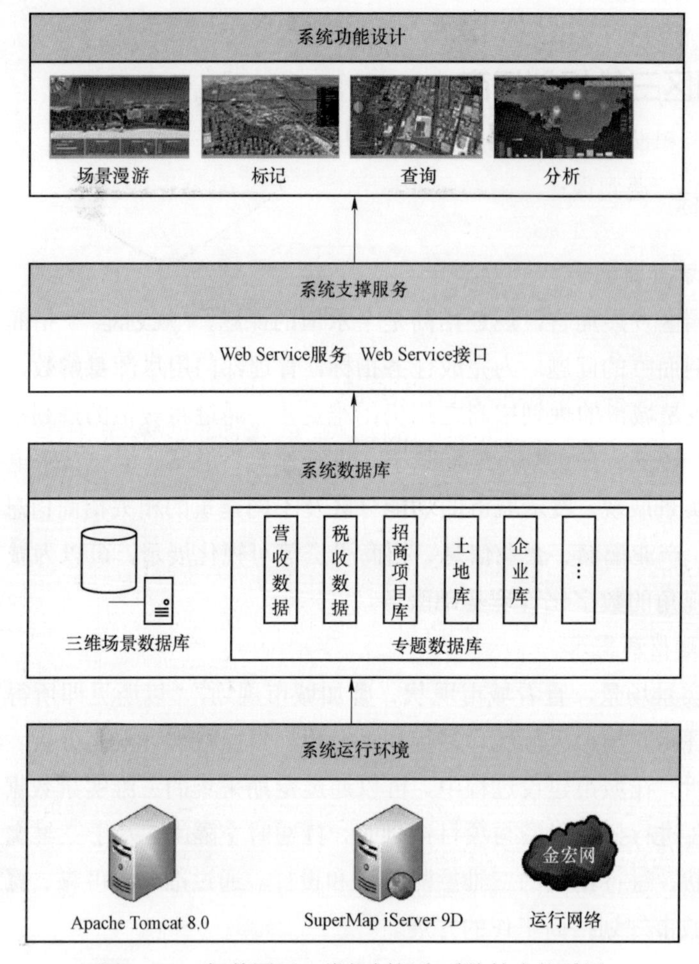

图 4-21　智慧园区三维规划招商系统技术体系图

青岛国际经济合作区三维规划招商系统基于 RequireJS 使用 AMD（Asynchronous Module Definition）规范进行程序架构，基于 Cesium API 进行二次开发，实现程序功能的模块化开发和打包，提高程序的可读性和可复用性。AMD 规范保障了子模块的异步或同步加载，提高代码的性能和可维护性，避免了同步加载过程中出现的浏览器堵塞问题。图表可视化工具采用当前主流的 Echarts。

4.5.3　应用系统

1. 三维辅助规划服务系统

基于数字孪生实景三维数据建设成果，充分利用虚拟现实技术“所见即所得”的技术特性，以三维辅助规划业务流程为核心，以标准化的数据管理和更新机制为保证，辅助政府部门直观、科学地进行规划建设决策，加强规划管理工作的科学性，实现用数据说话、用数据辅助科学决策，提高管理工作效率。

在方案比选过程中，专家和领导可以快速导入规划方案，实现各种规划方案的模拟浏览，了解拟建物与实际环境的关系，直观的观察方案建筑在体量、颜色、形状等方面与周围环境是否和谐。通过不同方案建筑的切换，实现方案对比，找出最合适的设计方案（见图 4-22）。遇到设计方案有缺陷的可以对方案进行适当的调整，指导设计工作。

图 4-22　智慧园区三维规划建设方案对比

通过三维分析量测、控高分析、红线退让分析、阴影分析、视域分析等三维辅助分析功能，实现对规划建设方案的快速评估，获取决策所需数据结果，辅助提高规划业务工作和会商决策效率，如图 4-23 和图 4-24 所示。

图 4-23　智慧园区三维控高分析、红线分析

图 4－24 视域分析、通视分析、三维量测、阴影分析

基于城市三维辅助规划服务系统，依托虚拟现实技术取代传统的实体沙盘，可在会议中心部署数字会议和展示场所，为重点项目会商、区域发展决策提供演示环境，为研究区域规划建设工作、重大规划方案评审、技术交流、来访接待、示范区宣传和招商引资等活动提供展示、交流平台。

2. 三维产业云图平台

建设“三维产业云图”，依托三维电子地图对产业、规上企业、重点项目进行综合展示，实现产业、企业、人才、经济社会发展指标的立体化分析与统计。具体包括企业规模分析、营税分析、产业分析、行业分析、进出口分析、人才分析等统计分析功能，通过产业云图可视化系统评估区域发展现状，辅助区域发展决策，促进新兴产业发展。同时也是对外展示和宣传的重要窗口。

（1）领导办公桌

系统经济数据的便捷登录入口，提取各专题库的关键数据信息，汇总全市范围的宏观经济指标，供领导便捷查询查看，为政府决策及调度管理提供便捷渠道与数据参考，如图 4－25 所示。

（2）园区综合展示

在三维场景中展示经济楼宇的地理位置，对不同类型的分别标记渲染，并可进行专题属性查询，如图 4－26 所示。

（3）经济沙盘

以企业为单位的全面分析，针对企业数量、企业性质、重点治理等维度对企业进行专项分析，依托三维场景，实现企业信息、销售税收等维度的数据统计和经济沙盘可视化展示，如图 4-27 所示。

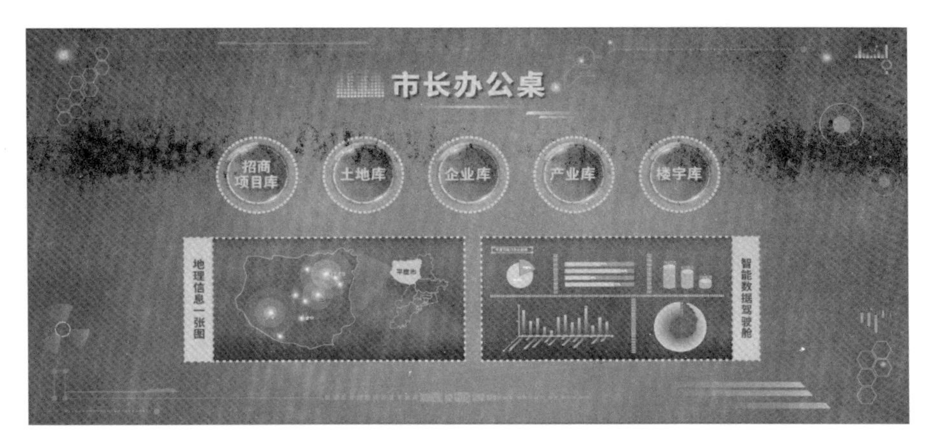

图 4-25　领导办公桌：全市概览

图 4-26　智慧园区综合展示

图 4-27　智慧园区经济沙盘

（4）产业分析

从区域（街道、社区、地块）、行业（6+1 产业、统计行业标准）、企业规模（全部企业、规上企业、分类标签）3 个层级 8 个方向对产业营业收入进行全面分析，大到街道级、小至规上企业，进行从宏观－微观、整体－局部的经济数据统计，并进行三维专题图可视化表达，如图 4－28 所示。

图 4－28　智慧园区产业分析

（5）决策分析

从区域的分区统计、行业比较、企业规模对比，分析企业和行业的亩均税收贡献，建立分析标准体系，助力发展优强企业，指导政策偏向，进行扶优扶强，如图 4－29 所示。

图 4－29　智慧园区决策分析

（6）企业评测

以商务楼宇为单位，对各个楼宇内的企业数量进行直观的专题图分析对比；对各行业的企业数量进行饼状图的占比分析；通过对全部企业、规上企业或标准的分类标签对企业进行全面直观的三维分布展示和数量统计，用一串串数字描述城市经济，如图 4–30 所示。

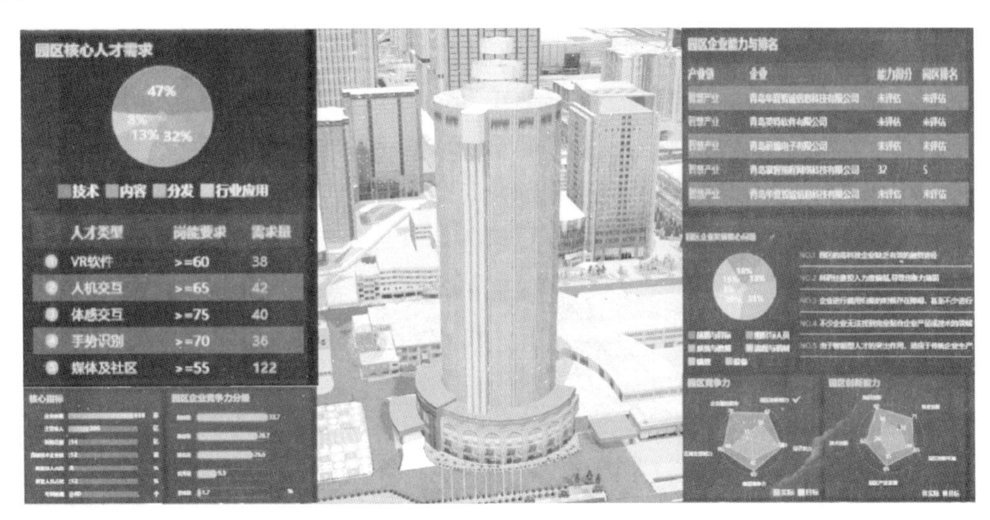

图 4–30　智慧园区企业评测

（7）政策速递

订阅主要新闻媒体发布渠道，汇集国家、省、市各级政府最新的招商引资政策，如图 4–31 所示。

图 4–31　智慧园区政策速递

（8）综合评价

统计企业、经济楼宇、产业等经济指标，绘制经济概览图，包含营收、税收、GDP，企业数量等指标，直观地展示城市经济现状（见图 4–32），并可按时间轴进行经济数据按月、按季度、按年的变化监控。

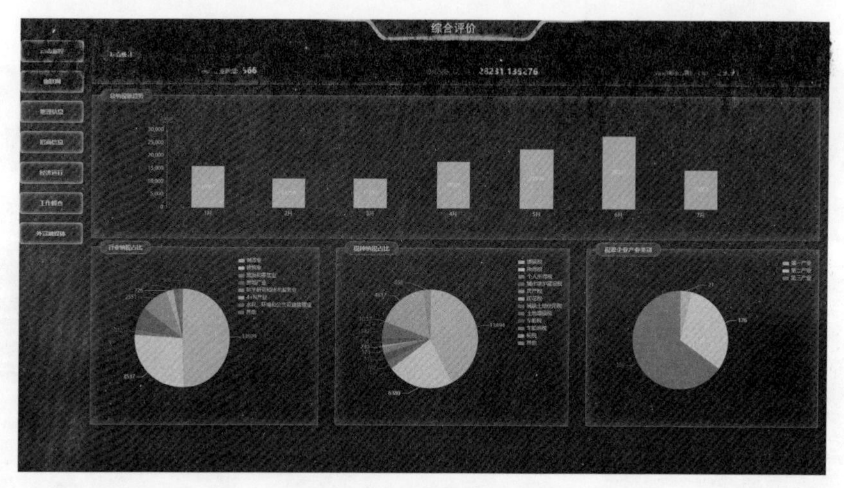

图 4–32　智慧园区综合评价

3. 三维数字招商云平台

根据城市招商管理工作的实际需要，建设城市数字招商云平台，实现对招商管理传统模式的数字化创新升级，探索新旧动能转换模式。

三维数字招商云平台整体打造“五库一图一平台”，五库即构建产业、项目、土地、企业、楼宇 5 大数据库及应用管理系统；一图即开发地理信息一张图，可视化展示管理 5 大库区位及关键数据信息；一平台即开发统一的互联网云平台，整合 5 大库系统应用功能与数据，通过权限控制，实现数据的有限共享，并进行移动端应用及其他业务领域应用的扩展整合（见图 4–33）。进一步简化流程、提升工作效率、统一数据标准、健全信息联动共享机制，为政府决策提供科学依据，打造政务数字化管理创新示范工程。整合领导办公桌、土地库系统、招商引资项目库系统、企业库系统、产业库系统、楼宇库系统、地理信息一张图系统、移动端系统、可视化数据图标系统、基础功能系统、对外宣传展示推介系统等 11 项功能，实现一个平台、一站集成、单点登录、联动共享的数字化办公模式。同时，基于移动终端设备开发适配的移动端系统，与 PC（电脑）端平台系统功能联动、数据同步更新，实现 PC（电脑）端与手机 App 移动端平台的双端联动，进一步提升工作效率。

构建整合统一的城市数字招商云平台，将城市招商工作数据信息、各业务领域应用系统与数据进行了整合，建立了各业务部门联动协同机制，推动了招商统筹调度管理工作的高效开展，同时，系统具备后期的功能系统可扩展性，有效降低了重复建设成本。

通过三维数字招商云平台的建设，进一步提升工作效率、统一数据标准，健全信息联动共享机制，为政府决策提供科学依据，打造城市招商引资数字化管理创新示范工程。

图 4-33 智慧园区三维数字招商云平台

4. 效果与趋势

（1）应用效果

三维规划招商的应用，基于实景三维数据并在实景三维中叠加海量的专题数据和建筑 BIM 等数据信息，构建相互映射、协同交互的智能化体系，以三维全新视角为城市的运营和治理提供方案模拟和发展推演，实现“规建管”一体化的业务融合和数据的动态融通。为建设数字孪生城市和智慧可持续发展提供一张底板、全球统一的时空基础和数字化运行环境。

实现了项目、土地、企业、活动的统筹管理，实现了城市层面各单位的招商与经济管理协同机制，简化流程、提高效率，通过智能数据分析，为政府决策提供依据。以青岛国际经济合作区三维规划招商系统应用为例，自青岛国际经济合作区 2019 年采用三维规划招商以来，全年实际利用外资 2.19 亿美元，利用内资 43 亿元，同比增长 20%。完成企业工商注册 194 家，其中总投资过亿元项目 24 个。全年引进世界 500 强 3 家，中国 500 强 4 家，提报行业领军企业 5 个。引进德日韩为主、欧美亚太地区招商项目 22 个；储备重点在谈项目 32 个。实现了共 2000 余个项目和 170 余块土地的信息统筹管理和全景展示，推动新区招商资源信息公开、资源共享、数据可视。

（2）发展趋势

通过实景三维数字化底板，同时借助 5G 网络、云计算、区块链等新技术提高三维海量数据的处理能力，整合城市多源数据资源，搭建可实现全域全息城市可视化管理、规划建设全生命周期管理、区域智慧化运行、招商与产业大数据分析、综合治理数据分析和挖掘的一体化服务体系，以提高发展质量和效益为中心，以改革创新为动力，促进城市发展实现“基础设施优化”“数据互通互联”“管理高效”“公共服务提升”和“新兴产业转型”。为城市“规建管”阶段各项工作提供基础技术支撑，可视化管理和展示城市建设发展的过程，基于产业、社会、生活三大领域，实现由基础数据到应用系统再到业务场景的全面整合、协同化管理和全景全流程展示。从而提高政府管理与服务效能，细化招商数据展示颗粒度，提升城市规划与建设、管理与服务的智慧化水平，创新城市智慧管理新模式。

4.6 智慧园区绿色健康发展

4.6.1 建设目标

1. 绿色健康园区的内涵

绿色健康园区发展是城市绿色健康可持续发展的基本载体和基础环节。绿色健康园区就是指在开发过程中以建筑美学为目标、以保障生态系统的良性循环为原则、以绿色经济为基础、绿色社会为内涵、绿色技术和智能运行相关技术为支撑、绿色环境为标志而建立起来的全新园区。

通过绿色健康园区的创建，使园区内单体建筑以及建筑群与环境相融合成为符合“绿色建筑评审标准”相关规定的园区，满足人类居住环境健康宜居理念要求，园区内环境、设施、相关配置有益于居民健康的园区。这种园区突出的特点是：体现绿色建筑、社区绿化、垃圾分类、污水处理、节能减排硬件设施以及符合健康安全要求等相关特征。绿色健康园区具有资源能源节约、人居环境舒适、社会人文气氛良好、绿色文明意识高的特征，目标是实现人与自然和谐、人与人和谐、人与社会和谐的园区。健康建筑是在绿色建筑基础上，通过提升建筑健康性能要素和追求功能创新来全面促进建筑使用者的生理、心理和社会三方面健康的要素。健康建筑是绿色建筑在健康方面向更深层次的发展。

2. 绿色健康园区建设目标

绿色健康园区相比传统园区的绿色性、健康舒适性方面应满足标准规定，不仅应让园区绿色建筑指标满足要求，还应突出健康安全管理水平。用智慧化的方式重新定义绿色健康园区，全方位重塑园区绿色健康和安全；重塑园区管理运营模式，驱动行政管理的变革；重塑园区业务部署模式与商业模式，加速业务能力的发放与复制；从园区管理业务入手，开启企业、组织和社会智慧化转型，同时提高建筑、园区绿色性能和健康运行水平。

绿色健康园区的整体建设目标为以绿色和健康相关指标数据为基础，运用物联网技术、智能感知技术，结合“BIM+GIS”平台，集成建筑各类绿色指标数据和健康指标数据，努力实现提升园区建筑室内外环境舒适度，合理降低建筑能耗，提升设备设施实时使用效率和效果，延长设备设施使用寿命，同时建立一套市场认可的绿色运维评估方式，辅助实现绿色健康园区的动态评价。同时，着重对影响人员健康的生理和心理两方面因素进行监控优化，达到更好地满足健康建筑、健康园区的可持续发展需求，通过提升建筑健康性能要素和追求功能创新来全面促进建筑使用者的生理、心理和社会健康水平。

3. 绿色健康园区发展现状

近几年，受政策引导、行业发展及市场竞争需要，营造“生态、绿色、健康、环保、智慧”的绿色健康园区已成为房地产商追求的新卖点，城乡居民追求的新时尚，物业管理面对的新要求，同时，在全国“生态住宅”“生态小区”“绿色小区”建设的热潮下，绿色健康园区理所当然成了其建设的重要内容。

过去十年，在大量国家政策的引导和支持下，中国绿色建筑实现了量的突破。截至 2017 年底，中国绿色建筑面积突破 10 亿平方米，绿色建筑占新建建筑面积比例超过 45%。《建筑节能与绿色建筑发展“十三五规划”》中要求，中国绿色建筑的发展在 2016—2020 年要进入“增量提质”的加速期。规划要求，新建建筑中绿色建筑面积比例超过 50%，绿色建筑中二星级标识以上项目比例超过 80%，取得运行标识的绿色建筑项目比例超过 30%。到 2020 年，全国新增绿色建筑面积达 20 亿平方米以上。从目前发展形势来看，我国单体的绿色建筑评价标准体系已经较为成熟，但绿色生态城区作为复杂的集成系统其评价标准虽然一直在积极探索，但尚未进行较大规模的推广实施，其中超 90%的绿色建筑运行情况未达到设计预期。我国健康建筑在 2017—2019 年间，有标准作为顶层引领，有科研作为支撑，有行业组织助力推动，有工程项目落地实践，有交流合作促进科技进步，取得了全面发展。

4.6.2 技术体系

绿色健康智慧园区的技术体系架构，从园区信息化整体建设考虑，以通信和信息技术为视角，以绿色、健康为管理侧重点，通过信息化、智能化等技术手段对园区进行运营管理可以大大提高管理效率、管理水平，提高园区内生活品质和生活质量，提升园区安全监管水平，突出绿色健康的生活理念。具体的技术体系如下：

1. 建立统一数据管理平台

由于智慧园区绿色健康运营维护所需数据涉及不同部门、不同专业、不同阶段，对于数据采集、数据管理和数据共享应用提出了更高的要求，因此需制定统一的数据格式和数据标准，并依据统一标准建立数据管理平台，便于相关方随时调用，实现数据的共享应用。

2. 建立绿色建筑运行监管系统

绿色建筑运行监管系统为建筑运维过程中的能源检测与管理、室内外环境检测与管理、噪声检测与管理、可再生能源利用与管理提供智能调控方式和手段，为满足相关绿色指标监管要求而运行的设备设施智能管控。应具有的主要功能有：① 建立一套单体建筑绿色运维的有效评估方式；② 建筑节能、节水、室内环境、垃圾分类、建筑运维等方面的监管，实现园区绿色指标的管控，优化绿色性能；③ 设备设施远程监控与管理，提高设备设施运行效率。

3. 建立健康园区运维管理系统

园区运维系统可以为园区运维过程中的环境管理、能源管理、产业转型、应急响应、预案评估、局部更新改造等提供科学决策依据。应具有的主要功能有：① 建立一套园区绿色运维的有效评估方式，评价园区运维水平是否达到健康园区标准；② 实现对园区内空气、水、舒适度、人文环境和服务水平的综合监管，打造园区生态微环境；③ 为园区用户的日常工作、生活提供健康分析与指导；④ 极端天气（如台风、洪涝、海啸以及传染性疫情）等特殊情况下中的预警及管控。

4.6.3 应用体系

1. 数据库建立与应用

绿色健康园区运维系统数据库主要分为基础数据库和项目数据库两类。基础数据库中主要包含绿色健康建筑运行所需的各类数据，包括能耗数据、环境质量数量、设备运行数据、人员健康信息数据、其他绿建指标数据以及静态基础数据。项目数据库主要包括园区内各单体建筑项目数据。系统将不同类型的数据进行划分，建立专业的数据库，进行独立维护和运行，并在数据库之间实现数据互通和共享，达到统一数据库的目的。数据库主要用于数据的储存和数据的调用，为实现绿色健康相关要求的监管和评价。

2. 绿色园区管理与评价

基于绿色健康园区运维管理平台，实现为园区运维过程中的环境管理、能源管理、产业转型和局部更新改造提供科学的决策和依据。

通过对绿色健康建筑节能情况进行评价及监管、室内环境评价及监管、室外环境评价及监管和运维管理，实现对单体建筑及园区建筑群绿色运维的有效评估，同时实现环境管理和设备调控，提升建筑室内外环境舒适度、设备运行效率和综合能源利用效率的管控，并辅助显示、输出管理报告。

3. 健康园区管理与评价

基于运维管理平台，为园区内或单体建筑用户使用相关设备设施、享受绿色化物业服务提供便捷途径以及健康分析与指导意见。

通过对园区内可量化的空气质量、水质、声环境、光环境和热湿环境的评价监管，提升园区舒适性、人文环境、健康服务水平，同时结合运维平台的高效管理性能，在特殊情况下对园区内人员健康和安全提供实时防控指导意见，及时通过微信或手机端推送给相关人员。

4. BIM 技术在运维管理过程中的应用

应用运维管理平台结合 BIM 模型，实现在运维过程中设备设施远程监管、动态展示，根据监控情况对园区内各建筑的设备设施进行维修管理、保养管理、库存管理以及设备资产管理，可以进行综合情况、设备台账、设备运行情况等方面的展示。

参 考 文 献

［1］刘步荣."多快好省"的智慧园区规划和建设［J］. 通信世界，2012（18）：29.

［2］王佳，何伟良，等. 大型智慧园区智能化专项规划的思考［J］. 建设科技，2014（17）：24−27.

［3］曹茂春. 智慧园区总体规划与建设［J］. 智能建筑，2015（08）：41−44.

［4］臧胜. 智慧园区智能化系统的规划及设计［J］. 现代城市研究，2017（11）：130−132.

［5］许斌，苏家兴，等. 智慧园区信息基础设施规划思路研究［J］. 城市住宅，2020，27（03）：129−130.

第5章 智慧园区应用——建设篇

5.1 概述

5.1.1 基本内涵

智慧园区建设是一项系统工程，涉及基础设施建设，以及新一代信息技术应用、系统产品选型、智慧园区软件平台和系统接口开发等不同于普通园区的建设内容，具有工程项目多、类型复杂多样的特点。对建设方来说，参建主体之间信息交互困难、信息不对称，缺乏有效手段支持项目建设周期内信息收集、传递、分析和共享；对施工方来说，随着现代园区的复杂度和体量等不断增加，施工现场管理的内容越来越多，管理的技术难度和要求在不断提高，传统的施工现场管理模式在速度、可靠性及经济可行性等方面已越来越不能适应现代化施工企业的管理及发展要求；对监管方来说，由于监管资源不足，对施工现场各管理信息获取速度慢、准确性差、监管力度不足。

此背景下，针对监管方、建设方及施工方等不同参与主体的智慧化建设管理正在向“管理数据融合共享化、管理过程和关键指标可视化、管理流程协同化的一体化管理平台”发展演进，其一体化平台主要包括项目数字化监管系统、智慧项目管理系统、现场智慧管理系统及工厂式生产管理等核心子系统。这些系统平台充分应用了诸如BIM、物联网技术、云计算及大数据等先进信息技术，施工现场管理呈现出数字化、智能化、在线化和可视化等特点。通过应用这些智慧化系统平台，为智慧园区工程项目建设、生产、施工及监管过程充分赋能，促进园区内工程项目建造过程智能化水平提升，为园区工程项目实现智慧建造、安全建造及绿色建造提供有力支撑。

5.1.2 总体需求

1. 数字化监管方面

通过新一代信息技术应用，构建园区内工程项目数字化、在线化及共治化的数字化监管体系和平台，实现对建筑全过程实体质量安全数据和质量安全行为数据进行管理，实现“人、机、料、法、环”等各种现场数据的实时在线监测。

2. 工程项目管理方面

围绕园区内工程项目全生命周期，通过工程项目的可研管理、立项管理、招标管理及项目过程管理等业务的全在线应用，实现园区内工程项目管理一盘棋，规范项目管理过程，强化项目管控能力，提升项目管理效率。

3. 工地现场智慧管理方面

围绕施工过程管理，融合 BIM、物联网、大数据及云计算等信息技术应用，建立互联协同、智能生产、科学管理的施工项目信息化生态圈，推动项目管理全过程全要素实现在线化、数字化及智能化，促进建筑工地的精益生产管理水平提升，打造园区内安全施工和绿色施工现场。

4. 工厂式生产智慧管理方面

围绕装配式建筑构件生产过程，建立工业互联网大数据分析平台，实现业务系统和生产系统联动，达到产线级的 IT/OT 系统融合，通过数据采集、分析、决策，优化提升可制造性和可服务性，形成企业智能管控闭环，提升生产效率，降低运营成本。

5.1.3 总体框架

智慧园区建设管理一体化平台的总体框架如图 5-1 所示。

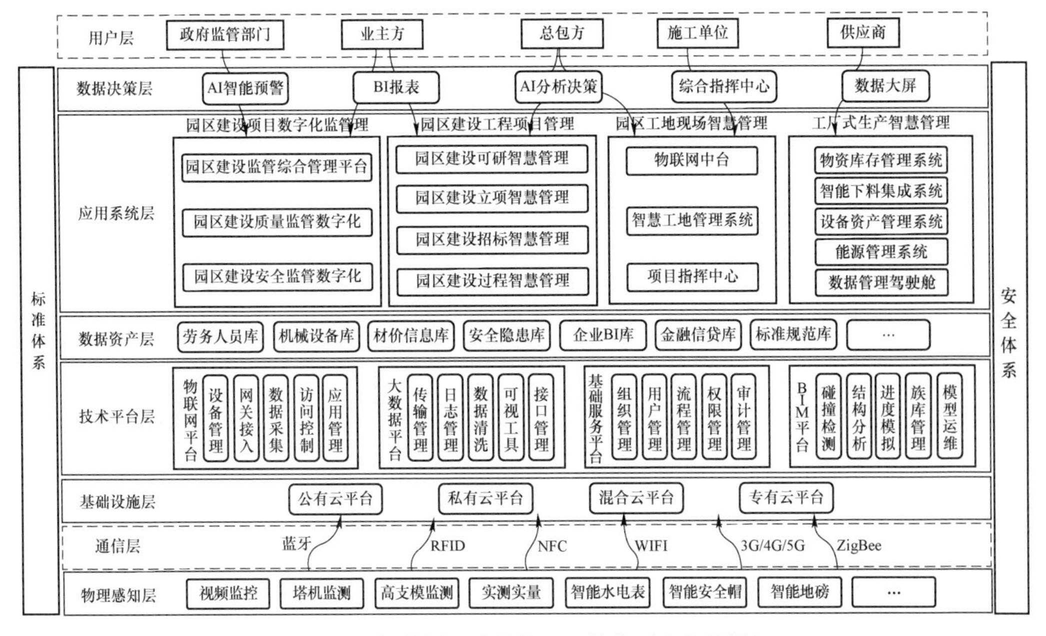

图 5-1 智慧园区建设管理一体化平台总体框架

1. 物理感知层

充分利用物联网技术和移动应用提高现场管控能力。通过 RFID、传感器、摄像头、手机等终端设备，实现对项目建设过程的实时监控、智能感知、数据采集和高效协同，提高作业现场的管理能力。

2. 通信层

通信层通过网络技术和各类通信协议实现感知层数据的传输。数据经网关输入到物联网平台内，经过清洗、格式化等加工后存储为数据资产，供相关智慧管理平台调用。通信层应包括但不限于蓝牙技术、近距离通信协议（RFID）、NFC 协议、WIFI 协议、2G/3G/4G/5G 远距离通信协议、ZigBee 技术等。

3. 基础设施层

基础设施层主要为上层的技术平台提供基础运行底座和统一的服务运维管理。根据部署方式的不同，主要包括公有云平台、私有云平台、混合云平台和专有云平台等。

4. 技术平台层

技术平台层主要实现园区各类信息数据的汇聚、整合及各业务功能模块的集成运行，对应用系统提供统一的技术支撑服务，主要包括物联网平台、大数据平台、基础服务平台、BIM 平台等。

5. 数据资产层

数据资产层主要接收经过大数据平台清洗加工后的数据，积累沉淀数据资产。智慧园区建设中的数据资产主要包括劳务人员库、机械设备库、材价信息库、安全隐患库、企业 BI 库、金融信贷库、标准规范库等。

6. 应用系统层

应用系统层包括项目数字化监管综合平台、工程项目管理系统、项目现场智慧管理系统和工厂式生产智慧管理系统。

7. 数据决策层

数据决策层主要利用人工智能等信息化技术，对采集数据进行深入分析挖掘，为各级用户提供报表分析、预警决策等服务，主要包括 AI 智能预警、BI 报表生成、AI 辅助分析决策、综合指挥中心、数据大屏展现等。

8. 用户层

用户层主要包括政府监管部门、业主方、总包方、施工单位、供应商等。

5.1.4 发展综述

随着政策引导方向的变化、施工行业的需求差异、技术发展水平的限制，园区内工程项目建设从数字化、信息化正在向智慧化发展，主要经历了三个发展阶段：一是面向单业务岗位应用的工具软件阶段；二是面向多业务集成的管理软件阶段；三是聚焦生产一线的多技术集成应用系统阶段。从 2013 年开始，随着互联网技术迅猛发展和应用，工程项目建设信息化开始突破固有的企业 ERP 的传统信息化实施模式，BIM、物联网、云计算、大数据等新一代信息技术被应用在施工现场和项目管理，与传统信息化平台集成实现优势互补，“智慧工地”及“智慧工厂”应运而生。

在监管层面，传统人工现场检查为主的监督管理模式使得监督工作陷于被动，监督工作往往变成了质量安全事故处理工作，监督效率低下。智慧工地建设给园区内工程监管带来巨大变化，智慧工地应用构成实时、动态、完整、准确反映施工现场质量安全状况和各参建方行为的行业监管信息平台，变事后监管为事前预防和事中监管，变运动式的例行检查为常态式的差异监管，提高监管效能和行业监管水平。

5.1.5　应用综述

本章将从智慧园区建设的角度，对智慧园区建设四个核心应用即服务于监管方的数字化监管、服务于建设方的工程项目管理、服务于施工方的现场智慧管理和工厂式生产智慧管理，进行详细阐述。

1. 园区建设项目数字化监管

使用对象为政府监管部门，主要围绕提升对项目建造过程监管水平为目标进行建设，包括综合管理平台和质量安全数字化监管系统。

2. 园区建设工程项目管理

使用对象为园区建设方，主要围绕规范项目全生命周期管理为目标，包括项目的可研、立项、招标和过程管理。

3. 园区工地现场智慧管理

主要使用对象是施工方，主要围绕提升项目现场精细化管理水平为目标进行建设，包括物联网中台、智慧工地管理系统及项目指挥中心等。

4. 工厂式生产智慧管理

主要使用对象是施工方，主要围绕提升工厂生产效率和降低生产成本为目标进行建设，包括物资库存管理、智能下料集成系统、能像管理系统、产品全生命周期信息化管理等。

5.1.6　存在问题

1. 建设层面

一是政策标准方面，建筑施工行业的智慧工地应用缺乏相关标准、规范，法律责任界限不明确，同时缺少政府层面的政策引导。二是人才方面，人才缺乏是当前建筑施工企业智慧工地应用的主要问题所在，相关人才的缺失使得企业智慧工地应用的推进较慢。三是技术方面，配套软硬件不够成熟，难以支撑智慧工地和其他多种专业软件的集成应用，同时网络基础设施的参差不齐也成为智慧工地应用的瓶颈。

2. 监管层面

园区工程项目的数字化监管将园区工程监管由传统的事后处理为主变为事前预防和事中监管为主、事后处理为辅，某种程度来说园区管理部门的工作量和工作责任变大，从而导致园区管委会对数字化监管有一定程度抵触心理。此背景下要求监管部门及时调整工作模式和思路：在事前预防阶段要充分利用企业和项目部现场管控数据开展差异化监管，提高监管效能；在事中监管阶段及时处置质量安全隐患并形成闭合管理，做到尽职免责，只有这样才能真正发挥智慧园区的作用和意义。

5.2 建设项目数字化监管（管委会）

5.2.1 建设监管综合管理平台

1. 总体目标

园区管理部门既是园区范围内基础设施工程项目的建设单位，又是园区内工业与民用建筑工程项目的行政管理职能部门，因此，既要对基础设施工程项目承担建设方责任，又要对入园企业的各类建筑工程项目建设承担行业监管方责任，因此其最大的关注点和管理痛点就是园区内工程项目建设质量安全和现场环境保护问题。通过综合运用云计算、大数据、物联网、移动互联、人工智能等信息技术实时采集施工现场“人、机、料、法、环”等各要素与工程质量、安全相关的信息，建立基于互联网+监管模式的园区建设监管综合管理平台，实现园区管理部门对工程项目的全过程监管。

2. 具体需求

建设工程本身具有点多、线长、面广的特点，随着建筑市场进一步放开和主体的多元化，传统监管模式下的各种弊端逐步显现，园区建设项目同样存在工程建设规模持续增长而质量安全监管力量无法同步加强的矛盾，突出表现为人少事多、超负荷运转等。

随着数字化技术的发展，为工程建设监管带来新的机遇。通过聚合各种业务管理信息系统，实现各业务管理信息系统的互联互通和数据整合。通过大数据、人工智能等技术可以对建筑全过程实体质量安全数据和质量安全行为数据进行管理、并提前预警可能出现的质量和安全问题。通过物联网及传感设备实现“人、机、料、法、环”等各种现场数据的实时在线监测与数据上传，相比信息化阶段主要依靠人工录入方式采集信息更加高效、完整，并能确保数据的真实可靠。这一切都将给园区建设监管带来新的变化，具体表现在以下几个方面：

（1）数字化

建筑行业的全参与方、全要素及建筑工程项目的全过程都可以实现数字化表达，每一个行为主体在数字空间都有其独有的数字身份，并且借助于物联网技术实时采集相关信息并进行数字化监管，一切皆可数字化的趋势，为工程项目监管实现全过程追踪提供了保障。

（2）在线化

云计算、移动互联网、物联网和 5G 技术的成熟落地，让工程项目建造过程的全要素、全参与方的全维度数据实现实时上传云服务器，随时随地访问，真正实现数据的跨单位、跨层级、跨业务的互联互通，从而消除信息孤岛，实现各方的业务协同、监管协同，从过去过于依赖监管人员线下监管，向基于大数据、平台化的方向发展。现场监控系统、物联网与传感设备等实时传输现场数据，并使用大数据、人工智能等技术对现场数据进行实时分析、监控、预警和反馈控制。

（3）共治化

数字化监管模式下，将更加突出政府引导，行业协会、企业主体等多方参与的监管模式，并通过搭建数字化监管平台，充分发挥政府的“大平台”功能，规范工程质量安全管理机制，倒逼企业管理、项目管理与现场作业精益化，形成对工程质量安全的齐抓共管局面，促进建筑业转型高质量、高效益发展。

3. 技术路线

通过“一平台+N 业务监管系统”，共同构筑一个基于云大物移智的智慧园区工程建设管理信息服务平台：通过工程一张图将园区内所有工程建设项目的基本信息，以及通过各业务监管系统采集的工程项目相关质量、安全、进度等信息，以及施工现场人、机、料、法、环等信息汇总并展示出来，同时通过协同办公和移动办公，完成园区工程建设项目有关审批、公文流转等政企互动的日常事务流程和协同办公，提高园区的办事效率，让数据多跑路群众少跑腿。而 N 个业务监管系统则实时采集工程项目质量安全信息及施工现场数据，及时预警质量安全隐患，实现工程质量安全监管的事前预防、事中控制和事后处理。

4. 应用系统

（1）系统总体设计

系统以企业数据库基本信息库、注册人员数据库基本信息库、工程项目数据库基本信息库、诚信信息数据库基本信息库等四库为核心，对接地方建设行政主管部门的“四库一平台”，确保符合建筑市场“数据一个库、监管一张网、管理一条线”的信息化监管要求。监管内容则围绕质量监管体系、安全监管体系和绿色施工（环境）监管体系展开。具体内容如图 5–2 所示。

（2）系统技术架构

系统采用多层技术架构，端侧感知层通过物联网技术、传感技术、遥测技术和 AI 技术等实时采集“人、机、料、法、环”等各要素与质量、安全和环境相关的现场数据并上传至平台，平台层则对数据进行抽取、汇总、清洗、聚类等分析处理，将数据分别归入质量安全监管数据仓库，为应用层的各功能应用提供数据支持。具体技术架构如图 5-3 所示。

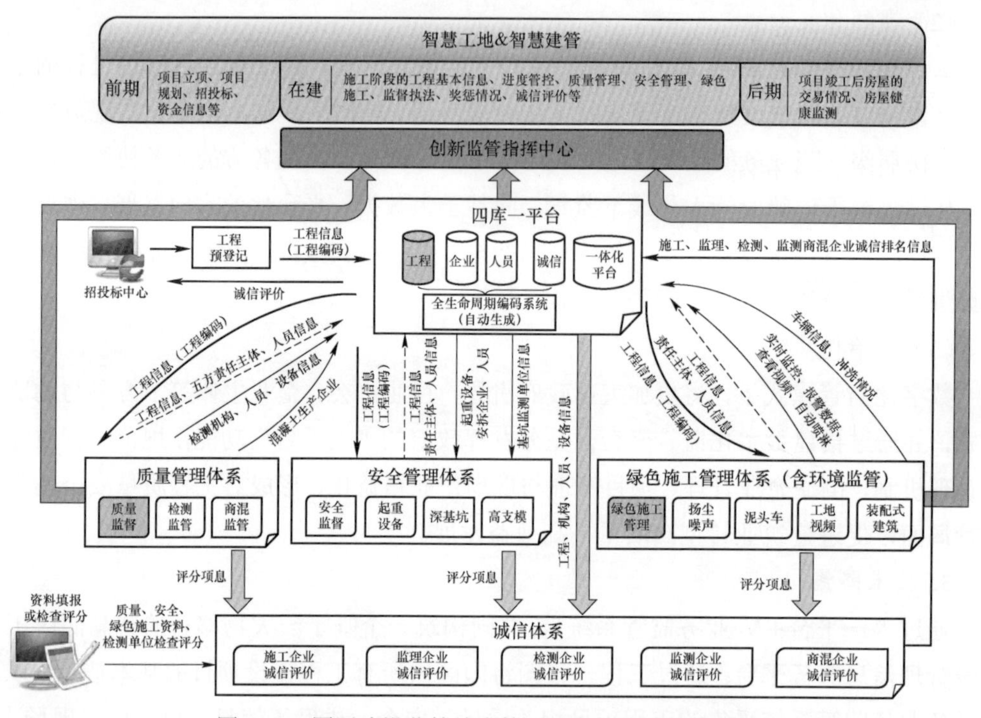

图 5-2　园区建设监管综合管理平台总体功能结构图

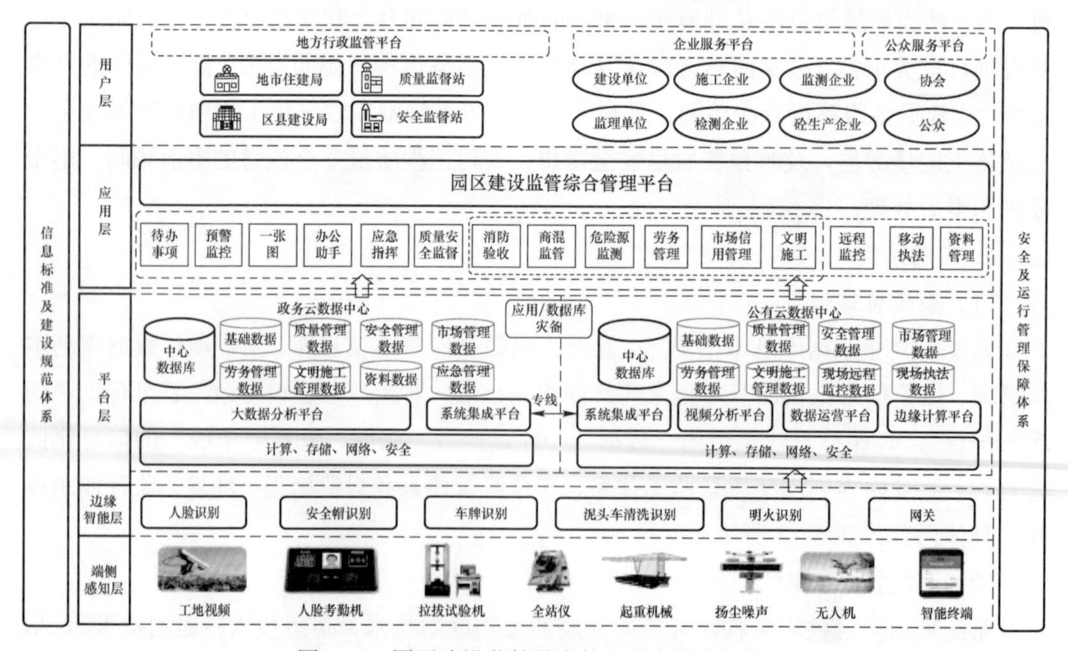

图 5-3　园区建设监管综合管理平台技术架构

（3）系统功能说明

系统主要由园区建设工程一张图、现场管理、协同办公和移动办公四大功能板块构成，其中建设工程一张图在园区的 GIS 地图上展示园区内所有工程的基本信息，现场管理则是体现管理各要素数据采集状态及与各业务监管系统的数据对接，协同办公则可实现园区管理部门与各工程项目的建设、施工、监理等责任主体和检测、监测等相关单位的日常事务流程和政企互动，移动办公则为园区内工程项目参建各方提供移动办公服务。具体如图 5–4 和图 5–5 所示。

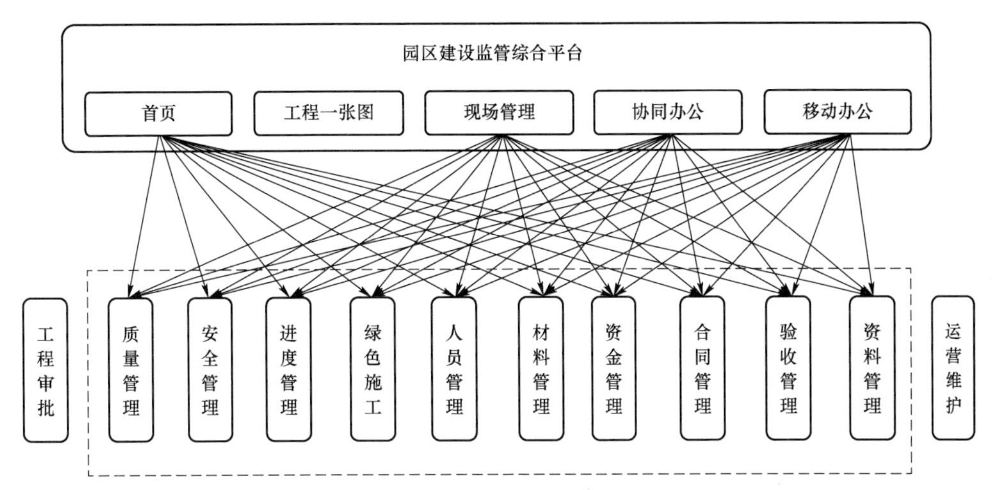

图 5–4　园区建设监管综合管理平台功能板块

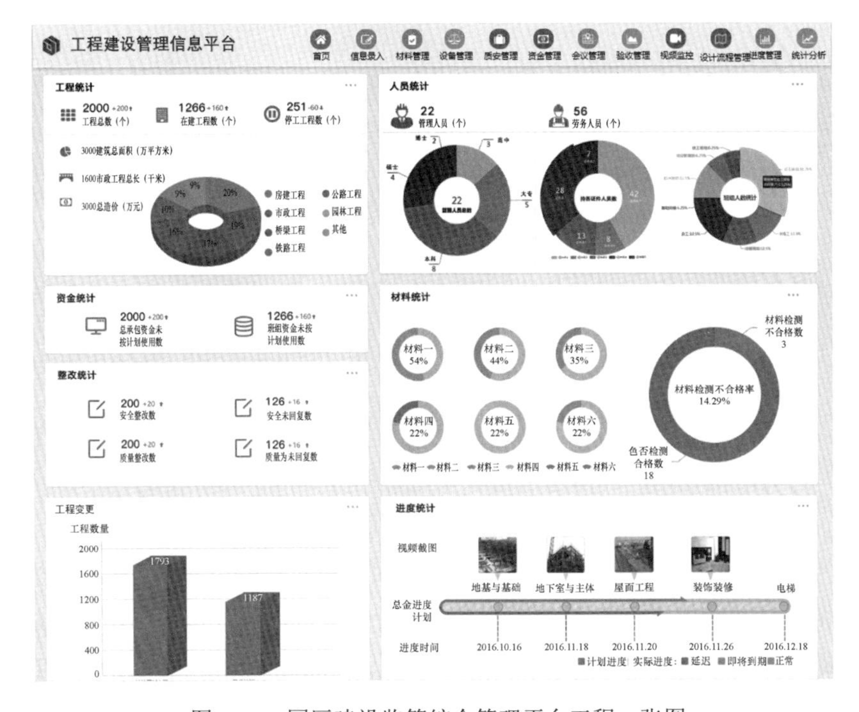

图 5–5　园区建设监管综合管理平台工程一张图

5. 应用效果

该系统的应用将有助于提高园区工程监督管理的深度和精细化水平，避免因不合格质量情况隐藏于工程施工过程中而造成不可逆转的损失，大幅度降低工程安全事故的发生，将工程安全隐患消灭在萌芽阶段，减少工程事故造成的巨大损失。实现工程监管工作的全过程数字化监管。相比传统的工程监督管理工作模式，利用该平台将显著提高监管效能和工作效率，大大提升工程质量安全监管水平。

5.2.2 建设质量监管数字化

1. 总体目标

园区建设质量监管数字化的总体目标是要利用物联网技术加强对工程质量的监管，建立质量追溯机制，通过物联网、移动互联和大数据等技术的综合运用，建立从生产到使用全过程的建材质量追溯机制。

2. 技术路线

园区建设质量监管数字化主要包括质量监督、质量检测监管和预拌混凝土质量监管三个方面的业务监管。其中质量监督主要是利用移动互联和物联网技术实现监督人员对工程的监督巡查数字化应用，并完成工程报监、监督任务分派、监督整改处理等日常监督工作的数字化应用；质量检测监管则是利用物联网技术、传感技术等实现检测数据自动采集，并且实现对检测合同、见证取样送检、检测报告查验等各检测关键环节的数字化监管以及对检测机构相关资质、人员、设备等要素的动态监管；预拌混凝土监管则是利用物联网、传感和移动互联技术将预拌混凝土的生产、运输、使用环节的质量管理数字化。

3. 应用系统

系统主要由质量监督、质量检测监管和预拌混凝土质量监管三个业务监管子系统构成，其中质量监督子系统完成园区管理部门的工程质量监督工作，质量检测监管子系统则是完成对承担园区工程检测任务的检测机构的监管，预拌混凝土监管子系统则是完成向园区工程供应预拌混凝土的搅拌站的监管。具体功能结构如图 5-6 所示。

（1）工程质量监督系统

涵盖从工程质量监督注册到工程质量交竣工验收备案整套流程，实现工程质量监督工作全过程的规范化管理，具体包括监督登记、任务分派、监督交底、监督计划、监督日志、执法检查、执法处罚、工程验收、投诉及信访处理、质量事故调查处理、应急处置等。各业务科室和相关技术岗位的工作人员，通过该平台无形且又紧密地链接在一起，组成了一个严谨、规范的工作流程。每个工作流程都设定了最迟完成时间，超出规定时间的将被系统记录在案，与考核挂钩，便于内部管理，帮助监督机构提升内部管理水平。

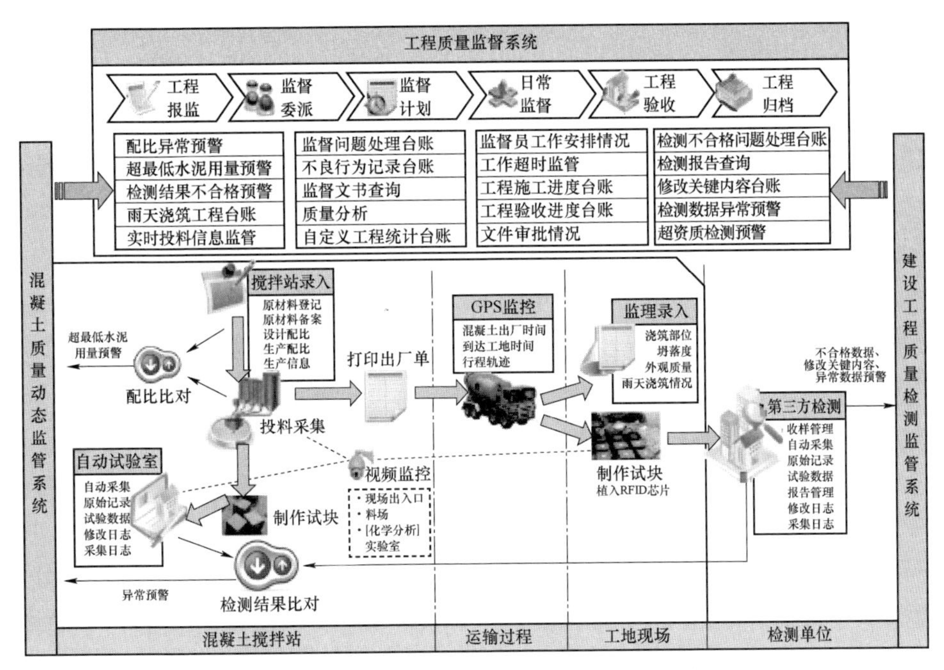

图 5-6　园区建设质量监管数字化体系结构

（2）质量检测监管系统

对接园区内检测机构及承接园区工程质量检测业务的区外检测机构的管理信息系统，实现工程检测数据的自动采集和上传汇总，对检测结果不合格或达不到工程设计要求的实体质量隐患及时预警，同时自动推送相关责任人员和监督管理人员以作出相关处理并形成闭环。还可以对检测数据进行统计和挖掘分析，形成对园区工程质量的动态评价和对相关施工、监理、检测机构质量行为的评估，帮助园区管理部门提升宏观行业管理水平。

（3）预拌混凝土监管系统

实现对园区内预拌混凝土企业以及承接园区工程项目业务的区外预拌混凝土企业的统一监管，从原材料到混凝土生产、出厂、运输、交付验收、浇筑、养护以及见证取样检测的全过程监管。具体包括混凝土原材料备案登记、自检数据上传，生产投料数据采集、运输线路追踪、现场交验（坍落度检测）、见证取样监管、养护监管（温湿度监测）等，实现对预拌混凝土的全过程质量追溯。

4. 应用效果和发展趋势

质量监管数字化系统的应用，可以帮助园区管理部门实现对园区内工程建设项目实体质量以及企业质量行为的有效监管。通过数字化技术对涉及工程主体结构安全的主要建筑材料（如混凝土、钢筋等）质量数据的实时自动采集和挖掘分析，既可以及时发现工程实体质量隐患，同时也能够对工程实体质量与各责任主体质量行为的关联性提供数据支撑，方便园区管理部门对园区内工程项目及参建企业实行差异化监管。例如，凡有工程项目出现所用混凝土的强度偏离基准点的情况，则该工程项目的施工企业和监理企业以及供应预拌混凝土的生产企业将被列为异常，可以加大监督巡查力度，从而提高监督工作的主动性和针对性，提升监管效能。

应用新一代信息技术的融合，可为工程建设管理赋能。例如，利用区块链技术的防篡改、可追溯的特性，可确保工程质量数据的可信、安全、透明、共享，应用到混凝土质量监管可真正实现“建立从生产到使用全过程的建材质量追溯机制”。

5.2.3 建设工程安全监管数字化

1. 总体目标

《中共中央国务院关于推进安全生产领域改革发展的意见》是新中国成立以来第一个以党中央、国务院名义出台的安全生产工作的纲领性文件，文件明确提出要“提升现代信息技术与安全生产融合度”，并具体要求“推动工业机器人、智能装备在危险工序和环节广泛应用”。园区建设工程安全监管数字化总体目标就是要贯彻落实中共中央国务院《意见》要求，建立基于互联网+监管模式的数字化监管平台。

2. 具体需求

据住房和城乡建设部统计，2018 年全国较大及以上安全事故中因深基坑、高支模等工程施工造成的坍塌事故 10 起，占事故总数的 45.5%，起重伤害事故 4 起，占总数的 18.2%。因此，起重机械、深基坑和高支模这三大危险源往往容易造成群死群伤的重大安全事故，是园区工程建设安全监管的重中之重，利用物联网技术和智能装备对起重机械、深基坑和高支模等危大工程进行数字化监测及监管已越来越重要。

3. 技术路线

利用物联网、5G 技术以及智能设备对工程施工现场重大危险源和危大工程进行实时在线安全监测，实时采集诸如水平位移、模板沉降、立杆轴力、杆件倾角、应力、力矩、载重、塔身倾斜等关键数据，并进行实时分析、预警和反馈控制，现场同时提供声、光报警，督促相关人员尽快撤离，从而减少人员伤亡，真正落实中共中央国务院《意见》中所要求的“始终把人的生命安全放在首位”的精神。

4. 应用系统

系统主要由安全监督子系统、地下工程和深基坑安全监测子系统、高支模安全监测子系统和起重机械安全监测子系统构成。其中安全监督子系统完成园区管理部门的工程安全监督工作，地下工程和深基坑安全监测子系统则是完成对园区内地下工程和深基坑工程的安全在线监测和预警工作的监管，高支模安全监测子系统则是完成园区内高大模板支撑工程安全在线监测工程的监管，起重机械安全监测子系统则是完成园区起重机械安全在线监测工程的监管。具体功能结构如图 5−7 所示。

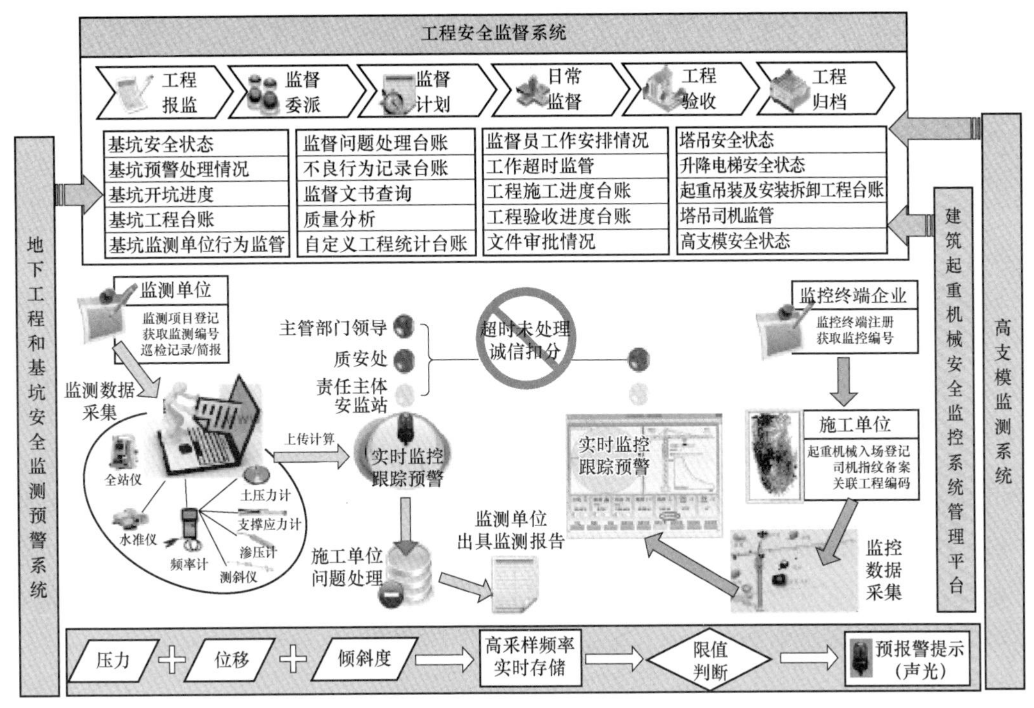

图 5-7　园区建设工程安全监管数字化体系结构

（1）安全监督系统

实现园区内工程项目安全监督工作全过程的规范化管理，具体包括监督登记、任务分派、监督交底、监督计划、监督日志、执法检查、执法处罚、安全事故调查处理、应急处置等。

（2）地下工程和深基坑安全监测系统

实现对地下工程及深基坑安全自动监测的监管，包括对地下工程及深基坑与周边建筑物、管线隐患等监测项目进行实时监控并根据监测结果进行预警和报警，及时以短信的形式将报警结果发给相关建设方、园区管理部门及安全监督机构，并追踪有关监测报警处理情况，督促相关责任单位落实报警工程的闭环消警处理。同时，针对在基坑施工期间发生多次（历史）预、报警工程做累计统计，园区管理部门可对这些高频高发的基坑工程加大力度巡查巡视，督促相关责任单位落实安全生产制度，杜绝危险因素的产生。系统可以查询到施工单位在基坑支护和土方开挖施工过程中形成的相关技术文档（如专项方案、检测报告、验收记录），经监理单位组织专家评审，经专家论证后，施工单位上传方案到系统备案。还可以通过查询未上传监测数据工程了解到当前尚未接入平台统一监管的工程情况，并督促相关责任单位落实安全监控工作。

（3）高支模安全监测系统

实现对园区内高支模工程的安全监测监管，针对高支模监测项目进行实时监控并根据监测结果进行预警和报警，及时以短信的形式将报警结果发给相关建设方、园区管理部门及安全监督机构，并追踪有关监测报警处理情况，督促相关责任单位落实报警工程的闭环消警处理。同时，可以针对在高支模混工程施工过程中凝土浇筑期间发生多次（历史）预、报警工程做累计统计，督促相关责任单位落实安全生产制度，杜绝危险因素的产生。

（4）起重机械安全监测系统

实现对园区内工程起重机械安全监测的监管，记录各工程提交的产权备案、安装（拆卸）告知、使用告知、顶升计划等信息，并实时采集起重机械运行使用参数，建立园区内起重机械安全使用数据中心，方便园区管理部门实施统一监管。

5. 应用效果

安全监管数字化系统的应用，可以帮助园区管理部门实现对园区内工程建设项目施工过程中起重机械、深基坑和高支模等危大工程进行数字化监测及监管。通过数字化技术可有效识别起重机械、地下深基坑和高支模等重大危险源事故发生风险，并及时响应工程应急预案加以事故防范。例如，深基坑的数字化监测应用，可对基坑位移等数据实时自动采集后进行分析，对于超出预警范围的异常情况实时报警，安全监管人员可直观地根据监测应用中报警情况，对异常工程项目及时采取措施。

6. 发展趋势

建设工程安全监管数字化转型将带来更加海量的数据采集和传输，而5G网络下能够支撑海量的数据采集和传输，对于工地现场的各种重大危险源、人员、车辆、环境等安全要素的实时监测和数据采集、传输、存储、分析与应用，5G 网络将可大大提升数据处理能力。因此，以 5G、人工智能、工业互联网、物联网为代表的“新基建”已成为安全监管数字化的主要发展趋势。

5.3 建设工程项目管理（建设方）

5.3.1 应用概述

传统园区通常只提供水电气、交通、建筑等基础设施的建设，业务系统封闭运行，各个软硬件系统相对独立运行，无法实现信息资源共享，缺乏工程项目管理的智慧手段。

智慧园区是运用数字化技术，以全面感知和泛在连接为基础的人机物事深度融合，具备主动服务、智能进化等能力特征的有机生命体和可持续发展空间，涉及通信基础设施、物联感知设备、智能化子系统、云计算服务、大数据分析、应用软件开发等方面，专业种类繁多且复杂，在项目可研、立项、招标和过程管理中需综合考虑如人工智能、5G、物联网等新技术的应用场景和发展趋势、投资收益等多方面因素，园区的这些新特点也对园区建设工程项目管理提出了更高的要求，需要运用新的管理模式、新的管理工具对现有管理流程进行优化和提升。

从智慧园区工程项目管理的角度，目前在项目可研、立项、招投、过程管理中主要面临以下问题：

首先，园区建设工程项目管理中的文件资料尚未完全数据化，业务的流转、审批等过程仍以人工方式为主，存在人为疏漏的可能性，不同阶段和项目参与主体之间的数据无法高效互通，数据之间缺少关联性导致查询、追溯历史数据资料费时费力，无法对历史数据进行分析提升数据价值；其次，智慧园区建设涉及众多新一代信息技术的应用，涵盖多个不同专业，技术架构的先进性、适用性、兼容性、可扩展性；不同技术和产品的选型和比对都增加了可行性研究论证的难度；再次，可研、立项、招投标流程涉及信息量大，工作时间紧，不同单位间的统筹协调工作如可研评审通常以现场会议的形式进行，集中评审人员与被评审单位，无法实现在线协同工作；最后，尚未建立有效的信用评估机制，如招投标过程中存在投标企业虚报业绩、投标项目经理同时承担多个项目等情况，缺乏必要的技术手段进行管理。

针对上述情况建立“园区建设工程项目一体化管理”平台，包含可研智慧管理、立项智慧管理、招标智慧管理、过程智慧管理四大模块，实现园区建设工程项目管理数据的整合互通、管理模式的创新、对业务流程和标准规范进行优化，促进不同专业的有效协同，提升管理效率降低人力和时间成本。

5.3.2 建设目标与需求

1. 建立一体化平台

建立“园区建设工程项目一体化管理”平台，打通不同项目阶段的封闭独立系统、整合不同参与方的零散数据，基于一体化管理平台实现园区工程建设项目全生命周期协同统一管理。

2. 数据信息共享整合

园区建设工程项目参与方众多，企业内部包括设计部、采购部、工程部、财务部，对外包括设计单位、施工单位、监理单位等。从过程上又可细分为可研、立项、招标、设计、实施、运维等，如何保证众多数据信息能够有效汇总整合，在不同参与方、不同阶段之间安全、流畅的进行传递，避免由于信息不对称或信息冗余导致的项目进度、成本、质量等各类问题。

3. 协同化管理

对于园区建设工程这类大型项目的管理应将其作为一个关联的整体进行考虑，使得各参与主体在各建设阶段可以基于统一平台进行信息交互和业务的流转，实现协同管理，并统筹考虑人力、时间、资金等资源的分配。

4. 智能分析决策

在可研、立项、招投标及过程管理中应充分利用大数据、人工智能等新一代信息技术，减少人为干预，从人工操作逐渐转变为自动化处理并提供智能分析决策和违规操作报警提示功能，从而减少操作失误或舞弊行为，实现园区建设工程管理的透明、高效。

5.3.3 技术路线

园区建设工程项目一体化管理平台由数据资源层、平台层、应用层三大横向层，以及安全体系和标准规范体系两大纵向层构成，如图 5-8 所示。

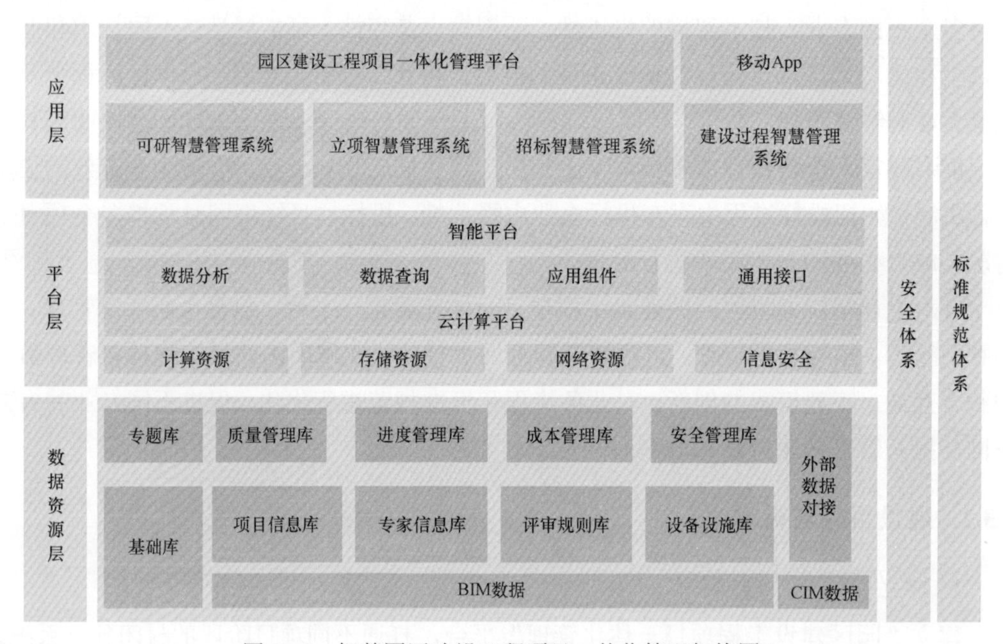

图 5-8　智慧园区建设工程项目一体化管理架构图

1. 数据资源层

数据资源层对园区建设工程项目全过程的数据归档整理形成数据资产，包括基础库和专题库。基础库包括项目镜头基础数据，如项目信息、专家基本信息、评审规则、设备设施数据；专题库根据管理需求对基础库数据进行抽取、二次整合，按照管理要素分为质量、进度、成本、安全四大数据库，贯穿项目管理的全生命周期；外部数据对接指园区建设工程项目一体化管理平台与第三方应用或者上级政府监管平台的数据对接，如对接地方建设行政主管部门的“四库一平台”，实现数据横向与纵向的互通。

2. 平台层

平台层包括云计算平台和智能中台，云计算平台即通过云计算技术将计算、存储、网络等资源进行虚拟化，实现资源的统一调度和智能分配，以云服务的方式支撑应用层使用；智能中台实现数据处理和应用赋能，对海量数据清洗、加工、转换后形成统一标准，服务于数据的检索、挖掘分析，提供多种组件和接口，为应用的快速开发和功能复用提供支撑。

3. 应用层

应用层从工程项目全生命周期管理的理念出发，按照不同的阶段分为可研智慧管理、立项智慧管理、招标智慧管理、过程智慧管理四大子系统及移动端应用。应用层基于现有工程项目管理流程的观察和思考对业务流程和标准规范进行优化，促进不同专业的有效协同，实现工程项目资源优化配置，支撑工程项目的智能决策与服务，提升管理效率，降低人力和时间成本。

5.3.4 应用系统

1. 可研智慧管理子系统

可研智慧管理基于园区建设背景、建设条件、建设方案、环境影响、经济效益、社会效益等分析评价出发，结合区域总体发展规划，通过政府主导、社会和市场共同参与，搭建城市级经济发展大数据库，通过提取项目所在地的社会、经济发展预测、建设标准和规模、工程设计的主要原则、要求、设计方案和技术标准、环境保护措施、组织机构、人力资源配置和工程进度计划安排、工程投资估算、资金筹措及社会评价等关键数据，从技术可行性、经济合理性、环境影响及保护和实施可能性等方面进行综合研究论证，对园区建设提出相应研究结论和建议。

可研智慧管理搭建城市级经济发展大数据库，发挥大数据在项目选址、区位分析、政策、产业、市场环境方面的分析研判作用，利用人工智能在初步设计、投资概算、工程算量的算力算法作用，详细列出园区建设期在勘察、设计、施工、造价、监理等环节所涉及的综合影响因素、分析矩阵，优劣势组合，为园区建设可行性研究报告提供编制依据，提升园区建设可行性质量。

可研智慧管理系统实现可研申报、可研变更申报、单位内审和可研评审全过程管理，如图 5–9 所示。

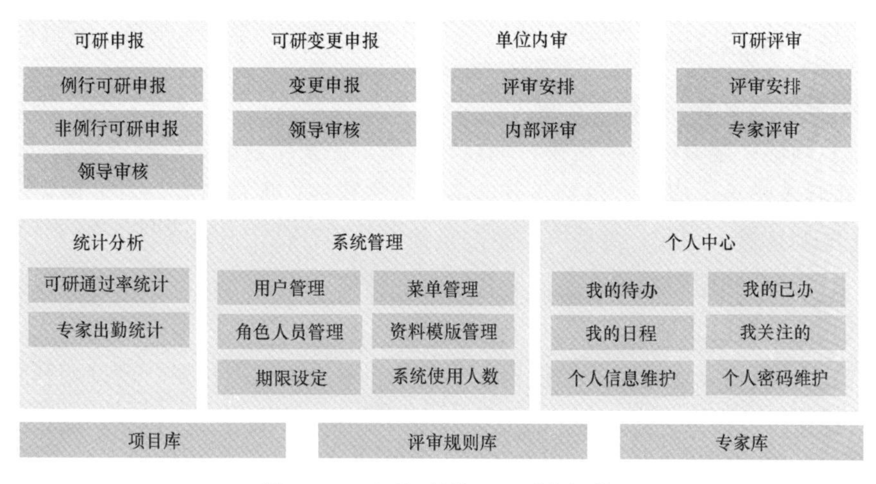

图 5–9 可研智慧管理子系统架构

1）可研申报提供给各单位发启可研申报流程，根据下达的前期工作计划进行可研申报，根据模板编辑可研报告等文档，并填写可研基本信息、总投资内容和标段内容，然后经过部门负责人审核及单位领导审核；

2）可研变更申报提供给各单位发起可研变更流程，从执行项目库中选取需要变更的项目后，对可研报告进行相应的修改，然后经过部门负责人审核；

3）单位内审即在专家评审前由单位各专业负责人对可研报告进行预先审核，保证可研报告及相关文件基本符合评审要求，无重大缺漏和错误；

4）可研评审包括评审主题、评审内容、评审会议时间、评审专家、评审方式、评审具体规则等内容的设定。评审专家可以直接从专家库中进行抽取，可根据实际需要增减专家，并设定专家的文件权限；评审规则也可以从评审规则库中选取适合本次评审的具体规则，根据需要进行调整。

2. 立项智慧管理子系统

立项是园区建设项目报建的第一道关，是项目立项决策重要的前置程序，项目立项的重要依据是项目建议书。项目建议书通常的核心价值在于：作为项目拟建主体上报审批部门审批决策依据；作为项目批复后编制项目可行性研究报告的依据；作为项目的投资设想变为现实的投资建议的依据；作为项目发展周期初始阶段基本情况汇总的依据。项目立项的通常流程是项目建议书编制、审核、报批（主管单位决定是否立项）。对于项目立项的决策依据提供、分析、管理尤为重要，需要综合考量到项目立项、项目管理、项目建成后的种种影响因素，需要根据政府主管部门（或委托专家组）的意见和园区开发主体单位的战略发展方向做必要性考量。

立项过程需要依托新技术、新模式、新工具，加强项目立项决策的规范性、科学性论证；立项需要借助经济、政治、社会各领域专家组、专业人才的知识评判力量；立项愿景是为了给区域发展带来收益，能体现项目建成后的经济、政治、社会各方面效益；立项智慧管理的目的是加强信息沟通和数据比对，以及专业意见的搜集和管理，加强流程设计和评估结果的客观性。

1）项目的市场需求情况（定量分析），发展趋势及本企业所处的地位，项目建设内容部分重点阐述：建设内容、规模、地点和期限，需要新建或改造的内容和面积。

2）项目承担单位概况：包括主营业务、资本构成、所属行业及行业地位、上年销售额、上年销售量、利润、总资产、资产负债率、银行信用等级等。

3）单位所有制性质：国有及国有控股企业请简介主管单位、非国有有限公司请简介绝对或相对控股股东情况。

4）投资估算与资金筹措，总投资主要包括新增固定资产投资、建设期利息、转移原有部分固定资产投资、无形资产投资、新增铺底流动资金等五个部分，铺底流动资金可以按新增全部流动资金的30%估算；资金筹措方案包括企业自有资金投入（包括部分现有资产的投入）、银行贷款（还贷的初步方案）、申请国家资本金投入及其他来源。其中企业自有资金不得低于总投资的30%。

5）市场前景及经济效益初步分析，需说明项目经济效益分析材料：一般按照10年为计算期，项目建成后每年市场占有率情况预测及依据、预计每年销售额、销售量、销售收入、利率及财务费用、税率及税收优惠计算方法等；经济效益的主要财务指标：年新增销售收入、年税后利润、年上缴税收、盈亏平衡点、投资收益率、贷款偿还期、投资回收期等。

6）定期开展项目后评估：项目建成并运营一段时间后，对项目的目的、执行过程、效益、作用和影响进行系统的、客观的分析和总结，利于项目考核和今后项目立项的历史经验总结。

3. 招标智慧管理子系统

园区建设招标智慧管理需要破解传统招标中管理不规范、过程不透明、结果不公正、电子化程度低、组织运作成本高等问题，加强线上线下招标流程管理，进一步规范管理流程，提升招标组织监督管理效率。

招标智慧管理系统以公平、公开、公正为原则，支持供应商、分包商一键管理、在线资格预审、在线开标评标，实现对“招标项目立项、招标文件备案、招标公告发布、评标专家选取、评标结果公示、评标结果备案、中标合同协议书、投诉”过程的信息化建设与监管，如图5－10所示。

图5－10 招标智慧管理子系统架构

1）招标投标当事人信息管理模块对具备园区建设工程项目投标资格的企业进行管理，建立信用指标评价体系，开展信用动态评价，实时更新企业诚信指标并面向用户提供查询服务。

2）评标专家库管理模块对专家信息实现数据化管理，实现专家入库申请信息的在线提交、专家续聘手续的办理和专家信息更新维护等功能，是招投标业务正常开展的保证。

3）评标专家抽取系统照评标要求在专家信息库随机抽取出一批与评标所需专业相匹配的专家，并按项目和时间自动保存专家抽取记录信息。

4）公共信息服务模块让用户了解权威的招投标程序、政策法规、行业新闻、招投标情况，该模块与上述模块互联互通，关键数据保持物理隔离。

4. 建设过程智慧管理子系统

园区建设是一项系统工程，参与单位众多、建设规模巨大、建设投资大、受开业期影响建设周期短、任务重、建筑造型复杂多样新奇、沟通协调信息量大、协同管理难度大、建设成果需接受全生命周期管理、项目标准要求高，需重视园区规划设计、施工建设的过程管理。园区建设可引入 BLM（建筑全生命周期管理）理念与方法，搭建基于 BLM 的建筑设计、施工过程管理平台。在 BLM 过程管理平台中，BIM（建筑信息模型）是建筑大数据的承载体，BLM 是建筑全生命周期的信息管理系统和过程管理平台，BIM 完成了建筑信息模型创建，促进了建筑建造参与各方协同作业。在项目建设的过程中，利用 BIM 管理平台，达到项目管理标准平台化、流程平台化、工作协同化。在前期阶段、开工准备阶段、施工阶段、竣工验收阶段和移交阶段等项目全过程范围内，打造高效的信息管理平台。

基于 BIM 的建设过程智慧管理子系统平台应用以项目为管理对象，以可视化、参数化、全生命周期、多方协同、物联网技术结合为特征；在实施准备阶段、设计模型移交阶段、施工准备阶段、施工实施阶段、竣工交付运维阶段，建立以 BIM 技术应用为目标的信息交流、工作协同的方式方法和管理平台，建立以 BIM 技术为核心的技术标准体系和实施标准体系；通过 BIM 管理平台的使用，落实标准，贯彻流程，保证 BIM 协同机制的形成，促进 BIM 技术的有效实施，实现 BIM 实施价值的最大化，如图 5-11 所示。

1）管理驾驶舱。建立管理驾驶舱，汇总园区建设工程项目在设计、采购、施工、调试、移交、运维等不同阶段的关键数据指标，对项目运营的健康状况进行实时跟踪监测，接入专家支持系统，为决策提供支持。

2）设计管理。依托 BIM 技术，整合设计资源，加强暖通、给排水、消防、强弱电等不同专业协同设计，利用 BIM 可视化、参数化、智能化等特性，进行多专业碰撞检查、净高控制检查和精确预留预埋，根据碰撞报告结果对管线进行调整、避让，对设备和管线进行综合布置，从而在实际工程开始前发现问题。

强化对设计文件结构、登记、分发、跟踪、版本、变更等全过程管控，提高工程项目设计质量及工作效率，保证施工顺利进行。加强设计变更管控，防止不合理设计变更造成工程造价提高；加强变更过程动态管理，使工程造价得到有效控制。

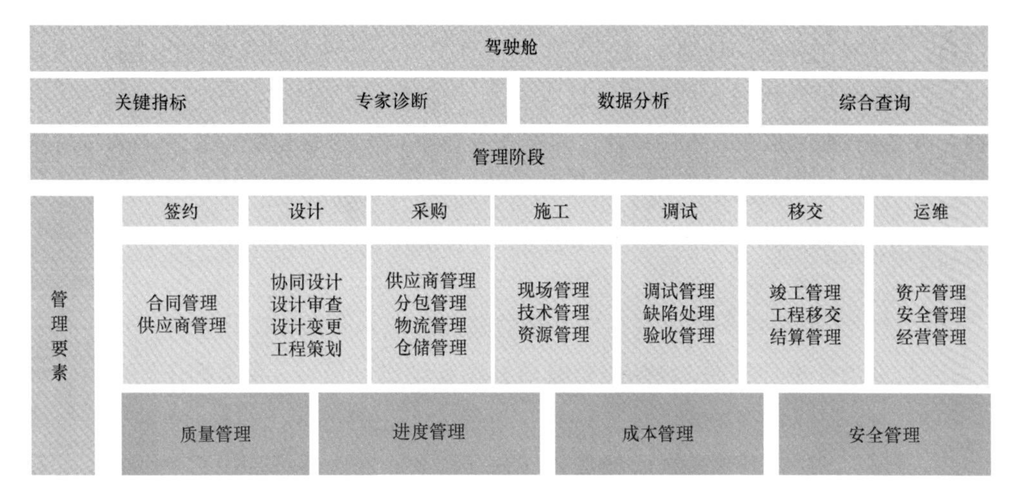

图 5-11 建设过程智慧管理子系统架构

3）采购管理。通过采购流程固化、采购过程标准化，规范物资管理过程，在采购管理各环节建立业务控制点，保障采购活动有序开展。“二维码”扫描箱件清单、跟踪箱件货物，结合物联网技术，实现对项目物流运输全过程跟踪、监控。通过供应商评价和管理体系，寻找战略性供应商，整合海内外产业链，实现利益共享、风险共担，提高项目物资供应渠道保障能力，降低采购风险。

4）实施管理。实施管理包括工程施工和调试管理，在实施和调试过程中加强现场管理，运用物联网技术实现工程施工现场设备运行状态、人员行为的数据采集和全面感知，及时发现隐患问题，避免工程事故的发生。

5）运维管理。对园区公共区域、各建筑物内的设备、人员、车辆等信息进行综合监控、智能管理，使园区内的用户和访客获得了经济舒适、高效安全的环境，使园区的管理和服务品质产生质的飞跃。

6）进度管理。构建规划合理、逻辑严谨、WBS 分解清晰、工期准确的进度计划，对合同、费用、物流、现场等业务进行实时动态分析，优化资源配置，加强进度全过程跟踪监控，通过实际进度与目标计划对比，分析评估进度偏差，制定应对措施，合理分配资源，确定最佳方案，保证项目工期可控。

7）质量管理。以 ISO9000 质量管理标准为依据；将质量控制融入业务节点，做到管理有记录、过程有控制、结果可追溯，强化质量控制点管理，加强关键工序、特殊过程、重要部位监控；实现质量管理工作、质量问题处理双闭环。通过对质量偏差进行纠正、质量风险进行预控、质量趋势进行预测，实现质量改进。

8）成本管理。基于 BIM 技术的成本控制将进度信息、成本信息与三维模型进行关联整合。计算、模拟和优化项目各施工阶段的劳务、材料、设备等的需用量，在此基础上形成项目成本计划，在施工过程中，及时将分包结算、材料消耗、机械结算在施工过程中周期地对施工实际支出进行统计，将实际成本及时统计和归集，与预算成本、合同收入进行三算对比分析，获得项目超支和盈亏情况，对于超支的成本找出原因，采取针对性的成本控制措施将成本控制在计划成本内，有效实现成本动态分析控制。

9）安全管理。建立完整的安全管理体系及标准，人防和技防相结合，利用现代化管理手段，保障项目全生命周期中人员、设备、数据信息的安全。

5.3.5 应用价值/效果

“园区建设工程项目一体化管理”平台的建立将原本分散在工程管理不同主体、不同阶段的数据进行整合打通，使数据信息能够顺畅地进行流转，将数据作为项目管理的重要手段之一，基于实时数据及时发现管理过程中存在的进度、成本、质量、安全等问题并发出预警，减轻项目参与人日常管理工作的负担，加快项目管理系统中的信息反馈速度和系统的反应速度，使人们能够及时查询工程进展情况的信息，及时地发现问题，作出决策；基于历史数据进行深度挖掘分析，从而优化管理流程，完善管理规范，提升工程项目管理效率，有限规避项目潜在的风险和隐患。

5.3.6 发展趋势

1. 构建 BIM+CIM 的数字孪生城市

BIM 具备可视化、参数化、关联性、面向全生命周期等特性，在工程项目管理中通过多专业协同设计、仿真模拟、图纸文档关联管理、资源成本管理大大提升管理效率，减少返工，有着良好的应用前景。以 BIM 数据为基础建立 CIM 模型，综合运用物联网、云计算、人工智能等先进技术进行数据的采集、整合、挖掘分析，反映整个区域或城市的规划、建设、发展、运行状况，构建数字孪生城市。

2. 数据沉淀积累形成数据湖

对园区建设工程项目管理过程中的数据信息和各类文件资料归档整理并不断积累形成数据湖，为将来数据的挖掘分析提供基础，实现数据增值，如申报项目类型统计、可研通过率分析、专家信息统计、项目执行进度情况分析等。

3. 完善大数据体系

例如，建立完善工程项目管理大数据体系，如在招标阶段通过投标企业信用评级数据帮助建设方掌握企业资质与诚信记录，防止投标企业虚报业绩；通过在管理系统内对投标经理进行锁定，防止投标经理一人多用、同时承担多个项目；通过建设专家抽取系统，随机盲选评标专家。对于可研、立项、招标、过程管理中的所有参与对象及关键业务操作步骤建立日志，基于区块链技术实现全流程可追溯。

4. 人工智能辅助决策管理

基于人工智能算法实现可研、立项、招标全过程的高度自动化、智能化。如基于自然语言分析算法对可研报告、招标文件资料中的内容进行全文检索，语义识别，自动检验材料完整性、正确性，与评审规则自动匹配，基于评审规则自动生成初步评审报告用于辅助评审专家进行决策；根据园区工程项目的评审要素如技术指标、经济指标等自动生成可研评审规则条文供评审专家参考，通过人工智能的自学习能力，可根据项目积累不断优化评审规则更新评审规则库。

5. 智慧园区与智慧城市的对接

建立园区建设工程项目数据共享标准，通过深度共享交换体系解决了工程项目数据共享问题，通过一体化平台实现了园区建设方横向上与设计单位、施工单位，纵向上与省市、区镇一级管理部门的数据对接。

5.4 工地现场智慧管理（施工方）

5.4.1 应用概述

针对传统施工现场管理劳动密集和管理粗放的特点，应用新一代信息技术以现代化技术手段对工程进度、质量、安全及环境监测等协同监管，目前施工现场管理相关软硬件产品不断涌现，以“智慧工地”为代表的现场智慧管理手段成为项目现场管理重要支撑。

园区内项目施工涉及诸多群体工程，具有参与方多、协调难度大等特点，园区“智慧工地”总体定位是以项目管理系统规范现场管理动作，以物联网技术为代表的硬件感知系统辅助项目管理，具备“管控+服务”特色，旨在落实产品生产标准，确保产品质量，提高生产效率，降低劳动强度，提升管理赋能。通过“技术”与“业务”的深度融合与发展，逐步实现“硬件感知系统”的业务替代，提升数据智能采集能力，通过数据挖掘分析，提供趋势预测及标准预案，实现项目管理可视化和智能化。

5.4.2 建设目标和需求

1. 智能化的数据采集

通过借助物联网技术，将现场需要采集的数据进行自动分析和归类，从而减少现场人员工作量，同时保证数据采集的实时、真实和效率。

2. 智能化的现场管控

通过打通现场物联网设备数据与企业管理信息系统数据，实现设备与设备、设备与人有机联动，形成数据闭环，驱动现场管理。

3. 智能化的决策支持

按照大数据的思路，通过对现场过程数据的深入挖掘，为项目经理等决策人员提供业务智能分析、问题快速定位支持。

4. 智能化的知识共享

通过建立一系列岗位工作知识库，实现对不同业务过程、不同岗位人员所需知识的归类、总结、提炼和推送服务，共享企业知识资源。

5.4.3 技术路线

园区智慧工地平台可以采用物联网中台（新型基础设施）、项目管理信息系统、项目指挥中心三大横向层，以及安全防线和标准规范两大纵向层，如图 5-12 所示。

物联网中台是新型基础设施，包括全域感知设施、网络连接设施和智能计算设施，是泛在感知与智能设施管理平台，对工地感知体系和智能化设施进行统一接入、设备管理和反向操控。

智慧工地管理系统是数字智慧工地的核心，由两个系统承载其功能，一是项目管理系统，汇聚项目全生命周期、全要素、全参与方全域数据，展现项目全貌和运行状态，成为数据驱动治理模式的强大基础。二是智能感知系统，汇聚人工智能、大数据、区块链、AR/VR 等新技术基础服务能力，为上层应用提供技术赋能与统一开发服务支撑。

项目指挥中心是数字智慧工地的“神经中枢”，它以数据流动自动化化解复杂系统的不确定性，实现工程项目资源优化配置，支撑工程项目的智能决策与服务。

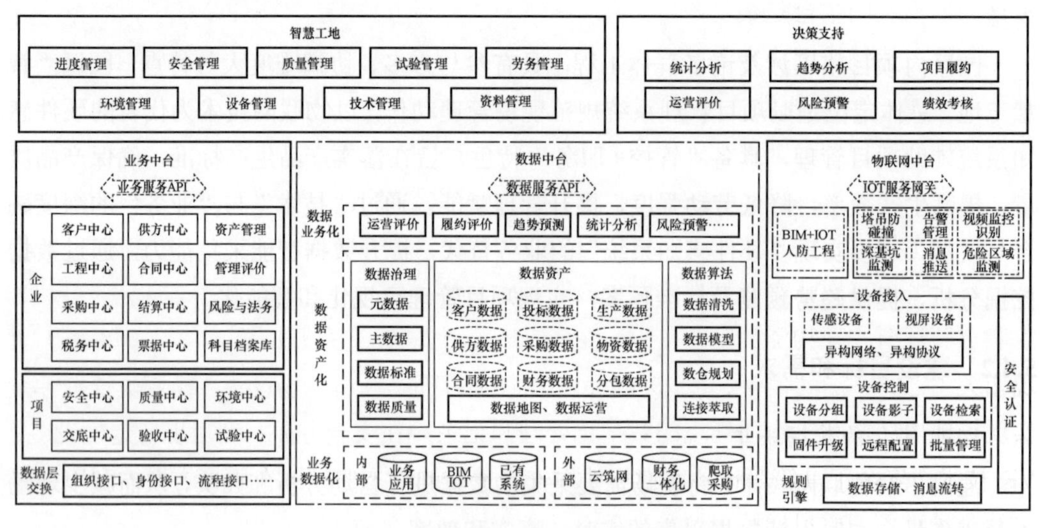

图 5-12 智慧工地管理系统架构

5.4.4 应用系统

1. 物联网中台

(1) 物联网中台是终端设备与智能应用之间的纽带

物联网中台是数字智慧工地的基础性支撑平台，以全域物联感知和智能化设施接入为基础，以统筹建设运维服务为核心，以开放共享业务赋能为理念，服务于设备开发者、应用开发者、业务管理者、运维服务者等各参与者，向下接入设备，兼容适配各类协议接口，提供感知数据的接入和汇聚，支持多级分布式部署，推进信息基础设施集约化建设，实现设备统筹管理和协同联动；向上开放共享数据，为各类物联网应用赋能，支撑物联数据创新应用的培育。

1）接入管理。针对不同类型感知设备采用的多种传输协议接口，平台提供通用协议适配模块、接口适配模块、协议模型适配模块、插件适配模块等，支持 CoAP、LWM2M、HTTP、MQTT 等多种协议接口，确保各类感知终端设备统一接入。各类行业通常自建的业务系统，可通过 SOA/DOA 等方式接入到城市大数据平台，也可通过部署行业传感器的方式接入到泛在感知与智能设施管理平台。

2）数据管理。平台根据物联网协议模型和设备插件，对各类感知设备采集的数据进行解析、清洗、预处理，并通过调用开放 API 接口，为设备管理、上层应用开发提供高质量数据支撑服务，包括数据协议管理、数据分析、数据统计、数据调用等。

3）设备管理与反向控制。面向各类设施中的感知终端，平台将根据设备开发者、应用开发者、业务管理者、运维服务者不同业务需求，提供设施设备健康状态监测管理、远程运营维护、设备远程指令控制、故障问题告警等管理和服务能力。

（2）物联网中台是数字智慧工地与真实世界的连接入口

其泛在感知粒度决定数字智慧工地的精细化程度。通过岗位级的专业应用软件和各种智能机械、设备、机器人等对施工现场进行联动执行与协同作业，提升一级作业效能，实现对工程现场的精细化管控。

其中，在人员方面，可以通过闸机、智能安全帽、单兵设备等实时感知工人的进出场状态乃至场内移动和作业信息；在设备方面，目前施工现场的绝大多数机械设备如塔吊、卸料平台等均可实现数据的记录、采集和分析；在物资方面，利用进出场的自动称重和点验环节实现物资的动态监控；在工艺、工法方面，通过 BIM 等数字化手段，实现相关工艺、工法的模拟、优化和交底；在环境方面，利用现场设备、作业检查等手段实现场地内环境和工作面环境的数字化处理和记录；在安全方面，利用现场定位设备、VR 技术、安全工具箱等设备实现场地内安全情况的动态监控；在质量方面，利用智能化的测量设备、虚拟样板引路等技术，实现数字化的全面质量管理。

2. 智慧工地管理系统

智慧工地管理系统包含业务中台、数据中台及前端应用层，如图 5－13 所示。

智慧工地管理系统前端应用层通过任务驱动的协同生产，实现项目精益化管理。任务驱动的协同生产是指以进度为主线，综合考虑各种资源要素的一种生产模式。在智慧工地管理系统中，将管理粒度细化到工序级，从而找到进度、质量、成本等管理要素的最小交集，实现基于工序的集成管理。通过末位计划落实到一线员工的日常工作中，通过对工程任务的闭环管理，即 PDCA——计划、执行、检查、调整，实现演化设计到生产作业节点、智能进度到末位工时、生产管理到作业指导书、实测实量到生产作业级（见图 5-13）。

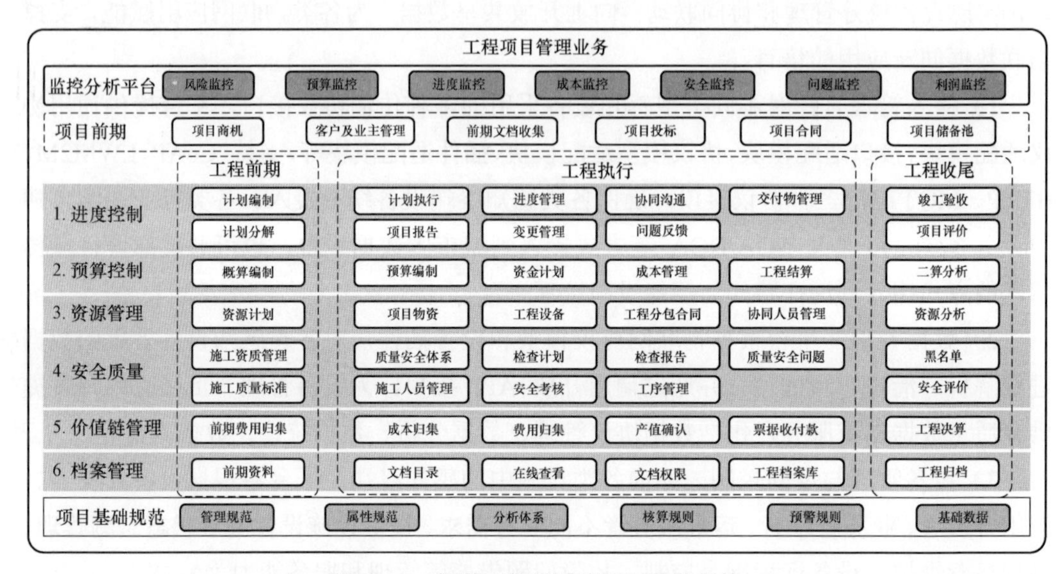

图 5-13　智慧工地前端应用层总体架构

智慧工地管理系统业务中台和数据中台具备三个特征：一是从项目信息资源到工程大数据的转变。数据更加多元，从业务数据扩展到感知数据、互联网数据、企业数据等，实现从封闭自用的项目信息资源到多方共建共享共用的工程大数据的跨越。二是与物理世界动态连续映射。所有主体数据都将叠加时空信息，每个物理实体任何时间、任何地点的状态，均可以映射到数字孪生世界，实现物理实体在时空上的连续精准映射。三是从封闭割裂到有机整体的跨越。以往每一条独立的空间地理数据、建筑数据、业务数据、传感器数据、互联网数据如今均可关联到实体上，形成该实体的全量属性数据，并以实体为基础形成工程知识图谱。

3. 项目指挥中心

基于智能决策的项目指挥中心，通过部署物联网设备和现场作业各类应用系统实现对项目生产对象全过程全要素进行感知与识别；它通过数据、算法和算力赋能，可以描述项目发生什么，诊断为什么会发生，预测将会发生什么，决策该怎么办；它以优化资源、优化配置效率为目的，提供模拟推演、智能调试、风险防控、智能决策等智能化服务。

基于智能决策的项目指挥中心的建设需要经历感知、控制、优化、自治 4 个阶段。在感知阶段，通过物联设备可以自动感知工程项目各类信息，需要人为干预做出决策控制；在控制阶段，对感知的数据设置一定的执行规范和运行逻辑，可以实现对项目关键环节的有效控制，能够完成预警、控制等管理；在优化阶段，随着对业务的深入理解、数据的少量积累、算力的提升，对获取的感知数据进行快速分析，形成结合目前现状的优化方案，提供管理决策选择；当数据、算法、自力积累到一定临界点以后，将进入自治阶段，这个阶段项目指挥中心能够实时依据现场采集的数据做出智能决策。

（1）数据驱动的智能调度

通过云端的项目指挥中心能够推演出最优化的施工方案和生产计划，并智能调试工厂生产和施工现场的人员、机械、设备进行高效作业。将建造方案、工艺工法标准、建造条件等数据输入项目指挥中心，依据这些数据将会智能生成项目建造方案。依据生成的工序级任务排程实现向生产工厂下达生产任务，对物流配送、资源调度、生产指导实时进行智能调配，通过对各资源组织的实时感知，持续优化项目调度组织。

（2）基于项目指挥中心的风险智能防控

通过对现场各要素的动态感知和项目指挥中心进行深度学习，对现场数据进行模拟仿真、状态描述、决策分析、预测性预警和指导性预控，让工程项目现场更加安全、规范、高效、智慧。

以工地现场的安全风险识别为例，通过摄像头实时监测人员体征和姿态、机械设备的运行状态和轨迹等作业作为数据，动态采集场地环境数据，通过项目指挥中心的云端算法和安全知识图谱，自动识别安全风险，预判可能的风险隐患，并及时采取措施进行防控，杜绝安全事故的发生。

1）通过对大量施工现场图片的学习，可对现场的安全隐患进行分类汇总，将检测的结果标记并反馈。该项技术与现场监控视频结合可及时发现施工现场不规范操作及安全隐患。降低安全隐患，保障施工安全。

2）安全帽识别技术。通过对人员的分析，定位出人员头像位置，检测是否佩戴安全帽。通过现场监控视频对画面动态捕捉，实现对现场安全帽佩戴的动态检测，提升现场安全行为管理。

3）姿态检测算法。可以检测到视频或图像中的人物的 18 个关节点，返回关节点的高精度坐标，实现人员姿态的绘制。该技术可以通过对各个关节点数据的分析，从逻辑上判断人物的行为动作，从而得知当前人物正在做什么，或处于一种什么状态。

（3）智能算法的智能识别

通过基于智能算法的智能识别系统，对工程项目建设全过程中产生的图像、文字、语音、视频等音像资料进行分析和诊断，为工程项目提供实时反馈和决策建议，提高项目管理水平。如利用图像识别技术对混凝土裂缝、孔洞等施工缺陷进行自动识别，对钢筋、模板等建筑材料进行自动计数盘点，利用语义识别技术，对施工合同、招投标合同等进行自动分析审阅等，全方位提高工程项目生产水平。同时，智能识别系统还能够对工程项目实施过程进行在线自动化控制，例如使用人脸识别技术监控人员出入情况，利用姿态识别技术实时监控工人的动态，记录工人工作时长、利用语音识别技术控制智能化喷淋系统等，全面实现智能化控制，提高项目智能化水平。

以基于 AI 的施工现场钢筋智能盘点为例，在工程项目的结构施工期间，存在大量的钢筋盘点作业。传统的钢筋盘点方式，人工清点速度慢、准确性差、效率低。应用基于 AI 的钢筋智能盘点技术可帮助物资盘点人员快速清点钢筋数量。

5.4.5 应用价值/效果

有效提高施工现场作业工作效率。“智慧工地”通过 BIM、云计算、大数据、物联网、移动应用和智能应用等先进技术的综合应用，让施工现场感知更透彻、互通互联更全面、智能化更深入，大大提升现场作业人员的工作效率。

有效增强工程项目的精益化管理水平。“智慧工地”有助于实现施工现场“人、机、料、法、环”各关键要素实时、全面、智能的监控和管理，有效支持了现场作业人员、项目管理者、企业管理者各层协同和管理工作，提高了施工质量、安全、成本和进度的控制水平，减少浪费，保证工程项目成功。

有效提升行业监管和服务能力。通过“智慧工地”的应用，及时发现安全隐患，规范质量检查、检测行为，保障工程质量，实现质量溯源和劳务实名制管理。促进诚信大数据的建立，有效支撑行业主管部门对工程现场的质量、安全、人员和诚信的监管和服务。

5.4.6 发展趋势

1. 智慧工地将建立标准化集成管理机制

智慧工地集成管理机制与标准化发展将以总工程师管理机制为核心，以项目现场基础的管理动作标准化为基础，以满足施工工地现场的管理需求为目的，以构建工地现场的智慧环境和运行体系为实现途径，通过技术创新和管理创新对工程项目施工过程实施基于工程全生命周期信息的可视化、参数化的现场管理，并推进面向可持续的工程施工优化改进，以数据的横向到边、纵向到底为要求，整合众多应用实现现场管理集成化。

2. 智慧工地将向自动化建造方向发展

目前我国正逐步进入老龄化社会，熟练和半熟练技术工人越来越匮乏，人工成本逐年增加，这些问题都需要借助自动化设备来解决，同时也可以将有限的劳动力从繁重的体力劳动中解放出来。设备功能自动化，主要实现设备操作的简单化、无人化、智能化，实现基于多设备类型的协同精准作业的现场管理，提升施工现场的精细化生产管理水平，并通过网络实现信息化监控和记录。在管控中提供如故障诊断、远程指导、备件查询和成本统计分析，甚至提供物流端到端监控及安全管理和“维保”成本核算等内容，能够取得更大的经济效益、更好的综合效益。机器人、无人机等自动化设备的出现和普及，将促进建筑行业自动化进程。

3. 智慧工地将向智能化建造方向发展

新技术必然推动模型创新，施工工地的智慧化发展推动建筑行业智慧建造的发展。3D打印建筑、机器人放样、无人机“监工”、三维激光扫描、互联网技术交底。BIM－5D技术，智慧工地正在从信息化向着智能化和智慧化的方向逐步发展。智能机器人、智能穿戴设备、手持智能终端设备、智能监测设备、3D扫描等智慧化技术和设备在施工过程中的应用，可有效提升施工质量和效率，降低施工过程的安全风险。进一步将智能化技术与大数据、移动通信、云计算、物联网等信息技术集成，进行数据智能化分析，如视频监控与空间信息时空关联、视频信息提取识别、智能化分析等，促进智慧工地建造模式的改变和发展。

4. BIM＋装配式全产业链协同工作将成为建筑业的未来

智慧建造理念将深入建筑行业企业，将降低至少20%的资源消耗和碳排放，工程现场一线的精细化建造将带来5%～10%的节约潜力空间，大幅减少由于管理造成的粗放浪费、返工、进度延迟等现象；提升工程质量，延长工程生命周期。可以说，智慧建造理念将大幅提升大型建筑企业的管理水平，改变当前规模不经济的现状，推动市场集中度的提高，实现集约化经营，快速淘汰落后产能，推动建筑业建造模式从智慧工地向装配式、绿色、智慧建造方向发展。

5.5 工厂式生产智慧管理

5.5.1 应用概述

通过对施工现场进行场景抽象化，可以发现其与工厂的制造任务组织及开展具有很高的相似性，存在的问题也与传统工厂中存在的问题基本一致。特别是在装配式建筑工程中，建筑材料趋于标准化，具备了车间流水化生产的条件。在具备智慧生产管理的现代工厂中，通过工业互联网的搭建与应用，不仅可以实现生产全过程信息的平台化归集与处理，实时可视化反映生产活动状态，还能有效整合目前工厂内已上线的信息系统，优化各系统功能，同时为下一阶段的信息化建设预留整合能力。

通过实现工业数据采集、传输，结合工业互联网平台的深度订制应用，可以完成生产线的关键设备和其他相关业务系统的数据打通，实现业务系统和生产系统联动，达到产线级的IT/ OT系统融合。并且通过多种形式的展示，完成对产线数据的可视化呈现，开发围绕成本这一重要维度的大数据分析应用。根据“数字化、信息化、智能化”的设计理念，充分利用工业PON网络、智能生产管理系统、工业大数据平台等先进技术，构建基于云架构的大数据分析平台。通过建立工业互联网大数据分析平台，进行数据采集、分析、决策，优化提升可制造性和可服务性，形成企业智能管控闭环，提升生产效率，降低运营成本。

5.5.2 建设目标和需求

在基于一致化数据采集基础上，建立具备边缘计算能力，多层级、模块化的工厂级数据综合处理服务平台，是其建设目标。在这个平台中，可以实现不同类型设备中所需数据的集中化采集与初步处理，在近端完成一般性任务处理与反馈，确保数据服务时效性；实现工厂内任务信息的及时传递与反馈，提升工序与工序、工位与工位的直接协同效率；建立工厂级的数据架构与应用服务体系，为跨厂区、跨地区的资源协同与服务响应构建数字基础工程。

1. 能力建设

工厂式智慧管理应关注六个能力的建设：采集技术及能力、传输技术及能力、云端平台技术及能力、基于平台的应用能力、可视化展现能力、大数据分析能力。

2. 硬件基础

1）厂区级统一规划的骨干网络设施，骨干网络应具备抗强电、抗强磁、抗腐蚀、易扩展、易维护、保留一定硬件技术冗余等条件；

2）厂区网络应根据区域布局，进行必要的网络划分，不同区域网络进行必要的技术防护，防止一点的网络故障导致全网瘫痪；

3）硬件网络尽可能在设备侧完成线路连通及协议匹配，同时减少与生产设备不必要的连接与数据互通，包括能源供应，避免一方故障对另一方造成不可预测的影响。

3. 软件服务架构

软件服务架构是实现工厂智慧管理的核心，好的软件服务架构可以极大地促进生产效率提升。软件服务架构建设，应考虑：

1）建立工厂级的整体软件服务体系规划，制订整体性软件系统目标与预期实现效果，明确核心数据清单并建立明确的数据体系架构；

2）根据具体业务内容设计清晰、针对性的软件服务，降低对核心服务资源的需求，简化关联数据调用，并充分考虑整厂软件服务的一致性；

3）软件服务应充分考虑多终端、多系统、跨区域的部署需求，满足全场景下服务需求；

4）设置必要的防火墙、加密验证等措施，确保数据安全。

4. 边缘计算

实现厂区数据在边缘侧实时处理分析，利用工业互联平台的数据采集能力实现厂区生产要素全连接，包括人员信息、加工设备信息、物料信息、工艺信息、用电、用气信息等，实时分析生产加工效率，动态优化物料流转、人员操作、任务分配、工艺参数等，为车间提升管理水平、生产效率和质量安全提供全流程支撑与保障。

5.5.3 技术路线

产品全流程的数字化建设主要包含业财一体化管理平台 ERP、产品全生命期信息化管理系统 BIM、智能下料集成系统、设备能像管理系统等（见图 5-14）。各层业务通过搭建完善的信息系统架构，建立工业互联网，支撑车间实现系统集成与网络协同制造，以便后续的大数据分析。

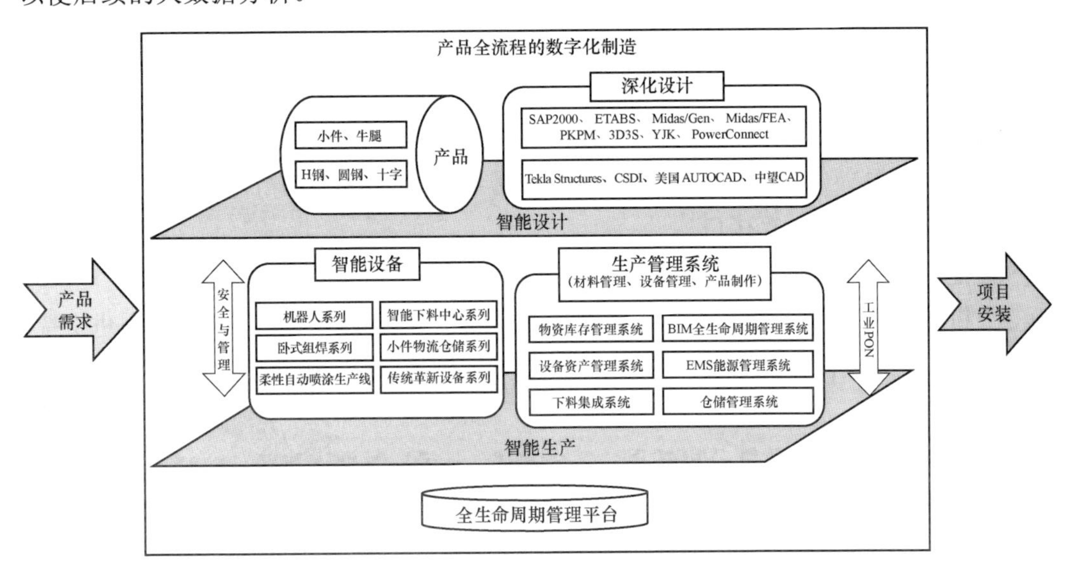

图 5-14 产品全流程的数字化设计总体架构

1. 设备数据采集

在设备端部署智能网关，实现数据采集、通信协议转换、数据清洗、边缘计算以及数据上传等必要功能。通过智能网关打通工业信息孤岛，实现设备、工艺互联，实时现场级的关键决策辅助性信息掌握，合理规划现场应用与上级应用的混合部署，同时又确保了数据安全。

2. 工业 PON 网络设计与建设

为保障工厂对网络的适应性，选用工业 PON 的组网方式来满足需求。PON 采用“一到多”结构，无源光纤传输方式，在以太网上提供多种业务并可集成无线覆盖，PON 组网可实现冗余切换，保证了网络的高可用性、设备在线与数据传输的高稳定性。基于对工业设备网络升级需要，应对原有的网络进行线缆的扩容及升级改造。

3. 网关管理平台部署

利用统一建立的基于 SNMP 技术的平台，对包括数据采集的智能网关、工业 PON 网络设备在内的客户广域网络或互联网接入提供包括网络层、传输层在内的端到端监控和管理的业务。该平台由四部分构成：数采网关设备、工业 PON 网络接入部分、业务处理部分和业务展现部分。其中业务处理部分由数据采集与处理系统、故障跟踪处理系统组成；业务展现部分由故障告警展现系统和客户服务信息系统组成。

4. 工业互联网平台搭建

主要有数据采集与交换、数据集成与处理、数据建模与分析和数据驱动下的决策与控制应用四个层次组成。

采集交换层：主要完成数据从传感器、SCADA、MES、ERP 等内部系统，以及企业外部数据源获取数据的功能，并实现在不同系统之间数据的交换。

集成处理层：从功能上，主要将物理系统实体的抽象和虚拟化，建立产品、产线、供应链等各种主题数据库，将清洗转换后的数据与虚拟制造中的产品、设备、产线等实体相互关联起来。从技术上，实现原始数据的清洗转换和存储管理，提供计算引擎服务，完成海量数据的交互查询、批量计算、流式计算和机器学习等计算任务，并对上层建模工具提供数据访问和计算接口。

建模分析层：功能上主要是在虚拟化的实体之上构建仿真测试、流程分析、运营分析等分析模型，用于在原始数据中提取特定的模式和知识，为各类决策的产生提供支持。从技术上，主要提供数据报表、可视化、知识库、机器学习、统计分析和规则引擎等数据分析工具。

决策控制层：基于数据分析结果，生成描述、诊断、预测、决策、控制等不同应用，形成优化决策建议或产生直接控制指令，从而对工业系统施加影响，实现个性化定制、智能化生产、协同化组织和服务化制造等创新模式，最终构成从数据采集到设备、生产现场及企业运营管理优化的闭环。

5. 功能应用开发

根据客户需求、基于工业大数据平台完成产线看板、作业中心、设备详情、产品追溯、能耗管理、告警管理、权限管理等功能的应用开发工作。

6. 可视化展现

形象化的展示工厂整体生产运行情况，在有效地整合 IT 与 OT 的数据源后，可以从经典的制造管理视角，将数据以清晰的结构和层次呈现给管理和使用者，如订单执行进度、生产工序执行情况、生产设备运行情况以及多角度的统计分析图表等。

7. 大数据分析应用

通过已采集的设备数据、BIM 系统、业财系统、能像系统、下料集成系统数据作为基础，充分利用机器学习、数据分析等技术，针对生产运营中所需要的应用，建立数学模型，帮助工厂提升运营效益。

5.5.4 应用系统

1. 物资库存管理系统

为最大化实现数据集成、贯通、整合，建立集成化的综合性业务财务一体化管理系统（ERP），物资库存管理系统必不可少（见图 5-15 和图 5-16）。其通过覆盖工厂主营业务，实现内部资金流、物流、信息流的三流合一，使资源在购、存、产、销、人、财、物等各个方面能够得到合理地配置与利用，提高经营效率。基于实际的库存管理业务，该系统包括物资库存管理全流程中的每一个环节：计划与合同、入库、出库、盘点、废旧物资处理，并通过业务流程与项目管理、资产管理、财务管理进行集成应用，实现车间主材、辅材、零星物资采购与库存管理；厂区材料采购与库存管理，辅材、零星物资、备品备件采购与库存。

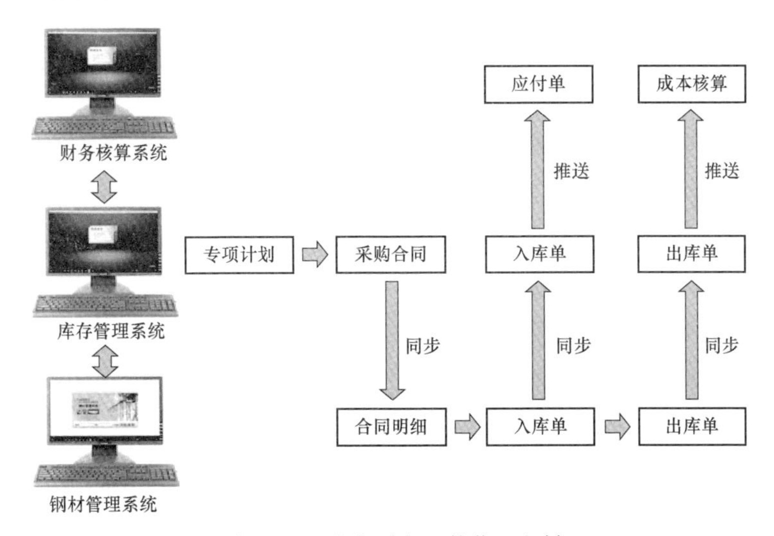

图 5-15　业务财务一体化—主材

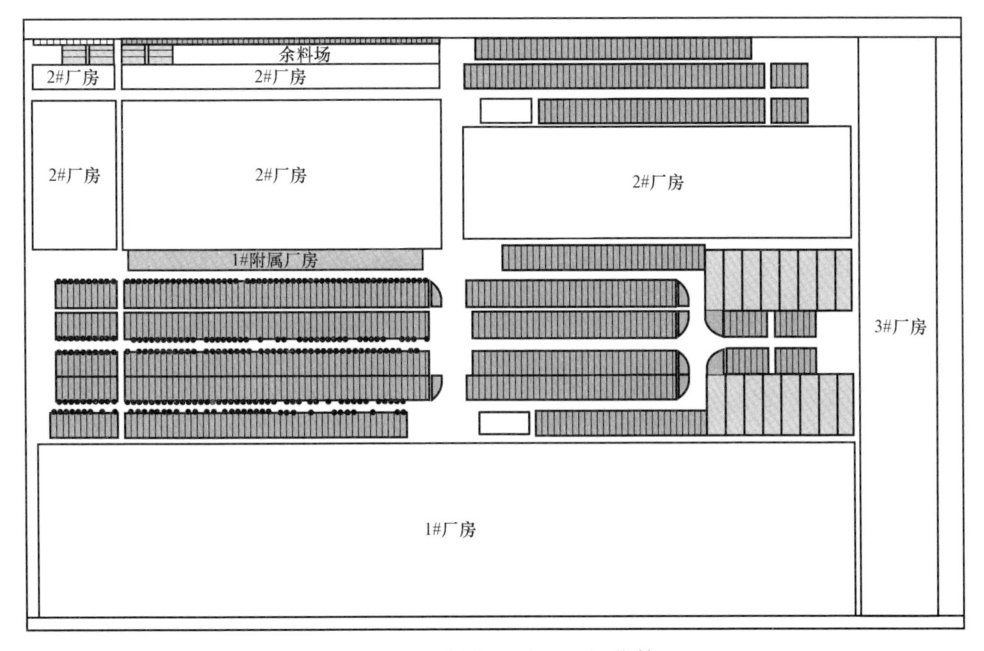

图 5-16　主材电子地图可视化管理

2. 智能下料集成系统

智能下料集成系统是整个下料体系的总控系统，包含系统软件、交互系统、控制中心硬件设备等，通过下料集成系统从产品全生命期信息化管理系统（BIM）中获得任务计划，对切割下料车间的整个生产过程进行管理，包括提出物料需求、管理材料库存、管理任务队列、安排零件分拣入托盘、生成物流指令、采集生产过程信息等主要功能。通过工业网络建立起内部局域网，联通车间、工艺、生产、设备、仓储等多个业务部门，实现任务信息异地上传、资料数据多端共享、进度情况实时查看，实现业务管理“0 距离”，如图 5-17 所示。

智能管控中心实现与智能化、自动化设备的互联互通，在中控室内对所有切割设备的主要功能进行控制，并实时采集各设备的状态信息、记录各设备的任务信息及进度。

智能管控中心具备可视化监控功能（PCS），可以实现：

① 查看生产与设备的运营状态。

② 对整个生产完成状态进行即时监控。

③ 设备维护保养的可视化。

3. 能像管理系统（EMS）

能像管理系统（EMS）实时采集设备能耗数据进行汇总分析，通过一体化的管理系统对设备生产数据进行汇总整理，形成更加真实丰富的制造过程数据库，通过对过程数据的深入分析，得到制造过程的多维度分析结果，辅助管理层优化调度生产制造资源，平衡成本关系（见图 5-18）。

通过系统数据能监控设备状态，利用图表、图形等可视化形式仿真模拟设备运行状态，对电流、电压等进行监控，为设备如何更有效地开展预防性维护提供数据支撑。通过系统数据能发现用电规律：通过对制造厂生产、办公、生活用电量的统计，对峰谷平用电占比的分析，为如何更有效的用电提供数据支撑，如图 5-19 所示。

4. 产品全生命周期信息化管理

产品全生命周期信息化管理的核心价值就是要解决生产各阶段的协同作业和信息共享问题，使不同岗位的生产人员可以获取、更新与本岗位相关的信息，既能指导实际工作，又能将相应工作的成果更新到系统中，使生产人员对信息做出正确理解和高效共享。

产品全生命周期信息化管理平台能够推动改变现阶段生产过程依赖人工管理的现状，生产信息采集及时、准确，具有可视化、可追溯、可分析的管理特点，实现了信息化、智能化的项目管理。产品全生命周期信息化管理系统架构如图 5-20 所示。

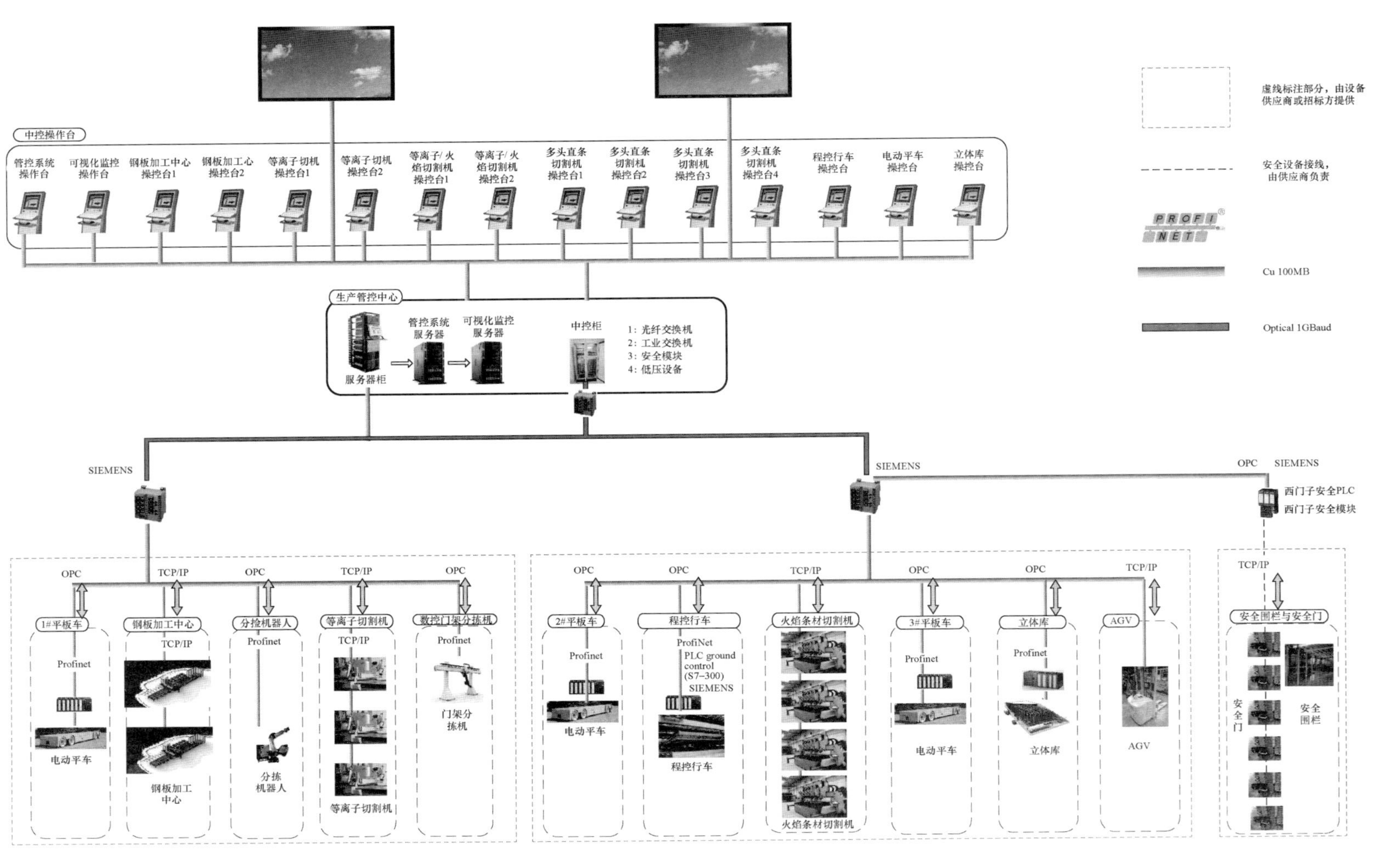
中控操作台
管控系统操作台
可视化监控操作台
钢板加工中心操控台1
钢板加工中心操控台2
等离子切机操控台1
等离子切机操控台2
等离子/火焰切割机操控台1
等离子/火焰切割机操控台2
多头直条切割机操控台1
多头直条切割机操控台2
多头直条切割机操控台3
多头直条切割机操控台4
程控行车操控台
电动平车操控台
立体库操控台
生产管控中心
服务器柜
管控系统服务器
可视化监控服务器
中控柜
1：光纤交换机
2：工业交换机
3：安全模块
4：低压设备
SIEMENS
OPC
TCP/IP
1#平板车
Profinet
电动平车
钢板加工中心
分拣机器人
等离子切割机
数控门架分拣机
门架分拣机
2#平板车
程控行车
ProfiNet
PLC ground control (S7-300)
火焰条材切割机
3#平板车
立体库
AGV
西门子安全PLC
西门子安全模块
安全围栏与安全门
安全门
安全围栏
虚线标注部分，由设备供应商或招标方提供
安全设备接线，由供应商负责
PROFINET
Cu 100MB
Optical 1GBaud

图 5-17 网络拓扑图

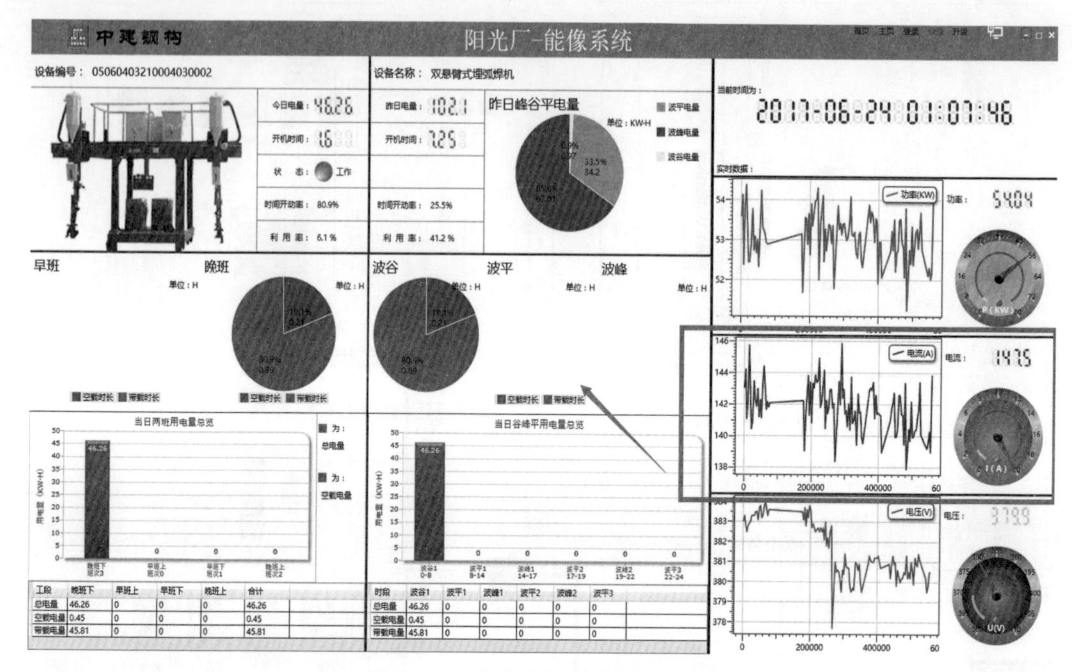
图 5-18　能像监控系统整体界面

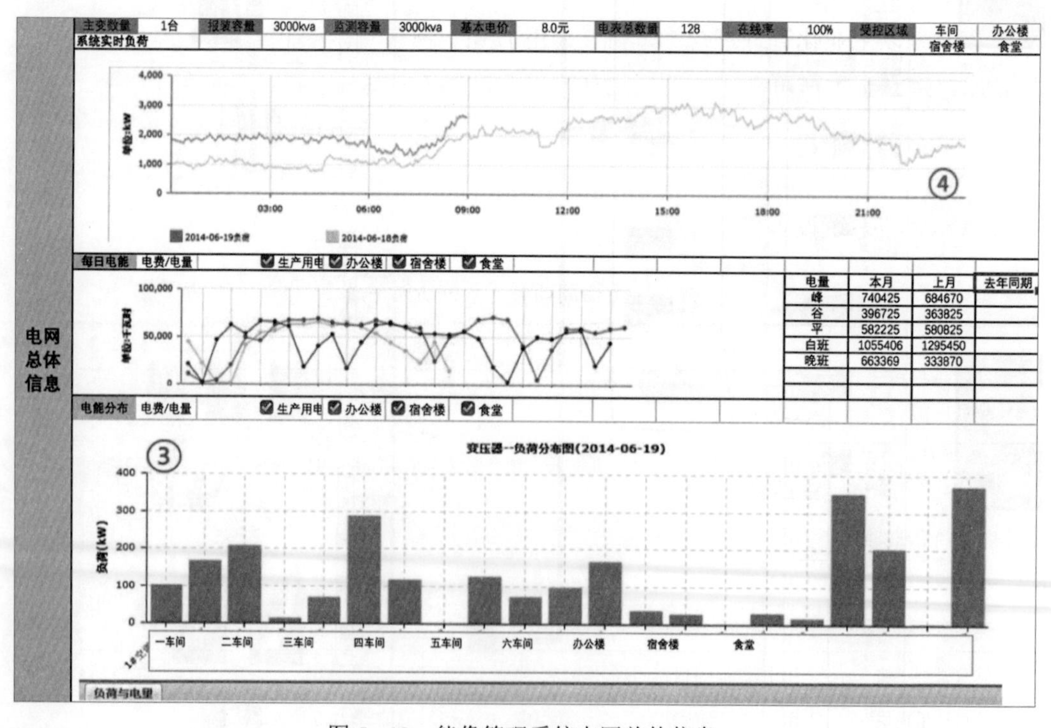
图 5-19　能像管理系统电网总体信息

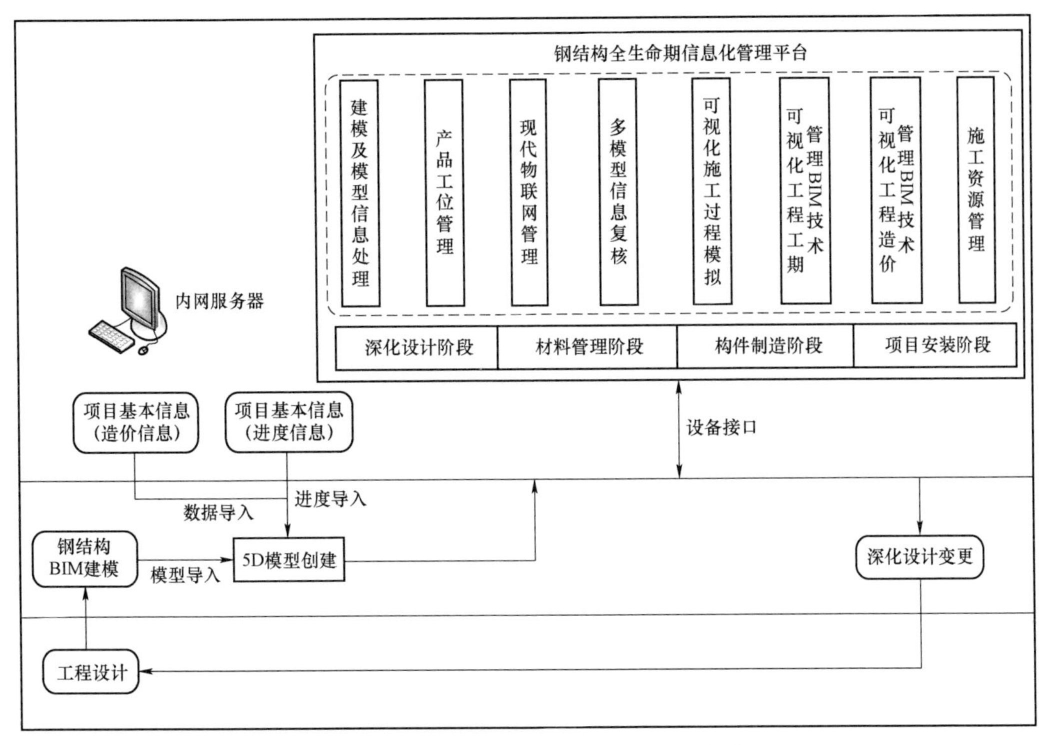

图 5-20　全生命周期信息化管理系统架构

该系统以工业化管理理念为基础，采用 BIM、物联网、云计算、大数据等新一代信息技术，建立了生产可视化模型应用体系、全过程追溯体系、产品质量保障体系、数据分析体系，实现信息化、智能化的项目管理。平台包含八个功能模块：项目管理模块、生产管理模块、图纸文档管理模块、采购管理模块、库存管理模块、综合管理模块、项目计量模块、系统设置模块，各模块功能见表 5-1。

表 5-1　　产品全生命周期管理系统功能构成

模块	主要功能
项目管理模块	用于管理项目各批次任务信息：新建项目、项目任务，导入零配件清单，进行项目预算、成本分析等
生产管理模块	用于管理项目的生产制造过程：生产工序设定、任务分配、排版套料、工位路线指定、生产施工状态追溯等
图纸文档管理模块	用于管理相关图纸文档：图纸导入、归类、传输、共享等
采购管理模块	用于管理与项目材料采购相关的业务：新建供应商、新建采购订单、接收订单、采购退回等
库存管理模块	用于管理材料库存信息：新建材质、材料入库、位置转移、库存盘点等
综合管理模块	用于建立项目材料的销售记录：建立销售订单、记录等
项目计量模块	用于工程量估算：添加客户信息，建立计量估算，添加项目查询信息等
系统设置模块	用于设置平台各项系统参数：新建角色、用户、成本因子，基础配置导入导出、数据库备份等

5. 数据管理驾驶舱

数据管理驾驶舱包括商务管理、库存管理、资产管理、资金管理、预算报销管理、核算管理等版块，具备数据真实客观、信息实时更新、分析全面精准、舱面简洁精炼、信息“携带”便捷等多种应用特点，同时通过纵向建立各管理层级管理驾驶舱，进行统一的数据整理、分析及展现，为企业打通各系统间的信息孤岛，成为各个系统之间的通信桥梁，为数据统一处理、统一分析、统一展现打下基础。

5.5.5 应用价值/效果

1. 库存资产管理系统

库存系统实现工厂物资管理全覆盖，实现物资管理“一物一码”（见图 5-21）。业务端的资产新增及报废传财务固定资产；资产租出传财务应收；资产租入与维修维护、辅材及钢材管理传财务应付与财务核算。同时，增加手机端的移动应用，进行“收发存领用退”业务的数据实时采集。

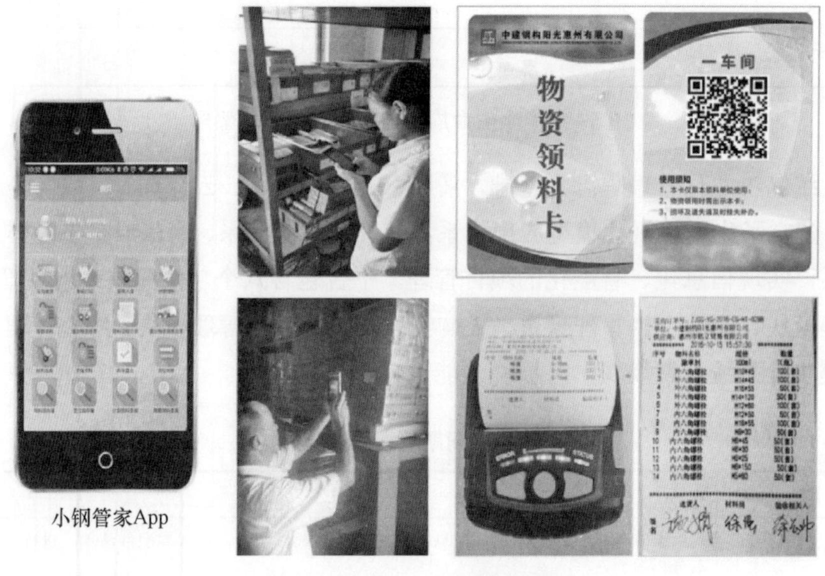

图 5-21　库存系统应用场景

2. 能像管理系统

通过精准采集设备用电量数据，据此分析高能耗设备节能改造切入点，通过加装控制模块降低设备空载功率等方式实现节电。车间根据能像管理系统采集的数据，在加强生产耗电管控的同时，制定高能耗设备错峰用电激励管理办法，准确量化错峰用电成果后，对高能耗设备使用班组进行精准激励，进而合理实现错峰用电。

3. 产品全生命周期信息化管理平台

通过把以项目为单位的产品模型信息快捷准确地转换为以工位为单位的数字信息，

实现了生产信息集成共享、信息传递交换及时、协助效率提高、资源充分有效利用，仅制造工序流转效率就提高了近 40%（见图 5－22）。

中建钢构

发货清单

工序交接单

构件运输

产品验收

现场安装

图 5－22　项目现场安装—工位信息化管理

管理平台实现了制造全过程进度实时可视化跟踪、产品可追溯、智能分析数据，而且大大提高了资源及进度计划编制、执行的准确度，现场与工厂的生产协调也实现了实时同步、直观高效，项目及车间生产计划达成率平均提高至 95%以上，有力支持了整体履约。

管理平台通过电子标签扫描、数控设备联网、自动生成配套报表，不仅可实现生产过程实时跟踪、可追溯管理、数据可智能分析，而且节省了大量的人力来统计数据，生产统计数据自动生成、数据分析精准科学，因此减少 90%的人工统计工作量。

5.5.6　发展趋势

目前工厂级的工业互联网的应用仍处于初级阶段，主要以“设备物联＋分析”或“业务系统互联＋分析”的简单场景优化应用为主。未来智能化生产的应用领域主要围绕两条主线进行延伸：

一是应用场景的广度，涵盖设备/工艺/产品－管理/流程－产业/资源多层次的应用场景。

设备/工艺/产品层级，主要基于设备机理模型、工艺参数、部件寿命进行诊断预测。

管理/流程层级，通过建立工业互联网平台对生产现场和运营管理的协同统一，能够实现企业的生产过程优化，促进企业实时决策。

产业/资源层级，当前主要指通过搭建产业资源平台，实现供需对接以及资源共享等浅层次应用。

二是数据分析的深度，主要层级包括从以可视化为主的描述性分析，到基于规则的诊断性分析、基于挖掘建模的预测性分析和基于深度学习的指导性分析。

同时，包含设备数采解决方案、信息端点部署方案、数据集成分析方案在内的工业互联网整体解决方案也将逐步形成，并在此基础上建立起完善的智能制造标准体系。

设备数采解决方案，针对不同信息化程度的设备，通过增加标准化的边缘智能网关及必要的传感器，提取、计算设备各项状态信息数据，实现对设备状态、生产过程数据的监测。

信息端点部署方案，针对不同车间场景，统筹规划信息点位，合理设计信息交互方式与流程，确保制造过程数据的实时归集与上报、确保上层管理业务数据直达对应生产工位。

数据集成分析方案，全面梳理企业信息数据情况，整合、串联分散在不同信息系统中的数据项，形成完整、统一的数据流，编织覆盖纵向数据（从管理层到工位）与横向数据（联动设计、生产、设备、库存、车间等各相关方）的数据网，深入分析数据关联关系，充分挖掘数据内在价值。

参 考 文 献

[1] 中国信息通信研究院. 高艳丽，陈才，张育雄等. 数字孪生城市研究报告（2019年）[J]：10-15.

[2] 广联达科技股份有限公司. 刁志中，袁正刚，等.《数字建筑：建筑产业数字化转型白皮书》（2019年）[J]：88-93.

[3] 黄俭，万普华. 基于大数据的工程质量安全管理信息服务平台研究 [J]. 中国建设信息化，2015（22）.

第 6 章　智慧园区应用——运营管理篇

6.1　概述

6.1.1　引言

按照传统做法，以往园区建设只实现了基本的水电气、交通、建筑等基础设施建设。此种情况下，园区设计信息只能通过人工查看图纸获得，信息查找困难，且设计信息无法与园区的运营维护挂钩。同时园区的信息化、智能化分别由入驻企业自行完成，这种模式下，信息分散在不同的系统中，信息传递不及时，导致无法进行统一监控和资源调配。随着信息技术的发展，这种模式已经不能满足园区管理方的需求。园区建设从规划设计到施工运维，是一个连续的整体过程，如果把各个阶段割裂开来，必然会造成信息的不流畅和集成共享不足，现代智慧园区的运营管理应着眼于园区整个生命周期的数据管理，运用现代信息技术实现对整个园区从设计到施工，从运营维护到管理服务的全生命周期的信息采集、管理和分析。

6.1.2　智慧园区运营管理概述

现代智慧园区的运营管理是充分运用现代信息技术对园区进行全生命周期的智能化管理。智慧园区运营管理需要各种技术的支撑，包括物联网技术、GIS 技术、BIM 技术、云计算以及大数据分析等。在园区设计阶段，通过 BIM 技术、GIS 技术将建筑物的数据、关键设备信息、管廊信息、配电信息等园区建设关键数据写入三维模型中；运营阶段运用物联网技术采集设备设施、仪表等的实时运行数据和状态信息；通过 BIM 的三维空间模型实现园区内建筑物、固定资产、设备设施、人员、环境与能源的可视化监控，实时查询、分析与之相关的各项设计信息、实时数据和历史信息；通过对全生命周期数据的对比和分析发现潜在的问题和隐患，在故障发生之前给出故障预警，对发生问题的环节实时给出报警，从而降低园区运营风险与成本，提高园区运维管理综合效益，提升园区安防能力和应急处置水平。

通过对园区各项数据和信息全周期、全方位的采集、统计、分析和预测，能够透彻感知到园区内从地上到地下空间、从宏观建筑到具体设备的运行状况，感知人员与物资的流动，感知能源的消耗与预警，感知生态环境的变化，实现对园区的可视化、智能化的管理，实现园区内地上、地下各项业务协同联动，实现安防、设施及其状态管理、能源管理和生态环境监测等的统一部署和动态协调调度，实现集资产管理、基础物业管理、能源管理、产业与经济管理、健康与环境管理、安全管理等功能于一体的可视化信息展示和交流平台。

6.1.3　现代智慧园区运营管理系统应用框架

智慧园区运营管理阶段应用系统总体框架如图 6–1 所示，系统主要包括资产管理、基础物业、能源管理、产业与经济、健康与环境管理、安全管理等子系统。

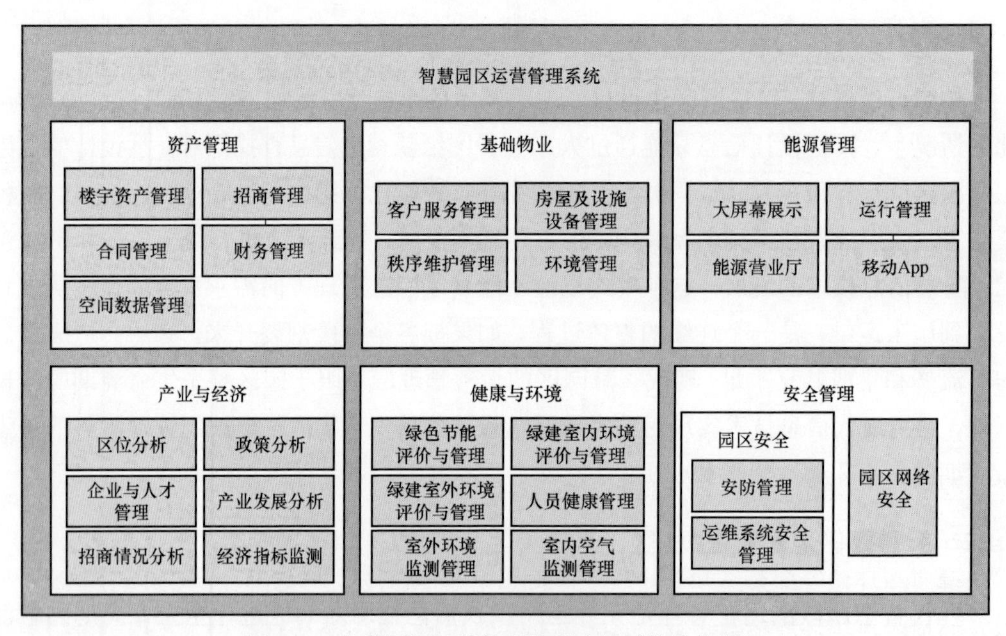

图 6–1　智慧园区运营管理阶段应用系统总体框架

1. 资产管理

基于数字孪生技术，对园区资产进行三维可视化管理。资产管理通过三维模型实现室内外的综合展示，用户可以进行自定义的室内外漫游浏览；综合查询楼宇内设备实施运行状况、实时数据、属性信息等；通过视频信号的接入全面监控楼宇内部情况；对楼宇整体结构、管线系统进行三维展示和属性信息查询。通过空间管理将建筑物的空间数据与公司的组织架构、人力资源整合进行管理，随时掌握各个部门和人员的空间使用情况，并查看房间分布情况及相关信息，可实现360度全景图、真实场景还原等。

2. 基础物业

为园区各种资源建立生动逼真的可视化展现，实现园区资源的实时盘点和管理；对园区全貌和细节进行推介；根据园区的经营目标，实现对园区各种资源的整合、调度、评估和园区大物管统筹；为园区资源的优化配置、政策倾斜和园区资源的可持续利用提供服务。与物联网技术相结合，通过安装具有传感功能的电水、煤气表等，实时监控楼宇能源使用情况并进行自动统计分析，对异常能源使用情况进行警告或者标识。

结合移动通信技术实现全流程、三维可视化的巡检巡维。系统基于三维数字地图进行巡检路线规划，根据维保标准建立维保计划并自动生成维保任务，巡检人员通过移动App端接收巡检任务和设备报警，系统通过移动定位功能对巡检任务进行可视化监控。巡检人员在移动端检索信息数据、上报处理问题、故障拍照、二维码设备确认、定位保修等进行移动和现场办公。在巡检过程中发现问题时，通过移动端登记故障信息，系统自动生成维修任务单。

3. 能源管理

结合数字孪生技术实现三维可视化能耗动态监控，实时掌握能耗状况；根据能耗趋势分析，有效追溯用能过程；根据能耗数据查询，有效利用能耗数据，进一步进行能耗数据挖掘，多角度辅助决策，帮助园区节能降耗；通过楼宇信息化、智能化技术，结合物联网、云计算技术实现园区整体的节能减排；通过优化整合园区内各设备资源，实现整个园区的节能减排。

4. 产业与经济

通过三维可视化的方式展示园区产业经济全景，展示园区现有企业的运营情况；通过采集园区公共服务能力和公共服务资源信息，创造商务生态系统，为园区管理、招商和企业服务提供一个全面、直观的信息展示平台。

5. 健康与环境管理

健康与环境管理系统基于物联网传感和无线传输技术，对园区空气质量、水源质量以及环境噪声等环境参数进行动态采集和实时监测，实时掌握行政办公区内生态环境状态及变化趋势，及时启动报警系统进行科学预报。环境管理便于园区管理者了解园区环境动态，创造舒适的园区生活和商务环境。

6. 安全管理

安全管理子系统运用视频监控技术、物联网技术实时监控园区内关键设备和事故地点，并直观地显示在三维场景上；通过全覆盖的视频监控网络和数字化分析，有效保障园区安全，并对园区危害公共安全行为进行预防与响应。结合BIM技术和GIS技术实现各类灾害分析仿真，模拟灾害应急处置措施以及时提供合理的应急处置预案。

网络安全是智慧园区正常运营的基本保障，一方面应用网络安全技术保障园区各类信息及时顺畅地流动，保障各类数据、信息的存储安全；另一方面科学有效的管理是网络安全实施的必要途径。

6.2 资产管理

6.2.1 系统概述

随着中国房地产政策收严，增量市场转向存量市场，资产流程化管理对园区而言非常重要。园区管理中涉及的各个功能逐渐由线下形式转为线上形式。园区管理方对于降低人力成本、提高管理效率有着越来越高的要求，传统楼宇资源管理形式已无法满足需求。

园区管理方最大的收入来源就是房屋租金。在园区房屋租赁过程中，往往涉及对多方的管理，例如对客户的管理、对招商人员的管理。传统的招商方式中，房源信息、招商跟进，以及后续的合同签订等流程分离，常常会出现同房源多人招商，导致业务冲突；另外由于各流程分散，导致招商房源信息无法联动，无法及时更新，对后续的报表统计产生极大困难。园区资产管理主要面临以下几个问题：

1）空间资源浪费：项目多，资产状况管理混乱，部分空间资源得不到合理利用。

2）客户资源流失：客户信息碎片化，招商进度靠开会。

3）合同台账混乱：合同台账系统各自独立，合同到期无预警，催缴难。

4）系统无法对账：业务系统与财务系统数据不连通，对账全靠人工核查，一些业务系统甚至无法对账。

5）数据难以利用：数据零散，每次汇报需要花费大量时间进行数据处理。

6.2.2 资产管理全景

园区资产管理全景如图 6-2 所示。

智慧资产管理的核心是对园区资产全流程的管理，从早期园区建设期对项目、楼栋和门牌的管理，到招商时对潜在客户到客户的管理，再到运营期对合同、物业、账单等的全流程管理，并且可以进行一区多园管理。

招商租赁管理围绕建设筹备期、招商跟进期、运营服务期三个资产生命周期核心过程，支撑围绕“客户”展开的招商工作。从资产信息发布、招商计划编制、招商过程跟进、资源商机分配，到合同签订、服务期内账单费用生成，实现移动招商，建立客户全生命周期的动态数据台账，基于合同台账进行财务管理。

资产管理框架如图 6-3 所示。

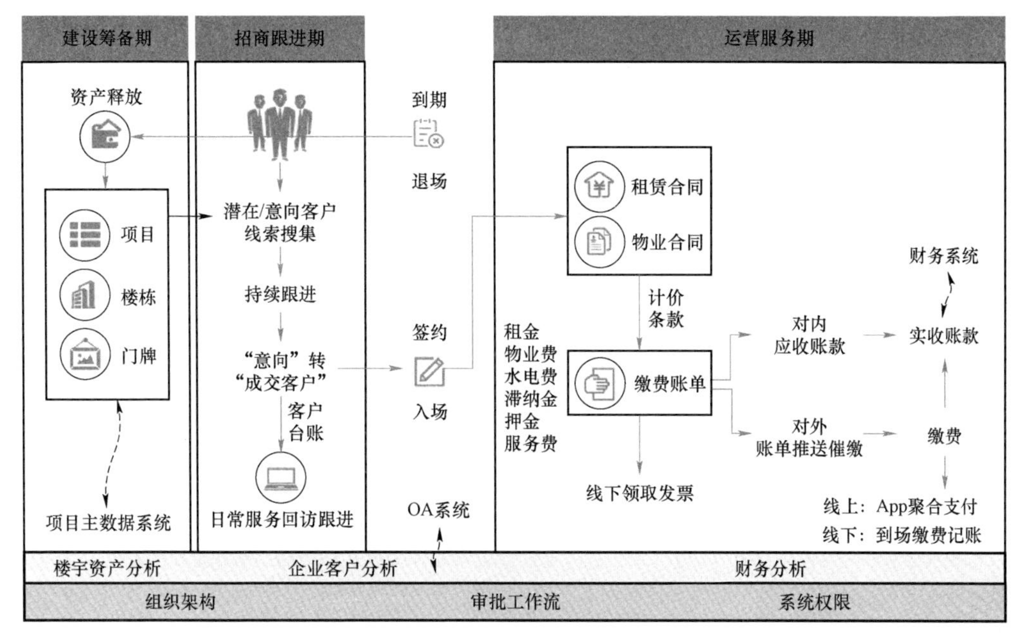

图 6-2　园区资产管理全景

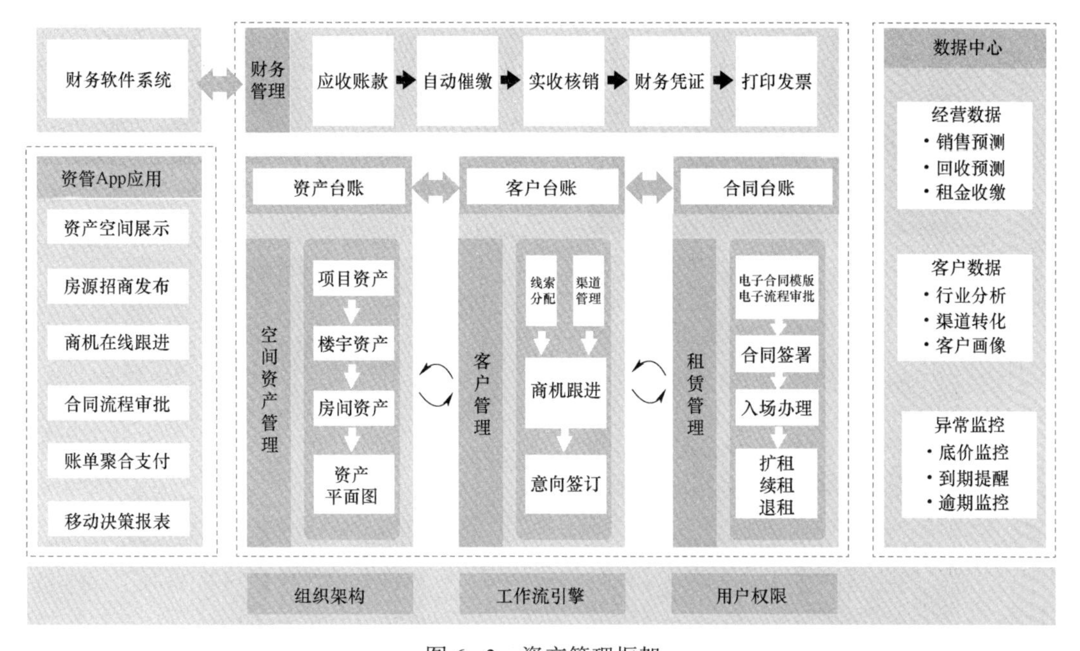

图 6-3　资产管理框架

6.2.3　楼宇资产管理

楼栋、门牌作为园区的基本资源，是产业园区展开招商管理、园区运营工作的基础。打通多区域多楼宇的资产组合数据，让资产状况一目了然非常重要（见图 6-4），这主要包括：

1）项目、楼栋、门牌三级维度，打通多区域多楼宇的资产组合数据。

2）以剖面图形式，实时查看租赁进程。

3）多维的报表分析，实现资产状况一目了然，为高层做战略性分析提供依据。

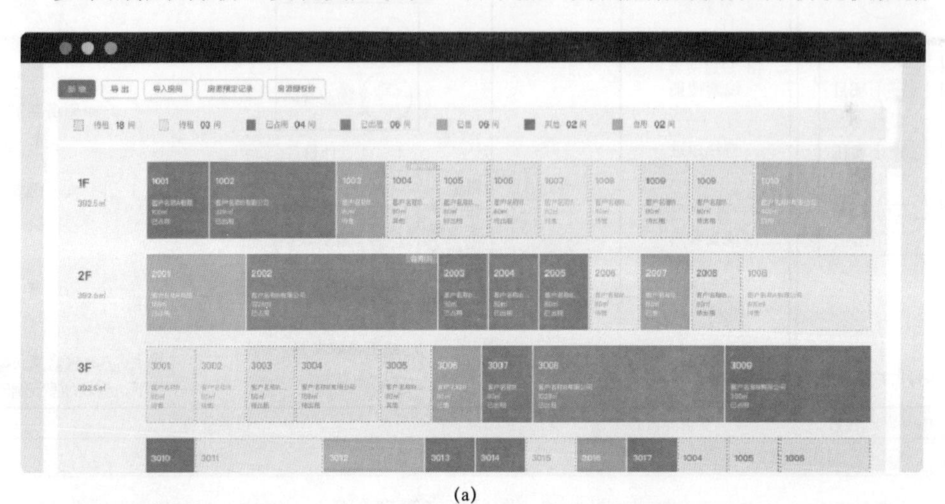

(a)

(b)　　(c)

图 6-4　楼宇资产管理

（a）招商情况概览；（b）一区多园管理；（c）各楼宇租赁信息、空置率等一目了然

6.2.4 招商管理

1. 房源发布

招商信息统一线上化管理，用户线上查看和预约看房，房源的租售状态全平台统一，消除业务部门认知壁垒。可通过 PC 门户、App、小程序、微信公众号/朋友圈等进行房源发布，增加多路拓客渠道，如图 6–5 所示。

房源发布

发布管理　记录管理

发布标题：请输入发布标题　　招商状态：请选择招商状态

查询

序号	发布标题	所属项目	房源数量	招商类型
1	产业招商大酬宾	永佳园区	3	写字楼
2	福田优质商铺房源发布	永佳园区	2	商业
3	[illegible]	左邻学院	1	产业
4	产业招商大酬宾2	永佳园区	1	产业
5	大园区厂房招租	永佳园区	2	产业
6	物联网产业园招租	永佳园区	2	商业

图 6–5　房源发布管理

2. 商机管理

从房源发布到商机管理再到客户管理，系统定期提醒，商务人员定期跟进，客户信息完整（见图 6–6）。

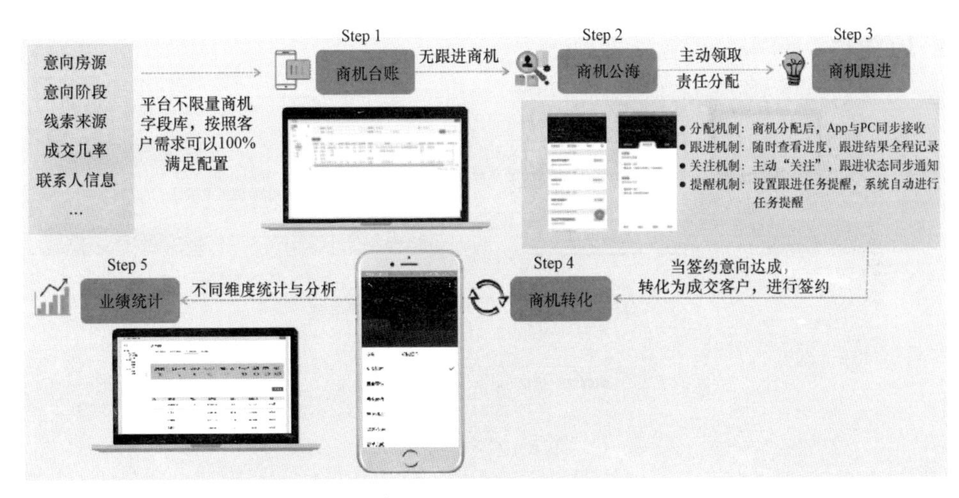

图 6–6　商机管理

App 端商机移动跟进，摆脱 PC 依赖，随时随地记录第一手跟进信息；不限量字段库，可按照客户需求 100%配置满足；角色权限清晰，有效避免商机泄露、争抢、不回应等常见问题，提高商机转化率。

3. 客户管理

完整的客户台账，跟进进度以及平台服务信息全流程记录（见图 6-7 和图 6-8）。

图 6-7 客户台账

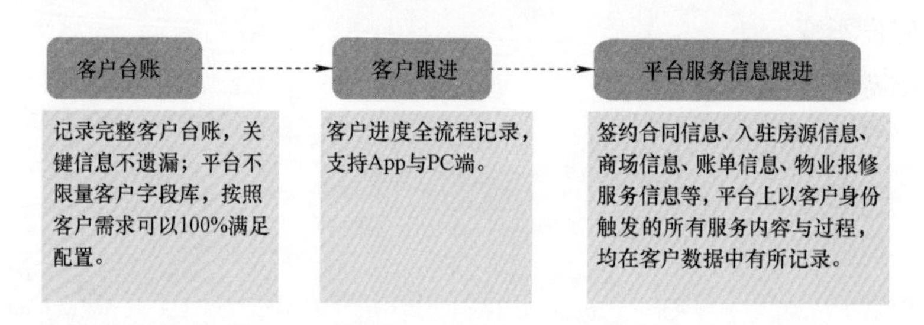

图 6-8 客户管理

6.2.5 合同管理

1. 合同签约

全流程线上管控，降低手工签约出错率（见图 6-9）；可实时查看费用清单，如图 6-10 所示。

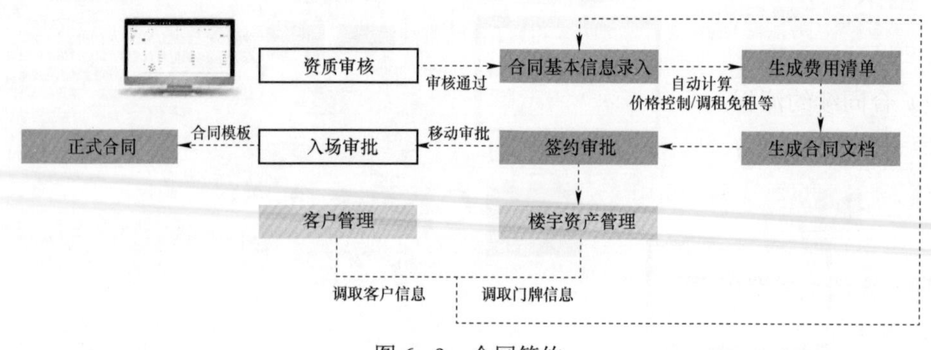

图 6-9 合同签约

查看费用清单

收费项目：全部　租赁总额：763,200元　刷新

序号	楼宇房源	收费项目	开始日期	结束日期	应收金额(含税)	应收金额(不含税)	税额	入账日期	状态
1	测试楼栋A2-444	物业服务费	2019-04-08	2019-04-30	9,200	8,679.25	520.75	2019-04-08	正常使用
2	测试楼栋A3-309	物业服务费	2019-04-08	2019-04-30	2,990	2,820.75	169.25	2019-04-08	正常使用
3	测试楼栋A2-444	物业服务费	2019-05-01	2019-05-31	12,000	11,320.75	679.25	2019-04-08	正常使用

图 6-10　查看费用清单

2. 合同变更

五种变更方式，系统自动计算变更后应收费用清单。

计费变更：客户不变、签约资产不变，仅计价方案变更，系统将重新计算变更后应收费用清单。

扩租：客户不变，计价方案不变，增加了签约资产，系统将重新计算增加签约资产面积后的应收费用清单。

减租：客户不变，计价方案不变，减少签约资产，系统将完成退约费用结清并重新计算变更后应收费用清单。

更名：签约资产不变，计价方案不变，客户变更，系统将对变更后的客户推送剩余应收费用账单。

其他：客户、资产、计价方案均可变更的“万能”变更模式，系统将重新计算变更后应收费用清单并推送至对应客户。

3. 合同退约/续租

合同到期，快速办理退场流程/一键续约。

1）合同退约流程，如图 6-11 所示。

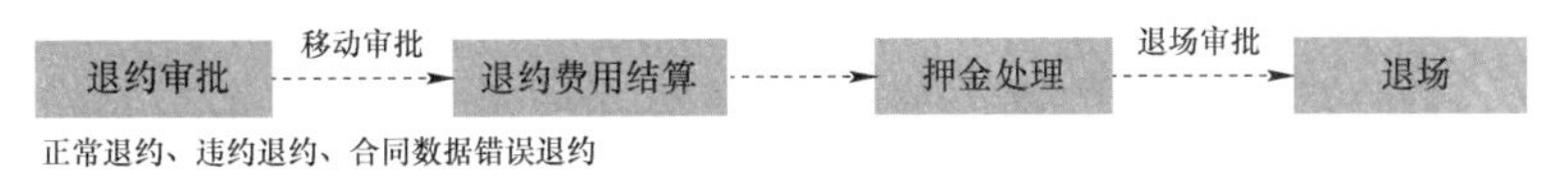

图 6-11　合同退约流程

2）合同续约流程，如图 6-12 所示。

原合同信息继承：签约合同中的客户名称；合同中链接的资源；合同中约束的计价条款等。

产生新合同信息：系统自动产生新合同号；合同起始、终止、费用起计以及费用截止日期；重新生成费用清单。

4. 预警提示

外部（客户）内部（运营）双向提醒，合理安排空置资产招商工作。系统自动按月统计即将到期的合同，推送消息提醒业务负责人及时完成业务处理（见图 6-13）。

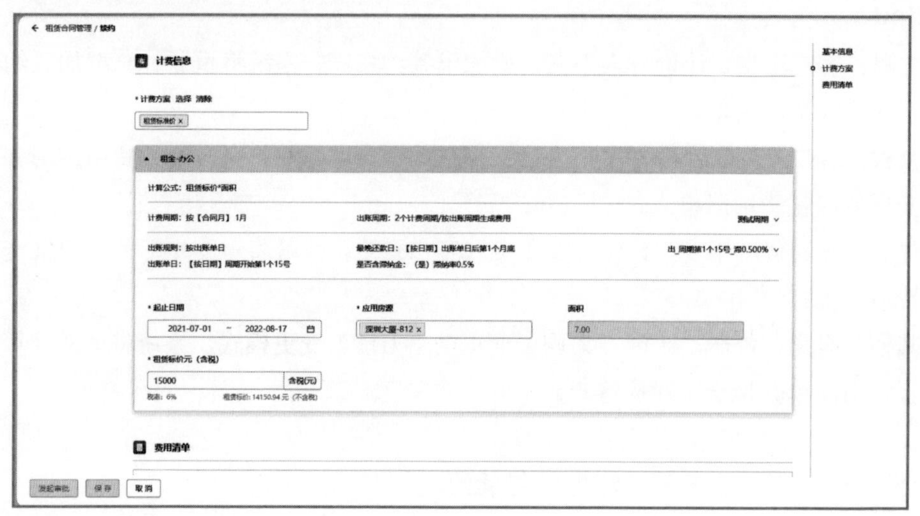

图 6－12　合同续约

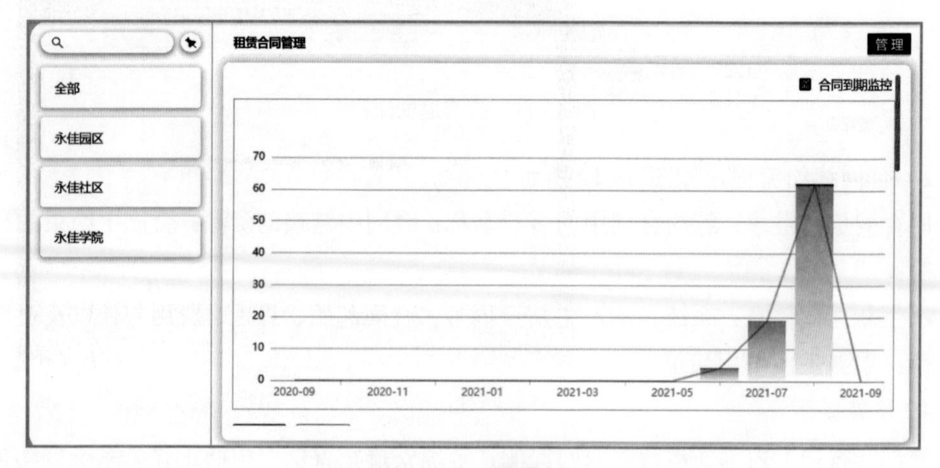

图 6－13　预警提示

合同台账同步：合同系统与台账系统打通，系统提前预警即将到期合同，系统根据合同信息自动发送相应账单和催缴信息（见图 6-14）。

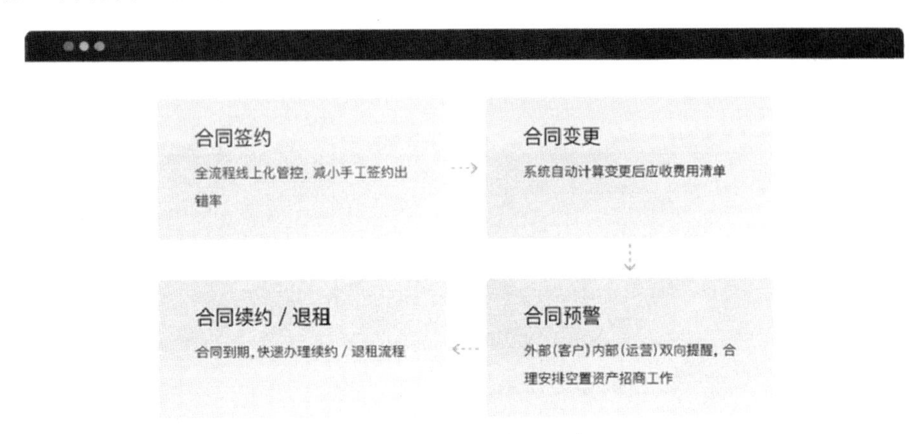

图 6-14　合同台账同步

6.2.6　财务管理

业务财务相通：业务系统与财务系统数据打通，系统可实现自动对账，实现账实相符。

1. 账单生成

高度支持规则自定义，智能化自动计费。

高度自定义（收费项目、计费规则、出账时间），与业务场景完全匹配，100%支持全部费用的账单生成（见图 6-15）；智能化自动计费，提高效率，避免手动计算出错可能性；驱动业务标准化，逐步统一账单的生成规则及合同签约规则。

图 6-15　账单生成

2. 账单递送与催缴

系统自动生成电子账单，多种途径推送至用户终端。

线上电子账单：系统自动生成电子账单，按照既定时间（多次）自动触发推送至缴费用户终端（见图 6-16）。同时将纸质账单（催缴单）逐一上门送至企业。

图 6-16　线上电子账单

线下（纸质账单）：系统自动生成电子账单，招商人员按照内置的账单模版批量打印，客服人员将纸质账单（催缴单）逐一上门送于企业。

应用价值：

1）兼容新旧业务模式，完美支持“互联网+地产”趋势下业务变革期的过渡。

2）大幅提升账单触达率，4 种途径保障账单信息第一时间被接收。

3）电子账单均支持线上便捷支付，增加立刻支付的可能性，降低欠款概率。

3. 收款

三种收款维度，方便快速收款，线上线下完整记录所有费项明细，如图 6-17 所示。

应用价值：

1）无论线上线下，完整记录所有费项的收取结果，输出全资产空间的收入统计数据。

2）为出纳与服务中心客服而定制的收银桌面，不遗漏任何一笔收入记录。

3）多种支付方式，多维收银方式，加速资金回笼。

4. 开发票

发票详情轻松查询，支持对接所有第三方开票系统（见图 6-18）。

应收账款

不同费项不同账户：租金与物业费，自动收款进运营公司与物业公司的不同账户。
交易订单明细对账：收款内容、账户、应收与优惠减免信息一键导出核对。

租金
物业费
水电费
空调费
取暖费
押金
滞纳金

空间收款维度
小区/公寓住户来缴费，搜索房源空间查询账单，快速收款。

客户收款维度
园区/写字楼租户来缴费，搜索客户名称查询账单，快速收款。

账单收款维度
搜索当前账期所有未缴账单，快速收款。

线上支付渠道
B 对公转账
C 微信/支付宝聚合支付

线下支付渠道
现场现金/扫码支付后收银登记

自动对账

财务系统

图 6-17 收款系统

图 6-18 开票系统

5. 财务凭证

财务单据自动生成凭证，业务数据与财务数据无缝对接，如图 6-19 所示。

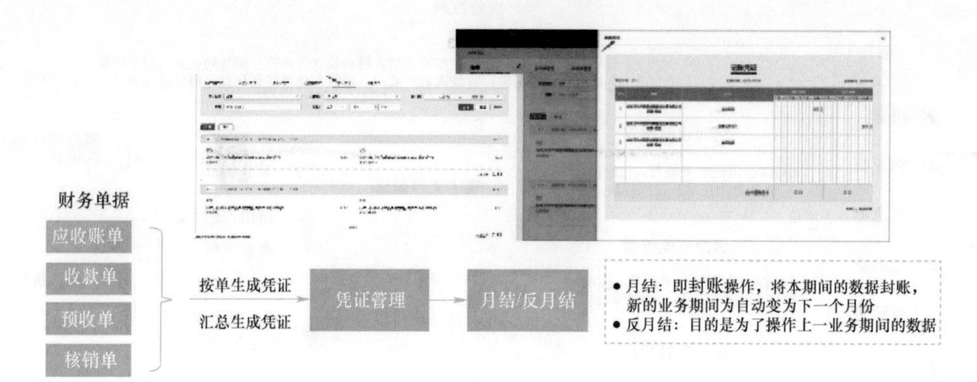

图 6–19　财务凭证

应用价值：

1）财务单据全自动生成，不需任何额外操作，最大程度减少财务人员的多系统应用负担；

2）实现业务与财务的权限区隔、视图区隔、操作区隔、数据结果一致；

3）从业务签约直至财务凭证制作的最后一步，全流程落实业务一体化；支持多种方式与第三方财务系统对接。

6. 查询统计分析

多维度分析统计，应收–已收–欠款数据一目了然，如图 6–20 所示。

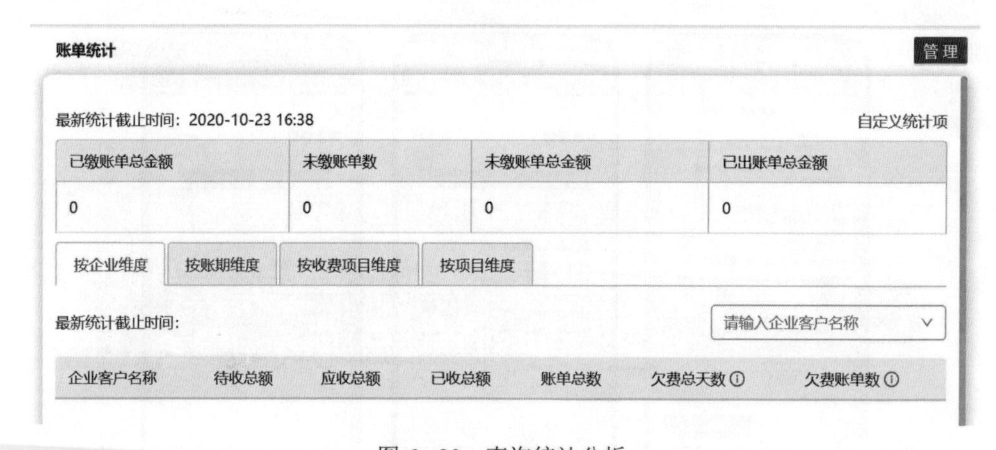

图 6–20　查询统计分析

应用价值：

1）实现与租赁/物业业务相关的、最基础的财务操作过程。

2）应收账款自动计算，与业务数据一致。

3）自动催缴，降低回款门槛。

4）与财务系统有标准对接方案。

6.2.7 空间数据管理

通过虚拟空间数据管理服务系统，将原本孤立的数据进行统一接入、汇聚、建模，形成综合分析展示，打通离散子系统信息孤岛、数据全融合；系统基于GIS平台，采用图示化管理，为园区空间数据管理部门提供从数据采集、数据管理、数据运行维护的全生命周期过程管理，建立空间信息数据交换和动态更新机制，提升园区空间数据的管理质量、为构建数字孪生园区奠定基础（见图6–21）。

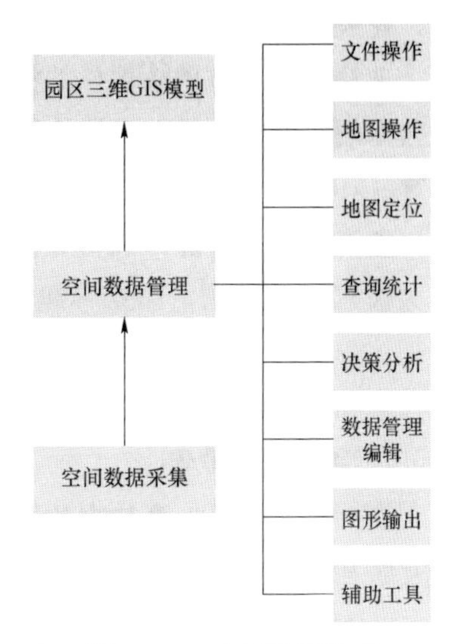

图6–21 空间数据管理

1. 园区空间数据采集

摸清园区基础数据是园区智能化建设的一切前提条件。建设全区地上地下全时空地理信息一张三维底图，将园区各要素进行空间节点定位，支撑政府更精细化管理，为民众提供更多样化的空间数据服务（见图6–22）。

图6–22 园区三维GIS模型

空间数据包括时空基础地理信息数据、地上三维模型数据、地上部件普查数据、地下管线等基础设施普查数据、管廊数据等。

作为统一的空间定位框架和空间分析基础的地理信息数据，该数据反映和描述地球表面测量控制点、水系、居民地及设施、交通、境界与行政区划、地貌、植被与土质、地籍、地名等有关自然和社会要素的位置、形态和属性等信息。

三维模型数据是实现智能化管理的基础，采用无人机倾斜摄影实现快速获取三维数据、建模并完成模型单体化，组建园区精细三维模型数据。

部件普查通过调查部件的空间位置、实际位置描述、物理属性及管理属性，根据有关技术规范要求，建立部件数据库，并考虑数据更新要求，实现园区地上基础设施精准管理。

地下管线普查通过调查管线在地下的空间位置、管线属性、间距及权属单位，根据有关技术规范要求，建立管线数据库，并考虑数据更新要求，实现园区地下管线精准管理。

管廊空间数据包括管廊、廊上管道和管架等附属设施精细模型。

2. 空间数据管理

支持多源地理信息数据的接入与共享，建立信息资源共享交换机制，实现多部门数据互联互通。支持多源异构地理信息服务的统一集成管理。支持目录管理与服务权限控制，以资源目录方式实现资源共享，并对地理信息服务的权限进行管理。实现园区地上地下一张图管理，为科学决策、精细化管理提供统一的空间信息基础支撑。

3. 空间数据管理应用场景

如园区发生火灾时，可对火灾范围内消防栓进行查询与分析：在准确定位着火点的空间位置基础上，迅速查找周边重点防护区域、消防栓等应急资源的分布情况，查看着火点500m范围内可能受影响的企业信息，包括该企业的联系人员信息和紧急联系电话。

4. 应用价值和效果

通过整合汇聚园区内各类空间信息，构建园区三维GIS模型，形成园区全空间、全要素的大数据“一张图”，通过数据的不断汇聚，形成虚实结合、孪生互动的园区管理新形态，全面提升园区数据治理能力，为智慧化、精细化的园区各类业务应用、管理服务提供支撑。

6.2.8 应用价值和效果

1. 应用价值

（1）提升空间资产利用率

智慧资产管理系统可预告租期即将到期的空间资产，提醒商务人员提前跟进，促进客户续约或寻找新客户。该功能可实现租期的无缝对接，最大化缩短空置期，提升空间资产利用率。

（2）提升商机转化率

智慧资产管理系统通过线上化的招商管理，实时记录客户需求，自动化提醒客户经理跟进商机。这一系统实现“事找人，不忘事”，每条商机有始有终。此外，该系统还避免了因为客户经理变更而造成商机无人跟进的情况发生，直接更换客户经理则系统信息自动转到新客户经理的账号中。主管还可通过可视化图标快速掌握整体商机跟进情况，适当调整商机跟进策略。因此，该系统可提升商机转化率。

（3）提升客户满意度

在商机跟进环节，线上化提醒，帮助客户经理更好地与潜在客户进行沟通联系；在合同管理环节，自动化的合同管理系统，提升管理效率，最大化减少出错率，提升客户满意度；在财务管理环节，自动化账单和催缴信息，并提供多种方式的线上自助缴费和线下缴费方式，还提供自助开发票服务。整个服务过程，提高客户办理业务的透明度和顺畅度，提升客户满意度。

（4）降低合同出错率

首先，楼宇资产管理、招商管理、合同管理等系列资产管理相关业务系统都与财务管理系统打通，实现数据的统一，最大化降低出错率。其次，合同管理可在管理后台设定模板，再根据具体项目信息录入关键数据，系统即可根据合同约定自动计算相应账单，降低出错率。

2. 应用效果

以广东省东莞某园区为例，上线智慧资产管理系统后，效果显著。

1）管理人员：人员成本降低 35%，房屋空置率平均降低 15%，租金回报率平均提升 1.5%。

2）运营人员：从线下转线上，团队运营效率平均提升 46%。

3）招商/业务：由于房源发布、商机管理和客户管理的应用，招商工作效率、商机转化率以及服务品质的提升，招商业绩平均提升 35%，客户满意度平均提升 50%。

4）财务/法务/业务：合同、缴费管理以及财务对账的线上化、标准化，合同出错率平均降低 34%，对账销率提升 55%。

6.2.9 发展趋势

房地产上半程的主要“赛道”是增量住宅的开发，在大规模的城市化发展阶段，房地产开发商一定是占主导地位的，但是到了下半程，更多地把关注点落到城市更新以及存量不动产。从增量房地产到存量不动产的转变会引起资产管理关注重点有以下几个改变：

（1）未来智慧资产管理更强调全流程、深层次、多维度的统一智慧化管理

资产管理者需要对资产从楼宇管理－招商管理－客户管理－合同管理－缴费管理有一个全流程的把控，就得深入了解每个环节具体内容，需要统一的平台进行全流程的管理及跟踪。除了资产管理本身，也需要关注资产管理和物业管理以及园区其他服务管理系统的打通，统一入口、统一数据是大趋势。

（2）未来智慧资产管理更重运营

房地产时代，开发商更注重快速完成从拿地到出售的转化。而在“房住不炒”“注

重产业运营”的大背景下，也随着增量土地的不断减少，许多开发商逐渐向运营商的角色转变，通过更好地运营存量资产来形成增值营收。新形势下需要运营商在进行空间打造的同时，致力于线上 IP 线下化的生态圈建设，形成线上线下良好互动，使各类入驻企业、商户、租户、场地用户各展其长。空间+内容运营商在未来会成为房地产长效机制下的新模式。

（3）资产的金融属性突显

在不动产时代，私募不动产基金和 REITs 会成为新时代的一个主要发展方向，而且这是一个偏权益类的资本属性。比如美国、新加坡、日本等，多是私募股权投资基金和 REITs 结合，中国在从“房地产开发”到“不动产资管时代”转变的过程中，大概也会是这样的发展趋势。

园区作为城市空间的重要组成单元，与房地产发展息息相关，园区发展也从拿地开发进入了深耕园区运营阶段，这一转变会引起园区资产管理产生以下几个变化：

（1）未来园区的资产管理更强调增值运营

园区运营方需要进一步深挖除租金、物业管理之外的增值运营收入。运营方将从帮助园区企业发展的角度，更注重提高服务能力，并从中发掘可实现增值运营的服务。新形势下的园区资产管理在提供好基础的物业服务外，将会更深入地关注园区企业所需的软性服务。

（2）未来园区的资产管理更注重整体的智慧化管理

目前很多园区已经实现了不同业务的信息化管理，在未来将会朝着整体的智能化方向发展。打通各个业务系统数据，实现资产管理的统一管控，运用技术的手段，让资产管理更加智慧化。以此达到降低人力成本和提升管理效率的效果。

（3）未来园区的资产管理更注重个性化营商环境的打造

随着园区运营的不断深耕，园区在资产管理方面将会朝着个性化方向发展。运营方需要不断挖掘本地优势，不断强化自身优点，从硬性条件（资产配套、硬件环境等）到软性条件（生活服务、企业服务等）不断优化。例如，具有某类型新兴技术产业的园区，将会不断强化自身在这一领域的优势，最终形成细分领域内的标杆园区。个性化营商环境的打造，将会促成园区的“百花齐放”式发展。

6.3 基础物业

6.3.1 系统概述

园区基础物业包括客户服务、房屋及设施设备管理、秩序维护管理、环境管理四部分内容。数字运营管理下的基础物业应用系统，是指通过数字化管理平台，将基础物业服务及房屋、设施、设备、环境等全部纳入实时动态监控范围，对数据资源进行信息提取，对运行状态实时动态感知，对偏离正常范围的状态进行报警并采取有效措施，对数据进行整合管理，通过融合数据进行深度有效的分析，指导和改善物业管理基础服务，提高物业管理质量，提升企业经营管理能力，加速企业发展。

通过基础物业应用系统的搭建，实现房屋及设施设备在其生命周期内的高效、可靠地运转，对基础设施的损耗和潜在故障能够做到预警、实时监控、实时上传数据、自动处理突发事件，实现高效、节能、个性化管理并能延长其使用寿命，促进设备保值增值。通过搭建统一的数字化客户服务平台，突破了园区的空间限制，实现园区与各相关方的无障碍业务沟通，提高园区的信息资源利用效率，有效提高服务效率，降低运营成本，增强竞争力。

6.3.2 业务需求

按照管理者的属性，可将基础物业应用系统涉及的主要用户对象分为 B 端用户，Business 代表园区物业管理者，C 端用户，Consumer 代表个人用户使用者。

B 端用户的需求包括：房屋及设施设备的精细化管理，提高资产利用率和完好率；园区安全隐患提前预警，建立高效危机事件处理机制；规范物业人员工作标准，减轻工作负担，提升工作效率；搭建园区物业与企业沟通桥梁，提升企业服务满意度。

C 端用户的业务需求包括：办公环境安全、舒适；与园区管理方保持高效沟通；报事报修及投诉快速解决且过程可追溯；物业缴费方便快捷；优化用户体验，提高 C 端用户使用的方便、快捷、安全、可靠。

6.3.3 应用系统

基础物业平台的核心应用包括客户服务、房屋及设施设备管理、秩序维护、环境管理四个子应用，如图 6－23 所示。

6.3.4 客户服务

1. 基础资源

作为物业管理业务开展的基础，基础资源包含三大资源类型，分别为房产资源类、运营资源类、客户资源类，具体包括园区、楼宇、房源、车位、广告位、场地资源、客户资源。基于 BIM 模型数据和空间规划及分配情况，创建建筑空间信息库，实现对空间信息的分类查询、统计和定位。打通空间信息与业务应用之间的数据流，可直观将资源状态、相关业务的报警与提醒显示在空间模型信息中，如欠费、报修、投诉处理预警；对于房间拆合、客户入住、客户退租等业务可直接在空间信息中进行业务操作；可实时调整和更新客户基本信息及租赁变更信息，动态查询客户相关的所有服务记录，便于为

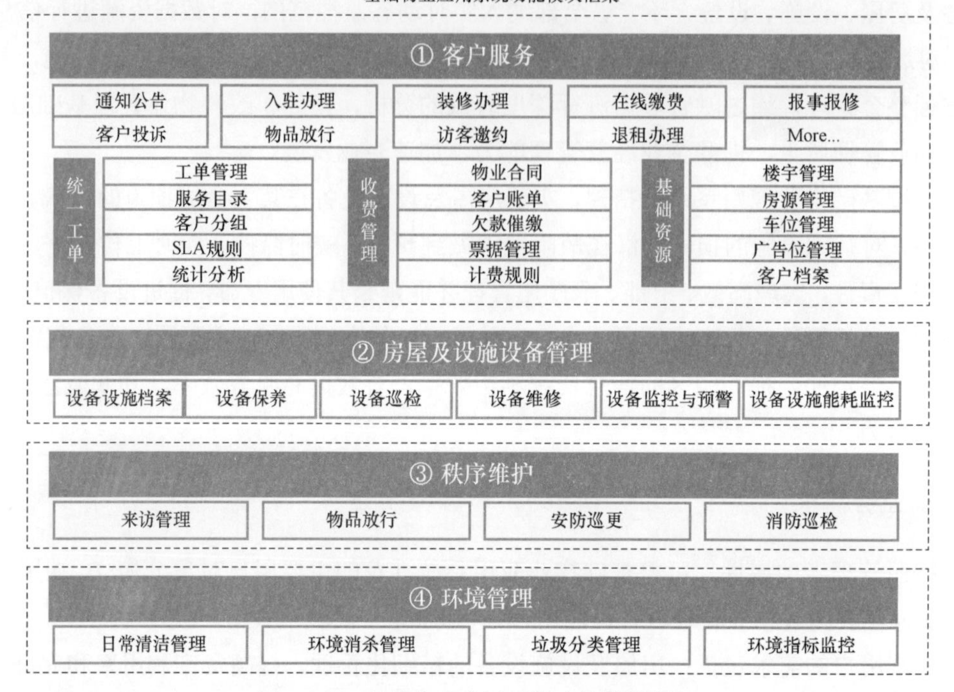

图 6-23　基础物业应用系统功能模块框架

客户提供更全面的高效率高品质服务。通过基础资源管理模块，物业人员可及时掌握客户资料、合同期限等内容，通过系统预警及时提前处理相关业务；管理层可全面掌握资源租售状态及客户服务状况。

2. 收费管理

对物业合同及物业相关应收费用进行统一管理，根据合同条款与费用设置，自动生成指定时间范围内的客户账单；通过客户服务模块提醒客户缴费，对逾期账款进行智能催缴；对客户账单进行收款确认及开票确认，与税控系统对接，自动打印发票；与主流财务软件数据对接，支持一键推送收款凭证，减轻财务工作负担，实现业务财务一体化管理，提升管理效率（见图 6-24）。

3. 基础物业服务

基础物业服务是为响应和满足在园企业的需求而开展的一系列活动，包括通知公告、报事报修、投诉建议、入驻办理、装修办理、访客邀约、物品出入、账单查询等内容（见图 6-25）。通过智慧园区数字运营管理平台下的客户服务，获取基础物业服务需求，并通过基础物业管理平台进行业务的协同处理、数据的提取和分析，及时发现问题并有针对性地采取措施，指导并改进服务质量，提升企业对园区物业服务满意度，加强企业与物业的多频互动，增强客户黏性。

通知公告：通过服务平台实时发布最新通知公告，为园区与企业提供沟通互动渠道。

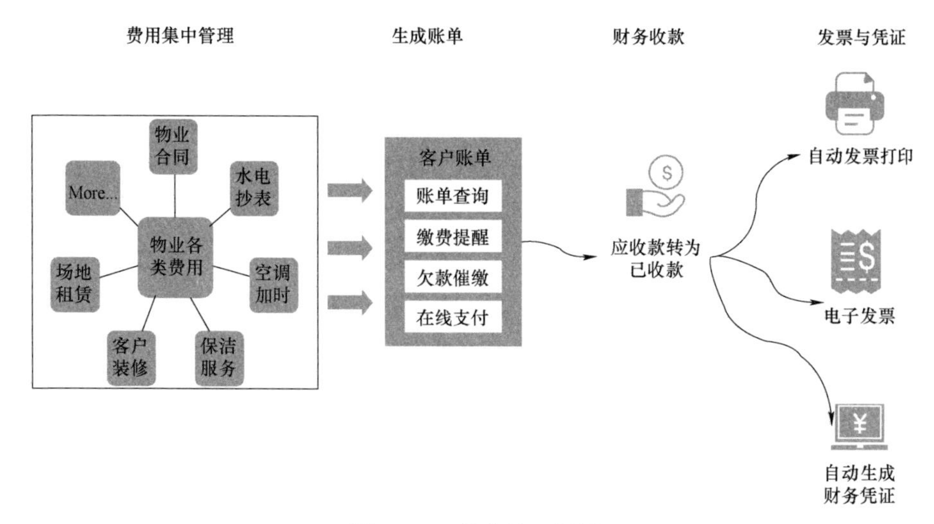

图 6-24　收费管理场景

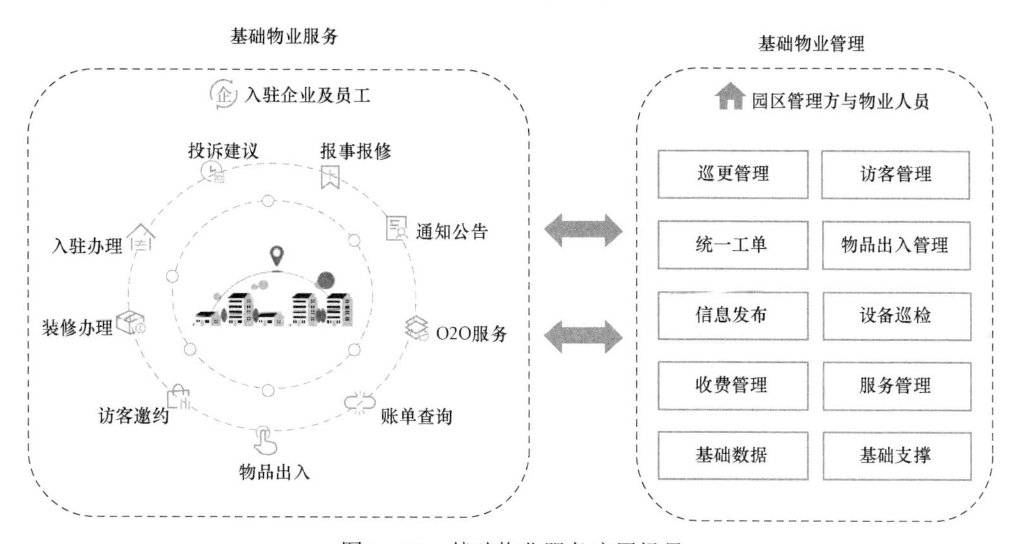

图 6-25　基础物业服务应用场景

报事报修：企业通过移动端在线报修，报修申请自动接入统一工单系统进行后续的处理与协同，客户可随时在线跟踪报修处理进展，并对报修服务进行评价反馈。

投诉建议：企业通过移动端在线提出投诉与建议，客户中心统一受理并分派工单进行任务处理与协同。

入驻办理：入驻手续办理提醒，在线查看房屋实时状态，线上办理入驻手续。

装修办理：在线装修申请，办理装修手续，支付装修收费，在线验收。

访客邀约：企业可在线进行访客邀请，系统自动联动门禁、停车场系统实现访客管理闭环。

物品出入：企业搬家或搬出大件物品时，可通过园区物业服务平台申请物品出入，审批完成后生成电子放行凭证，园区安保人员在相应的出入口，检查核对物品内容并现场拍照后确认放行。

账单查询：实现物业相关费用（物业费、能耗费、车位管理费等）的在线查询和支付，账单逾期提醒，电子发票或收据的接收。

4. 统一工单

统一工单调度中心处理多渠道接入的各种工单请求，如设备保养工单、设备巡检工单、设备报修工单、安全检查工单、客户投诉工单等，通过“工单创建–派单–处理–评价–分析”的工单全生命周期管理，应对日常及突发事件，系统按配置业务处理规则调动最优资源，促进内外高效协同，高效解决运维及运营问题，对内提升团队协作与管理效率，对外提升园区企业及员工对园区服务的满意度（见图6–26）。

图6–26　统一工单管理流程

工单创建：接收来自日常设备保养、设备巡检、安全检查、客户报事报修、客户投诉等过程发现的设备设施隐患及故障，填写问题位置、内容等信息，完成开单过程。

工单分派：既可以由客服人员根据情况自由分派处理人，也可以应用预制的业务处理规则自动分派处理人。

工单处理：任务处理人接受任务后及时到达现场处理并更新处理进度。

工单评价：工单处理完毕，自动提示工单创建人进行验收与评价。

统计分析：对工单处理情况、维修人员工作效率进行实时监控与统计分析。

SLA规则：建立SLA（Service Level Agreement）规则，控制工单处理过程的质量及时效性，实现全过程服务质量管理。

工单日志：工单从创建到关闭，所有处理记录都会被完整保留，在任何时间都可以回溯查阅。

6.3.5 房屋及设施设备管理

房屋设施设备管理是依据房屋及设施设备管理要求，通过一系列的技术、经济和组织措施，对物业生命周期内房屋及设施设备进行的综合管理活动。智慧园区数字运营管理平台下的房屋及设施设备管理主要内容包括：利用 BIM 技术对房屋及设备设施的信息进行直观可视化的动态管理；为运维人员提供基于 BIM 的设备维护保养管理平台；通过感知层实时监测设施设备的实时运行数据并实现预警、报警；通过集成能源系统运行数据，实现对房屋及设施设备的能耗数据的实时采集、监控与预警等。

1. 设施设备信息管理

设施设备信息包括设备名称、编号、类型、安装信息、厂商信息、使用年限、空间位置、维保手册、维保记录、故障记录等，基于 BIM 模型数据建立设施设备资产信息库及备品信息库，建立设施设备唯一“身份”标识，实现资产信息的可视化查询、统计和定位。同时结合 BIM 模型、设备模型及智能监测系统，可实时监测设备的运行状态、运行数值等，对发生故障和预警的设备进行空间定位和告警通知，可自动调取设备的维保资料供维修人员查看，并记录故障设备维护信息，实现设施设备信息的动态可视化监管。

2. 设施设备巡检

设施设备巡检包括设备巡检、设备保养、安全巡检、保洁巡检等应用场景（见图 6–27）。在设施设备 BIM 维护模型建立时会对设施设备进行分类编码，并根据不同

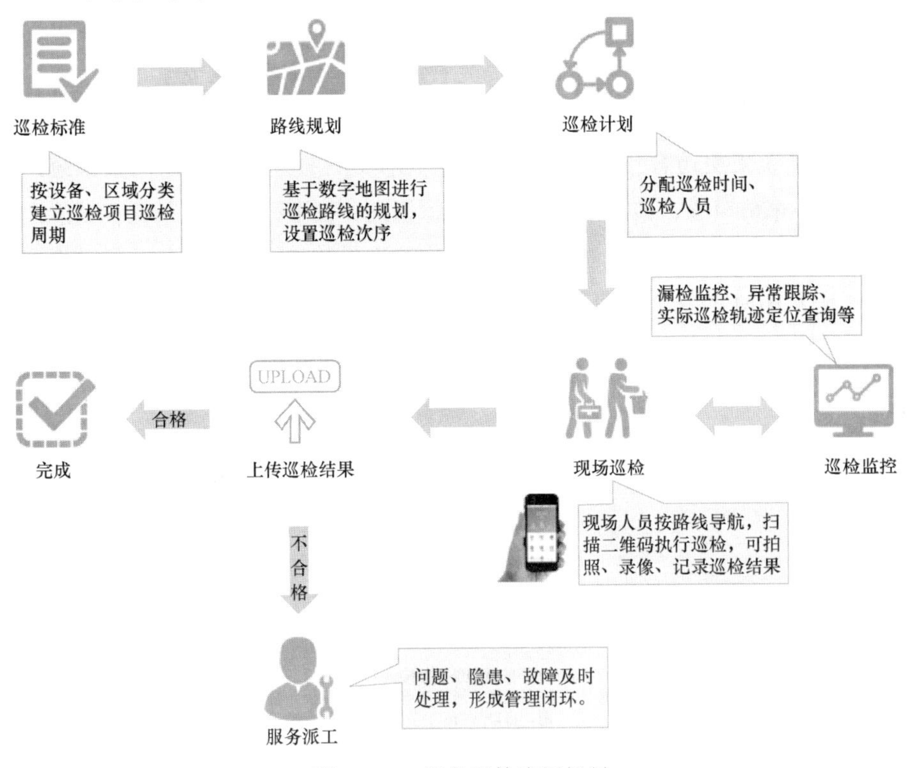

图 6–27 设备巡检应用场景

类型设备特点建立设备维护保养标准。系统基于三维数字地图进行巡检路线规划，根据维保标准建立维保计划并自动生成维保任务；任务执行人员通过移动端执行巡检任务并更新维护状态；巡检过程发现隐患及故障时，可通过移动端设备扫码进行设备定位并登记故障，同时创建维修工单进行故障及隐患的处理与反馈，在维修过程中可查看故障设备的相关图纸、历史维修信息、巡检信息、保养信息、维修知识库等，辅助问题定位与解决。管理人员可实时进行异常跟踪、进度监控、对维保人员实际工作轨迹进行定位查询，实现巡检全过程可视化。

通过智慧化巡检的应用，及时发现问题、处理问题，提高设备日常巡检维护效率，降低运营成本，减少设施设备安全隐患。通过对设备日常维护维修数据进行分析，系统自动根据规律得出维护建议，优化设备维保标准，变被动防范为主动预防，实现设备可预见性的维护，促进设备资产保值增值。

6.3.6 秩序维护管理

秩序维护管理是为保持和维护物业管理区域内公共秩序而开展的综合管理活动。智慧园区数字运营管理平台下的秩序维护管理包括公共安全防范管理、消防管理、停车管理、应急处置安全管理等内容。通过视频监控系统、门禁系统、人脸识别系统、停车管理系统、周界防范系统等全方位保障秩序安全，通过各安防系统的联动提高园区安全系数，降低人工成本，提升服务体验。通过平台收集整理数据，对数据进行分析挖掘，查找安全管理漏洞，改进安防管理方法，提高管理能力，保障园区安全。

1. 访客管理

智慧访客系统采用访客预约加自助访客登记模式，打通停车场及门禁系统，实现完整的访客预约、来访审核、地图导航指引、通行识别、权限回收、记录保存功能，实现二维码/人脸+车牌识别的一站式访客服务，保证来访人员的快速无感通行。同时将访客信息及时传送到基于BIM的安全管理系统中，随时查看访客动态轨迹信息，如图6-28所示。

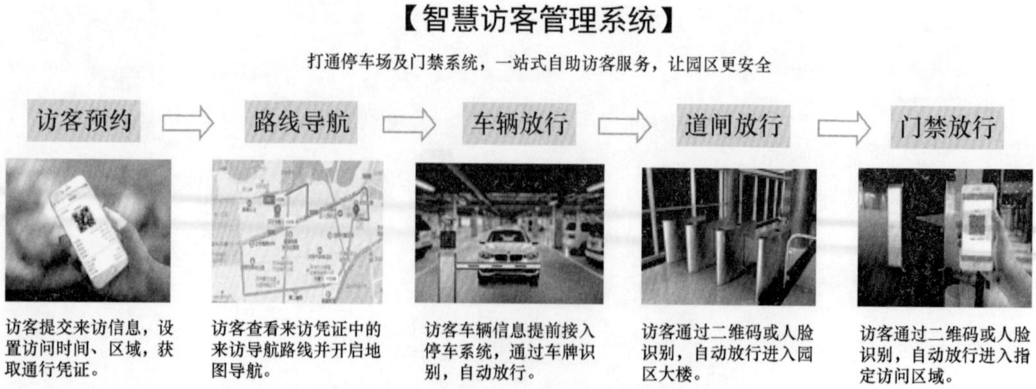

【智慧访客管理系统】

打通停车场及门禁系统，一站式自助访客服务，让园区更安全

访客预约	路线导航	车辆放行	道闸放行	门禁放行
访客提交来访信息，设置访问时间、区域，获取通行凭证。	访客查看来访凭证中的来访导航路线并开启地图导航。	访客车辆信息提前接入停车系统，通过车牌识别，自动放行。	访客通过二维码或人脸识别，自动放行进入园区大楼。	访客通过二维码或人脸识别，自动放行进入指定访问区域。

图6-28 智慧访客应用场景

2. 安防巡更

结合 BIM 的三维可视化特点，在建筑 BIM 模型中进行重点安全区域巡更点的标注与巡更路线规划，可根据项目实际需求调整巡更点位及巡更路线的空间分布；巡更管理支持巡更任务的编辑和自动派发，巡更人员在移动 App 端接收任务提醒并执行巡更任务，巡更人员签到及实际巡更路径信息可及时记录在 BIM 模型中，供管理人员查看与监控；在执行任务过程中发现设备损坏或异常状况时，可实时填写报修工单，联动统一工单系统完成问题的处理与关闭。

6.3.7 环境管理

环境管理包括环境指标监控、日常清洁管理、环境消杀管理、垃圾分类管理等。通过物联网设备对建筑室内空间环境指标进行监控与分析，如对环境温湿度、二氧化碳、PM2.5、光照度等关键指标的智能感知与监控，可根据预设的阈值或管理经验，与空调、排风、照明等设备系统实现联动与自动控制，通过智能调节使空间处于恒定的舒适状态；对公共区域、绿化区域的日常保洁、消杀的管理，通过工作计划管理、移动端执行反馈、人员轨迹定位、工作记录查询等实际监控保洁工作完成情况；同时通过对物料出入库及物料消耗数据分析，制定科学合理的物料采购计划，降低运营成本。通过智能化、移动化的环境管理应用，提高服务人员调度能力，对环境数据指标及日常环境投诉数据的分析，指导并改进环境服务质量。

6.3.8 应用价值和效果

1. 基础物业应用价值

通过基础物业各项应用，实现服务过程可追溯、品质管控可量化、设备管理精细化、安全管理可控化。应用价值主要体现在如下两方面：

管理精细化规范化，实现物业运营降本增效。通过智能化工具进行基础物业的管理，提高物业人员工作效率，降低物业人员运营成本；通过规范及时的设备设施巡检、保养，降低设备故障率；通过设施设备信息、巡检、维护等电子化档案的数据分析，节省人工统计成本；通过数据决策分析支持设施设备的预防性维护并科学制定计划性维护措施，提高设备设施完好率，促进设备资产保值增值。

提升服务品质，减少客户投诉，提升客户满意度。通过客户信息资料的收集整理分析，了解客户喜好，为客户定制画像，进而展开更好的客户关怀，提高客户满意度；通过客户接待、客户投诉数据资料整理分析，进行物业服务优劣势分析，改进服务质量，提高管理能力；通过对日常服务和客户需求分析，寻找服务增值点，为园区提供增值创收机会。

2. 某园区基础物业应用效果

某科技型园区，项目特点为产业规模大、空间业态多、物业服务外包和自有共存，管理标准不统一，管理难度大，入驻企业品质高，对物业服务诉求高。因该园区属于自持型园区，更加关注自持资产的长期稳定运营、资产的保值增值。园区管理方对基础物业的主要诉求为：统一各现场的物业管理标准，物业工作可量化可监管，通过智能化手段降低物业运营成本，提高工作效率；设备设施按时按计划完成维护，避免漏检漏巡等工作漏洞，降低设备故障率，提高设备完好率；建立与企业有效的沟通渠道，与企业保持紧密互动，高效处理客户诉求，提高服务品质，通过优质高效的服务加强与客户的黏性，为安商稳商提供支撑。

该园区首先在线下对物业服务管理模式进行了整合，在管理标准上进行了规范与统一。通过基础物业管理平台的巡检巡维应用，结合系统数据建立物业人员考核标准，充分调动了物业人员的工作积极性，设备巡检效率提高 10%，通过移动端的智能提醒，设备无漏检巡检情况发生；通过统一工单系统对任务调度管理，提高了故障和服务的响应速度，维修类工单的解决率较之前提高了 30%；通过收费管理模块的租金催缴程序和预警机制，坏账大幅减少，高效的业务财务一体化，解放了专业人员，精细化运营效率大幅提升；在企业服务方面，搭建了客户服务平台，通过建立 SLA 规则，物业服务、增值服务更高效、优质、透明和标准化，入驻企业满意度由原来的 85%，提升到了 98%以上。

对外，为企业和人才提供便捷、多元的各类服务，促进园区产业资源共享，加强企业合作，促进产业集群的优势互补；对内，建立一体化管理机制，实现智能化、精细化资产管理，降低空置率，节约人力成本。

6.4 能源管理

6.4.1 系统概述

园区能源管理平台为园区综合能源管理者提供覆盖整个园区的产能/用能信息、综合能源优化配置服务、智慧运维服务以及园区 KPI 指标可配置评价分析服务。采用物联网与大数据技术，对园区内的供能站和用能企业实现集实时调度、生产计划、运维检修、设备管理于一体的全方位、智能化管控，达到供能设施的生产效率最大化、用能设施用能节约化、区域能源支出的最小化的能源管控目的。

6.4.2 业务需求

园区能源管理平台定位于综合性绿色制造产业园区，或者即将改造成为绿色制造产业园区的产业链群体。其用户主体包括园区综合能源管委会（或智慧园区管委会）、能源供应商、用能企业。

1. 园区综合能源管委会

管委会作为园区综合能源管理者，要突出所辖园区在能耗、节能、创新、各企业用能分析等能源利用方面的先进性，需求如下所示：

1）实时监控园区各种能源来源及使用状况，监督用能异常企业并处理；

2）实时监控园区设备运行状况，满足生产消防安全检查要求；

3）组织节能降耗减排管理，提高能源利用效率。

2. 能源供应商

能源供应商承担能源站的运营管理工作，需要在保证能源站安全、稳定运行的基础之上，提高运行效率、降低运营成本，需求如下所示：

1）保证设备和能源站的安全稳定运行；

2）能源设备高效利用、能源站高自动化运行；

3）降低运营成本；

4）人员、设备标准化、规范化管理。

3. 用能企业

用能企业作为能源的使用者与消费者，需要清洁高效的能源，需求如下所示：

1）提高能源利用率，节约用能成本；

2）提高资产利用率，科学有序的运维；

3）寻找节能薄弱点，挖掘节能空间；

4）富余能源的灵活利用。

6.4.3 应用系统

园区能源管理平台是对供能系统和用能侧系统进行监视控制、流程化管理、优化调度、用供一体化、能源协同，是一个高集成、多功能性的运营管理平台。通过软硬件系统的搭建，在保证能源系统安全、稳定运行的基础上，实现能源系统的高自动化运行；实时的供需互动实现了能源系统高效、经济运营管理；移动端、PC 端的协同互动，进一步提升能源系统运营的灵活性，全面提升客户的运营体验，提升企业品牌形象。

平台功能架构共分为四层结构，分别为设备及数据采集层、监视管理层、优化调度层、应用交互层。功能架构图如图 6–29 所示。

1. 设备及数据采集层

设备及数据采集层的成功构建是实现平台功能架构的基石，全面、稳定的数据采集与上传，是实现监控、管理、优化、服务功能的有效保障。

设备及数据采集层主要包括能源站终端以及用户侧终端的数据采集。可实现数据的采集、数据存储、数据统计、数据转化、历史数据查询；可对数据进行自动计算、分析、

图 6-29　功能架构

生成统计报表，并可对计量异常情况报警等。采集的数据经过各种计算与逻辑处理后，存储到实时数据库和历史数据库，通过人机界面进行展现及交互，实现监控功能。

（1）能源站终端数据采集

主要包括：主机设备及其辅机系统各类数据；现场仪表数据：温度传感器、压力传感器、能量表、流量传感器、液位传感器、温湿度传感器、远传水表等；其他站内能源相关系统，包括电力监控系统、光伏系统、储能系统等。

（2）用户侧能源终端数据采集

主要包括：用能侧冷/热负荷：用能侧温度、压力、瞬时流量、累计流量、冷/热量等；用能侧电负荷：电流、电压、频率、用电量等；用水数据管理：水消耗量等；用能质量管理：进行用能客户的用能质量管理，冷/热质量管理以及电能质量管理。

2. 监视管理层

通过一体化的监控、流程化的运营管理、精准的能效分析，真正实现园区能源系统的高效、经济运营，达到节省运营成本、增加能源收入、提升运营质量的效果。

（1）园区综合能源运行监视

1）能源系统监测。对整个能源系统全方位的监测，掌控能源系统运行状态，发现问题及时处理。功能包括：能源产出、能源消耗数据监测；运行指标（能效指标、经济指标、生态指标）监测等。

2）园区设备监测。监测设备运行状态，发现问题及时处理，功能包括：用能端设备用能监测；供能端设备产耗能监测；设备关键指标监测；设备运行参数监测；同类设备不同指标排名；设备报警及信息推送；历史数据查询等。

3）天气监测。运维人员了解天气状况，及时调整运行策略。功能包括：实时天气数据监测；预测天气数据（温度、湿度、辐照度）监测；历史天气数据查询等。

（2）视频集中监控

采用集中视频监控，实时了解供能子站和用能设备情况，减少运行人员巡检次数，使供能子站和用能设备做到少人值守。功能包括：视频安防监控；重点设备和管线实时监视；远程启停设备，配合视频监控确认，做到可视化等。

（3）流程化管理

为能源站日常运维提供运行管理、设备管理、维修管理、运营报表、统计图表等功能，可以实现设备管理可视、人员工作可视，有效提高员工效能，降低运维成本，确保能源系统项目的规范、高效、安全运营。主要包括以下功能：

1）工作台模块。主要是能源站的日常运行管理工作，包括交接班、操作票、日报、缺陷上报、待办任务、工作提醒等。

2）设备管理模块。包括设备台账、备品备件、缺陷管理、保养计划、日常巡检、计量表计管理、历史报警等。

3）生产管理模块。主要是能源站日常生产管理工作，包括排班管理、知识档案管理、标准票管理等。

4）运营报表模块。主要包括设备运行参数报表、产耗能报表、结算报表、运行日报等，提供自定义报表模板，同 Excel 深度融合，可全面准确展现设备运行情况、生产经营情况，辅助企业运营决策人员进行科学决策。

（4）能效管理

是基于 CIM 标准和人工智能技术的安全高效的智能化能效管理体系，可实现能源站的远程能效管理，并实时监测运行关键参数，对异常工况推送 AI 报警与诊断策略，确保能源站安全可靠高效运行。

1）园区能效指标分析。了解能源系统运行效率，并为整体能效的提高提供依据。功能包括：量化能效指标体系，有能源综合利用率、余热利用率、管损、单位耗能等指标；能效指标的趋势、同比、环比分析等。

2）园区用/供能分析。功能包括供能量和用能量分析、能效指标分析和对比等；

3）报警管理。对系统所产生的报警进行统一管理，并对实时产生的报警进行智能推送，同时也可以根据设备进行查询。运行人员可以通过报警管理功能对站内的系统运行情况进行有效监控，保证工艺系统安全运行。

3. 优化调度层

优化调度层包括多能源综合优化调度、用供能一体及能源站间协同等。综合考虑园区整体用能与供能状况，实现全局多能源综合优化，提高园区能源总体经济指标和能效运行指标。

（1）优化调度

多能源综合优化调度是基于园区内各产能设施运行状况以及用能信息的实时监控，

根据负荷预测，综合考虑产能成本、能耗水平等多方因素，实现经济模式、节能模式、绿能模式、复合模式等不同模式的优化调度，动态匹配最优的产能设备组合，满足多能源、多元化主体的能源需求。

1）模拟仿真，同时考虑产能端与用能端从而实现系统级能效分析，它是产能预测和动态优化的核心支持功能，也是生产计划中的能效模型。

2）产能预测是生产计划制定和优化调度的核心支撑功能之一，设备产能会受到环境等因素的影响，因此需要实时评估，才能准确的生成生产计划，并为优化调度。

3）负荷预测是产能端动态优化的核心支撑功能之一，也是对全年生产计划进行修正的核心依据，它将为动态优化的模拟仿真提供负荷输入。

4）动态优化将作为能源站的终极无人化最优运行功能，动态优化依托 AI 优化算法的驱动借助模拟仿真功能，实现不同环境参数、不同负荷条件下的能源站最佳运行策略滚动下发，从而替代人工的分班制调节，实现无人值守。

（2）用供能一体

通过用供能一体化，将供能侧与用能侧联结为不可分割的、完整的能源系统，实现智能化用能和高效、合理的能源供应，实时优化能源系统参数，最大化能源系统效率，节约成本和运营费用。

1）MPC 模型预测控制。MPC 是节能的源头核心功能，只有降低了用能端的实际负荷需求，才能在最大程度上实现节能降本，MPC 同时兼顾了人体舒适度需求与节能的需求，因此是从源头控制用能负荷。

2）水力优化借助水力平衡技术实现变流量条件下的水力分配调节，避免出现个别用户末端水力分配不足的情况，从而实现管网流量的最佳调节策略。

3）生产计划针对不同的时间跨度进行预算分析，提前预估供冷季或供热季的一次能源成本及供冷、供热、供电收益等，从而得到全年度收支预算，后续配合负荷预测功能实现日生产计划制定，并对年度预算进行滚动修正。

（3）站间协同

多站互联的园区综合优化，站间能源协调调配，满足冷热电等能源需求的基础上实现园区能效最大化。

1）管网模拟。能源站间实现管网互联时，不同的能源生产和输配策略需要通过管网模拟进行可行性验证，只有物理上能够实现的方案才能参与调度的优化评价。

2）站间调度。能源站间实现管网互联时，针对同一种能源形式，其生产和输配策略存在多种方案时，可以借助 AI 优化算法对多种方案进行寻优，从而达到园区最优供能。

4. 应用交互层

应用交互层作为整个平台的管理核心及对外交互的窗口，主要包括大屏展示系统、运行管理系统、能源营业厅、移动 App。

（1）大屏展示系统

展示系统是通过视听交互、数据展示、场景描绘和价值刻画，向参观者展示理念、核心技术亮点、客户价值等内容的定制化项目宣传软件系统。展示系统充分结合项目特点、客户需求以及参观者诉求，旨在带给参观者直观、生动、深刻的参观体验，提升参观人员对园区绿色能源的充分认知。包括园区规划、能源运行总览、能源结构分析、产用能分析等。

（2）运行管理系统

运行管理系统为园区提供日常运行管理，实现能源系统的统一监控、统一管理，实现能源流的全过程跟踪，使运行操作便捷高效，能源数据有据可查。主要包括能源监控、设备监控、设备管理、告警信息、操作票、工作票、巡检、交接班、运行日报等。

（3）能源营业厅

为用能企业提供多能源统一购售平台，并生成能源账单，使他们对自己能源消费有直观印象，从而提高节能意识。

1）能源交易将通过能源营业厅的形式依托 Web、App 功能实现多品类能源的线上统一购售交易，并针对不同的交易模式（如托管、实时交易等）开通不同的购售渠道，最大程度增强用户的使用体验。

2）能源账单可以对具体的用户，针对不同能源品类分别计算生成阶段性用能账单，包含用能量、用能费用、能源价格等信息。

（4）移动 App

移动 App 可完成远程的能源监视、能源分析图表显示、运营情况管理等。移动办公能更快速地进行运行操作消息提醒，也能更便捷地在现场进行流程操作，极大提高操作人员的工作效率，帮助运营公司实现现代化管理，提升产品和服务品质，形成差异化竞争优势。

6.4.4 应用场景

1. 用供能一体化及 MPC

（1）应用场景

MPC 系统（模型预测控制系统）应用于办公楼、交通枢纽、医院、大剧院等大型建筑的空调系统控制。系统根据建筑各个区域的功能不同进行区域划分，在保证用户舒适度的前提下，通过模型预测控制技术响应气象信息及能源分时价格，对各区域执行不同的控制策略，对建筑能耗进行精细化优化控制。

（2）功能描述

区域舒适度优化控制。结合建筑保温特性模型及天气预报和使用计划，预测区域温度变化并按舒适度要求实现预测式控制。

建筑空调系统经济性优化控制。综合判断冷热、电分时能源价格和各区域舒适度要求及不同优先级，以经济性最优方式自动控制空调运行。

电/冷/热负荷需求侧响应。支持按不同时段不同负荷使用量限制下，利用建筑保温特性模型和不同区域优先级，差异化自动控制，满足不同时段的不同负荷限制。

2. 能效管理

（1）应用场景

自动对园区整个能源网络及用户侧能源消耗状况进行全面监测、分析和评估，通过对能源消耗过程信息化、可视化管理，可以科学、合理地制定区域能耗考核标准和能源指标体系，有效提升园区能源效率管理水平。

（2）功能描述

主要功能包括能源监测、数据分析、能耗预警和报表管理。

6.4.5 应用价值和效果

园区能源管理平台通过一体化监控、流程化管理、系统化能效分析以及用供能协同互动等技术手段，充分释放客户价值。

平台主要技术应用包括：

1）搭建安全稳定的智能能源管理平台，统一管理园区各个能源站，实现能源站无人值守。

2）通过园区运行管理平台，实现园区多种能源、多个能源站、多用户的供需平衡、动态调控、无缝切换。

3）建设园区能源展示平台，宣传绿色用能理念、展示先进的能源技术、倡导绿色低碳生活方式。

园区能源管理平台给客户带来显著应用效果：

1）降本创收。通过便捷的快捷操作以及流程化的操作指导，帮助客户降低人工成本、降低设备维护成本；通过优化控制手段，帮助客户降低能源直接成本；通过有效的管理手段，降低不必要的能源损失，全面提高能源收入。

2）便捷省心。通过实时的能源监控及专业的能源运营服务，实现便捷高效运营，同时搭配应用移动客户端，使客户管理省心省时省力。

3）赋能增效。通过有效用供协同互动手段全面提升功能品质及用能舒适度，帮助客户提高其下游客户的能源使用体验，帮助客户打造高品质的能源系统，提升企业用户信任度及品牌形象。

4）数据增值。通过系统实现能源数据积累与分析，为用能企业提供有针对性的售后服务；同时为开展增值服务提供强有力的数据支撑。

6.4.6 发展趋势

园区能源管理是能源工业发展新的业态，一些关键技术和模式还处于初步探索阶段，发展和实现需要一个过程，其技术的应用与实践不仅依赖技术本身的进步，还要依赖于国家方针政策等外部环境，其未来发展趋势大概分三阶段。

（1）第一阶段是园区多能源的互联阶段

以电力网为中心，冷/热网等其他能源在物理上实现互联互通，多能互补。大力发展试点和示范工程，推动园区综合能源信息基础设施建设，同时基本完成制度的准备。

（2）第二阶段是园区能源系统能源基础设施和信息基础设施互相促进的阶段

信息引导能源，能源实现价值提升。一方面，互联网技术的深度应用促进园区能源系统产生新的商业模式，形成新的业态；另一方面，分布式能源逐步替代集中式能源，实现园区能源的多能源动态优化和全局系统优化，达到资源最优配置。同时，随着能源系统标准体系的逐步建立，形成一批关键技术规范和标准。

（3）第三阶段是园区能源系统能源基础设施和信息基础设施的深度融合阶段

能源的生产和消费达到深度自动化、智能化和定制化，能源系统的参与主体之间，实现灵活协调和互动，园区能源系统多形态、规模化发展，形成新的产业格局，园区能源系统产业体系基本完善，成为经济发展和增长的重要动力。并形成开放、共享的园区能源系统生态新环境，整体能源利用效率明显提高，公众参与程度大幅度提高，能源的发展提供有力支撑。

6.5 产业与经济

6.5.1 系统概述

园区产业与经济，展示园区内集聚的产业链及对应产业链企业的主营领域及发展现状，介绍园区内企业的主营领域，产业集群及产业链，了解并分析市内及周边地区的关联领域发展。

对外，为企业和人才提供便捷、多元的各类服务，促进园区产业资源共享，加强企业合作，促进产业集群的优势互补；对内，建立业财一体化管理机制，实现智能化、精细化资产管理，降低空置率，节约人力成本。

当前，产业园区基本上具备特定区域的行政管理机构、企业发展的服务平台和开发建设的运营主体等功能。但“准政府”模式和“区政合一”模式使得产业园区主要以行政管理为主。事实上，在由成本驱动、要素驱动向服务驱动、创新驱动转换阶段，企业和外部投资者对土地、优惠政策的敏感度逐渐下降，对园区服务软环境提出了更高要求。

产业园区要从管理员向服务员转变，以创新服务吸引并留住企业。

想要做好园区运营，首先要对园区运营服务有一个清晰的认知。产业园区的运营服务包括三个层面的内容：园区物业管理、园区增值服务、科技创新服务，三者相辅相成，缺一不可。

1. 园区物业管理

园区的物业管理需求，包括供水供气等基础设施管理、物业租售和收费管理、物业报修和装修管理、停车位和车辆出入管理、会议室和图书馆等公共资源管理、园区公告和资讯管理、生活餐饮与出行服务、社区活动服务等等，产业园区物业服务管理是产业园区得以有序运营的基石，伴随着智慧园区的兴起，园区入驻企业/员工、配套商业及服务提供商已经不再局限于纯粹的物理空间和水电气等基础设施服务，产业园区物业服务也由以往的被动响应转变为主动服务，服务内容和项目日益多样化，颗粒度愈来愈精细。

2. 园区增值服务

园区增值服务主要包括 6 大部分：人才服务、金融服务、信息服务、市场服务、产品服务、组织服务。增值服务不仅仅是园区的一种新的服务模式，更是一项系统工程，它通过服务共享、规模经济的方式，降低企业运营成本，增加企业经营收益，让企业快速发展。所以，了解园区增值服务需求，明确园区增值服务体系，设计各项增值服务的内容和流程，才能打造真正能为园区增值的功能平台。

3. 科技创新服务

一般来说，科技创新服务围绕主导产业的创新链展开，包括项目申报服务、研发设计服务、中试生产服务、检测认证服务、创新孵化服务等内容，其规划建设需要系统梳理园区科技创新服务需求，明确园区科技创新服务体系，旨在构建科技创新服务平台，提升园区科技创新能力，打造创新型园区。

6.5.2 业务需求

园区通常涉及两类主体，即园区管理委员会（或称管理中心）和企业，它们在园区内是管理与被管理、服务与被服务的关系。

园区管理委员会一般属于当地政府的外派机构，行使政府职能，主要职责包括进行园区的整体规划、道路建设、用地管理、招商引资、园区居民管理等。

园区企业一般通过招商引资的方式进驻园区，它们主要从事产品技术研发、产品生产加工、产品运营等相关工作。

而在园区企业有意向进行入驻时，需要与全区沟通，因此需要招商人员对企业进行宣讲、引导，对园区的条件进行介绍。以下分别对几类人员的需求进行介绍：

1. 园区管理者

在智慧化方面，园区管理委员会主要关注如何提升服务水平和工作效率、如何高效管理园区、如何成功地招商引资等，归结起来其关注重点就是在取得政绩的同时使园区效益最大化。

因此，落实到系统建设中，则可通过园区产业经济一张图的全景展示，面向企业、才人、公众进行园区品牌推广，让园区管理者可以从多维度、多层级角度对园区产业经济发展进行观察、追踪并决策。园区产业经济发展出现的问题或者一些发展的关键节点，会与园区管理者视角相关联，提示园区管理者关注。

2. 招商人员

对于招商人员，要辅助他们展现产业园区的定位与优势。比如以发展制造企业为例，这些企业与研究型等高新技术企业相比就存在很大的差异，制造型的企业对地理位置要求更高一些，这里面涉及了物流、配套等因素，这就要求要考虑到园区自身的地理位置是否具有相对的优势。

要为园区招商人员的招商引资提供充分的论证和精确的数据。招商引资项目库建立，包括项目管理办法和制度录入查看、园区资源分布填写、产业发展现状统计、已储备项目投资金额、数量、项目可行性分析报告整理；项目储备汇总统计上报，年度计划任务完成进度查看，工作经费申报等。

3. 企业服务

在智慧化建设中，企业主要关注安全和高效的日常生产运作、顺畅的企业内外部沟通、企业产品及形象宣传等，归结起来其关注重点就是在保障管理与经营活动高效有序进行的同时使生产成果能够获取最大利益。

因此深入到企业的角度，展示园区现有企业，特别是重点企业的运营情况，对已入驻企业进行统计分类，结合园区目前的公共服务能力与公共服务资源，创造商务生态系统。展示园区内明星企业，展示企业示范标板，同时介绍各企业的优秀人才，既能方便园区人才互相交流沟通，也能体现园区对优秀企业和高端人才的吸引力。

6.5.3 应用系统

1. 系统内部功能模块框架（见图 6–30）

（1）区位分析

区位优势作为投资者的首要考虑因素，介绍了园区的各方优势，综合考虑园区交通、城市群、人才、周边环境、经济圈和政策等各方因素，展示园区的地理优势、交通优势、人才优势、环境优势等，突出园区及所在城市能提供的资源及生活便利。区位优势的大小决定着相关公司是否进行对外直接投资和对投资地区的选择。

1）交通优势。介绍园区的具体地理位置、周边公共交通覆盖程度、乘用公共交通所需时间等交通信息，方便管理者、意向投资企业了解园区的交通优势。

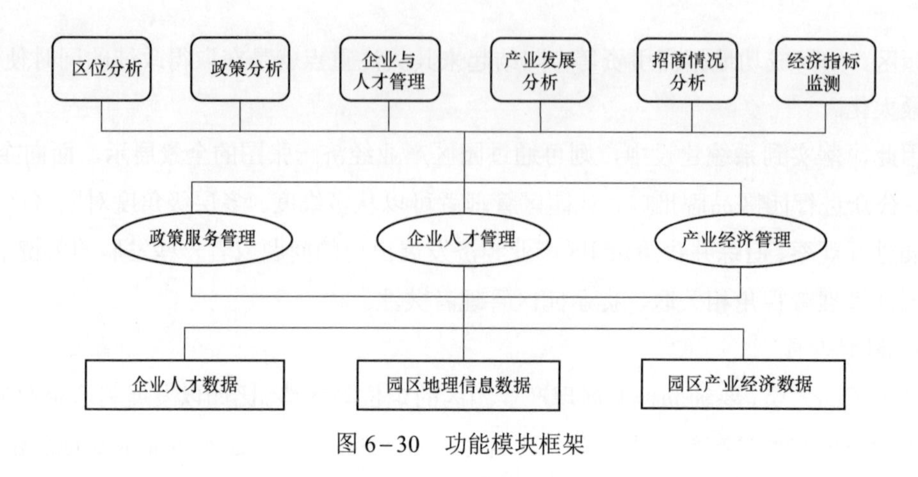

图 6-30　功能模块框架

2）区域资源。展示园区所在城市能提供的市场、城市群效应、人力资源、生活配套等。

3）中心地图。展示园区附近配套服务设施、交通网络、研究机构等。

（2）政策分析

为吸引优质企业入驻产业园，带动新城的发展，推进实施各类优惠措施。加大对企业的金融支持力度与财税支持力度，有效促进产业优化发展，各项政策的出台与运行，缓解了企业融资难题，优化企业的发展环境，降低了企业的融资成本，进一步减轻了企业社会负担。该模块可支持查看符合条件的优惠政策、本年度的政策总结及历年政策变化趋势。

1）政策列表。配合互动系统的触控一体机、PAD 对政策年份、政策级别、政策类型、产业类型等要素进行筛选，将符合条件的政策以列表形式进行展示。并计算所列政策预计可对企业补贴的金额，给有意向企业提供数据参考。

2）本年度政策总结。使用数字标签与图表展示本年度关于园区产业经济出台政策的数量、全年累计减负金额、兑现扶持资金及发布政策惠及的主要产业。

3）历年政策变化趋势。使用图表按年展示政策数量、不同政策级别的数量、不同政策类型的数量、不同产业类型的数量。

（3）企业与人才管理

介绍园区现有企业与高端人才，对已入驻企业进行统计分类，结合园区发展战略部署和区域现状，创造商务生态系统。展示园区内明星企业，展示企业示范标板，同时介绍各企业优秀人才，既能方便园区人才互相交流沟通，也能体现园区对优秀企业和高端人才的吸引力。

1）企业概述。展示园区内企业总量，500 强企业和上市企业数量等。

2）明星企业。展示园区内明星企业数量、企业简介、主营领域、员工数、园内位置分布、企业 logo 等基本企业信息，便于管理者了解园区内优秀企业的基本信息。

3）风云人物。轮播展示园区内优秀人才种类及数量，人才的个人信息、任职企业、研究领域等基本信息，方便管理者了解园区内已有人才的信息及分布。

4）中心地图。展示明星企业在园区内的位置分布，点击可查看相应企业所属大楼、地址信息、占地面积、入驻时间、入驻员工数、主营领域、主要产品、企业资质等信息。

（4）产业发展分析

展示园区内集聚的产业链及对应产业链企业的主营领域及发展现状，介绍园区内企业的主营领域，产业集群及产业链，了解并分析市内及周边地区的关联领域发展。

1）产业分布。展示园区内各企业主营产业分类及数量，详细展示某一指定产业中所涉及的领域，便于管理者查看园内企业所属领域及相应领域企业发展。

2）园内及周边地区关联产业分布。展示园区内、市内、周边地区不同产业相关企业的基本信息。

（5）招商情况分析

招商情况分析旨在解决招商管理执行和宏观工作问题，从而总览性地展现了招商管理的各项工作，分别从工作目标、工作事项描述、工作细节三个层面展开，提供了一整套科学、实用的工作标准，简洁、直观的创造一套面对园区总经理的招商情况掌控工具。

具体而言，本模块包含如下功能：

1）招商项目概览。对招商项目的金额、类型、范围、预期成果等进行展示，让管理者能够全面掌控园区将要进行和正在进行的招商项目。

2）招商任务监测。对园区每个时间段的招商任务进行展示，并根据时段的完成情况进行比对，研判任务的完成比例以及没有完成的任务分布情况。

3）招商成果与落地分析。持续监测招商项目的执行与落地情况，对项目实际产生的效果进行研究，从而统计出招商项目长期产生的绩效。

（6）资源供需分析

1）土地资源供需分析。从区域维度，如根据市、区两个展示层级，展示相关的土地供应与利用数据，以及时间维度，如以年为单位的时间维度，用于比对与增长计算，对土地资源的数据指标进行供需分析，分析内容包括基准地价、各类用地的供应量、各类土地成交价格、土地交易集中区域等。并在地图上通过热力图、分区色带图等进行直观的空间展示。

2）人力资源供需。从区域维度，如根据市、区两个展示层级，展示相关的人力资源的供需数据，以及时间维度：以月为单位的时间维度，用于比对与增长计算。分析内容包括人才市场人员的年龄维度、性别维度、教育水平维度，以及企业用工的招工条件、薪酬水平，并根据行业类型、企业性质对人力资源数据进行分类分析。

3）电力与水资源供需分析。从区域维度，如对闵行区各街镇各行业的水电供给与需求情况进行展示，以及时间维度，如以月为单位的时间维度，用于比对与增长计算。

数据指标囊括自来水供给量、电力供给量、区内能源优惠政策、水电价格等指标。

（7）经济指标监测分析

以年和季度为颗粒度，监测分析园区营收额度、年复合增长率、毛利率等指标，并研判导致增长和亏损的因素，进一步细分园区的增长点与短板，对园区在经济营商方面上的优势、劣势与风险等因素进行综合完善的定位与分析。

1）投资及消费分析。

根据消费及投资类型区分维度，包括食品消费、衣着消费、居住消费、交通通信消费、医疗消费、家庭设防备用品及服务消费展示相关领域内投资及消费指数。按分析维度展示所选择范围内投资及消费的数值、同比增长、环比增长、占比、排名等。

2）金融运行分析。

按分析维度展示所选择范围内金融运行态势数据，内容包括：银行数量、证券公司数量、保险公司数量、存款总量、贷款总量、货币信贷增加量、金融业增加值、各项指标占比等。

3）重点企业监测。

分析内容包括工业总产值、出口交货值、主营业务收入、利税总额、利润总额、应收账款、产成品存货、折旧、职工人数和工资总额等十项主要指标。

4）产业发展预测与预警分析。

在可视化界面下，选取各维度经济指标的历史数据、变化情况，配置数据模型分析（以时间序列模型为主），预测未来阶段时间内的走势，并通过图形及数据进行展示。宏观经济状况的景气指数具有反映宏观经济波动的能力。根据经济波动各阶段的先行指标、一致指标和滞后指标的各种宏观经济变量参进行宏观经济指数预测。

5）周边区域经济与产业分析。

从时间与空间两个维度，关注本地区内各区县在近20年、近10年、近3年等时间跨度上的排位变化，以及与周边经济发达地区、周边资源密集地区、的交流情况，对园区在长期发展中的区位优势、先发优势、政策定位、市场占位等进行研究。

通过对本地区各区县产业发展情况的研究，展示各区县产业发展“成绩单”，判断各个区县之间的产业特征、要素的推动与制约效应，集群效应、溢出效应，衡量园区重点产业的扶持政策作用。

对园区与周边城区、城市之间的经济联系进行梳理，发掘出各类与宏观经济发展相关的资源流动，如人才、资金、能源、设备的流动情况，并且分析园区对各类经济发展所需资源的汇聚能力，以及经济产出对周边地区的辐射效应。

2. 产业招商应用场景

（1）招商工作台

提供给园区招商业务人员的工作台。通过这个工作台，招商业务人员可以查看自己所负责的招商项目的跟进情况，管理招商线索，为客户办理各类招商代办服务，并且定期上报自己的招商工作情况等。

提供给招商经理的工作台。与招商人员工作台类似，招商经理也同样可以管理自己的招商线索、招商项目，但与此同时，他还可以随时查看下属招商人员的工作情况，对他们的招商工作进行全方位的管控。

（2）招商项目管理

招商人员获取新的招商机会后报备新项目、包括项目名称、项目来源、项目简介、联系信息、入驻方式、空间需求、需要的帮助等信息，可设置重要程度、成交概率等配置项。

园区招商部门领导可以查看区域内所有的招商项目，包括各个下属商机。而招商人员则只能查看自己招商的项目。

（3）招商可视化

招商可视化模块介绍产业园的招商业绩、代表项目及区位优势。利用丰富的地图与图表动态效果，快速吸引投资者兴趣。

6.5.4 应用价值和效果

1. 园区产业经济态势一目了然

通过三维可视化技术将园区产业经济发展情况展示在大屏上，让园区领导者、招商人员和企业清楚地了解园区发展态势；时刻监测园区营收额度、年复合增长率、毛利率等经济指标，分析园区盈利或亏损的具体原因，找出影响园区经济发展的短板，完善园区在营商方面的定位。

通过上述应用系统的建设，对园区产业经济运行的重要指标进行持续监测，覆盖产值运行分析、工业增加值分析、投资及消费分析、对外贸易进出口运行分析、价格水平运行分析、金融运行分析、金融运行监测等领域。揭示具有倾向性、前瞻性、战略性的问题，便于政府部门准确把握经济运行动向与趋势，及时进行行业发展导向，推动结构调整，适时进行综合协调。

同时，对宏观经济发展大环境进行分析与展示，体现各类产业当前发展现状，以及与经济发展息息相关的各类资源、能源的供应情况。从经济指标实际观测数据出发，对宏观经济总量和结构、国民经济运行过程及其整体进行统计分析。运用大数据建模基于宏观联立方程预测模型、时间序列模型、可计算一般均衡模型等计量和经济理论模型，对宏观经济运行趋势及特征的分析。根据经济波动各阶段的先行指标、一致指标和滞后指标的各种宏观经济变量进行宏观经济指数预测。

在以上经济态势的分析中，应用系统还可分别从市场主体与载体两方面入手，让决策者从不同角度了解园区运行情况，帮助管理者采集各类市场主体特征，经过统计与汇总，形成各类主题画像，体现其最明显的发展形势、需求与风险、痛点，并对辖区内的产业园区、创业园区、孵化器、加速器等载体进行统筹分析，梳理其特征，反映其总体的运行状态，在此基础上对其发展形势与趋势进行归纳与展示。

2. 促进园区品牌推广，吸引招商

整合现有资源实现有效发展，创造条件实现自我增值，充分发挥园区龙头产业的集群效应，打造园区品牌并输出品牌，吸引优质企业入驻，扩大招商引资。

通过运营管理的智慧化建设，可实现多渠道宣传。目前网络宣传最快捷有效，丰富信息化系统建设，及时更新，提高浏览量，并在不同行业的门户网站发布招商信息，以扩大在网络的影响力。通过受众面广，降低均摊费用，同时提升吸引和影响客户的潜力。

建设上述应用系统，突出园区优势。不同规模的企业，合作方式也不同，本系统的目标效能，就是提供多样化的合作方式，尽最大的努力满足不同企业的需求从而吸引更多的企业进驻到产业园区来。

3. 助力领导者科学决策

首先，现代决策必须进行综合性和整体性研究。一方面，由于经济全球化、一体化的不断深入，外部环境变化会迅速对园区内各项事业产生直接的影响。另一方面，国际化、市场化、城市化的发展，使社会事物之间的关联性日益增强，牵一发而动全身。决策成败的因素已经不能再仅仅考虑孤立的地区和部门，决策必须将孤立的、局部的事物放到经济社会的大系统中去进行综合性和整体性研究。

同样，园区的经营决策离不开数据的支撑，要通过数据让管理者看到园区发展出现的问题或者存在的潜在威胁，助力管理者做出科学的决策导向。利用大数据汇聚手段对园区空间数据、实时感知数据、运行历史等数据进行统一汇集管理，依托于成熟的园区运营指标体系，先进的分析以及预测算法，为管理者决策提供有力的辅助支撑。通过园区运营中心和管理者驾驶舱，为用户提供可探索的大数据叙事场景，从而避免大量数据堆砌，在用户探索深入的过程中不断展现相关信息，实现时间、空间、业务内容的环绕式决策支撑。

6.5.5 发展趋势

1. 运营管理的数字孪生一体化

园区管理涉及的生产条线、业务条线极为复杂，单纯地抓住环保、安全或服务中的一条路径进行智能化改造，难以实现整体信息化效能的提升。因此必须对园区现在生产与业务工作进行梳理与重构。针对一体化的数字重构需求，本方案将通过把真实物理空间下的园区针对人、空间、关系、事件、物以及组织进行整体的统一建模，同时映射到全息的三维场景中，从而实现在线上的数字空间中构建一个真实园区的克隆镜像，在这样的一个孪生克隆的园区中，所有的数据、场景都可以共享流动、互联互通，从而借助数字化实现园区的一体化重构。

2. 统一平台，多智协同

在智能运营和科学决策方面，通过建立统一的园区运营管理平台，向上支持园区管委会主任的决策分析：通过园区孪生运营中心可以在三维全景上实时查看到园区的实时运行状态，包括人员、车辆进出、风险源和环保点的实时监测数据；通过管理者驾驶舱可以分维度了解园区整体的经营态势，比如能源消耗多少、党组织建设动态以及项目投产运营情况等。向下为安监、环保、应急、经济以及后勤职能部门提供六大场景的智能化支持，可以在业务上实现实时动态感知，过程的全流程数字化管理，从而整体上实现科学决策和智能化运营协同。

6.6 健康与环境

6.6.1 系统概述

近几年，受政策引导、行业发展及市场竞争需要，营造“生态、绿色、健康、环保、智慧”的绿色健康园区已成为房地产商追求的新卖点，城乡居民追求的新时尚，物业管理面对的新要求，同时，在全国“生态住宅”“生态小区”“绿色小区”建设的热潮下，绿色健康园区理所当然成了其建设的重要内容。

绿色健康园区就是指在开发过程中以建筑美学为目标、以保障生态系统的良性循环为原则、以绿色经济为基础、绿色社会为内涵、绿色技术和智能运行相关技术为支撑、绿色环境为标志而建立起来的全新园区。园区的绿色健康发展是城市绿色健康可持续发展的基本载体和基础环节。

通过绿色健康园区的创建，使园区内单体建筑以及建筑群与环境相融合成为符合“绿色建筑评审标准”相关规定的园区，满足人类居住环境健康宜居理念要求，园区内环境、设施、相关配置有益于居民健康的园区。这种园区突出的特点是：体现绿色建筑、社区绿化、垃圾分类、污水处理、节能减排硬件设施以及符合健康安全要求等相关特征。绿色健康园区具有资源能源节约、人居环境舒适、社会人文气氛良好、绿色文明意识高的特征，目标是实现人与自然和谐、人与人和谐、人与社会和谐的园区。健康建筑是在绿色建筑基础上，通过提升建筑健康性能要素和追求功能创新来全面促进建筑使用者的生理、心理和社会三方面健康的要素。健康建筑是绿色建筑在健康方面向更深层次的发展。

6.6.2 业务需求

1. 整体建设目标

绿色健康园区相比传统园区，不仅应满足园区绿色建筑指标要求，还应突出健康安全管理水平。

绿色健康园区的整体建设目标为以绿色和健康相关指标数据为基础，运用物联网技术、智能感知技术，结合“BIM+GIS”平台，集成建筑各类绿色指标数据和健康指标数据，努力实现提升园区建筑室内外环境舒适度，合理降低建筑能耗，提升设备设施实时使用效率和效果，延长设备设施使用寿命，同时建立一套市场认可的绿色运维评估方式，辅助实现绿色健康园区的动态评价。同时，着重对影响人员健康的生理和心理两方面因素进行监控优化，达到更好地满足健康建筑、健康园区的可持续发展需求，通过提升建筑健康性能要素和追求功能创新来全面促进建筑使用者的生理、心理和社会健康水平。

2. 具体应用目标和应用需求分析

通过信息化、智能化等技术手段对园区进行运营管理，可以大大提高管理效率和管理水平，提高园区内商户和居民的生活品质，提升园区安全监管水平，突出绿色健康的生活理念。具体应用目标和应用需求分析如下：

（1）建立统一数据管理平台

由于智慧园区绿色健康运营维护所需数据涉及不同部门、不同专业、不同阶段，对于数据采集、数据管理和数据共享应用提出了更高的要求，因此需制定统一的数据格式和数据标准，并依据统一标准建立数据管理平台，便于相关方随时调用，实现数据的共享应用。

（2）建立绿色建筑运行监管系统

绿色建筑运行监管系统为建筑运维过程中的能源检测与管理、室内外环境检测与管理、噪声检测与管理、可再生能源利用与管理提供智能调控方式和手段，为满足相关绿色指标监管要求而运行的设备设施智能管控。应具有的主要功能有：

1）建立一套单体建筑绿色运维的有效评估方式。

2）建筑节能、节水、室内环境、垃圾分类、建筑运维等方面的监管，实现园区绿色指标的管控，优化绿色性能。

3）设备设施远程监控与管理，提高设备设施运行效率。

（3）建立健康园区运维管理系统

园区运维系统可以为园区运维过程中的环境管理、能源管理、产业转型、应急响应预案评估、局部更新改造等提供科学决策依据。健康园区运维管理系统应具有的主要功能有：

1）建立一套园区绿色运维的有效评估方式，评价园区运维水平是否达到健康园区标准。

2）实现对园区内空气、水、舒适度、人文环境和服务水平的综合监管，打造园区生态微环境。

3）为园区用户的日常工作、生活提供健康分析与指导。

4）极端天气（如台风、洪涝、海啸以及传染性疫情）等特殊情况下中的预警及管控。

6.6.3 应用系统框架及主要技术要求

1. 应用系统架构

智慧健康园区体系架构采用开放平台面向服务的架构，如图 6–31 所示。

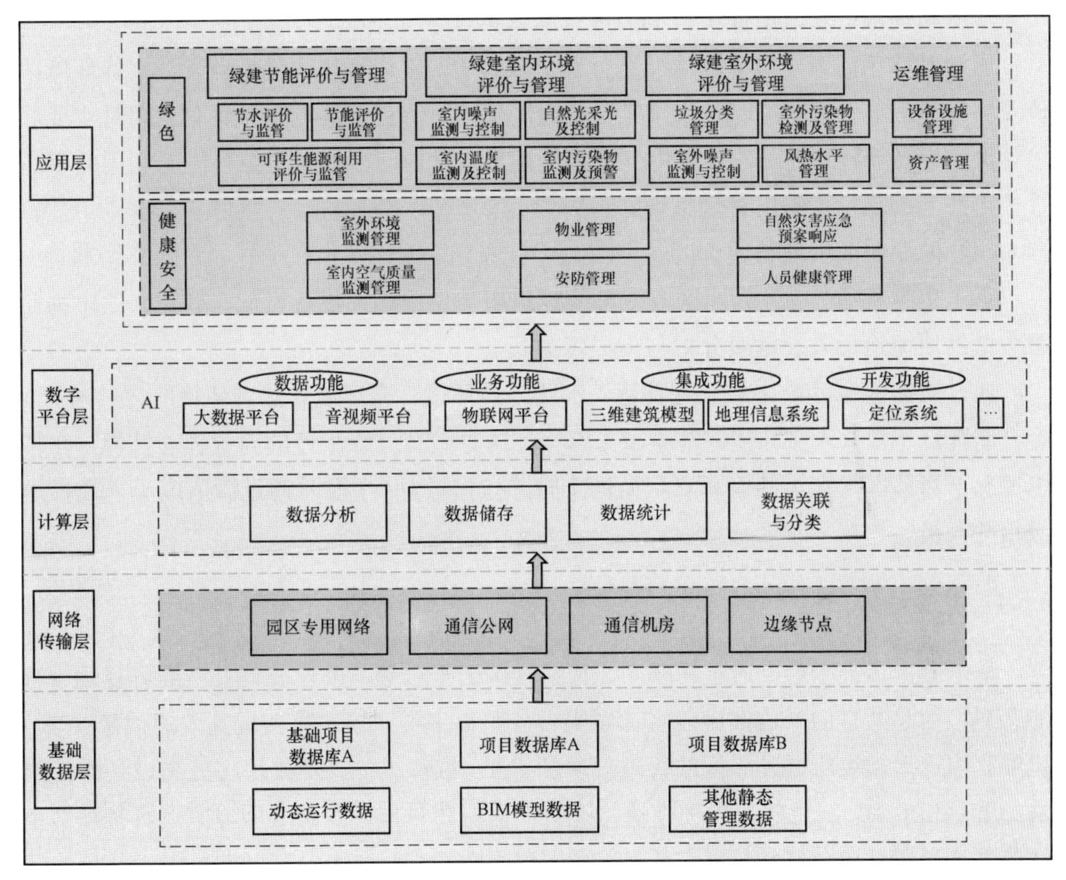

图 6–31 智慧健康园区应用系统架构

2. 系统应用

（1）基于数字孪生的运维管理

应用运维管理平台结合 BIM 模型，实现在运维过程中设备设施远程监管、动态展示，根据监控情况对园区内各建筑的设备设施进行维修管理、保养管理、库存管理以及设备资产管理，可以进行综合情况、设备台账、设备运行情况等方面的展示。

（2）数据库建立与应用

绿色健康园区运维系统数据库主要分为基础数据库和项目数据库两类。基础数据库中主要包含绿色健康建筑运行所需的各类数据，包括能耗数据、环境质量数量、设备运行数据、人员健康信息数据、其他绿建指标数据以及静态基础数据。项目数据库主要包括园区内各单体建筑项目数据。系统将不同类型的数据进行划分，建立专业的数据库，进行独立维护和运行，并在数据库之间实现数据互通和共享，达到统一数据库的目的。数据库主要用于数据的储存和数据的调用，为实现绿色健康相关要求的监管和评价。

（3）绿色园区管理与评价

基于绿色健康园区运维管理平台，实现为园区运维过程中的环境管理、能源管理、产业转型和局部更新改造提供科学的决策和依据。

通过对绿色健康建筑节能情况进行评价及监管、室内环境评价及监管、室外环境评价及监管和运维管理，实现对单体建筑及园区建筑群绿色运维的有效评估，同时实现环境管理和设备调控，提升建筑室内外环境舒适度、设备运行效率和综合能源利用效率的管控，并辅助显示、输出管理报告。

（4）健康园区管理与评价

基于运维管理平台，为园区内或单体建筑用户使用相关设备设施、享受绿色化物业服务提供便捷途径以及健康分析与指导意见。

通过对园区内可量化的空气质量、水质、声环境、光环境和热湿环境的评价监管，提升园区舒适性、人文环境、健康服务水平，同时结合运维平台的高效管理性能，在特殊情况下对园区内人员健康和安全提供实时防控指导意见，及时通过微信或手机端推送给相关人员。

6.6.4 发展趋势

基于园区运维平台，通过物联网、智慧社区云平台等，可建成具有三维可视化、智能感知、信息共享的绿色健康园区管理平台。其数字资产模块将实现高效的信息共享，运维监控管理模块将提升园区的管理效率和水平，维修维护管理模块将提高设备维护维修的质量和效率，绿色建筑管理模块将提升园区绿色性能，健康安全防护模块将确保小区居民的身体健康、生命财产安全。运维平台不断完善，这不仅可以满足居民各种的需求，而且也将极大地提高小区的管理和服务水平。

6.7 安全管理

6.7.1 系统概述

智慧园区安全管理包括园区人员和财产安全以及信息网络安全的管理，安全管理是园区管理的重中之重，园区安全是一切智能化和品质管理的基础。

由于园区内人员、财产分布密集、访客类型复杂、功能区域多等特点，切实做好预防和处理安全事故，成为园区运营管理的重要保障。智慧园区的安全管理，采用信息化的手段，实时采集各类监控和报警设备信息，实现对危险源的监控、分析和报警，通过对安全保障资源的智能调度，保障园区的财产和人员安全；同时，对重点部位通过灾害模拟仿真等技术，实现科学预警，减少事故的发生。

另一方面，由于智慧园区信息技术高度集中的特点，以及网络技术与协议上的开放性，不难发现整个网络存在着各种类型的安全隐患和潜在的危险，黑客及怀有恶意的人员将可能利用这些安全隐患对网络进行攻击，造成严重的后果。因此如何保护重要的信息不受黑客和不法分子的入侵，保证智慧园区信息系统的可用性、保密性和完整性等问题是智慧园区建设中需要重点考虑的内容。

6.7.2 园区安全

1. 园区安全管理的主要内容

园区安全的范围很广，具体包括园区交通安全、园区消防安全、园区食品安全、园区楼宇安全、园区人员安全、园区设备安全等等。

园区交通安全管理主要包括园区道路交通信号标志的维护和检查，园区交通信号灯的管理，园区导航信息的提供，园区停车场的安全管理等。

园区消防安全包括园区危险源识别与管理，园区消防系统的管理，园区消防演习的策划和实施，园区消防应急预案的制定和检验等。

园区食品安全包括园区餐厅的管理，园区自动贩售机的管理等。

园区楼宇安全包括园区楼宇门禁系统的管理，园区楼宇设施的维护，园区楼宇电力系统的维护，园区楼宇环境数据的采集与分析等。

园区人员安全包括园区工作人员安全教育和培训，园区工作人员信息系统的维护，园区来访人员管理等。

园区设备安全管理包括园区给排水系统的管理，园区燃气系统的管理，园区供暖系统的管理，园区特种作业及特种设备的管理等。

2. 运维管理系统的安全管理

除了采用常规的人员管理、安防措施以外，智慧园区的安全管理重点是采用信息化的手段，通过运维管理系统，实现对安全故障的预防和处理。运维管理信息系统提供与视频监控设备、消防报警设备等设备的开放式接口，从而能实时地采集、查看和监控运维管理信息系统中相关信息，在设备报警后可以做到及时处理等。运维管理系统的安全管理功能主要包括：

（1）应急管理的虚拟现实应用

通过专业软件对BIM运营维护模型进行处理，可以实现各类灾害分析仿真及灾害情况下人员的疏散等虚拟现实技术应用，模拟灾害应急处置措施以及时提供合理的应急处置预案。警报响起的时候，不仅安防监控的屏幕可以调用相应视频监控，还可以把仿真模拟出的最优疏散路线推送到疏散对象的移动端。其具体业务应用系统工程包括：接处警系统及报警管理平台、预案管理系统、三维仿真系统、视频监控系统和指挥调度系统。

（2）视频监控管理

通过将园区内的监控探头数据源的传输信号接入该系统，改变了传统监控信息的展示方式，将实时监控信息直观地显示在三维场景上，如具体位置、时间等。这能使管理人员在三维系统中就能够总揽全局，观测园区发生的各种状况。基于宽带网的视频远程监控、传输、存储、管理的系统，为园区管理决策者提供直观快速掌握园区状态的管理和安防工具。它结合了 GIS 地图能力、可以帮助园区管理者快速地掌握园区实时情况和建设进展（宏观）和现场实时状况（微观）。

6.7.3 网络安全

为保障智慧园区的安全有序运行，需要一支专业的安全技术团队来支撑平台后期的运营工作，完成对网络整体态势监测，严密监测、切实感知来自互联网的大规模 DDoS 攻击态势、网站安全与运行态势、病毒木马态势；同时对重点单位网络、网站进行重点监测，实时监测重点保护单位的隐患、安全事件并建立相应业务流程对重点单位进行通报，监督整改。本地通报业务流程如图 6-32 所示。

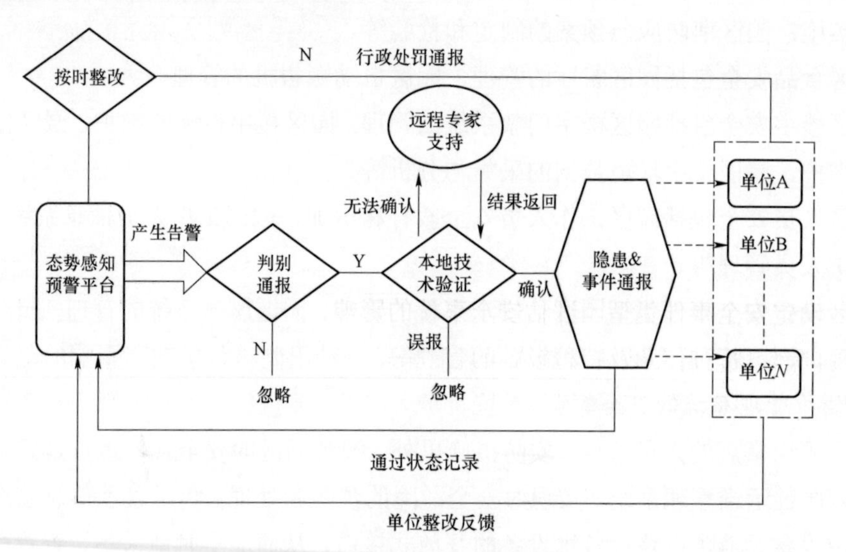

图 6-32　本地通报业务流程

智慧园区态势感知与指挥平台告警通过园区运营管理中心进行确认是否需要进行通报，确定为高危隐患或安全事件进入服务商技术专家确认流程，服务商技术专家依然无法确认的协调远程技术专家进行判别，确认完成后通过通报平台进行通报，并进行状态跟踪。

智慧园区运营管理将在安全防护措施基础上，重点加强以下几方面内容：

1. 数据传输安全保障

基于 TLS/SSL 协议的数据传输过程，可以在数据传输两端建立相互认证的机制，从而防止身份伪装，确保数据发送到正确的一端；在数据传输过程中，通过对数据的加密，确保数据本身在传输通道中的安全；同时，基于 TSL/SSL 可以确保数据在传输过程中数据的完整性和不被篡改。

所有的数据传输过程，均采用了基于 TSL/SSL 协议的加密，包括数据的下推、数据的拉取，以及用户对系统的访问、导出等过程。

2. 网络边界安全保障

园区内各系统分别部署于园区网络中，并有自身的网络边界，因此除了对数据传输进行安全保护外，针对相关系统也需要建立起相应的边界保护机制，通过边界防护有效地发现和阻止来自外部的攻击和渗透，从而保护本地系统的正常运行。

3. 安全服务保障

（1）实施流程

安全服务保障主要针对事件应急处置工作，主要分为五个阶段，包括响应阶段、检查阶段、抑制阶段、根除阶段和恢复阶段。

1）响应阶段。在实施应急响应工作前，客户经理或项目经理收到客户申请应急响应支持，由客户经理或项目经理协调相关技术支持人员和客户技术人员第一时间取得联系，了解事件发生情况。

技术人员判断事件类型，并与客户确认是否需要启用应急响应服务。

2）检测阶段。启用应急响应服务后，应急响应实施人员通过现场或非现场等方式进行信息收集，使用检测搜集流量信息、检测搜集系统信息及主机检测等多种技术手段对事件进行详细分析，并查找入侵痕迹。

最后确定安全事件类型，评估安全事件的影响。

3）抑制阶段。应急响应实施人员及时采取行动限制事件扩散和影响的范围，限制潜在的损失与破坏，同时要与相关系统负责人沟通，确保抑制方法对涉及相关业务影响最小。

抑制阶段通常采用的技术手段如下：

确定受害系统的范围后，将被害系统和正常的系统进行隔离，断开或暂时关闭被攻击的系统，使攻击先彻底停止；

持续监视系统和网络活动，记录异常流量的远程 IP、域名、端口；

停止或删除系统非正常账号，隐藏账号，更改口令，加强口令的安全级别；

挂起或结束未被授权的、可疑的应用程序和进程；

关闭存在的非法服务和不必要的服务；

使用反病毒软件或其他安全工具检查文件，扫描硬盘上所有的文件，隔离或清除病毒、木马、蠕虫、后门等可疑文件。

4）根除阶段。

应急响应实施人员协助客户检查所有受影响的系统，在准确判断安全事件原因的基础上，提出基于安全事件整体安全解决方案，排除系统安全风险。

5）恢复阶段。

应急响应实施人员协助客户恢复安全事件所涉及的系统，并还原到正常状态，使业务能够正常进行，恢复工作应避免出现误操作导致数据的丢失。

（2）适用范围

应急响应服务主要适用于处理下列的突发信息安全事件：网站服务不可用事件；网页信息篡改事件；服务器/终端后门发现事件；病毒爆发事件。

（3）保障措施

应急人力保障：有一支高素质、高技术的信息安全核心人才和管理队伍，有着卓越的信息安全防御意识，相关从业人员均有丰富的攻防经验。

技术手段保障：有专业的信息安全事件事后审计工具及产品，Web 日志分析产品可以从海量日志数据中分析出恶意攻击的流程；网络威胁感知系统可以监测网络中的异常行为，结合云端安全情报感知安全事件。

技术支撑保障：与漏洞平台进行跨部门协作。建立预警与应急处理的技术平台，进一步提高安全事件的发现和分析能力。从技术上逐步实现发现、预警、处置、通报等多个环节和不同的网络、系统、部门之间应急处理的联动机制。

当发生安全事件后，厂商应第一时间采取措施和行动，最多速度恢复系统完整性和可用性，阻止安全威胁事件带来的严重性影响。

6.7.4 发展趋势

安全管理是园区管理的核心所在，随着人工智能技术在园区安全管理中的应用，监控设备、传感器、运营管理软件的智能化程度不断提高；技术的应用将大幅提高园区内信息网络和移动终端的信息传输速度；运营管理系统高度集成成为可能，数据查询和分析更加高效快捷。随着新型智能监控设备的不断涌现，硬件产品性能的提升和软件智能化程度的提高，园区安全管理的覆盖范围将更广阔、深入，能够更早发现各类安全隐患，有效提升园区的安全管理水平。

第7章　智慧园区应用——智能化设施篇

7.1　概述

智慧园区通过数字技术高度集成，采取感知化、互联化、智能化的手段，将园区中分散、各自为政的基础设施连接起来，加快办公自动化、招商服务、应急安防、综合物业、交通管理、园区安全、能源管理等重点领域的信息系统集成应用。

信息基础设施是智慧园区建设与发展不可缺少的基础条件，传统的园区基础设施建设、管理存在着以下问题。

1）硬件各种网络标准和通信协议对接难度大。

2）重要设备运行状态无法实时监控，事故预警难以实现。

3）数据采集孤立，系统联动难以实现。

4）各系统间相对独立，存在“信息孤岛”，智能化水平低。

5）无法实现高效、便捷的集中式管理，运营成本高。

随着我国经济发展方式从规模速度型转向质量效率型，智慧园区建设成为新型城镇化、区域协调发展的重要抓手，但同时，园区规划、建设、管理、运营也面临转型升级的压力。在BIM、5G、IoT、大数据等新技术的驱动下，数字化、在线化、智能化逐渐成为园区可持续发展新趋势，建设智能、高效、绿色、安全的园区成为发展新形态。

基本内涵：以GIS展示空间属性，以BIM反映构造特征，以AIoT活化园区运维功能，以建设项目全生命周期为主线，全力打造以“GIS+BIM+AIoT”为核心的自生长、开放式CIM平台，并依托CIM平台，集成、分析和综合应用全市各类园区基础设施物联网数据，从更高的公共数据采集、应用、异构网络的共享、多重数据的融合的层面出发，解决园区基础设施面临的问题。

总体需求：基于GIS+BIM+AIoT的智慧园区即通过信息化技术对园区所有的可管理的设备进行统一的纳管，通过对物理设备的数据收集能够更加智能地了解园区的基础运行状态，然后可以根据状态合理的调整园区内的资源分配、资源联动、管理决策等相关服务，让使用者能够感受到更加优质的服务。

智能设施在园区应用的总体框架如图 7–1 所示。

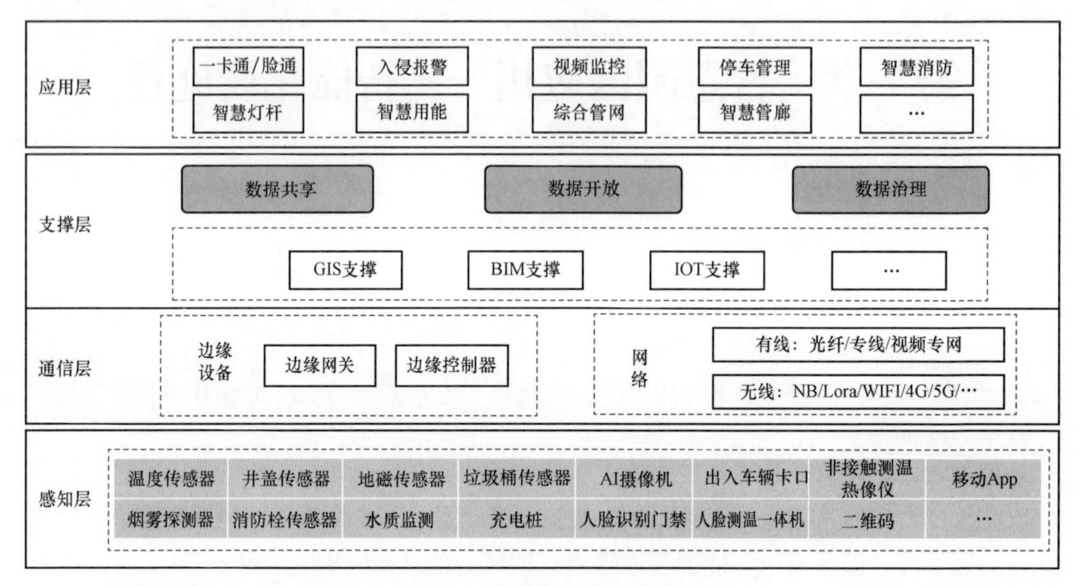

图 7–1　智能设施总体框架

系统整体架构分为四层，分别是感知层、通信层、支撑层、应用层。感知层是跟园区相关各类终端设备，实现园区一脸通、入侵报警、视频监控、停车管理、多功能智慧杆、智慧用能、综合管网、智慧管廊、智慧消防等系统的设备实时和非实时监测；通信层既是传输通道，实现设备到平台的数据传输；支撑层包括物联网云平台、GIS 支撑、BIM 支撑、数据共享、开放、治理等功能；应用层就是园区的业务应用系统。

1. 感知层

园区内存在摄像机、红外传感终端、烟感探测感知终端、可燃气体探测感知终端、火灾报警感知终端、消防水池、地面消防栓、消防水泵、停车地磁感知终端、智能停车道闸（进出）、管廊廊体感知、管廊环境与设备感知、多功能电能表、控制开关等设备，通过上述设备采集各种信息，并以标准规约或者边缘网关传输至上层平台。

2. 通信层

“管”则是指有线/无线通信方式，根据园区设备实际物理位置、规模，和通信方式性价比，可综合应用 2G/3G/4G/5G，Wifi、ZigBee、蓝牙等方式，条件允许可自建企业专网进行数据传输。

3. 支撑层

支撑平台是一套基于云架构的数据采集、管理，分享的信息系统；在硬件层和应用层之间起到中介作用，管理二者之间的数据交互，具有设备广泛接入、海量数据存储、远程实时监控、故障告警、程序升级、GIS 支撑、BIM 支撑等功能。

4. 应用层

应用端主要是展示、分析和告警与园区一脸通、入侵报警、视频监控、停车管理、多功能智慧杆、智慧用能、综合管网、智慧管廊、智慧消防业务相关的数据，有力支撑智园区的运行、服务和管理决策分析。

7.2 园区一脸通

7.2.1 概述

园区每天都会有大量的人员进出，人员类型繁多如内部员工、外包员工、外协人员、客户、面试人员、快递、外卖、施工维修人员等，人员管理对园区而言至关重要。如对人员进出管理疏忽，可能会出现非法入侵、财务偷盗、暴力伤害、窃取商业机密等安全事件；一卡通的不规范使用常造成代打卡等“吃空饷”行为，给企业带来财务损失，因此加强员工智能、精细化管理成为园区的共同诉求。

一脸通系统涵盖了人脸考勤、人脸门禁、人脸访客、人脸轨迹、人脸梯控、人脸消费、人脸会议签到等方面的应用，部分应用的技术相同，只是使用场景不同，某些情况下进行合并管理。

7.2.2 建设目标与需求

结合园区的实际需求，基于一脸通技术，对人员身份统一管理、考勤代打卡管理、访客安全与定位管理、宿舍安全管理、人员定位管理等多个方面提出了更科学、智能的管理需求，为员工提供丰富的人脸体验，为管理者提供准确的事件统计，为访客提供便捷的服务，提升了园区运营效率，从管理便捷、园区安全、提升工效多个维度助力智慧园区。

根据一脸通不同的应用功能进行目标分析如下。

1. 人脸考勤

园区人脸考勤应用，根据用户实际需求，基于提升人员精细化管控的目的，通过人脸考勤应用，杜绝员工代打卡和“吃空饷”行为，为企业节省额外的损耗。

2. 人脸门禁

园区的人脸门禁是需要在有限的时间内通过人脸识别的方式，安全高效的放行权限内人员。包含在园区的人员出入口、园区内的办公楼/厂房/仓库/宿舍、部分产线场景（结合 ESD 检测），部分场景存在人员流量大、通行时间集中、通行人员种类多的特性，部分场景如 EPA 需要额外检测静电，部分场景如宿舍还需要监控滞留事件等多种需求。

3. 人脸访客

园区中，访客管理是不可缺少的一部分，通过自由的访客系统进行预约，访客到达现场后自助在访客机上进行信息录入、人脸采集等流程，最终通过刷脸的方式进出园区，为园区的访客提供更优质更高效的体验，实现无纸化通行和记录。

4. 人脸轨迹

园区具有业务复杂、人员种类多、员工数量众多、安全管理要求多样等需要，因此园区安全管理人员希望可以基于视频+AI 的应用实现园区人员管理的高效、精细化、智能化。

通过园区部署人脸抓拍机，对于照射区域的人脸进行抓拍，所有抓拍的照片上报至后端服务器进行建模比对。通过平台实现业务应用，包括黑名单布控、人员身份确认、1 比 1 比对、以图搜图、人脸轨迹应用等。同时考虑到园区除人脸抓拍摄像机外，还有众多的人脸识别考勤机、门岗、宿舍、产线人脸门禁设备，将这些人脸识别应用的数据一同融入人脸轨迹数据中，形成完整的园区人脸轨迹应用。

7.2.3 技术路线

1. 应用架构

结合园区的实际需求，基于一脸通技术，设计以下功能模块，从人员的身份统一管理、考勤代打卡管理、访客的安全与定位管理、宿舍的安全管理、人员定位管理等多个方面提出了更加科学、智能的管理需求（见图 7-2），提升园区运营效率，从管理便捷、园区安全、提升工效多个维度助力智慧园区。

图 7-2 园区一脸通功能模块

其中人脸考勤、人脸访客需要对接第三方业务系统，如人资考勤系统、OA 访客预约系统等.。一脸通平台负责设备管理及人员信息的下发，同时收集相关刷脸事件数据推送给上层业务系统做业务应用。

园区一脸通子系统只是智慧园区系统中的一部分，可以结合智慧园区的其他子系统形成整体的应用方案。

2. 系统拓扑

系统设计过程中充分考虑了访客、人员通道、门禁等子系统的信息共享要求，对各子系统进行结构化和标准化设计，通过园区综合管理平台将其整合成一个有机的整体，如图 7－3 和图 7－4 所示。

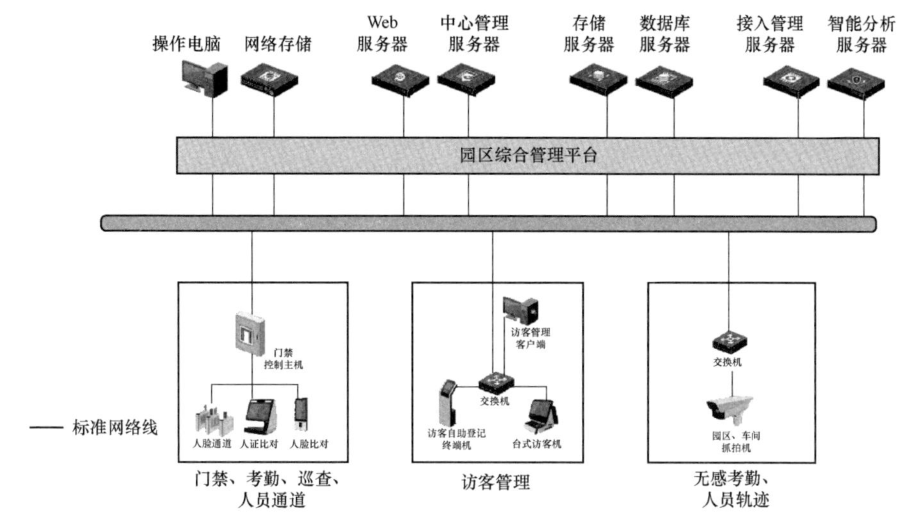

图 7－3　园区一脸通系统架构

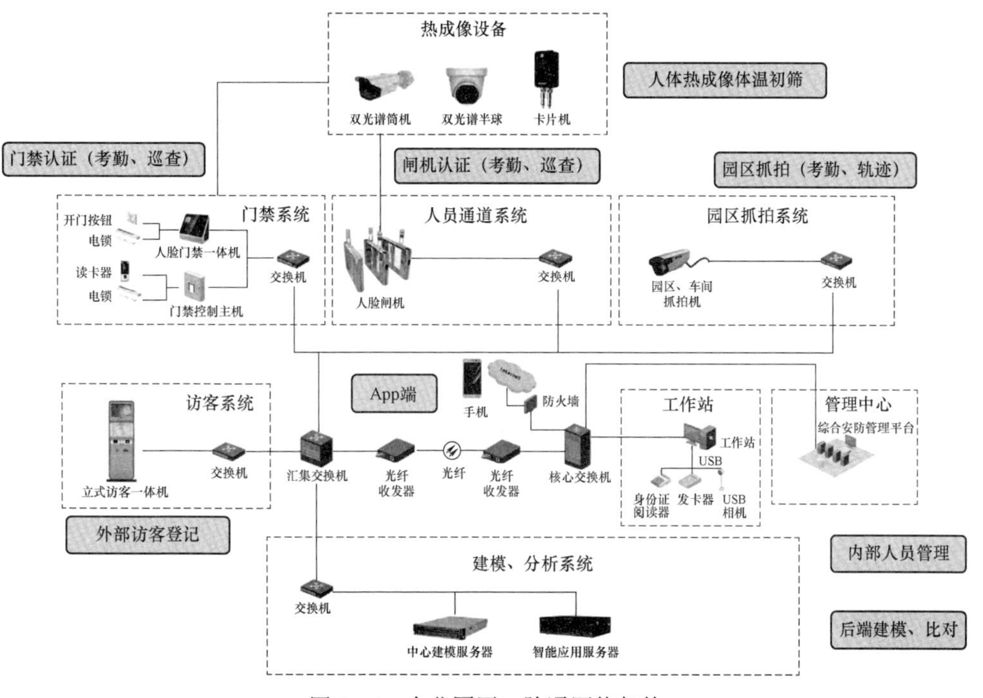

图 7－4　企业园区一脸通网络架构

一脸通将人脸特征作为身份识别的依据，并以此为基础借助视频技术、深度学习技术等，实现园区日常管理的信息化和身份识别统一化。

一脸通系统根据应用场景的不同分为 1:1 比对应用和 1:N 比对应用。

一脸通系统包含访客系统、门禁（考勤）系统、无感考勤（人员轨迹）系统。

一脸通系统主要在应用于对内部人员和外部访客人脸身份和权限进行验证。

门禁子系统中包括人脸门禁一体机或人脸识别和门禁控制主机两种模式，员工刷脸后人脸识别模块进行比对，成功后将开门信号发送给门禁模块实现开门，同时此子系统还可以当作考勤功能使用，由设备记录员工刷脸时间并推送给平台进行记录，考勤记录可以推送给第三方上层业务平台进行更深层次的数据分析和应用。

人员通道子系统，旨在实现对园区门岗、宿舍门岗、产线特殊区域的人员通行管理，原理与门禁子系统类似，人员刷脸时由人脸识别模块进行比对，比对成功则将开门信号发送给闸机的门禁控制器，同时将本事件推送给平台进行记录。

园区抓拍子系统，包括园区、车间内的人脸抓拍机，在园区中人脸抓拍机可以对视野中的人脸进行抓拍并发送给后端的脸谱、超脑进行比对，比对结果将用来制作人脸轨迹使用。在车间内，人脸抓拍机用作无感考勤使用，人脸抓拍后由后端超脑进行识别，并将识别结果事件推送给平台进行记录，后续推送给第三方人资考勤平台做考勤使用。

访客子系统与企业OA访客预约系统进行打通，接收来自访客预约系统的访客信息，并推送给访客机，访客来访时在访客机上进行人脸信息采集，由后端建模后推送给园区门岗的人脸识别设备，访客就可以实现人脸进出园区，同时访客登记、进出园区信息可以通过短信或 App 推送给被访者，为访客提供更加智能化、便捷化的体验。

工作站、管理中心主要负责后台管理，管理人员可以对平台参数、人员信息进行配置。

建模、分析子系统主要负责对人员照片进行建模或对抓拍的人脸照片进行识别比对。

7.2.4 应用系统

1. 人脸考勤应用

人脸考勤应用，根据现场用户实际需求，需要对接人资或考勤系统，人员招募统一由人力资源部门负责招聘登记、身份确认、照片采集、工号分配，考勤系统负责员工的具体入职流程办理。基于提升人员精细化管控的目的，通过人脸考勤应用，杜绝员工代打卡和吃空饷行为，为园区内企业节省额外的损耗。

人脸考勤功能主要分为配合式人脸考勤以及无感式人脸考勤两种，配合式人脸考勤采用人脸识别设备作为识别模块，后端仅存在建模服务器或设备；无感考勤采用后端超脑作为识别模块，前端仅仅用来实现抓拍功能。

配合式人脸考勤流程如图 7–5 所示，首先园区管理平台与企业人资考勤系统进行对接，与企业本地人脸库进行对接。新员工入职时，首先进行员工人证比对后的照片采集，将采集后的照片进行评分检测，随后导入本地的员工照片库中；员工入职登记后，由人资系统或考勤系统为员工分配工号、对应的考勤设备 ID 等信息，并将此信息推送给园区管理平台，园区管理平台根据员工的工号去人脸库中获取每个员工的照片并将之发送给建模设备进行建模，建模设备将建模后的数据及人员底图反馈给园区管理平台，最后园区管理平台再将人员信息、建模数据、人员底图发送给前端的人脸识别设备。员工使用时，在前端的人脸识别设备进行刷脸，前端设备识别后将比对结果中置信度最高的结果显示并将此事件反馈给园区管理平台，园区管理平台收集各个设备产生的考勤事件，依据分组进行数据库视图的制作（不同考勤部门仅能看到本部门考勤情况，可根据需要配置），最后人资考勤系统可以从数据库中读取相应人员或部门的考勤信息。

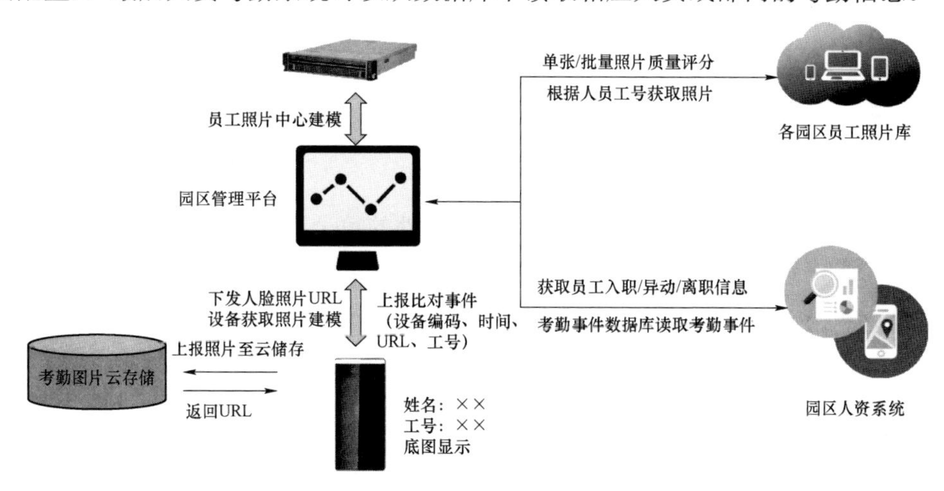

图 7–5　配合式人脸考勤流程

无感式人脸考勤流程如图 7–6 所示，与配合式考勤类似，首先园区管理平台与企业人资考勤系统进行对接，与企业本地人脸库进行对接。新员工入职时，首先进行员工人证比对后的照片采集，也可以通过数码相机等第三方设备进行采集，将采集后的照片进行评分检测（是否复核建模标准），随后导入本地的员工照片库中，以工号的形式命名；员工入职登记后，由人资系统或考勤系统为员工分配工号等信息，并将此信息推送给园区管理平台。园区管理平台接收到该信息后根据工号去人脸库中获取每个员工的照片并将之发送给智能应用服务器进行建模并储存。员工使用时，前端人脸抓拍机抓拍到员工的人脸图片后发送给智能应用服务器，智能应用服务器对该图片中出现的人脸进行建模并于模型库中的人脸模型进行比对，反馈比对置信度最高的结果并显示在大屏上，员工核实自己是否被抓拍识别到，如果没有可以重新配合抓拍，同时智能应用服务器将比对事件上报给园区管理平台，园区管理平台收集各个设备产生的考勤事件，依据分组进行数据库视图的制作（不同考勤部门仅能看到本部门考勤情况，可根据需要配置），最后人资考勤系统可以从数据库中读取相应人员或部门的考勤信息。

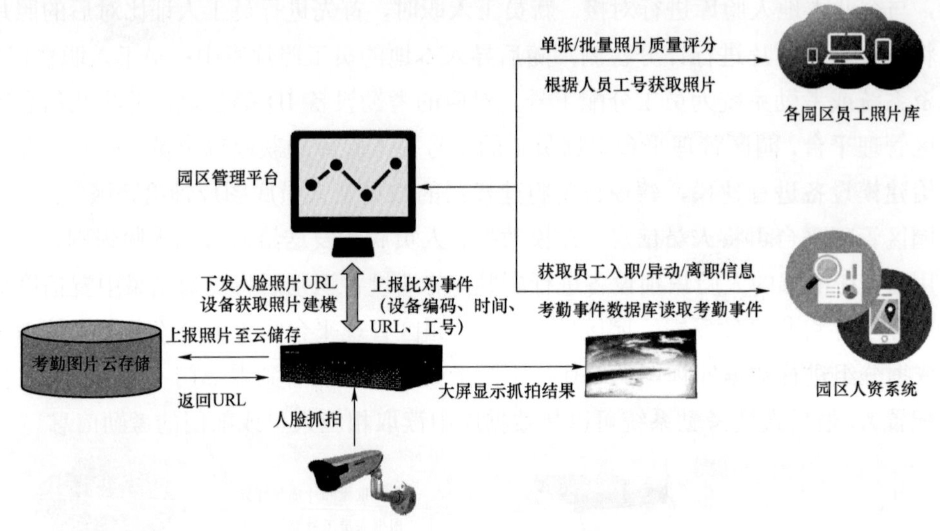

图 7–6　无感式人脸考勤流程

2. 人脸门禁应用

门岗作为园区的第一道门岗，是园区安保管理的第一道闸，具有人员流量大、通行时间集中、通行人员种类多的特性，要在有限的时间内通过人脸识别的方式，安全高效的放行权限内人员，就需要从严谨设计、合理规划，满足实际用户需求（见图 7–7）。

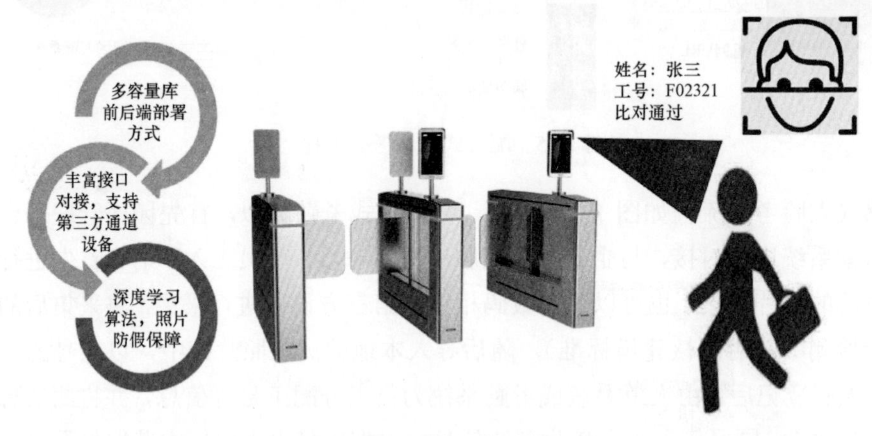

图 7–7　人脸门禁应用示例

在人脸门禁应用中，分为传统的公共区域（门岗）人脸门禁、宿舍人员出入管理、产线 ESD 检测联合应用。

首先公共区域人脸门禁主要以园区的门岗为主，根据园区的规模该功能的设计流程也有所不同，当企业园区的员工规模在 5 万人以下时该功能的设备部属和实现流程与配合式人脸考勤的相应流程类似，如图 7–8 所示。

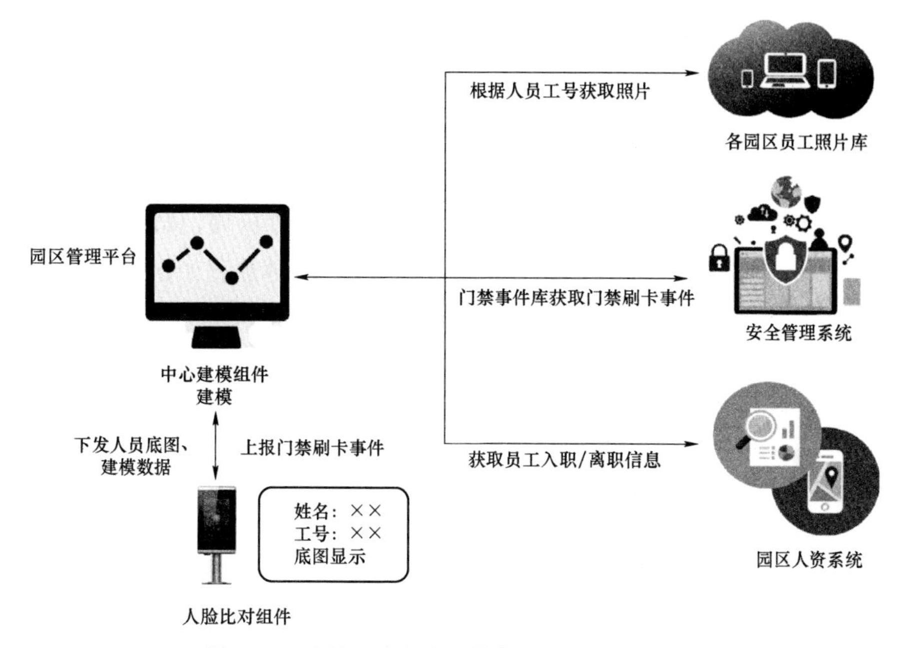

图 7-8　公共区域人脸门禁流程（小于 5 万人）

流程与配合式人脸考勤的流程类似，人脸核对成功后，同时联动闸机的门闸进行开门动作，随后园区管理平台收集各个设备产生的门禁事件，并将该事件储存在数据库中，最后第三方安全管理系统可以从数据库中读取相应人员的门禁信息。

当企业园区的员工规模在 5 万人以上时，出于对前端人脸识别设备的容量及识别效率考虑，可采用后端比对的方式来实现人脸门禁功能，具体流程如图 7-9 所示。

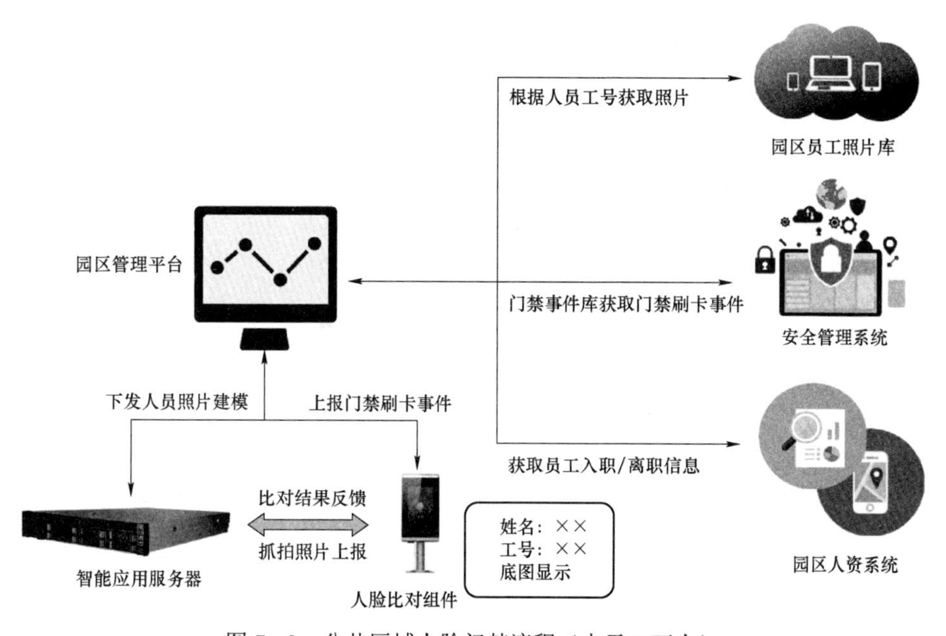

图 7-9　公共区域人脸门禁流程（大于 5 万人）

与小于 5W 人的园区人脸门禁流程不同的是，园区管理平台通过工号获取员工照片后下发给后端智能应用服务器进行建模并保存，员工在人员通道的人脸识别设备刷脸时，人脸识别设备将抓拍后的照片发送至智能应用服务器进行后端比对，比对相似度最高的一条反馈至前端设备，根据前端设备设定的阈值进行结果确认。

除去园区门岗外，人脸门禁还被广泛应用于园区的其他区域，如宿舍、产线，其中在员工宿舍中用于管理员工的进出记录及超时滞留等，具体流程如图 7-10 所示。

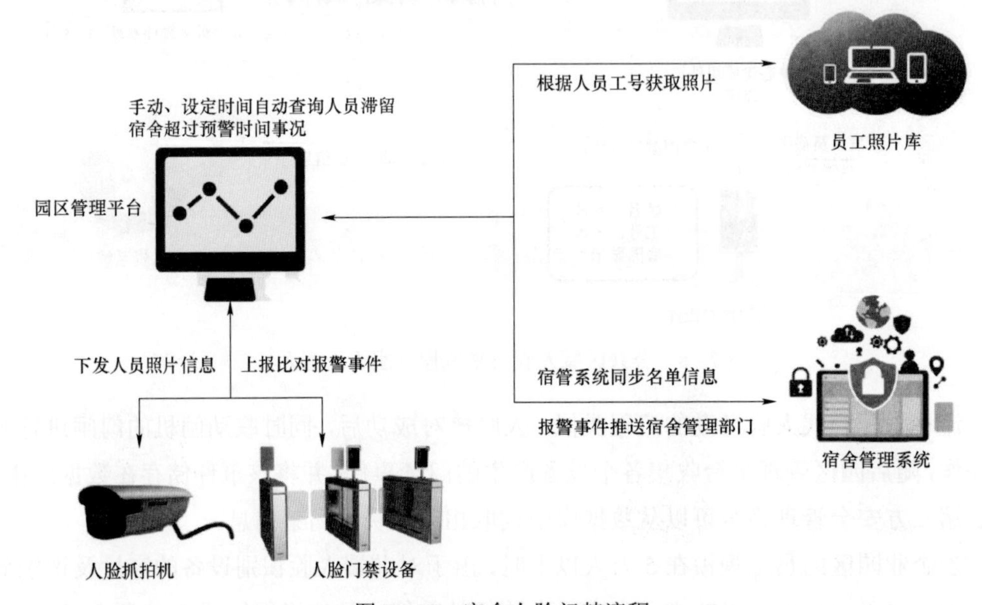

图 7-10　宿舍人脸门禁流程

ISC 与宿舍管理系统对接后同样通过人员工号获取员工照片，获取后发送给宿舍内的人脸门禁设备及人脸抓拍机，人员经过时由前端设备进行智能识别并将比对事件反馈给园区管理平台。与传统应用不同的是，在宿舍人脸门禁应用中，可以手动设定查询人员滞留宿舍超过预警时间的情况，一是可以敦促员工及时上班，二是可以及时发现员工的身体异常情况（健康问题导致长时间滞留宿舍）。最终所有的员工出入信息、滞留信息都将推送给企业自有的宿舍管理系统进行上层数据应用。

在产线中的人脸门禁应用是与 ESD 检测进行联动，如图 7-11 所示。

3. 人脸访客应用

园区每天有大量外来人员以访客形式进出，某些大型园区访客人员数量每天可达上千人。访客通过企业自有的访客系统进行预约，由被访者填写访客人员信息，预约成功后会有短信推送预约成功信息，现场通过身份证确认登记，但是大部分园区存在无法进行访客身份验证，只有照片抓拍及指纹采集作为事后追溯依据。为解决这个问题，使园区访客更便捷、高效地登记进入园区，可在已有的人脸门禁设计应用的基础上，方案设计达到实现访客的人脸识别应用（见图 7-12）。

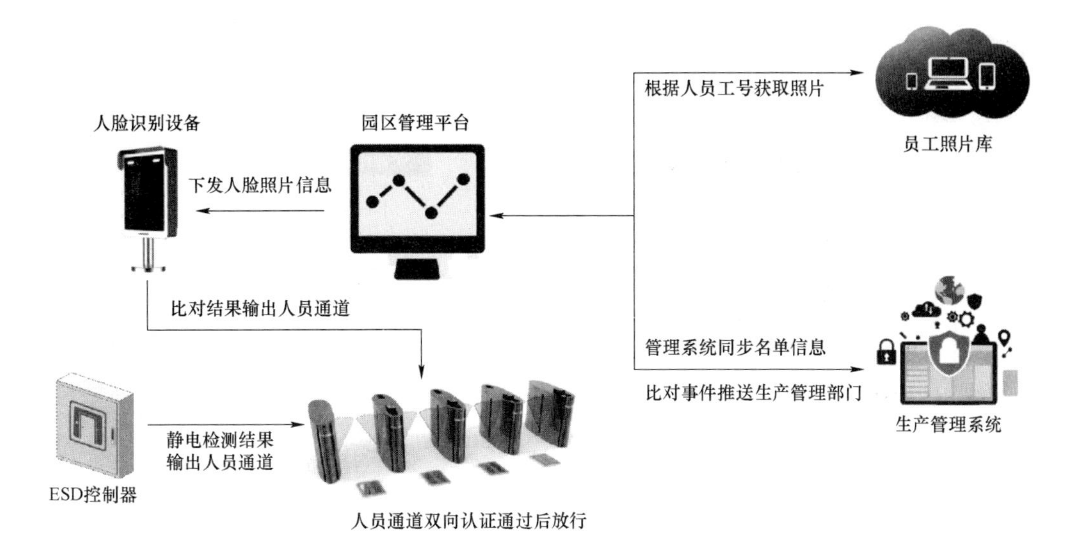

图 7-11 产线 ESD 识别+身份验证流程

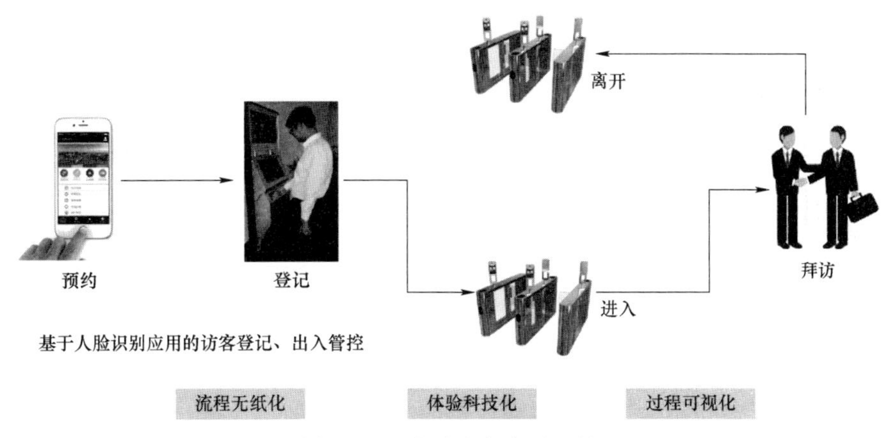

图 7-12 人脸访客应用示例

人脸访客应用在部分复用了人脸门禁应用的设备及功能，实现访客的自主登记、人脸入园、实时提醒（访客登记、入园、离开）等功能，具体实现流程如图 7-13 所示。

1）访客业务由用户被访者在安全处访客预约系统进行访客预约，填写访客相关信息；

2）访客系统调用同步接口将访客信息同步至园区管理平台，包括姓名、公司、身份证、来访时间、访客 ID 等；

3）访客至访客室摆放安装的立式访客机进行访客登记，通过身份证识别进行身份确认，人证比对后抓拍照片由园区管理平台进行下发至人脸门禁设备或建模设备进行建模；

4）访客至园区门岗处，通过人员通道上的人脸识别设备进行人脸抓拍，识别并联动人员通道开闸，指示灯亮绿灯，声音提示比对通过，流程与人脸门禁应用在园区门岗员工出入相同；

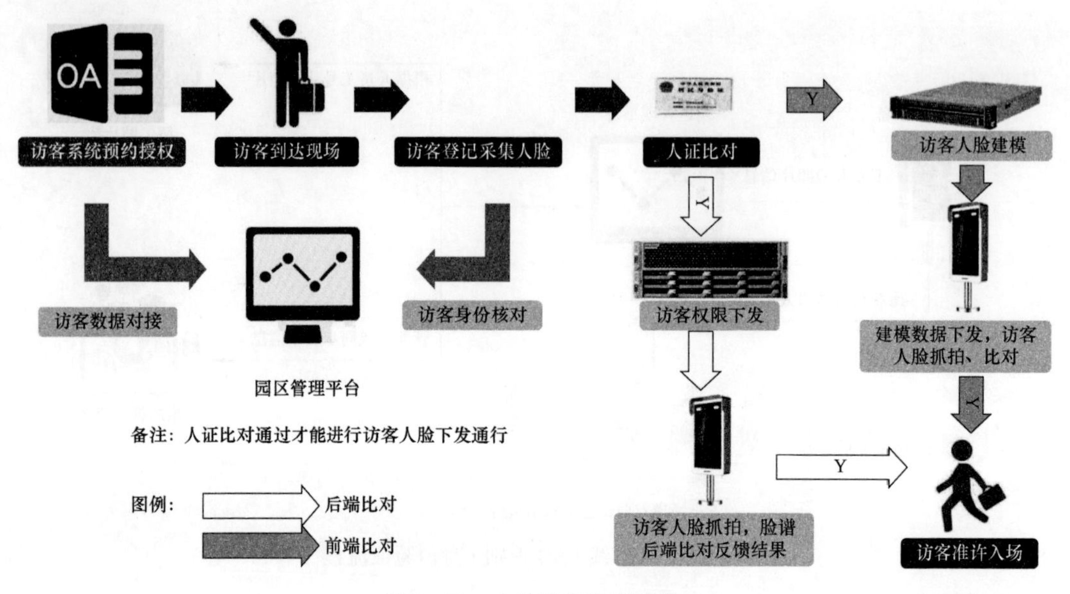

图 7－13　人脸访客应用流程

5）同时访客的登记、进出事件都将推送给园区管理平台进行记录，根据需要可以通过短信或 App 的形式进行信息推送。

4. 人员轨迹应用

通过园区安装部署的智能人脸抓拍机，对照射区域的人脸进行抓拍，所有抓拍的照片上报至后端服务器进行建模比对。通过园区管理平台实现业务应用，包括黑名单布控、人员身份确认、1:1 比对、以图搜图、人脸轨迹应用等。同时考虑到园区除人脸抓拍摄像机外，还有众多的人脸识别考勤机、园区门岗人脸门禁设备等，将这些人脸识别应用的数据一同融入人脸轨迹数据中，形成完整的园区人脸轨迹应用（见图 7－14）。

- 被开除员工黑名单，人脸识别入厂报警
- 园区人员人脸数据融合，回溯历史轨迹数据呈现，便于事后可视化管理应用。
- VIP访客园区参观路线——人脸识别，及人脸识别运动轨迹展示

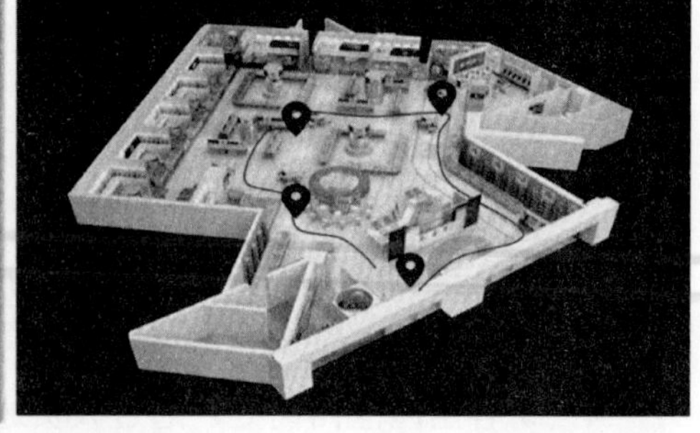

图 7－14　人员轨迹应用示例

人员轨迹应用相当于汇聚了人脸考勤、人脸门禁、人脸访客的人员刷脸数据在园区

中对固定人员的轨迹路线进行分析。此外，通过园区安装部署的智能人脸抓拍机，所有相机通过网络接入后端比对服务器，进行抓拍照片建模和结构化数据存储，识别比对后与人脸考勤、人脸门禁、人脸访客的刷脸数据进行大数据分析使用。

人脸轨迹应用的业务流程如图 7–15 所示。

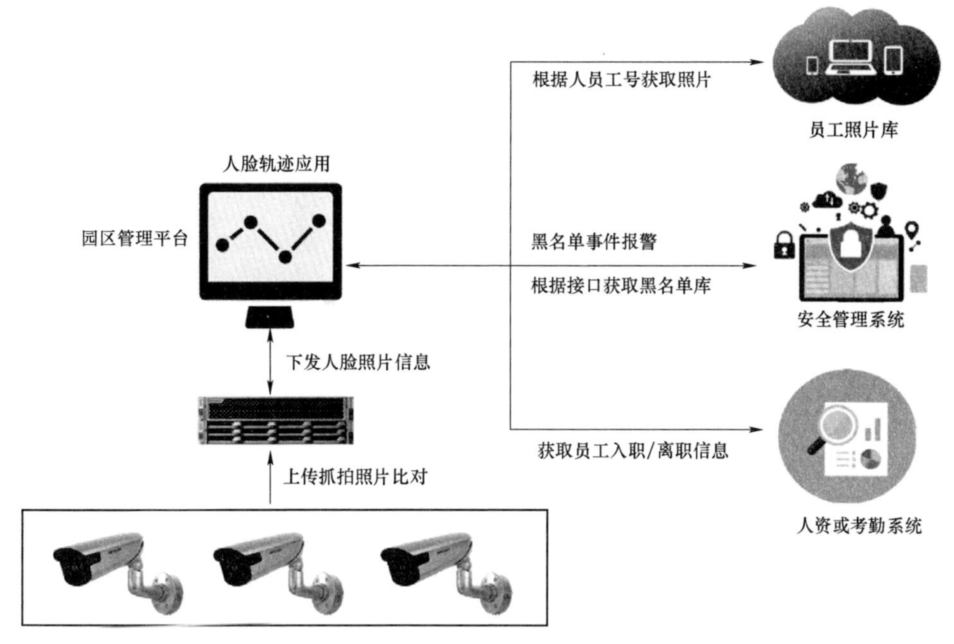

图 7–15　人脸轨迹应用流程

1）系统数据库同步人员信息，不管增量和全量，图片都从园区管理平台获取，将员工信息存放于脸谱静态库中；

2）人脸抓拍照片存放至配置的人脸轨迹专用云存储中后，由云分析服务器根据照片 URL 地址进行建模，建模后数据存放于大数据中；

3）安全管理人员需要进行人脸轨迹应用时，通过园区管理平台界面，可以通过搜索姓名、工号或访客人员的身份证号、人脸图片，实现人脸轨迹的应用；

4）具体实现流程为，通过姓名和工号找出静态库中的员工名单库，通过名单库的底图结构化数据去大数据中搜索抓拍图的结构化数据，从而手动选择若干图片点击生成人脸轨迹；

5）园区的人脸轨迹底图可为电子地图，在其上进行相关的点位配置。

7.2.5　应用价值

园区一脸通系统，旨在通过更加智能化、精细化、便捷化的管理方式对园区中的员工考勤、人员进出、访客预约、宿舍门禁、产线特殊应用等进行管理，提升园区整体运行效率及安全程度。

（1）深度学习，高识别率

深度学习算法，使得系统支持人脸库数量更多、准确率更高、比对速度更快，足以满足各类场景下的应用要求。人脸识别终端自带人脸框，方便校准，并实时自动检测最大人脸，提升人脸抓拍效果。

（2）活体检测，有效防假

通过双目摄像头拍摄人脸，得到相应的人脸区域的3D数据，并基于这些数据做进一步的分析，最终判断出这个人脸是来自活体还是非活体，有效防止通过非法的照片或视频实现非法认证通行。

（3）无需卡片，自带介质

无需担心卡片出现遗失、被盗、复制等现象，同时用户出行无需携带任何介质，通过人脸识别技术取代传统卡片完成身份识别认证。

（4）实人认证，无法代刷

访客和内部人员通过人脸为介质完成身份登记和人脸权限下载，人脸的生物特征具备与生俱来唯一性和不易被复制的良好特性为身份识别提供了有效保障，只有本人才能完成身份认证，其他人员无法替代该人完成身份认证，未登记人员无法通过传统冒用其他人卡片等介质进入场所。

（5）灵活登记，一脸通行

访客通过访客一体机即可自助完成身份确认和人脸权限下载，内部人员通过手机App、照片导入、中心USB相机等多种方式完成身份确认和人脸权限下载，内部人员和访客通过人脸为身份认证介质实现门禁、人员通道的通行，告别了传统的卡片、二维码等有介质通行方式；而管理方也无需担心访客卡片遗失而带来财产损失等。

（6）通行记录，图片查询

系统对文档的整理采用排序和查询算法，系统操作员能够将快速地定义查询分类，并可对资料的任何内容进行单一对象或域的查询。同时管理可对用户通行的图片信息进行查询，方便事后事件追溯。

（7）灵活比对，多种认证

系统支持IC卡、身份证、人脸及其组合验证方式，可供用户灵活选择。采用刷人脸模式时，不仅可以保障很高的安全性，还能快速完成实名制身份验证，彻底解决卡片遗失、被盗带来的风险。

灵活的比对模式使得用户可以在满足安全需求的前提下，几乎不影响人员的进出管理效率，足以满足各类场景下的应用要求。

（8）脱机运行，安全可靠

当人员信息已经成功下载至人脸前端设备，由于网络故障等原因，导致人脸前端设备处于脱机离线状态时，系统仍然可以对人员进行人脸身份识别，完成门禁、人员通道的通行。

（9）黑名单比对，实时预警

支持与第三方业务平台对接，可本地比对后传输给后端平台或者公安身份证信息库进行核验，然后输出语音提示及界面文字显示。系统支持本地事件导出，黑名单、人脸库数据导入；支持本地登录后管理、查询、设置设备参数、数据导入导出。

7.2.6 发展趋势

借用卡、遗失卡、代打卡的问题困扰着用卡的园区企业，造成人力损耗和影响安全。基于深度学习的人脸识别比对算法的一脸通系统，实现对人员身份的快速、准确确认，结合访客、人员通道系统、门禁系统、巡查系统、考勤系统，为保障人员安全的工作、生活、学习和娱乐建立起安全屏障，增加优质体验，还可以和停车场、视频、报警系统等联合使用，形成整体园区智能解决方案，逐渐从用卡向以用人脸为代表的生物识别信息鉴权管理演进。

7.3 综合安防

7.3.1 概述

安全文明的环境是智慧园区的基本要求，随着园区安全越来越重要，传统的人防与物防已经无法满足现代智慧园区的安全需求，“人防与技防相结合”“预防为主”的安全文明管理指导方针深入贯彻到园区管理中。园区内影响安全和管理秩序的不文明行为时有发生，解决这些现存问题，除了建立全面科学的有效管理制度和机制之外，还必须建设基于视频监控、通道控制、入侵报警、车辆管理、巡更管理等园区综合安防系统来满足安全防范、高效管理需求。

7.3.2 建设目标与需求

通过对园区安防需求分析，打造安全、智能、高效的综合安防管理系统，为用户提供安全、健康、方便、舒适、快捷的工作环境，实现技防与人防、物防相结合的目标，提高园区运行的安全性和有序性，加快对园区异常事件处理的速度，提高园区的综合管理水平。为此，需要建立入侵报警、视频监控、动环、停车场管理、梯控、巡更等子系统。

入侵报警子系统一旦发现布防区域中的异常情况，系统能够以最快和最佳的方式发出警报并提供有用信息，从而能够更加有效的协助安保人员处理危机，最大限度地降低误报和漏报现象，切实提高布放区域的安全防范能力，是园区安防系统的第一道防线。

视频监控子系统是整个安防建设的重点，负责园区内的视频安全监控，实现视频图像的预览、回放、存储、上墙，以及云台设备的云台控制等业务，提供安全监视、设备监控、案发后查、证据提取等有效的技术手段，为快速有效的指挥决策提供可视化支撑，使管理人员能远程实时掌握园区内各重要区域发生的情况，保障监管区域内部人员及财产的安全。

综合安防管理可帮助园区优化传统安防管理方式，减少中间环节和中间管理人员，使信息反馈更加迅速，提高了对安全隐患及生产现场问题的快速反应能力。如：

网络高清视频联网：通过视频监控联网，可为各级管理人员按权限分配各环节现场图像信息，避免现场状况信息汇报的延时，出差在外的管理人员甚至可通过移动网络了解现场实际情况以参与应急决策；

报警联动策略：可设计通过视频分析、人脸识别、黑名单识别等技术进行实时侦测，当有非法入侵等异常行为时，推送报警信息、现场图片等至管理人员手机、邮件以及时响应；

报警预案：可设置多种报警预案以提高警情发生时的处理速度；

联动策略：门禁、车辆出入口设备等与消防系统联动，消防报警时自动打开消防通道；

热成像防火管理：对仓库、车间的防火管理，相比传统的温感、烟感的探测方式，热成像防火管理方式可以及早发现火情或火险隐患，及时处理，闭门企业的重大损失。

7.3.3 技术路线

1. 系统架构

综合安防管理平台采用组件架构，每个组件承担不同能力，从能力上分为共性业务组件、通用服务组件、基础环境组件（见图 7–16）。

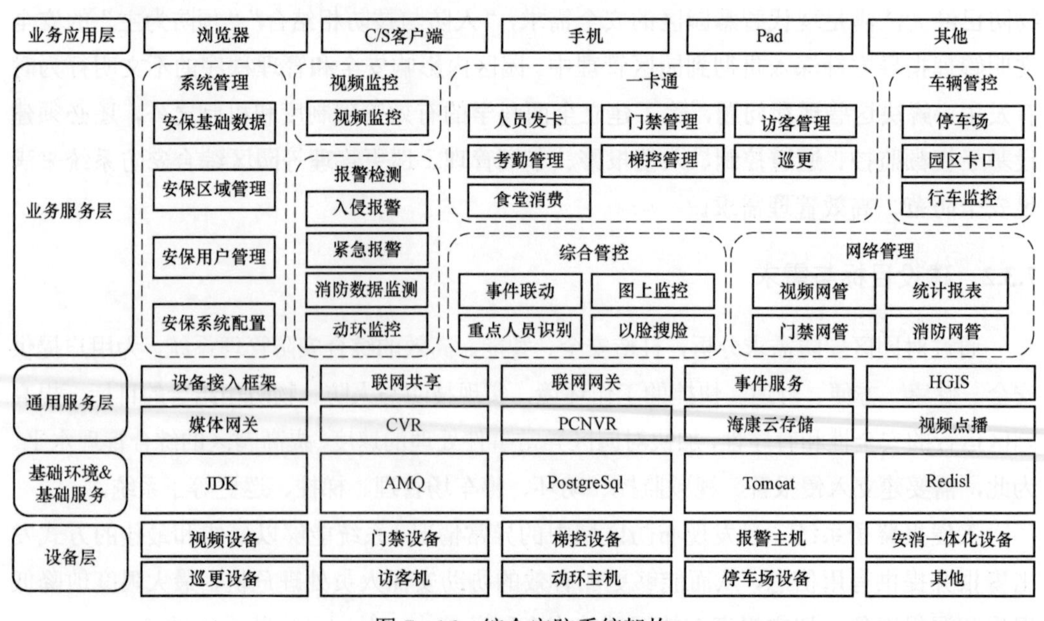

图 7–16 综合安防系统架构

共性业务整体分为：视频监控业务、一卡通业务、车辆管理业务、报警检测业务、综合管控、网络管理和系统管理，每类业务由各自领域的组件组合而成。业务组件依赖通用服务组件及基础环境组件的能力。

报警检测通过接入报警主机、消防主机、动环主机，配合各种探测器和传感器，对区域进行布防、消防检测和对环境量监控。平台采用 B/S 架构配置、C/S 架构控制结合的方式，通过报警设备、消防设备和动环设备的接入，实现安消一体化以及机房的动环监控。

视频监控系统通过对前端编码设备，后端存储设备及中心传输显示、解码设备的集中管理和业务配置，提供了视频监控，录像回放，解码上墙和图片查询等应用。

2. 部署架构

综合安防管理系统由系统前端、传输网络、中心系统这三个相互衔接、缺一不可的部分组成。

（1）系统前端

系统前端对站内的各类安防系统等进行了整合，主要负责对应用场景内部及周边的视音频、报警等信息进行采集、编解码、存储及上墙显示，并通过平台预置的规则进行自动化联动。

系统前端一般部署在工厂园区相应的安防区域。

（2）传输网络

综合安防系统承载的网络因不同行业、不同业务和不同用户而异，可根据实际情况建设，建议采用内部高速局域网的方式构建，充分利用局域网数据传输的优势，实现各系统之间的信流的快速交换。前端系统的视音频、环境量、报警信息可上传至平台，分别供安防管理部门、各级用户调用查看。

传输网络按网络规划部署。

（3）中心系统

中心系统可管理应用场景内部的所有设备，接收由各区域上报的信息，满足各级用户对监控视频、报警信息查看等需求，主要包括综合安防管理平台、管理客户端等。

中心系统一般部署在监控中心机房。

部署架构如图 7-17 所示。

7.3.4 应用系统

1. 入侵报警

（1）整体架构

周界防范子系统由前端报警、传输网络、管理中心组成。其中前端报警部分包括周界入侵探测器和防区脉冲主机以及报警主机。报警主机到管理中心的传输网络可以是公共电话交换网（PSTN）、无线信道（CDMA/GSM）、Internet 网络等。管理中心则有管理计算机以及相应软件组成。

周界防范系统整体架构如图 7-18 所示。

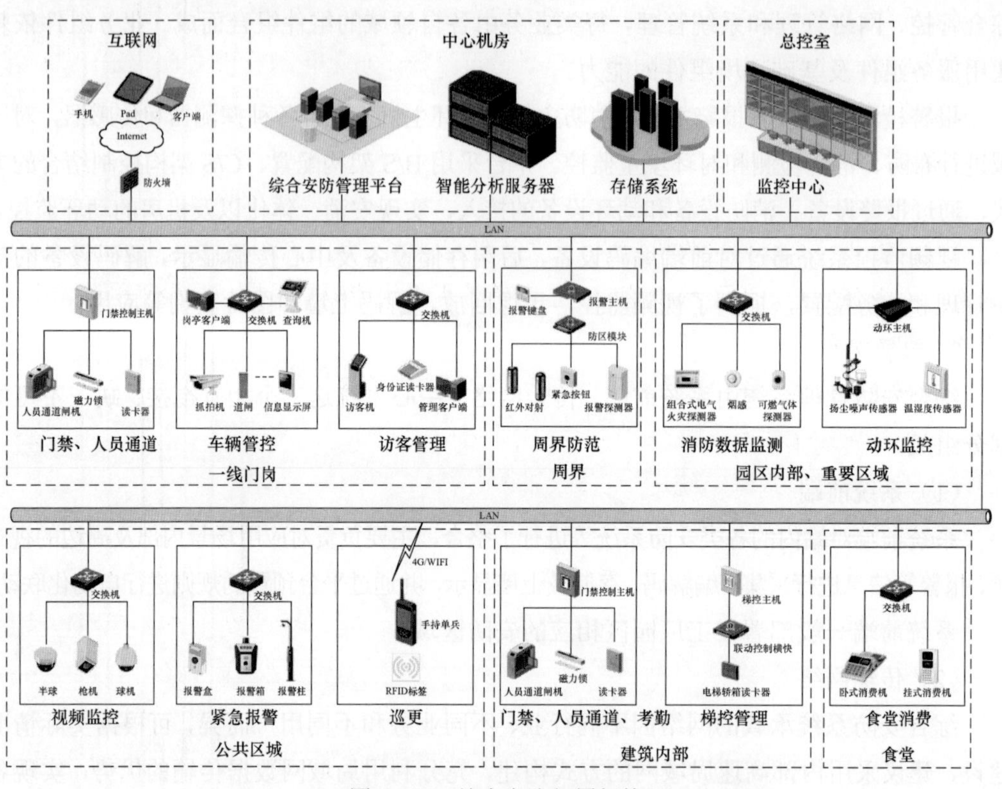

图 7-17 综合安防部署架构

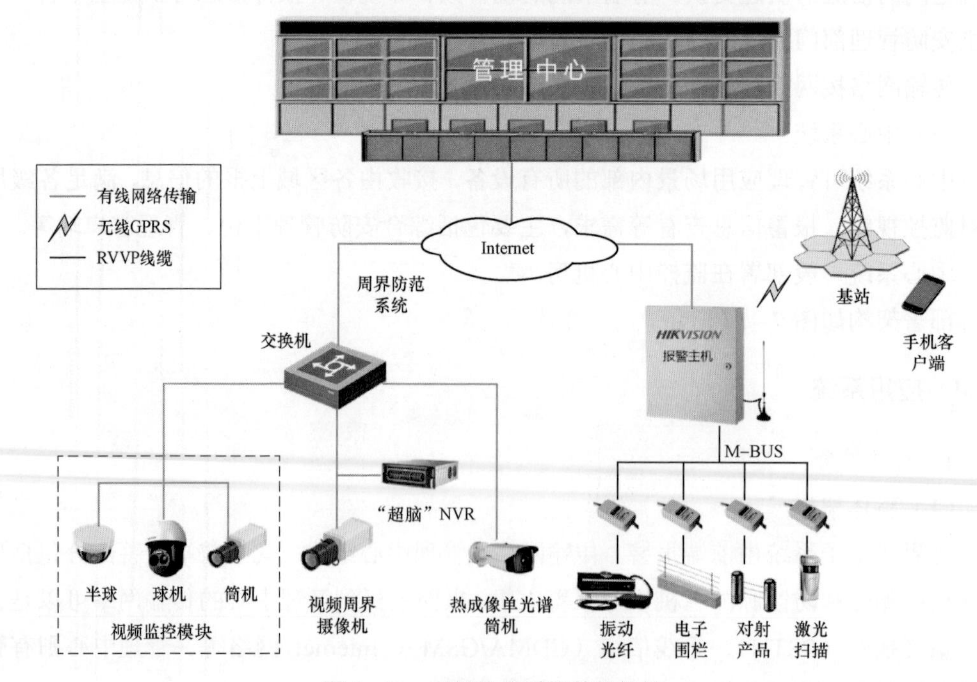

图 7-18 周界防范系统整体架构

（2）前端探测器

周界防范产品主要部署在室外周界，整个报警系统给的最外层防护圈，当有人员从外部闯入时，周界防范探测器将报警信号通过报警主机上传到监控中心，便于中心管理人员迅速处警。目前，周界产品主要类型为红外对射、脉冲电子围栏、振动光纤、可见光视频周界相机、热成像相机、入侵安防雷达、激光扫描探测器等。

红外对射是目前技术最成熟、使用也最广泛的周界探测技术之一。一对对射由一个红外发射机和一个红外接收机组成，当发射机和接收机之间的红外光束被完全或部分遮断时产生报警信号。为了减少落叶、小鸟等外界干扰造成的误报，一般使用双光束、三光束、四光束的对射探测器来减少误报。

该产品价格低、施工成本低、性价比高，适用于分界线清晰、周界平直的使用场景，但是由于红外技术本身的瓶颈，容易被环境所干扰（雾、雪、雨天气、强光、树木枝叶），而造成误报，需要视频系统进行复核判断。

激光对射。和红外对射一样，一对激光对射是由一个激光发射机和一个激光接收机组成，由于激光本身的穿透性非常高，很难被雾霾、雨雪天气干扰，所以这种周界技术的环境适应性很强，误报率低，同样，激光对射的使用场景和红外对射一样，局限于分界线清晰、周界平直的使用场景。

脉冲电子围栏是传统的普通围墙与报警系统的完美结合，在普通围墙阻挡作用的基础上，增加报警功能，同时脉冲主机发出的脉冲高压信号又具有威慑入侵者的作用。脉冲电子围栏具有物理屏障、主动反击、延迟入侵、准确报警、安全防护等特性，其缺点在于外观不隐蔽，美观性依赖于施工管控。其组网架构图如图 7－19 所示。

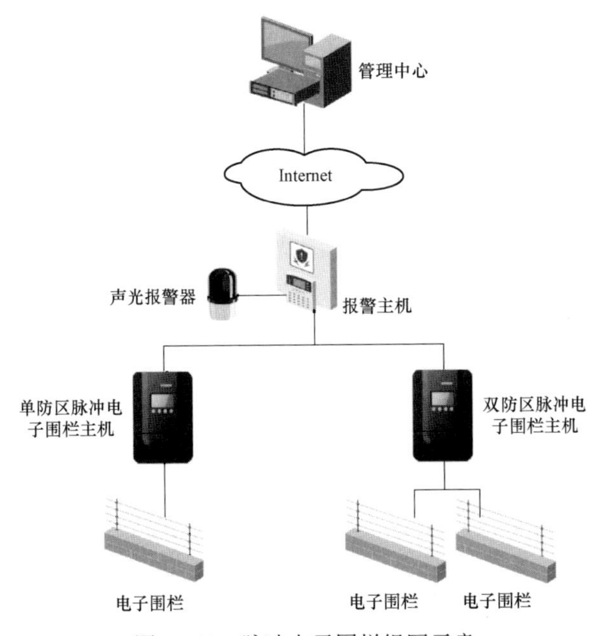

图 7－19　脉冲电子围栏组网示意

振动光纤是一种新型的智能型周界报警防范产品。主要原理是通过震动、压力导致光纤形态被干扰而产生光信号的相位改变来达到报警的目的，为周界入侵提供了早期预警而设计，可以有效地探知周界围栏防护网被剪切以及围栏被攀爬的入侵企图，是一种高效的探知周界入侵的方法。

由于是通过检测激光光束在光纤中的传播轨迹变化来感知入侵，所以不会受到任何辐射、电磁干扰的影响，非常适用于安装在易燃、易爆等高危险的应用场景。

振动光纤在周界的布防有埋地式、贴墙式、挂网式等多重安装方式，适应多种周界环境并能很好地和环境相结合，具有隐蔽效果，其组网架构如图 7-20 所示。

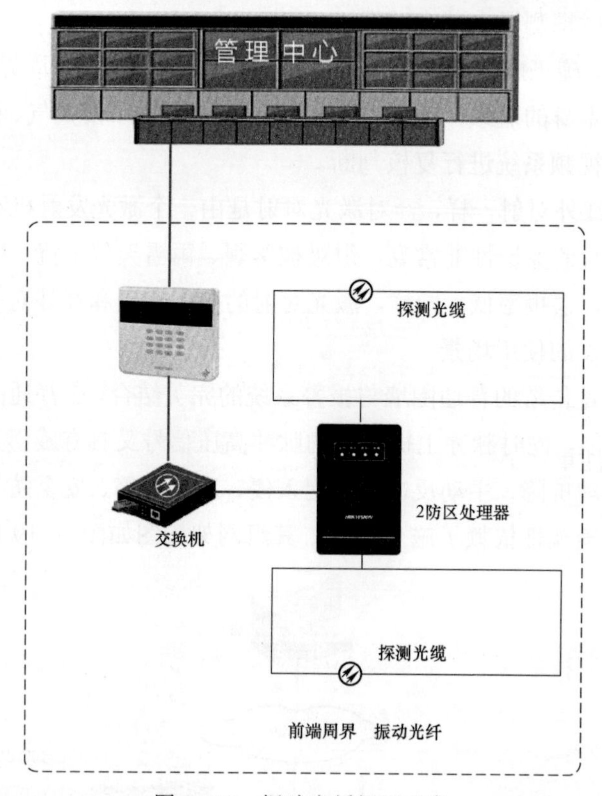

图 7-20　振动光纤组网示意

可见光视频周界相机。视频周界相机是通过前端相机进行周界防范侦测，或后端智能设备对前端采集的视频进行分析，实现周界防范的报警功能。视频周界防范具有成本低，布设方便等优势，但也存在误报较多的困扰，如因受树叶摇晃、灯光照射、动物穿越、车辆等因素影响，导致误报过多、安保人员难以应对。

通过将周界防范前端设备接入智能 NVR，由智能 NVR 实现对前端推送的报警图片进行人体目标二次识别，有效过滤绝大部分非人体触发的报警，提高周界防范报警准确率，解决在实际使用中报警不准确、误报率高、防范效果一般等问题。可视化视频组网如图 7-21 所示。

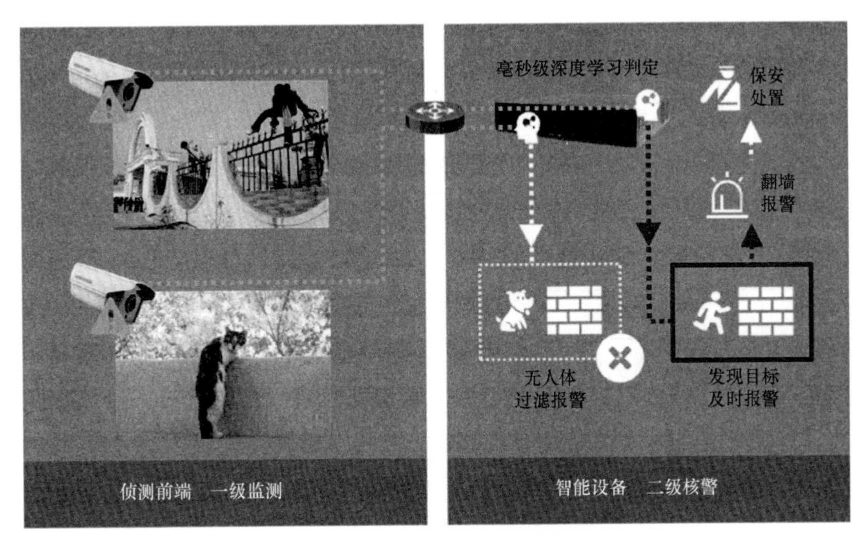

图 7–21 可视化视频组网示意

热成像相机通过侦测目标对象的热辐射，形成热成像，结合智能分析实现周界防范的报警功能。同时，在强光、逆光等恶劣环境下做到不受影响，可有效对震动、车辆、树木碰触等干扰行为进行准确过滤的优势；此外，对隐藏在深度不深、但可见光无法穿透的草丛、树林等周边区域进行探测，发现隐藏的危险物体，系统应能对隐藏物体进行有效探测，做到入侵事件的事前预防等诸多优势。不过，热成像相机成本较高，主要面向预算充足、较为注重周界报警准确性的园区。

激光扫描探测器一种能探测移动物体的尺寸、速度及与探测器的距离，并利用独特的算法处理信息，得出最小误报率的高可靠性探测结果的创新性产品，具有智能探测分析功能和独特的参数探测算法，扩大了应用范围且提高了录像监视的效率（见图 7–22）。

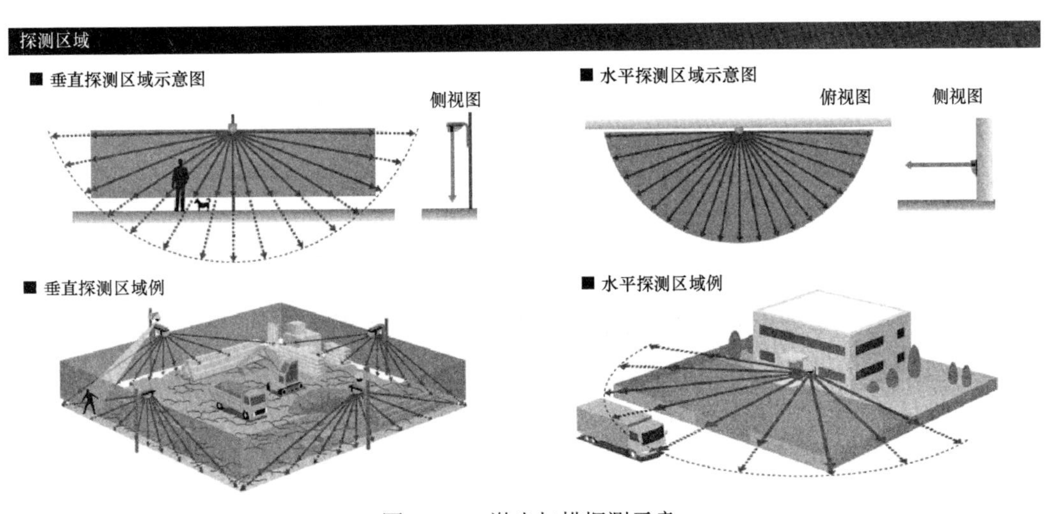

图 7–22 激光扫描探测示意

各种周界防范产品的功能特性对比如表 7-1 所示，在园区实际选择时，应结合地形、客户需求、防范等级、预算等因素综合考虑。

表 7-1　　周界防范产品功能特性对比

类型	地形影响	误报率	阻挡作用	气候影响	成本（相对）
脉冲电子围栏	围墙类周界	低	有	低	适中
振动光纤	全地形适应	极低	无	低	高
红外对射	界线清晰且周界平直类周界	高	无	高	低
激光对射	界线清晰且周界平直类周界	低	无	低	较高
可见光视频	围墙、空地	低	无	高	低
热成像	有树林遮蔽	极低	无	中	高
激光扫描探测	界线清晰且周界平直类周界	极低	无	低	高

（3）主要功能

1）报警管理。园区管理平台提供方便、快捷的报警管理界面，既能显示当前的报警信息、用户操作记录，又能显示最近一段时间内既往报警条目，并对报警受理状态加以明显标识分为未处理、已处理，值班人员根据标识不同进行管理，提高处警效率。在BS 界面上，还可以方便地进行报警信息查询、统计、编辑、修改等操作。

2）周界去误报。可见光视频周界防范由于存在误报较多的困扰，可通过将周界防范前端设备接入智能 NVR，由智能 NVR 实现对前端推送的报警图片进行人体目标二次识别，有效过滤绝大部分非人体触发的报警，提高周界防范报警准确率，解决在实际使用中报警不准确、误报率高、防范效果一般等问题，实现周界防范去误报功能。

3）远程控制。当报警主机连接到平台后，平台可对其进行远程控制，对报警主机的子系统和防区的状态进行集中的回控操作，包括子系统的布撤防，报警防区的旁路、旁路恢复、消警等。强大的远程控制功能可以方便地根据用户实际需要来设定报警系统的工作状态。

4）报警联动。

联动视频复核。平台收到用户的报警信息后，显示报警的同时，通过平台配置能自动弹出报警发生所在区域的现场图像进行视频复核，复核时可打开声音监听现场环境，打开对讲与现场人员通话，使值班人员可以更全面、详细地查看，进行报警核实，帮助中心管理人员正确迅速地判断是否需要出警及如何处警。

联动视频进行目标跟踪。用户可事先根据报警设定联动视频，设定防区周围相关的 4 个监控点联动，当报警发生后联动查看关联的 4 个监控点，通过视频监控有效监控报警目标，查看目标在报警发生后行进路线，部分实现对目标的实时跟踪，快速调集安保人员进行堵截。

声音报警联动。本地语音输出，即在报警发生时可触发监控中心本地输出多种不同的报警声音或警铃，声音文件可自行设定或录制。

录像及抓图联动。报警的录像联动和抓图联动功能，即当前端触发报警后，系统会联动监控点对警情现场进行录像及抓图，可以在事后通过查看录像文件和图片来还原报警时现场的情况。

电视墙联动。联动上墙功能，即当前端触发报警后，可以把关联的监控点视频投放到电视墙上进行预览，更加直观地显示前端现场情况。

短信、邮件联动。当前端触发报警后，通过平台的联动配置可用短信或邮件将报警信息迅速发送的相关人员，保证各方及时了解警情，迅速做出反应。

门禁联动。通过平台的资源共享机制和联动设置，当报警发生时，可联动门禁进行开门联动，方便人员在紧急情况下进行疏散和逃生。

预案联动。通过预案配置，配置报警发生时的处理步骤。当平台接收到报警信号，监控中心管理人员可根据报警关联的预案进行操作处理。

5）电子地图。平台的电子地图主要用于配置与控制各子系统资源，展示这些资源的地理位置。可将报警防区和紧急报警设备添加到电子地图中，当发生报警时，地图上自动定位该报警点位，并以图标闪烁的形式显示报警状态。同时，平台支持在电了地图中显示防区的实时状态，防区关联的历史报警事件以及对防区进行旁路和旁路恢复等反控操作。

2. 视频监控

（1）整体架构

视频监控系统主要由前端摄像机设备、视频显示设备、控制键盘、视频存储设备、相关应用软件以及其他传输、辅助类设备组成。系统具有可扩展和开放性，以方便未来的扩展和与其他系统的集成。

整体架构如图 7–23 所示。

1）前端部分。前端支持多种类型的摄像机接入。系统可配置高清网络枪机、球机等，按照标准的音视频编码格式及标准的通信协议，直接接入网络并进行视频图像的传输。

2）传输网络部分。前端与接入交换机之间可通过有线网络或无线网络接入。有线网络中主要包括 3 种方式连接：光纤收发器的点对点光纤接入方式，直接接入交换机方式（距离 100m 以内），点对多点光纤 PON 接入方式，均可将前端信号汇聚至中心的核心交换机。

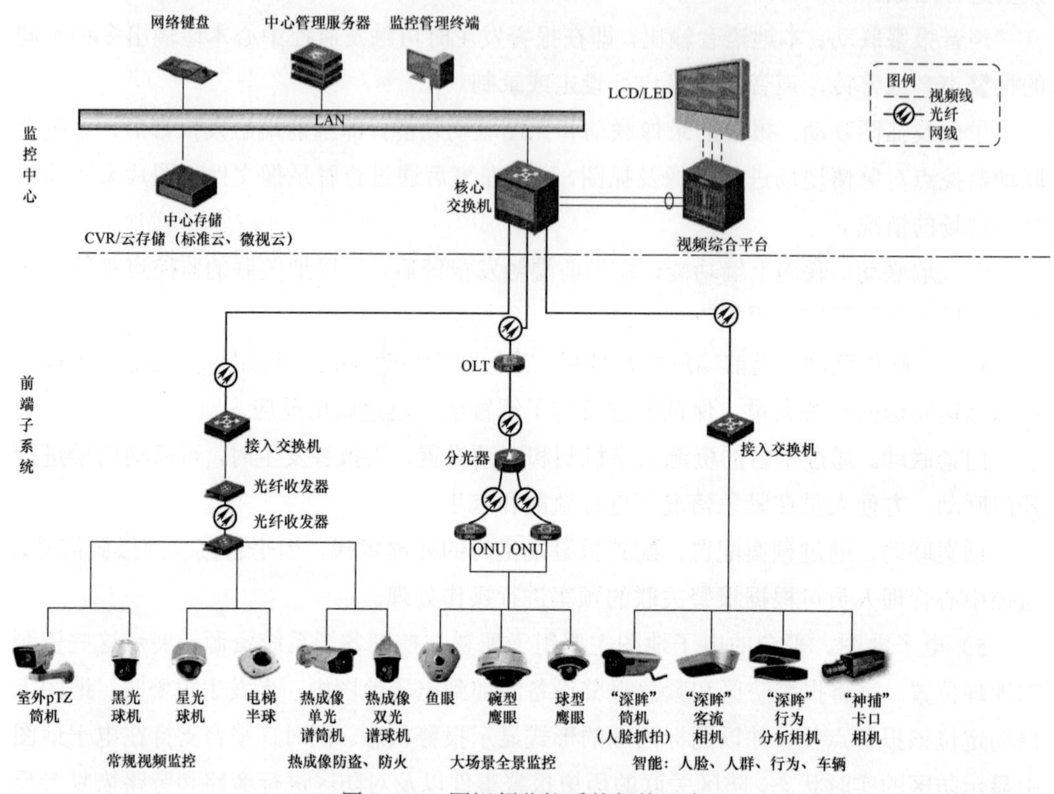

图 7-23　图视频监控系统架构示意

3）监控中心部分。监控中心的设计主要包括视频存储、视频显示及实现统一管理的平台软件。在部分大型园区项目中，监控中心可能分中心机房和控制中心两部分，中心机房主要部署视频存储、中心管理服务器（安装平台软件）以及核心交换机，控制中心部署解码拼控设备、显示大屏以及用户终端。

对于大型项目，监控中心可采用 CVR 或云存储等主流存储模式对高清视频图像进行存储；小型项目或需要前端分布式存储的场景也可以采用 NVR 方式，解决数据落地问题。用户根据实际需要选择不同的存储方式。

监控中心采用视频综合平台完成视频的解码、拼接，上墙等应用，通过部署 LCD、LED 显示屏用来将视频进行上墙显示。

中心平台采用 iSecure Center 综合安防管理平台对视频监控设备和用户进行统一管理，实现视频的预览、回放、权限控制以及各类智能应用。

（2）前端设计

前端设计时，摄像机需要选择更高的清晰度，满足园区管理的需求（见图 7-24）。

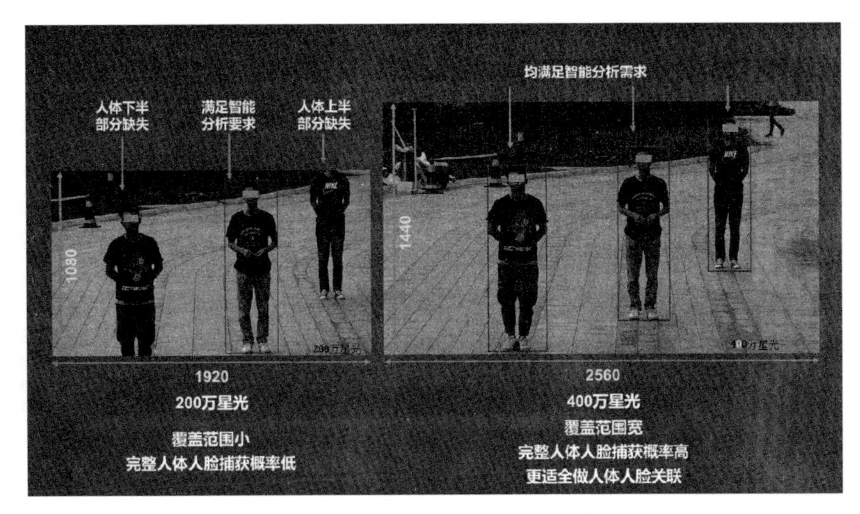

图 7-24　前端设计—人体人脸特征

更高清晰度让园区内人员的人体人脸特征等能更高概率获取（见图 7-25）。

图 7-25　前端设计—车辆管理

车辆也是园区管理的一个重要目标，看清楚车牌等车辆特征属性有助于园区车辆管理（见图 7-26）。

图 7-26　前端设计—人车分类检测

带声光提醒的智能人车分类检测，保障园区道路混行管理（见图 7-27）。

图 7-27　前端设计—光线不足管理

智慧园区的管理需要全天候的管理，晚上光线不足时，也需要能看得清、看得懂（见图 7-28）。

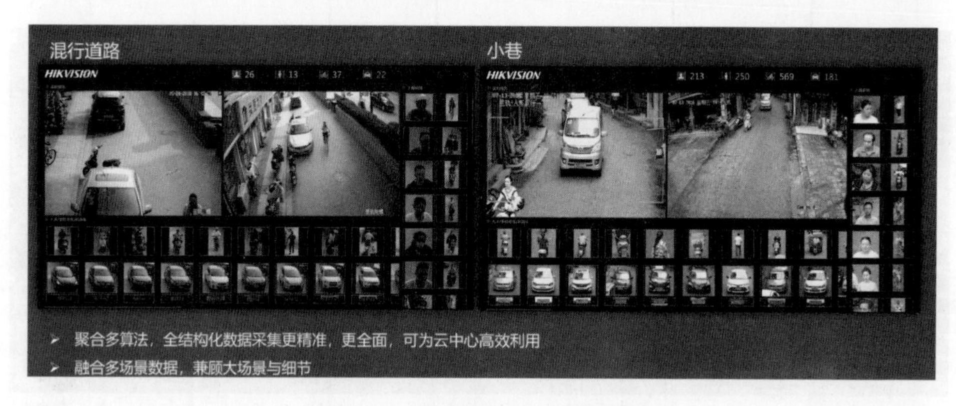

图 7-28　前端设计—大场景监控

智慧园区部分场所需要大场景监控的、同时能车辆抓拍、人脸抓拍、人体抓拍以及视频结构化多合一的相机，来保障园区管理的智能化（见图 7-29）。

图 7-29　前端设计—180 度全景

3200 万鹰眼，智慧园区需要 180 度全景和多个位置特写兼顾的设备。

（3）网络设计

监控传输网络系统主要作用是接入各类监控资源，为中心管理平台的各项应用提供基础保障，能够更好地服务于各类用户，以有线网络设计为例。

对于视频监控路数少于 200 的情况，可以选择二层网络架构；对于视频监控路数大于 200 的情况，推荐使用三层网络架构。网络结构如图 7−30 和图 7−31 所示。

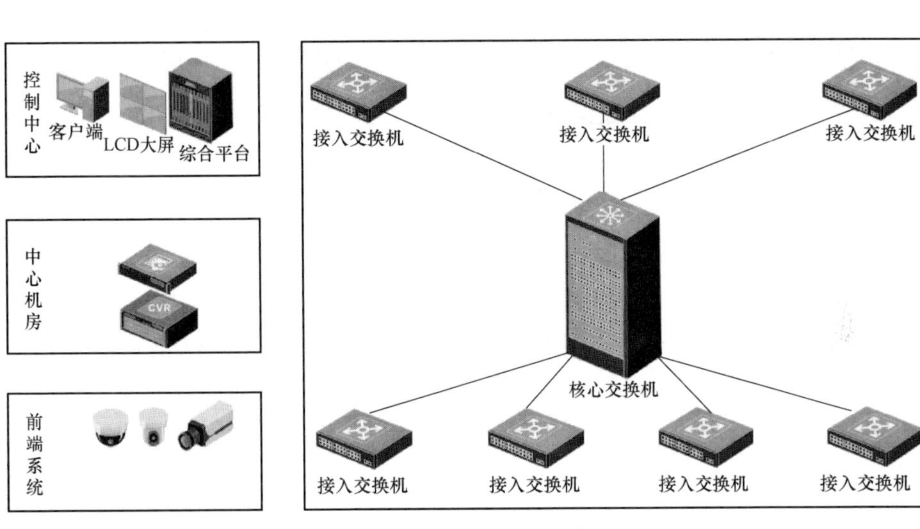

图 7−30　二层网络架构

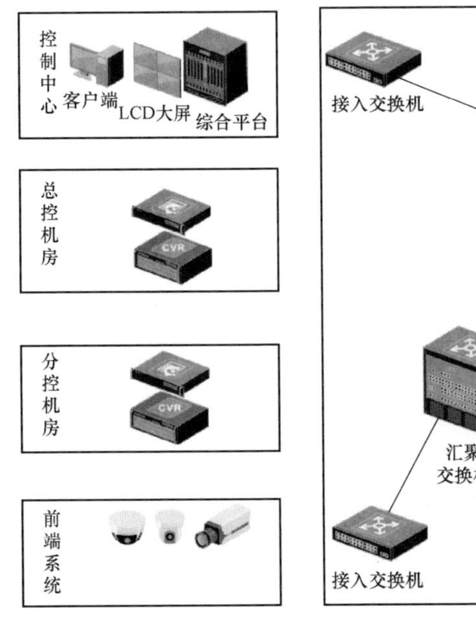

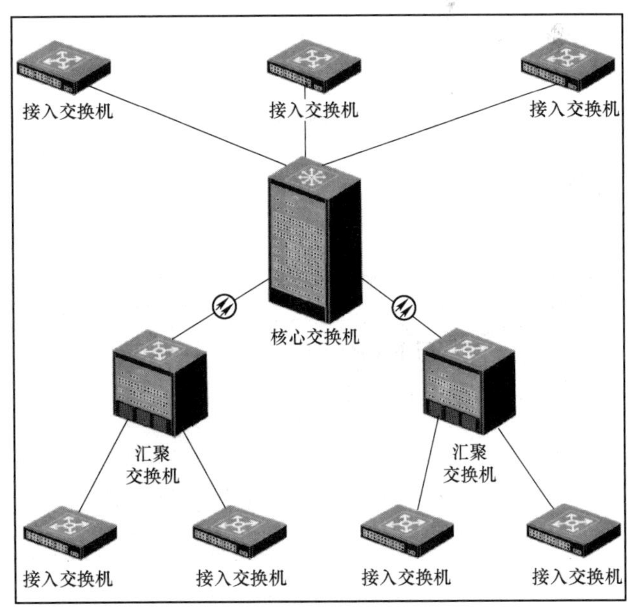

图 7−31　三层网络架构

1）核心层。其主要设备是核心交换机，作为整个网络的大脑，核心交换机需具备高可靠性及高稳定性的要求，一般均采用模块化框式交换机，在可靠性配置上需具备双电源、双引擎的要求，在稳定性配置上需选择合适的背板带宽及处理能力较高的板卡，对特殊行业还可采用双核心交换机部署方式。

2）汇聚层。汇聚层是网络接入层和核心层的“中介”，因核心交换机的端口有限，系统规模大时核心压力也会非常大，因此需要汇聚层分担核心压力。汇聚层交换机比核心层交换机具有更高的性能，更快的交换速率。同时汇聚层支持实施策略、安全、工作组接入、虚拟局域网（VLAN）之间的路由、源地址或目的地址过滤等多种功能。在汇聚层中，应该采用支持三层交换技术和 VLAN 的交换机，以达到网络隔离和分段的目的。

3）接入层。

前端资源接入。前端网络采用独立的 IP 地址网段，完成对前端多类监控设备、门禁设备、停车场设备的互联。前端设备通过 IP 传输网络接入监控中心或者数据机房进行汇聚。对于传输距离小于 100m 的情况下可采用超五类或者六类双绞线就近直接接入交换机；对于传输距离大于 100m 的情况下，可采用一对光纤收发器实现点对点接入或者采用 PON 实现点对多点接入。

用户接入。对于用户端接入交换机部分，需要增加相应的用户接入交换机，提供用户接入服务。控制中心部署接入交换机，通过千兆光纤链路接入到传输网络中，保证设备及客户端的正常使用。

（4）存储设计

存储部分主要是满足视频监控产生的视频存储业务需求，停车场业务和一脸通业务产生的图片，存储在 iSecure Center 平台的图片存储组件 ASW 中。如下存储方式可 N 选 1。

1）NVR 存储。在小型项目中，可采用 NVR 的分散存储模式，实现对视频的存储。其中 NVR 为自主研发，它融合了多项专利技术，采用了多项 IT 高新技术，如视音频编解码技术、嵌入式系统技术、存储技术、网络技术和智能技术等。

存储部分采用 NVR 模式时，IPC 不与平台直接对接，而是先接入 NVR，再通过 NVR 接入平台。IPC 与 NVR 之间实现了直接对接，而直接对接模式一般采用底层协议而非 SDK 方式，更有利于提高接入效率。NVR 直接获取 IPC 的音视频直接存在本机上，实现视频直存。

2）CVR 存储。中心流媒体直写存储方案，方案支持前端编码器录像数据以流媒体（ONVIF 或者 RTSP 的标准流媒体传输协议）直接写入存储系统，能够为用户提供更加优化，更高性能，更加可靠的监控存储服务，能够满足用户更多更高的需求

网络高清视频监控系统的存储设计采用 CVR 视频监控专用存储设备，通过集中式的存储方式部署在中心机房，用于存储管理所有前端监控摄像头的实时监控视频。采用

集中式存储方案，物理介质集中布防，更方便管理，数据更可靠、更安全，更容易实现数据的大规模共享和应用。

3）微视云存储。针对小型监控系统以及大规模分散部署的场景下，微视云系统作为视频云存储系统的小型化方案，其诞生旨在解决通过少量存储设备的集群化、虚拟化提供小型云存储服务，让用户在投入低的情况下即可获取云存储服务。

微视云存储系统仅由存储节点（物理存储设备）组成，无独立的元数据服务器。系统内部通过集群竞选主管理模块负责上层业务调度响应、内部负载均衡、分布式存储等业务执行。云存储系统可以组建海量的存储资源池，容量分配不受物理硬盘数量的限制；并且存储容量可进行线性在线扩容，性能和容量的扩展都可以通过在线扩展完成。

微视云存储物理结构如图 7–32 所示。

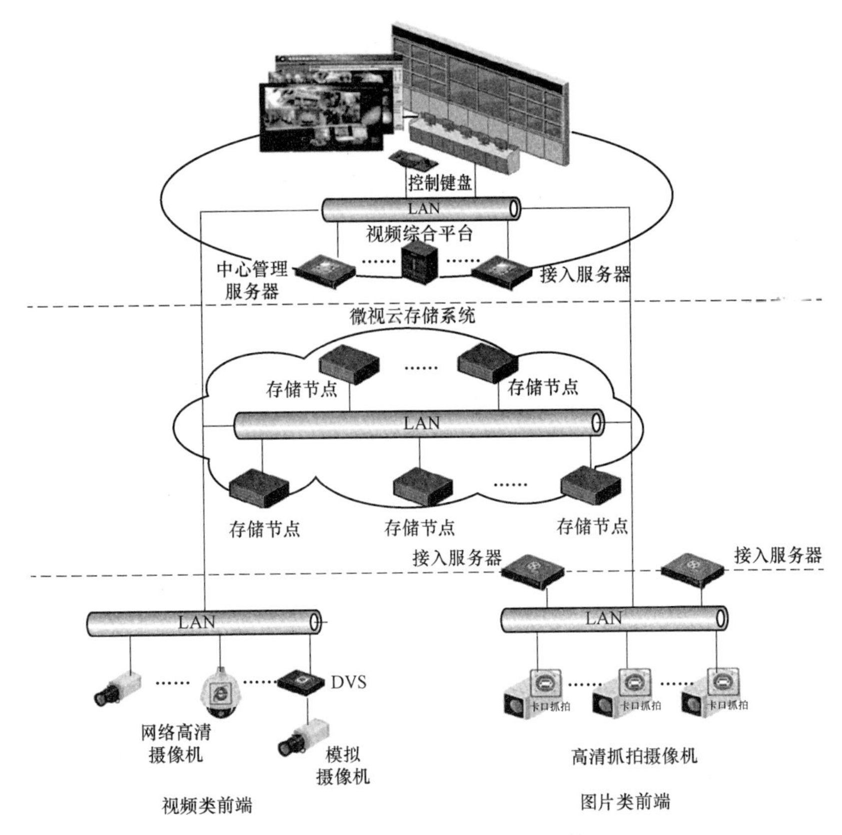

图 7–32　微视云存储物理结构

视频云存储节点（CVSN）：作为云存储系统业务的具体执行者负责视频数据存储、读取、存储设备管理、存储空间管理等。

4）标准云存储。面对近年呈 EB 级增长的海量存储需求，云存储对于园区用户来说是一个新选择。

视频云存储系统主要由存储管理节点（服务器）和存储节点（物理存储设备）两部分组成。系统内部需要配置的元数据信息由云存储管理服务器统一管理，管理节点还需要负责集群内部的负载均衡，失败替换等管理职能；视频云存储系统可以组建海量的存储资源池，容量分配不受物理硬盘数量的限制；并且存储容量可进行线性在线扩容，性能和容量的扩展都可以通过在线扩展完成。

视频云存储物理结构如图 7–33 所示。

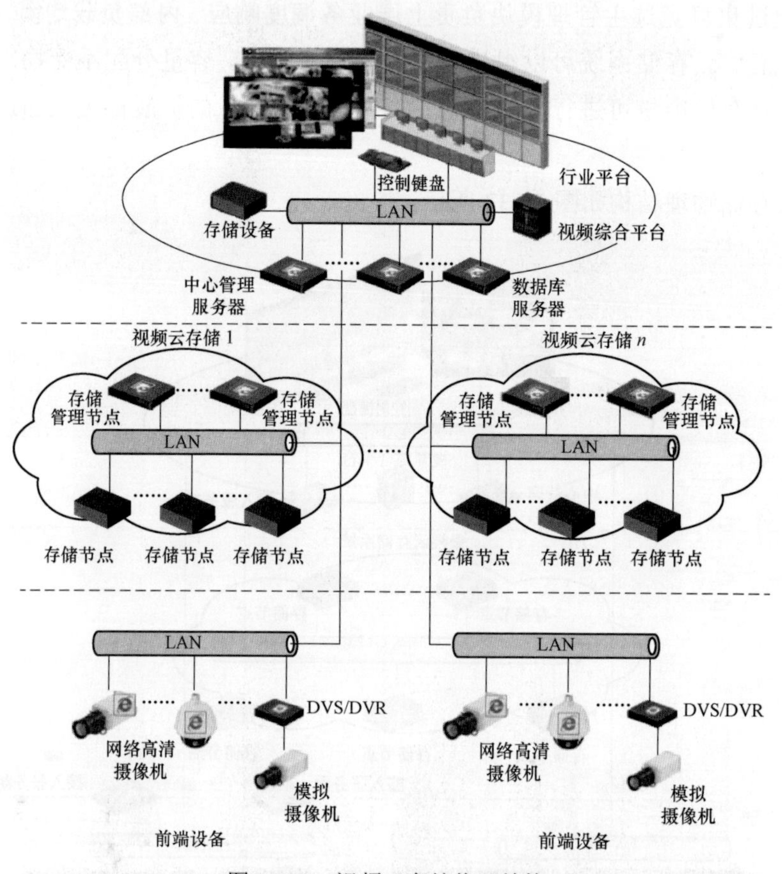

图 7–33 视频云存储物理结构

视频云存储管理节点（CVMN）：部署存储管理服务器，是视频云存储系统的核心节点，作为云存储系统的调度中心负责云存储系统资源管理、索引管理、计划管理、策略调度等。

视频云存储节点（CVSN）：作为云存储系统业务的具体执行者负责视频数据存储、读取、存储设备管理、存储空间管理等。

（5）解码拼控设计

解码拼控部分可采用系统级的以解码、控制、拼控等功能集于一体的视频综合平台。视频综合平台支持网络编码视频输入、VGA 信号输入，支持 DVI/HDMI/VGA 接口输出，可进行实时视频、历史录像回放视频解码上墙和报警联动上墙，支持拼接、开窗、漫游等，并支持动态解码上墙云台控制功能。

1）单屏显示。组合大屏的每个单元单独显示一路视频画面，每个单元的视频信号可以任意切换，如图 7-34 所示。

图 7-34　图单屏显示示意

2）整屏显示。整个大屏显示一路完整的视频图像（见图 7-35），显示的图像可以是复合视频（PAL 或 NTSC）、VGA、S-Video、Ypbpr/YCbCr、DVI。

图 7-35　图拼接显示示意

3）任意分割组合显示。以一个屏为单元可任意 1、4、9、16 路画面分割显示；可以任意几个大屏组合显示一路画面，如图 7-36 所示。

图 7-36　图分割显示示意

4）图像叠加漫游。可以将任意一个或多个信号叠加到其他信号之上显示，并且可以随意移动，进行漫游，如图 7-37 所示。

图 7-37　图叠加显示示意

5）图像半透明混合处理。可将任意一个信号叠加到其他信号（地图）之上，图像透明度可调，即可以看到实图像又不覆盖其他信号，如图 7-38 所示。

6）图像拉伸。可将一个信号在整个屏幕墙上随意缩放，如图 7-39 所示。

7）LOGO/OSD 显示。在不占用视频输入的情况下，可通过网络在任意单元上以任意大小显示任意多幅静止图像，也可以是 LOGO 信息或地图；可在任意单元任意位置显示适量字库文本信息，文字透明度可调（见图 7-40）。

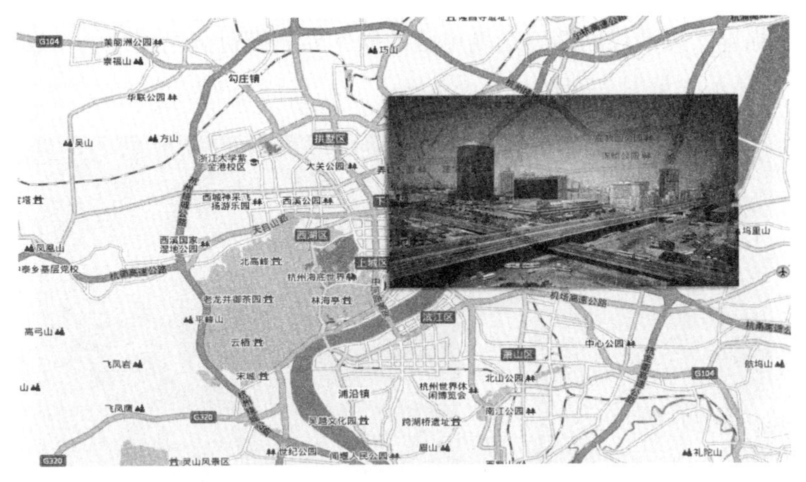

图 7-38　图半透明显示示意

图 7-39　图像拉伸显示示意

图 7-40　OSD 显示示意

8）网络抓屏。可通过网络将远端电脑的操作界面投射到电视墙上，如将客户端操作投像到大屏显示（见图 7–41）。

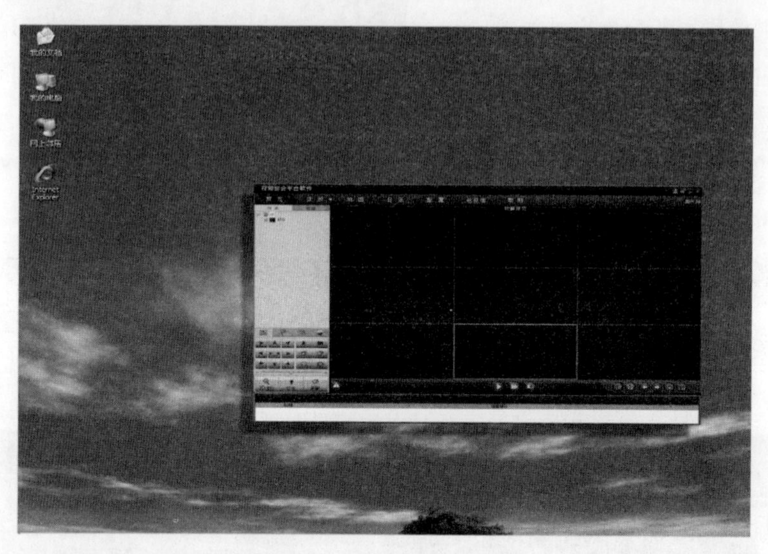

图 7–41　网络抓屏显示示意

（6）大屏设计

目前采用的大屏，主要有两种，一种是 LCD 大屏，另外一种是 LED 大屏。

LCD 大屏由 LCD 液晶显示单元拼接而成，可以根据客户需要任意拼接，采用背光源发光，物理分辨率可以轻易达到高清标准，液晶屏功耗小、发热量低，且运行稳定、维护成本低。LCD 大屏具有低功耗、重量轻、寿命长、无辐射、安装方便快捷、占用空间较小等优点。

显示大屏支持 BNC、VGA、DVI、HDMI 等多种接口，通过控制软件对需要上墙显示的信号进行显示，通过视频综合平台可实现信号的实时预览、视频拼接显示、任意分割、开窗漫游、图像叠加、图像拉伸缩放等一系列功能（见图 7–42）。

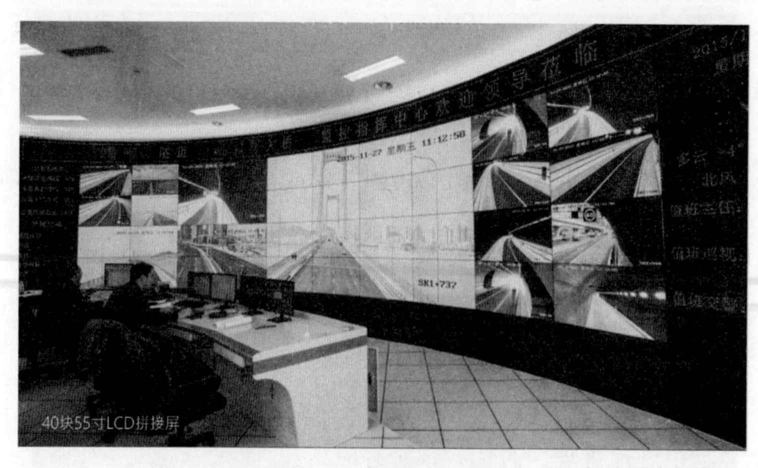

图 7–42　LCD 大屏

LED 屏主要分为全彩和单双色，又基本分为室内室外（室内室外的主要区别是防护性和亮度）。单双色主要应用于显示文字等信息，现在项目中出现较多的是 LED 条幅屏。

全彩根据使用场所分为户外、半户外、室内。LED 的箱体包含 4:3、16:9、1:1 等。

全彩 LED 的配件包括控制卡，也称为控制器、发送卡，DVI 分配器，DVI 分配器的主要目的是节省拼控设备的输出端口的数量；配电柜是根据显示面积 × 产品峰值功耗/电源转换效率，粗略估计可以采用面积 × 1kW 来计算；可采用立式支架，需要提供屏面到墙面 600mm 以上的空间（见图 7–43）。

图 7–43　LCD 大屏

LCD 和 LED 各有优缺点，需要根据不同的应用场景来选择，同时用户自身的喜好也决定了选择哪种大屏。

LCD 显示屏具有高亮度、高对比度、高分辨率、宽视角、亮度及色彩均匀、大尺寸、显示质量优异、单位面积成本低、使用寿命长等特点；同时，在兼顾良好性能基础上，考虑系统总体造价和长期运行维护成本均有较高的性价比。LCD 屏在很多场景适用，比较适合指挥中心、监控中心、会务中心、展厅中心、商场大屏等场景。

LED 大屏具有整屏无缝拼接、色彩表现力强、性能稳定、使用寿命长、环境适应能力强、性价比高、使用成本低等特点；如若户外需要，还应考虑到防水防潮。由于 LED 屏具有的无拼缝、色彩鲜艳饱和度高，非常适合在展示场景中使用，比如舞台、展厅、指挥中心、会务中心等。

3. 动环监控

（1）整体架构

动环监测系统主要由环境采集传感设备、动环监控报警主机、综合管理平台组成，采集传感设备将数据接入到动环监控报警主机，报警主机通过网络统一汇聚到综合管理平台，通过平台集中进行管理、监控、预警等应用。

动环系统对重点房间内设备的运行状态、温度、湿度、洁净度、供电的电压、电流、频率、功率、配电系统的开关状态、测漏系统等进行实时监控并记录历史数据，同时将重点房间内设备的工作状态进行实时的视频监控，实现对其五遥（遥测、遥信、遥控、遥调，遥视）的管理功能，使重点房间监控达到无人或少人值守，减轻了机房维护人员负担，提高了系统的可靠性，满足了“集中监控、集中维护、集中管理”的维护管理目标要求，具有实时监控设备以及预期故障发生、迅速排除故障、记录和处理相关数据、进行综合管理等多重功能，从而实现集中维护、集中管理，为园区重点房间科学高效的管理和安全运营提供有力保证。

（2）主要功能

环境采集。系统支持接入多种类型的环境数据采集传感设备，包括温湿度、水浸、供配电、UPS、红外对射、电子围栏、红外双鉴、玻璃破碎等对象的探测报警，采集的环境数据量可通过动环报警主机传输到后台进行集中存储管理。

监控报警。系统支持对各种环境变量设定阈值，一旦超过阈值，系统立刻报警提示，以便用户及时进行确认处理。用户可以通过综合管理平台实时监测每个传感器的状态和数据。

联动控制。系统支持通过信号联动控制，比如空调、灯光、报警、监控等设备，同时也可以通过综合管理平台，实现跨平台、跨系统的联动控制，以便实现更大范围的数据信息共享。

统计分析。系统采集的数据会持续存储在数据库中，用户可以通过综合管理平台对这些数据进行分析、统计，以便获取出更多信息。

7.3.5 应用价值

全方位的保护设计和全面的系统联动，保障园区的安全，帮助园区全方位、全天候、高清化、智能化的安全管理。利用报警视频复核等技术，减少误警事件，提高处理进度及效果。通过视频智能分析、热成像技术、人工智能技术，自动判断分析，并在某些恶劣环境条件下判断警情，甚至某些情况下提前预警、及时发现安全隐患，完善和加强园区安防管理。

7.3.6 发展趋势

安防系统最初是应用于防盗报警，各式报警产品在人员入侵时发出提醒信息和警告。为实现报警方式更多样，报警更准确可靠，研发人员把很多报警方式都集中于一种报警设备上，这些技术逐渐得到质的飞跃。随着新技术的更新、发展，视频监控被大量运用，报警视频复核作用大大减少了误报对出警人力的浪费，而各种安防设备和视频技术、AI技术、热成像技术、物联网技术、通信技术的结合让综合安防系统实现更大发展。

在各种新技术“加持”下，综合安防系统单纯的保安全、查历史的功能在不断扩充其能力和边界，这将让园区逐渐向更安全、便捷、高效的方向发展。

7.4 停车管理

7.4.1 概述

通过最新的物联网技术对停车管理业务进行全面的可视化管理及调度，在提升停车管理效率与效能的同时，实现能耗的峰谷调配与平衡，通过三维可视化平台助力智慧园区大生态的搭建。

随着信息技术不断发展，停车场建设吸纳了越来越多的新技术。借助无线通信技术、移动终端技术、GPS 定位技术、GIS 技术等，综合应用于城市停车位的采集、管理、查询、预订与导航服务，实现停车位资源的实时更新、查询、预订与导航服务一体化。与此同时，智慧停车还通过“智能找车位+自动缴停车费+错峰用电+动态信息可视化管理”，服务于车主的日常停车、错时停车、车位租赁、汽车后市场服务、反向寻车、停车位导航等。

在车辆进入园区后，智慧停车管理系统根据智能道钉探测车位停车状态，然后将各个车位停车情况信息网络回传服务器，通过各类软件及数据分析，将信息反馈给停车引导信息屏，并具有反向查车功能，在园区中可最大限度避免因停车造成的车辆拥堵，对园区车辆停靠状态实现实时感知，实时监控。

智慧停车管理总体图如图 7-44 所示。

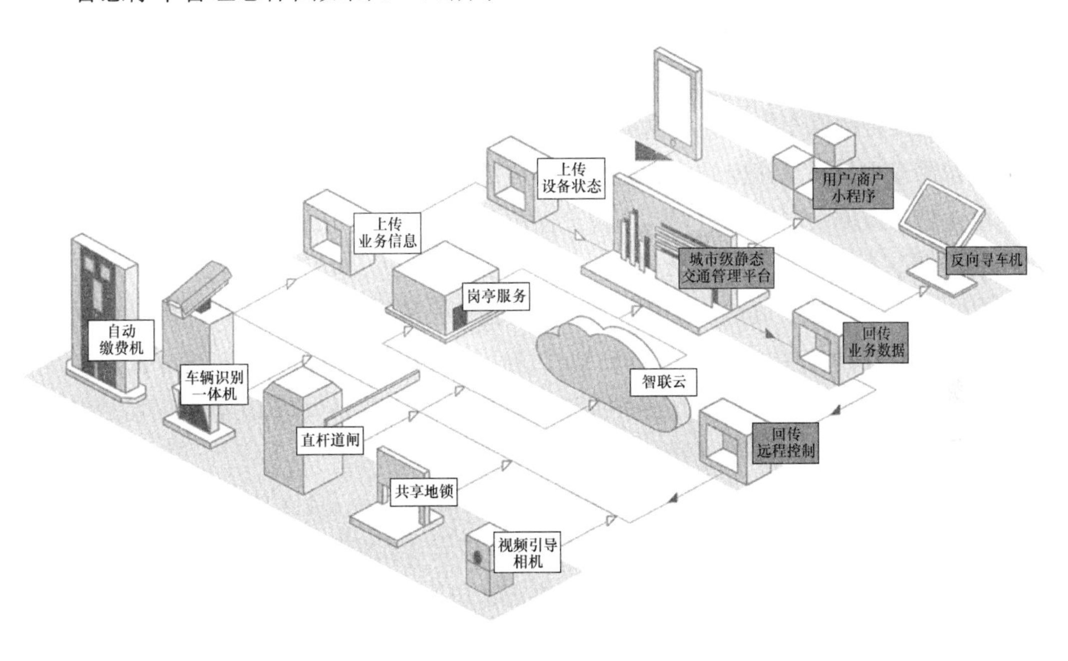

图 7-44　智慧停车管理总体图

7.4.2 建设目标与需求

1. 无人值守

区别于传统的停车管理系统，系统由四大模块出入口管理系统、云端值守中心、自助缴费系统以及 SaaS 云平台组成。

出入口管理系统采用无人值守管理模式，以车牌作为鉴权依据，车牌为进出唯一凭证，核算机制严密，所有车辆车牌识别进场，车牌信息记录数据库供后期计费，出场识别车牌判断车辆是否缴费。现场无需在出入口设置收费岗亭、配备收费管理人员，通过值守机器人来代替传统岗亭收费人员，实现出入口的收费管理以及异常情况处理。

云端值守中心以机器人为载体，当出现异常时，云端值守人员可通过机器人连接现场与车主沟通，帮助车主解决异常停车问题。

自助缴费系统采用手机支付结合场内自助缴费的方式将大部分停车费用的支付集中在场内提前完成，实现车辆的不停车出场，有效提高车辆的进出效率。

云平台可为车主提供综合的停车管理，通过云平台对各个停车场进行统一管控，提升管理效率并增加营收。

通过以上无人值守的管理方式打造一个快速进出、管理高效、维护便捷的智能停车场，同时可以有效降低人工管理成本，杜绝"跑冒滴漏"，为停车运营带来良性提升。

2. 新能源电动汽车的有序充电

新能源汽车作为节能减排的有效手段得到了广泛的认可和推广，但是电动汽车充电问题亟待解决，如何让电动汽车有序充电，是提升充电站工作效率的根本。

智慧充电站的建设目的，主要是通过配电变压器对电动汽车进行充电，电动汽车充电站是通过为电动汽车提供充电服务而获取经济效益的组织，电动汽车在充电站内进行充电要按照充电量以及充电站内的充电电价缴纳相应的充电服务费用，同时充电站要按照购电电价向电网公司缴纳电费，利用之间的差价来获取经济效益。

3. 车辆实时数据动态可视化管理

在实景化资产三维数据库的基础上，接入摄像头等传感器数据，以便随时查看、检测当前资产状态和监控停车信息。同时尝试在 PC、Web、Mobile、全息设备等多端实现数据打通，满足多平台、全方位、随时随地的多人并发式调阅浏览和实时监控。

4. AI 与大数据技术下的园区停车管理

充分运用大数据、物联网、云计算、互联网、人工智能、自动控制、移动互联网等技术，通过高新技术汇集交通信息，对智慧园区停车建设管理全过程进行管控支撑，使停车管理系统在园区，甚至城市空间范围具备感知、互联、分析、预测、控制等能力。为充分保障园区停车及出行安全、发挥园区交通基础设施效能、提升智慧园区系统运行效率和管理水平，为通畅的公众出行和可持续的经济发展服务，为相关决策提供准确、及时、客观的决策依据，建设基于 AI 与大数据技术下的智慧园区停车管理调度平台。

7.4.3 技术路线

建立可融合物联网传感器、多源数据、GIS+BIM 的智慧园区停车三维可视化管理区应用平台，实现三维数据的统一管理、共享使用，并提供访问接口，支撑各专业应用系统的开发，不仅可以避免重复建设，促进三维数据资源的共享和有效利用，也可以缩短专业应用系统的建设周期。

1. 进场路线

1）车辆驶进入口相机抓拍区域或触发地感线圈；

2）相机屏一体机自动抓拍车辆的图像处理识别出车牌号及车型并上传，显示屏显示车牌等信息并语音播报“欢迎光临”；

3）若识别失败或为无牌车，入口值守机器人提示车主扫码进场；

4）闸机放行，系统记录车辆进入时间；

5）整个过程自动完成，无须工作人员干预；车辆一直处于行驶状态，无需停车，快速入场；

6）电动汽车有序充电，控制电动汽车充电行为，对电网负荷曲线进行削峰填谷；

7）停车场监控、地感线圈及其他传感器信号接入云端控制中心，融合实景模型与物联网数据的可视化监管；

8）分析数据反馈入口及出口显示屏。

2. 出场路线

1）车辆驶到出口处的相机抓拍区域或触发地感线圈；

2）相机屏一体机自动抓拍车辆的图像，识别出车牌号及车型并上传，然后通过检索数据库得出车辆信息，显示屏显示车牌、车辆类型、停车时长和收费金额等信息；

3）如果该车辆属固定车辆、免收费车辆或已预缴费车辆情况，闸机自动抬杆放行；若是临时未缴费车辆，则车辆通过值守机器人缴费后离场，收费完成语音播报“祝您一路顺风”；

4）若相机屏一体机识别为无牌车则提示车主扫码，系统自动匹配入场扫码记录计算停车费用，车主通过值守机器人完成缴费；

5）当出现异常情况时车主可通过值守机器人远程呼叫云端值守人员帮助解决异常问题；另外值守机器人支持主动介入式服务，当车主在出口处一定时间内无任何操作没有正常出场时，系统会主动介入，远程值守人员主动连接现场帮助处理问题；

6）收费完成后，道闸开闸放行。

3. 云端控制中心

云端控制中心是整个智慧园区停车场管理系统的核心基础，依托于系统云服务，主要为日常停车场的管理提供远程协助基础服务，可实时接受处理停车场的异常事件，通过集成高效的三维引擎，进行海量三维模型数据的融合统一、分类储存、分级管理、在线更新、快速读取；与云端控制中心实现数据实时联动，最大限度提升各业务系统的数据互通互联（如图 7-45 所示），保障停车场进出口的快速通行，实现停车场智慧化管理。

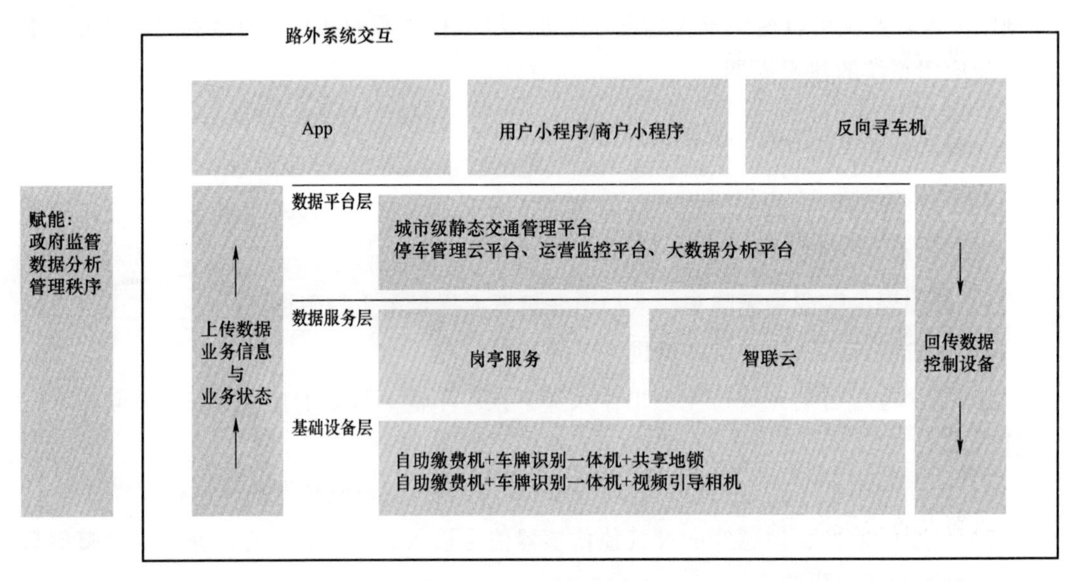

图 7-45　云端控制中心

7.4.4　建设内容

基于实时动态数据整合与可视化的停车智能化应用，包括车辆实时数量、停车场空间管理、运维管理情况、停车场内传感器实时数据、无感支付、电动车充电能耗管理，以及停车管理三维可视化平台的建设。

1. 出入口管理系统

出入口管理系统无需设置收费岗亭、配备收费管理人员，以值守机器人代替岗亭收费人员，实现无人值守的停车管理。设备以一进一出为例：

进口：入口值守机器人（1 台）、相机屏一体机（1 台）、自动挡车器（1 台）、地感线圈（2 个）；

出口：出口值守机器人（1 台）、相机屏一体机（1 台）、自动挡车器（1 台）、地感线圈（2 个）。

2. 自动充电桩

用户在插枪后进入即插即充流程，将车辆信息发送至充电桩，充电桩将该信息上送至桩云平台进行鉴权，桩云平台请求车云平台获取车辆的坐标信息，通过核对信息，得到鉴权结果，成功后启动充电。对全部电动车进行有序充电，收集台区用电负荷曲线数据，峰谷负荷差降低至 250kW，峰谷差降低达 58%，有效实现了削峰填谷。高峰时间段用电负荷大，自动控制充电功率减小；低谷时间段用电负荷小，自动控制充电功率增加。将清洁能源电力通过电力交易平台、电力调度系统，与智慧能源开放平台进行负荷响应调配，并通过负荷预测、运营监视，按照电动汽车充电所需，分解到每一次充电行为中。

自助缴费系统：自助缴费机、手机支付云服务

3. 云端控制中心

支持多种数据分析软件数据接入与输出，保证智慧园区多平台的信息精准传递；

支持超大规模（GB/TB/PB 级）的实景点云三维模型和人工建模模型。其中实景点云三维模型包含倾斜摄影和三维激光建模方式获取的模型，人工建模模型包含 OBJ、FBX 等通用格式；为智慧园区整体可视化提供技术基础。

模型编辑：移动、缩放、旋转、着色以及复制、重叠、组合、添加模型参数标记。

可接入传感器实时数据，全面监控停车场内的正常运行及设备维护。

将分析结果快速反馈给显示屏及值守机器人。

云端支付、智能充电数据、ACS 出入口管理系统接入进行可视化管理及分析。

火警及各类突发事件应急预案调度演练。

7.4.5 应用价值

智慧园区的建设是一个从不同空间多维管理到降维管理的过程。针对智慧园区的特点打造的智慧停车解决方案，通过一体化管理服务平台，不仅汇聚了路内停车、路外停车场（库）、停车诱导等一系列智慧停车管理系统，而且与园区其他数字化管理系统进行对接，使智慧园区内的人员、车辆、环境、管理做到真正的信息互通，实现园区的整体智能化管理。

1. 从园区管理方面分析管理能效和经济价值

1）统一平台管理：系统可以支持多个停车场的统一管理，避免出现信息孤岛，使得园区管理者更方便、高效的统一管理，实现信息共享、降低运营成本。

2）多车位检测分析：系统配备的车位检测相机可以同时检测 2～3 个车位，对每个车位进行单独的检测分析。

3）全方位无死角覆盖：车位检测相机可实现对所有车位的全方位覆盖，对每个车位进行监控录像，可有效降低安防监控的投资。

4）多维度精细化诱导：通过多级诱导屏，合理规划寻车路线，引导驾驶员快速找寻空余车位，降低在停车徘徊过程中引起的拥堵和尾气排放，节省能源。

智慧停车解决方案使智慧园区的停车管理由信息化向智能化转变，打破传统园区车

辆出入的烦琐程序，充分改变往昔由人工管理或刷卡管理带来的效率低、服务差、人为乱收费和拒缴停车费等问题；违法停车管理有效解决园区乱停乱放现象，提高园区停车管理水平、优化停车位使用效率；车辆行驶引导及轨迹跟踪，保障企业物资安全；车位查询、车位预约、车位导航、反向寻车等停车服务提升园区员工和来访人员的停车体验。

2. 从用户方面分析效率体验和服务体验

1）高效快速通行：系统采用先进的具有较高车牌识别率的高清车牌识别技术，可确保车辆准确快速识别，达到快速通行、提高出入口控制系统工作效率和用户体验的目的。

2）精确车位引导：系统通过车位引导系统技术，结合停车场内 LED 诱导屏以及车位检测相机，引导车辆进入停车场，并快速寻找到空闲车位进行停放。

3）快速反向寻车：系统通过计算机智能视频分析技术，利用前端车位检测相机实时回传视频图像，获得车辆的车牌号码、停放时间等信息，帮助车主进行车辆定位，通过查询机或微信二维码进行车辆位置查询，可轻松实现反向寻车。

4）全方位视频监控：系统通过车位检测相机覆盖到每个车位，车位检测相机本身也是具备监控功能的摄像机，每时每刻都采集监控范围内的图像信息，将这些信息传送给视频处理终端进行录像和存储管理，同时视频处理终端的索引信息发送给中心管理服务器，实现对停车场“全方位、无死角”的监控功能，可有效解决刮擦、盗窃等事件的纠纷问题。

5）隐私保护：系统通过画面分割算法，当车主通过定位车牌号码查询自己停车位置时，查询的结果不管以图片还是视频方式呈现，都只会呈现自己查询的图片或者视频，最大化的保护用户隐私。

6）车位保护：系统支持 VIP 车位保护功能，对于 VIP 等特殊车位，只要系统预设了对应的车牌号码，非该车位的车辆将无法停车，一旦有其他车牌号码进入该区域，将触发声音报警，提醒车主重新停车。

7）终端查询：系统通过终端查询机可实现视频寻车、打印、办事指南、播放视频画面、自动规划寻车路线等功能，并且将停车区域通过打印方式呈现给车主。

8）二维码定位：系统支持移动终端二维码定位功能，用户不仅能够通过终端查询机定位车辆，还可以通过移动终端扫描二维码获取当前位置信息，查找寻车路线。二维码定位支持地图显示及图片预览功能，能够最大程度方便用户取车。

9）精确计费：系统支持联动车辆进入时的图片抓拍和车牌提取，因此等到车辆离开停车场时，系统能根据进入的时间以及图片计算停车费用，可以避免不必要的误差和证据不足的纠纷。

智慧停车基于智能停车场系统、智能门禁系统、智能管理平台等软硬件产品，利用移动应用、金融支付等技术，满足住户便捷出入、自助服务、管理互动等刚性需求，提升车主体验。同时，通过在园区打造智慧停车应用和人行进出管理，整合园区管理与园区商业服务场景，还可支持物业对下属项目集中管控、降本增收、安全管理及园区运营，提升物业的管理效率和服务能力。

3. 以停车为基础，构建园区智能化大生态分析

智慧园区具有物联化、互联化、智能化的特点，因此建设智慧园区，重点应关注园区底层设施的智慧化，以及管理平台的智慧化，进而实现园区的物联化、互联化和智能化。智慧停车对于出入口的控制已不再是功能单一的硬件产品，可以围绕着人车出行扩展到人、车智慧生活层面，从而延伸出场景化的应用。出入口控制系统+App 应用+生态环境软硬件结合成为平台创新的应用趋势，使得智慧停车从停车场、门禁为入口，构建起智慧商业、智慧社区、智慧园区、城市停车管理等垂直行业的生态场景。

7.4.6 发展趋势

以智慧停车为切入点，构建园区“智慧大脑”，以人的动线、智慧停车数据为引擎，将出行、政务、商务、园区四大热点资源全部整合，汇聚智慧园区海量数据，提升区域能级。

1. 通过智慧停车数据整合提高智慧园区管理水平

在园区基础服务中，人们对安保满意度相对偏低。以道闸进出口的出入数据为基础，运用信息化，整合物业人员车辆数据资源要素，感知交通路况，优化出行方案；通过移动行为轨迹、监控到的车内社会关系、社会舆情等集中监控和分析，为公安部门指挥决策提供有力支持，保证所在区域的安全。智慧园区的设施设备种类多，管理要求更高，也更为复杂，智慧停车设备通过对园区出入口进行远程遥测、监控和分析，可大大减少其他设备的无效空转时长，降低设施设备运转成本。

2. 通过停车大数据的精准分析提升创新型物业服务水平

在创新园区服务方面，智慧停车在园区中的作用从传统注重对“车”的管理，提升到了与“人”的互动。当前智慧园区的创新可以分为个性化客户服务和多元化增值服务等不同模式。通过对海量停车数据的精准分析，例如车主的年龄、职业、爱好、消费习惯、支付习惯、车辆等信息的分析统计，就可以对人群未来的需求进行预测，设计服务方式，满足个性化需求。多元化增值服务，则是在房地产产业链之外，拓宽业务范围，向多个产业链延展，例如，在政务服务产业，依托智慧停车手机客户端赋能互联网电子政务数据服务平台，实现“数据多走路，群众少跑腿”；在商业消费产业，通过最新资讯、优惠福利等数据互通，向车主推送个性化信息，既能提升商业体服务质量，也能及时发布信息吸引消费者，提高消费便捷程度。实现区域大数据平台的建设“纵向到底，横向到边”。

3. 通过开放数据平台助推区域数字经济发展

开放共享的停车大数据平台（见图 7-46），将推动政企数据双向对接，激发社会力量参与城市建设。一方面，园区可获取更多的城市交通道路数据，挖掘街区的商业价值，提升自身业务水平。另一方面，园区、企业、组织的停车数据贡献到统一的大数据平台，可以“反哺”政府数据，支撑城市交通的精细化管理，进一步促进现代化的区域治理。

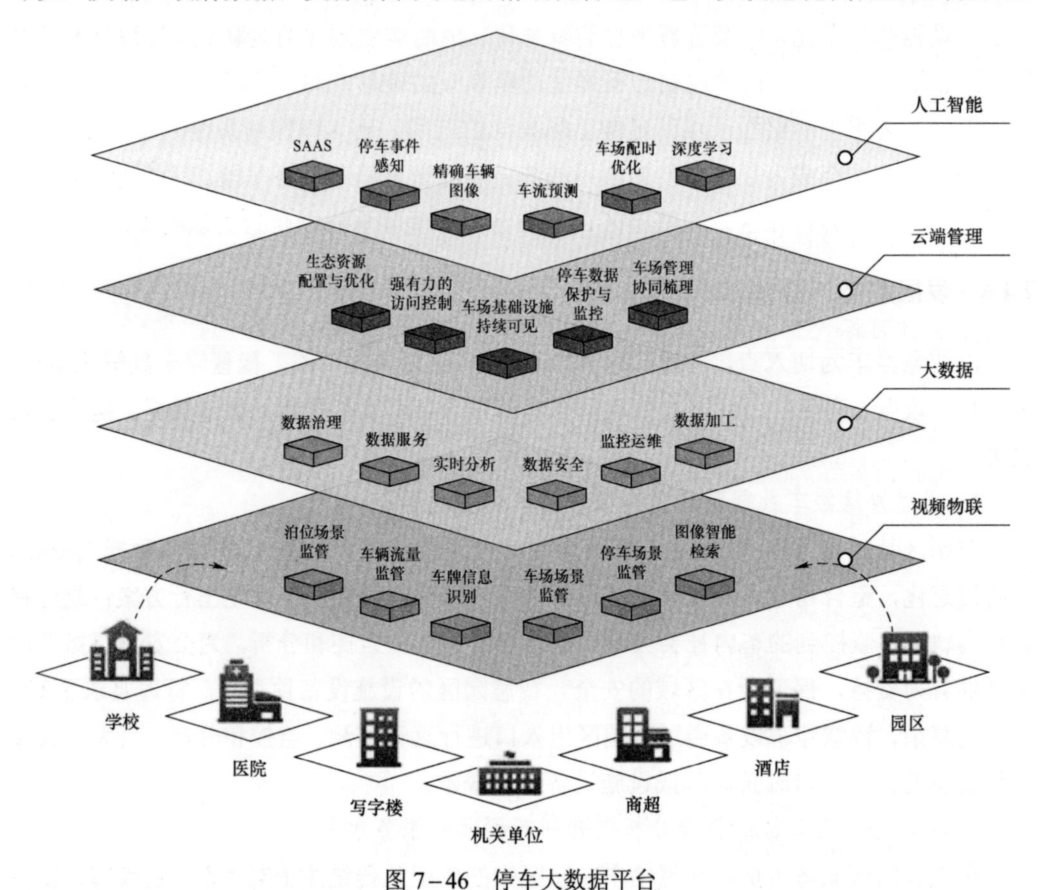

图 7-46　停车大数据平台

政、商、园区三者资源看似独立，实则具有多个内在联系点，以智慧停车为切入点，打造集政商园区为一体的信息化“智慧大脑”，是全球智慧园区发展的潮流，也是必行之路。

7.5　多功能智慧杆

7.5.1　概述

多功能智慧杆是遵循园区道路分布，按照“共建共享”的理念，将各种前沿技术和应用集于一身，在智慧园区建设中扮演“末梢神经元”的新型智能化基础设施。多功能智慧杆可通过前端设施设备的挂载及后台系统的建立，实现智能照明、视频监控、环境监测、无线覆盖、交通管理、信息发布、信息交互、充电管理等功能中的两种或多种组合。

从本质上来说，智慧杆不是什么新鲜事物。早在 2015 年前后，“多杆合一”“一杆多用”为城市基础设施“做减法”的理念兴起，各地政府由上而下地推动相关试点工作。随着 5G 商用时代到来，物联网、大数据、人工智能、边缘计算等信息技术的广泛应用，多功能智慧杆作为优良的载体和服务终端，在智慧园区建设中扮演的角色愈发重要。

7.5.2 建设目标与需求

1. 总体目标

将多功能智慧杆建设为智慧园区的多信息采集来源和多应用入口，促进各业务更好地融合创新应用，助力提高智慧园区的管理水平、服务水平，美化园区道路空间环境。

2. 具体目标

（1）园区管理者

园区管理者通过多功能智慧杆搭载的智能传感设备，可以随时随地、全方位了解园区内环境和人员等情况；通过图像、声音、文字等方式可以及时、方便地将信息传达给园区内各类人员。多功能智慧杆还应具备一定的扩展能力，当有新的需求时，可方便地挂载、拆卸各类设备。

（2）园区入驻人员

多功能智慧杆可为园区入驻人员提供智慧化、人性化的园区环境，如舒适的照明、优美的背景音乐、贴心的天气提醒、方便的充电功能、全覆盖的无线网络等。

（3）外部访客

对于外部访客，多功能智慧杆除了展示园区的品牌形象和智慧化理念，还可提供查询指引及求助对讲等功能。

7.5.3 技术路线

多功能杆智能系统由多功能杆杆体、底座、挂载设备、配套设施及管理平台组成。其中：

多功能杆杆体由杆体、悬臂等部分组成；

多功能杆底座为支撑杆体的重要结构，集成断路器、防雷装置、强弱电线等；

挂载设备由各类功能设备组成，如照明设备、视频采集设备、通信设备、电源设备等；

配套设施即为满足多功能杆智能系统的正常使用需要而配套建设的各种服务性设施，如浸水传感器、倾斜传感器、电力管线、通信管线及土建基础等；

管理平台即软件管理系统，主要对多功能杆及挂载设备进行管理、控制、运行监控、数据运维等，可以进行多源数据融合、GIS+BIM、基于 CIM 的园区应用。

7.5.4 建设内容

1. 综合监控

视频监控是安全防范系统的重要组成部分。多功能智慧杆的摄像机因为没有模拟量视频采集设备，因此需采用网络数字摄像机（IPC）作为前端视频图像信号的采集，通过网络将数字 IP 信号转换为流媒体信号（见图 7-47）。视频监控以其直观、准确、及时和信息内容丰富而广泛应用于许多场合，且主机可对图像进行实时观看、录入、回放、调出及储存等操作，从而实现移动互联的视频监控。

图 7-47 综合监控

2. 智能照明

LED 灯具主要由恒流驱动电源、LED 模组、外壳等组成。其中恒流电源，此模式转换效率高，PF 值高达 0.95，性价比高，并且可以改变输出电流，进而改变 LED 模组的亮度，从而达到节能效果；LED 模组采用的是发光二极管，是新型发展起来的一种新光源技术，采用的是半导体，让电源通过半导体产生光亮，所以 LED 光源制作的模组不仅散热性能非常好，而且 LED 灯的光源转换率更是达到了百分之百，并且 LED 灯寿命超长，运行稳定。

控制 LED 灯具开关和调光的设备称为 LED 灯具控制器，简称灯控器。多功能智慧杆上的灯控器，可通过 PLC（电力线载波）、ZigBee、LoRa 或 NB-IoT（窄带物联网）协议，将区域内的所有路灯进行信息化管理，实现管理到各个灯具或分组灯具的功能控制（见图 7-48）。

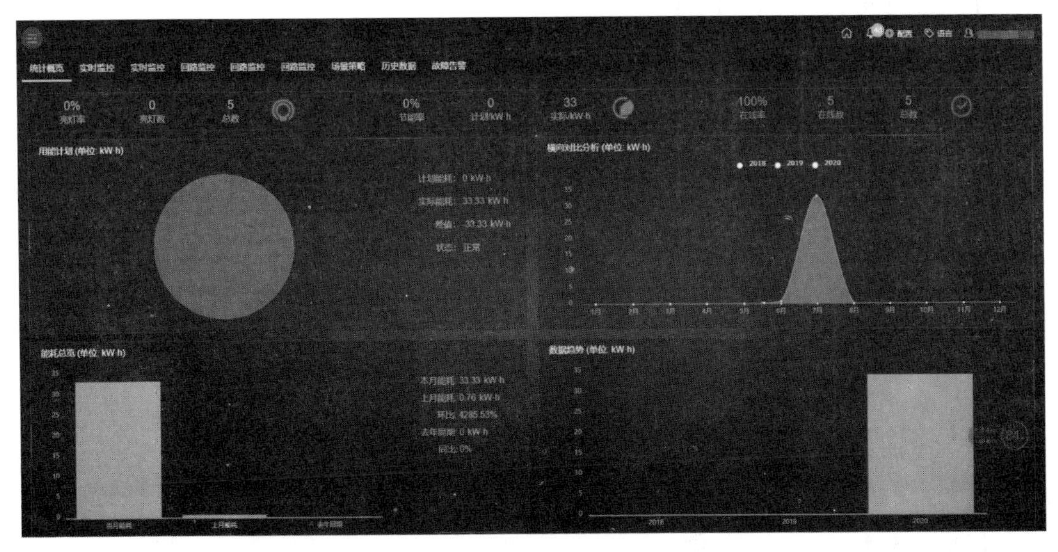

图 7-48　智能照明

3. 环境监测

环境监测传感器主要是用于监测室内外环境各项参数的仪器总称。环境监测设备的挂载，利用多功能杆预留的接口进行安装，可采用“多合一”形式的微型环境空气质量监测设备，将每个灯杆点位需要监测的环境因子采集模块组合在一个综合设备内。环境监测设备应支持数据采集、远程管控、状态监测、查询定位等功能（见图 7-49）。

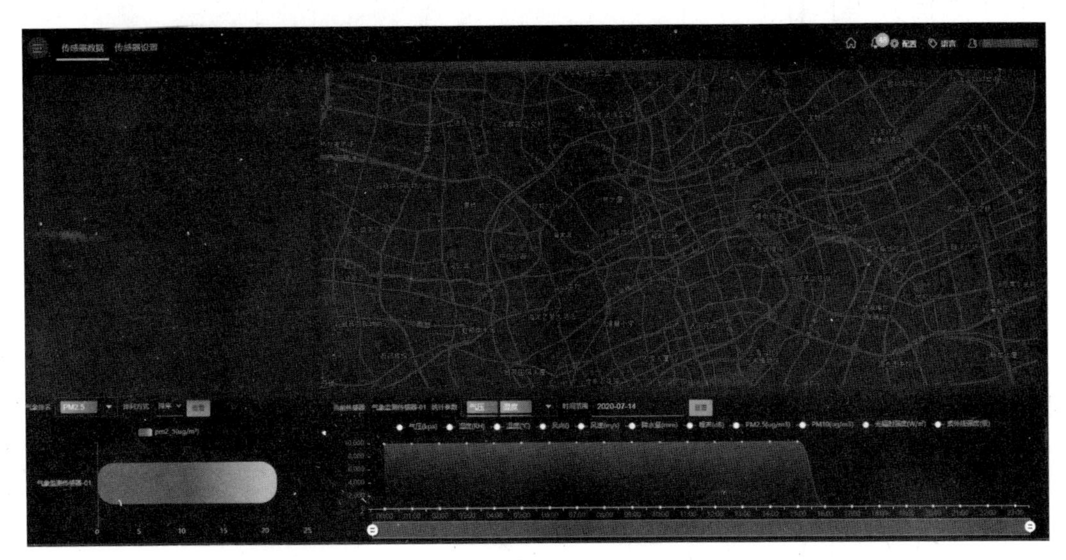

图 7-49　环境监测

4. 无线覆盖

无线覆盖功能可便捷加载，通过多功能智慧杆预留的安装插口实现无线 AP 的便捷安装。无线 AP 设备以及 WLAN 网络通过远程集中管理、控制，满足 AP 设备运行状态、

WLAN 网络运行状态的监测，以及便捷的 AP 设备查询、定位等功能。公共无线覆盖应符合 GB 4943.1—2011《信息技术设备　安全　第 1 部分：通用要求》、IEC/EN 60950—1《信息技术设备标准》、IEC/EN 60950—22《户外设备标准》、公众无线局域网接入点（AP）设备认证技术规范、IEEE 802.11 系列标准中相关规定。

5. 交通管理

安装在车道控制系统前端、进行信息采集的微波读写控制器，其由天线和读写控制器组成。提供路侧感知数据处理及应用服务，并通过无线通信的方式实现和车载单元 OBU 的信息交互。逻辑上可以划分为路侧感知融合和信息交互两个单元。路侧感知融合单元完成对感知数据的处理（计算，存储）并决策生成用于 V2I 通信的应用消息。信息交互单元完成对应用层消息的处理及空口消息的封装并通过无线方式传输给车载 OBU。

6. 信息发布

多功能杆的信息发布屏主要是指配合信息发布系统使用的显示屏，因信息发布屏按发光方式分类，可分为 LCD 显示屏和 LED 显示屏。

LCD 显示屏应符合 GB 50198—2011《民用闭路监视电视系统工程技术规范》、GB/T 9813.1—2016《计算机通用规范　第 1 部分：台式微型计算机》、GB/T 6587—2012《电子测量仪器通用规范》、GB 4943.1—2011《信息技术设备　安全　第 1 部分：通用要求》中相关规定。

LED 显示屏应符合 SJ/T 11141—2017《发光二极管（LED）显示屏通用规范》、SJ/T 11281—2017《发光二极管（LED）显示屏测试方法》、GB/T 6587—2012《电子测量仪器通用规范》、GB 4943.1—2011《信息技术设备　安全　第 1 部分：通用要求》中相关规定（见图 7–50）。

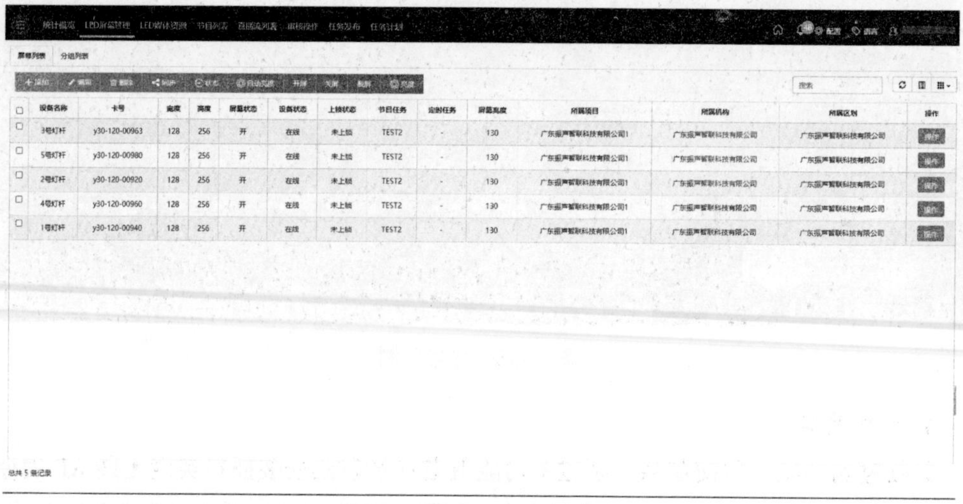

图 7–50　信息发布

7. 信息交互

通过在多功能杆上安装多媒体交互终端设备可传播文字、声音、图像等方面的信息，通过传感器实现人机之间的交互沟通。信息交互终端应符合 SJ/T 11141—2017 中相关要求，安全方面应符合 GB 8898—2011、GB 4943.1—2011 中相关要求，电磁兼容方面应符合 GB 13837—2012、GB 9254—2008/XG1—2013 中相关要求，性能方面应符合 GB/T 15609—2008、SJ/T 11281—2017 中相关要求。

8. 充电管理

通过在多功能杆底座内置安装充电模块，可实现多功能杆与充电桩一体化设计。充电桩系统应符合 GB/T 18487.1—2015、GB/T 20234.1—2015、GB/T 20234.2—2015、GB/T 20234.3—2015、GB/T 27930—2015、SZDB/Z 29—2015、SZDB/Z 147—2015 中的相关要求。简易型电动汽车交流充电桩应遵循 SZDB/Z 147—2015 中相关要求。

9. 边缘计算

可实时监测查询杆体上设备的运行状态并定期上报至管理平台，支持设备故障远程告警。可实现远程集中管理及维护，建立远程设备的安全网络服务、远程集中式管理与监控，可支持用户通过安全通道对设备进行远程诊断、调试、升级；宜采用硬加密的国家密码局认定的国产密码算法，包括身份认证和鉴别（国密算法 SM2、国密算法 SM3）、数据传输加密（国密算法 SM4）；也可兼容目前主流的对称与非对称算法（如 AES）；应保证数据传输安全，支持 IPSec/L2TP/PPTP/GRE/OPEN VPN、CA 证书，支撑全状态包检测（SPI）、DDoS 保护，数据线性转发，保证数据传输的实时性；应支持 Modbus、UDP/TCP 协议、OPC、MQTT、HTTP 等物联网通用协议，符合 GB/T 28181—2016 中相关要求；宜具备南向协议栈功能，北向通用 MQTT 标准，满足与各使用方平台通过标准 MQTT 协议对接。

10. 供电电源

供电设计应综合考虑各挂载设备的用电负荷，单个多功能杆的总用电负荷约为 2000W；考虑今后发展，单个多功能杆用电负荷建议为 2500W；挂载设备包含充电桩时，根据充电桩所需电负荷和安装环境不同，安装慢充充电桩的多功能杆，充电桩需 7kW 的电负荷，全部满载的负荷在 9.5kW，单个多功能杆的用电负载不宜低于 9.5kW；安装快充充电桩的多功能杆，充电桩需 30～120kW 或更高用电负荷，单个多功能杆用电负载不宜低于 120kW，并应安装于路灯直流控制箱旁，控制箱规格应与充电桩（快充）相匹配。

7.5.5 应用价值

通过采用高光效的 LED 光源，以及 LED 智能照明系统的二次节能方案，实现可观的节能效果，有效地缓解能源紧缺的现状，达到节约能源及减少碳排放的目的。

挂载安防监控可节省安防监控杆的数量，避免资源浪费；环境监测可以实时监测园区环境，用户可以可视化感知园区环境；无线覆盖可以满足用户随时随地上网的需求，无需单独布线，单独安装；信息发布和信息交互可以帮助用户出行引导、园区信息发布、园区各项信息实时查询；广播可以实时播报园区信息，灾害预警等；一键呼叫可以实时帮助用户一键和物业联动；充电管理可以满足用户新能源汽车充电需求，不用再为找充电桩位置而烦恼；边缘计算物联网网关可以支持多种物联网协议拓展，方便后续增加物联网设备，整体系统功能扩展性强。

后续可以结合人脸识别、智慧停车等 AI 功能，和其他设备联动，实现智慧园区智能人员管理，实现无人化管理，减少运营维护成本，提升园区用户满意度。最终实现园区智能化的目标。

7.5.6 发展趋势

在新型智慧城市建设及 5G 加速部署的带动下，我国多功能智慧杆建设得到了多方面政策支持，各地和各领域相关企业积极探索，试点建设项目陆续落地，在试点中也发现了一些具体问题。总体来说，我国多功能智慧杆的建设目前处于起步阶段，发展速度不断加快，未来前景广阔。

现阶段，多功能智慧杆多数只是功能的堆砌，园区管理者和智慧杆企业应积极探索创新，挖掘潜在价值，实现与智慧园区各业务联动创新应用，如交通管理、停车管理、消防管理、应急管理、设备运维管理等。

未来，多功能智慧杆必将逐步替代普通灯杆，这个过程可能十分漫长，不会出现突然的爆发，但园区在前期规划建设中应充分考虑多功能智慧杆所需的电力环境、网络环境、地笼基础规格等条件，避免因二次施工造成资源浪费。

7.6 智慧用能

7.6.1 概述

园区智慧节能建设，以物联网、多网融合、自动化等技术为基础，运用云计算、大数据挖掘、人工智能等手段，感知、分析、整合、优化建筑物全供应链能源消耗各个环节，实现园区建筑全生命周期的节能控制与精细化管理，为提高建筑能源使用效率奠定坚实基础。可实现高效、实时以及个性化的园区信息化服务，各类资源的整合优化配置，全面提升园区的服务质量和运行管理水平，深化园区的智慧化进程（见图 7-51）。

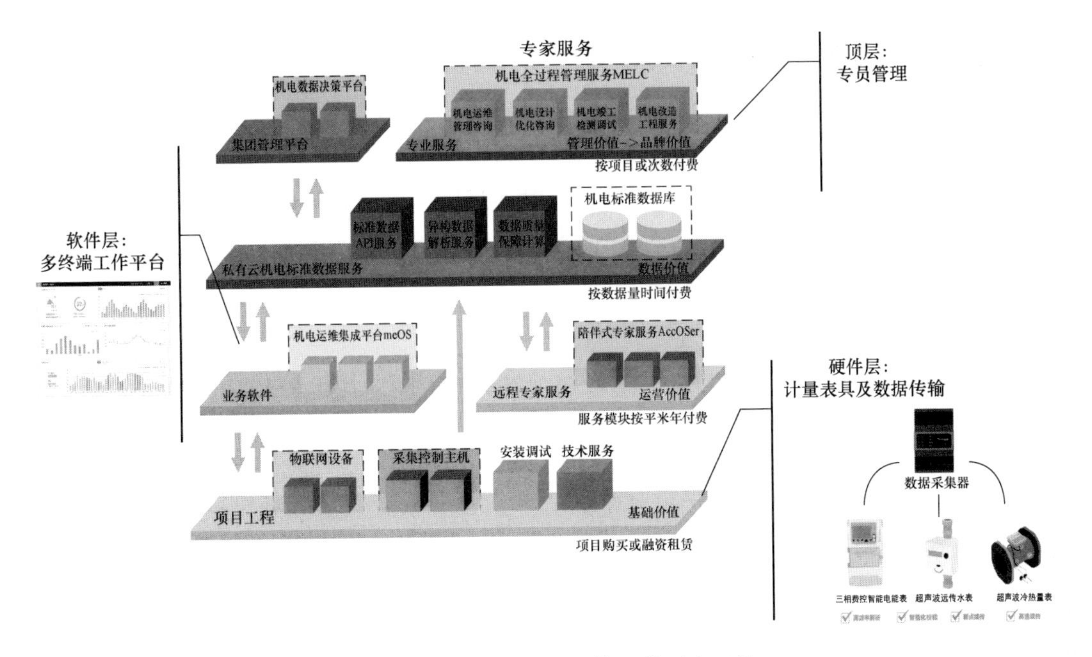

图 7－51　园区智慧能源管理的平台工具

7.6.2　建设目标与需求

1. 建筑设备监控与能源管理

监测各机电设备实时运行数据，并通过在节能系统中植入物联网传感器，建立自动的能源数据采集体系，对能源进行分项计量和管理，实现基于数据的运营管理。实现建筑设备监控、能源管理、环境品质管理、智能照明管理等。

根据室内环境及检测到的人体活动，实现对建筑中照明、空调等的本地及远程控制、分区、定时、感应控制。

2. 节能分析与优化控制

实现全能源实时在线监测、人工智能分析、智能预警及动态控制，使节能优化与实际控制过程形成闭环，从而提高机电设备系统的运行管理水平。提升园区能效，有效降低运营维护的难度和成本，实现更加专业化、精细化、数字化的管理。

3. 分户计量收费管理

将各租户的能耗计量表纳入节能系统中，可以显著提高收费的效率，减少人力消耗。对于预付费系统，还可以智能判断剩余电费可用时间，提醒租户及时缴费，避免停电事故。由于可获得各租户逐时的能耗数据，还可以根据能耗曲线的变化，了解租户经营状况、设备运行状况的变化情况，为租户管理提供数据支持。

4. 漏损监测与设备管理

系统通过长期实时收集运行数据，进行管网漏损自动检测、分析，提出设备的日常维护及改造升级建议。保障设备及系统的正常、高效运行，可提高建筑部品部件的品质，增加建筑的安全耐久性。

5. 移动应用与增值服务

可结合手机App、微信等移动应用，针对不同用户采用差异化管理，扩展多样化的创新增值服务，让运维管理更加直观、简单，同时向公众传达能源信息，宣传节能环保理念，彰显园区绿色形象。

6. 按要求自动生成能耗报表

按照园区各业态管理需求，为管理者定制符合要求的能耗报表，并可实现自动生成。

7. 向政府主管部门上报数据

预留相应接口，可按照相关技术规范向主管部门上报能耗数据。

7.6.3 技术路线

园区智慧节能建设，包括能源管理系统、建筑设备监控系统、智能照明系统、环境监测系统、电力监控系统（第三方）、电梯系统（第三方）、其他智能化、信息化系统等。

能耗管理系统，由采集设备、数据网关、数据传输网络、数据服务器、管理软件等组成。通过对各分类、分项能耗数据的合理采集，准确地掌握不同功能的建筑区域的能耗，有效指导园区能源管理，同时为高能耗建筑的节能改造和能源审计提供科学依据。

建筑设备监控系统，可实现建筑设备的监测与控制。能源管理系统可通过 OPC、BACnet 等通信接口与建筑设备监控系统、冷机群控系统等互联互通，优化各控制系统运行参数与控制策略，自动切换控制系统运行工况，使系统在保持高能效的基础上“按需供能”。

能源管理系统与智能照明系统、环境监测系统、电力监控系统（第三方）、电梯系统（第三方），其他智能化、信息化系统实现互联互通，可实现全局优化、以及更加人性化、专业化、精细化、数字化的节能管理。

7.6.4 建设内容

1. 建立多维感知物联网

全面部署物联网感知设备，采用 Modbus、M-BUS、485、TCP/IP、NB-IoT、3G/4G/5G、GPRS、ZigBee、Wifi、LoRa 等多种有线及无线通信方式，尽可能多地获取感知数据。

对设备能耗进行分类分项计量，关注重点用能设备。采集水、电、气、热等能耗数据，温湿度、水道压力、水道温度、水流量、水位、机电设备的运行状态、故障报警、累计运行时间等设备相关数据。

充分考虑人们对环境、水质等的需求，采集 PM10、PM2.5、VOC、CO_2、CO、风速、光照度等环境数据，检测生活饮用水、非传统水源、空调冷却水等的水质指标，记录并保存监测结果。环境数据可通过手机App、公众号、OA等方式，供用户随时查询，也可通过信息发布系统，向用户公布建筑的各项环境指标。

对于园区不同业态的建筑，还需考虑人流量、车流量、办公出租率、酒店房间入住率、营业时间/非营业时间、实时电价等因素对于能源管理的影响与需求。

通过对接财务系统、ERP系统、OA系统、物业管理系统相关数据，以及视频监控系统等第三方系统的相关数据，为节能管理及扩展其他智能化应用提供必要条件。

2. 分类分项计量

对设备能耗进行分类分项计量，关注重点用能设备。通过采集装置与远传计量装置，获取水、电、气、热等能耗数据，同时对无法实时采集的能耗数据提供人工录入的方式，如天然气、市政热力等。采集的能耗需要细化到分项能耗，而不是对各建筑总能耗的简单计量和采集（见图7-52）。

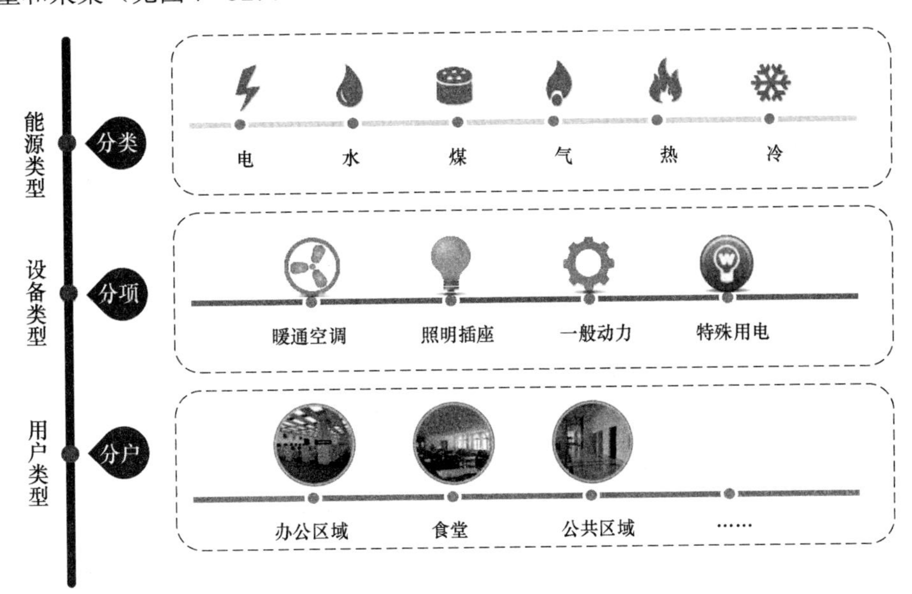

图7-52　分类分项的能源监测图

3. 数据分析与挖掘

通过大数据分析与深度挖掘，实现能耗预测、基准评价、运行优化等功能。结合建筑特点，使用分类或者回归分析的方法建立起能耗预测模型，也可以采用时间序列法研究建筑能耗自身变化过程及发展趋势。通过基准评价，了解建筑运行情况，评价建筑设计以及拟采取的节能措施是否合理。运行优化可以运用关联规则挖掘各子系统之间的关系，也可采用聚类挖掘出不同的运行模式，从而为节能决策提供支持。

4. 建设设备的节能分析与优化控制

通过大数据深度挖掘、节能专家诊断，建立能源自适应控制模型库，自动优化控制策略及各项运行参数，并通过有效的联动协同，使节能管理与控制过程形成闭环，使系统具有更多人工智能的属性。降低人力维护成本的同时，实现灵活的、精确的节能控制，达到安全、舒适、节能、节费的效果。

自动优化冷机群控系统、空调机组、新风机组、变频设备、给排水设备等的各类运行参数。例如，区分房间的朝向细分供暖、空调区域，对系统进行分区控制；设定冷机运行时间表、日夜模式、修改冷机的供回水温度设定值等；根据室内使用需求、室外气象环境等优化调节室内温度设定值；调整变频泵压力和水泵频率控制各环节的参数等。

暖通空调的负荷，通常按照满足最不利的负荷需求设计，存在一定的富余。且在设计标准中，并未考虑建筑不同运营模式、人体不同行为模式等对环境舒适度及负荷的不同影响与要求。根据负荷变化情况合理安排设备的运行时间和服务质量，可提升用户体验，同时减少暖通空调系统中不必要的能源浪费（见图 7-53）。

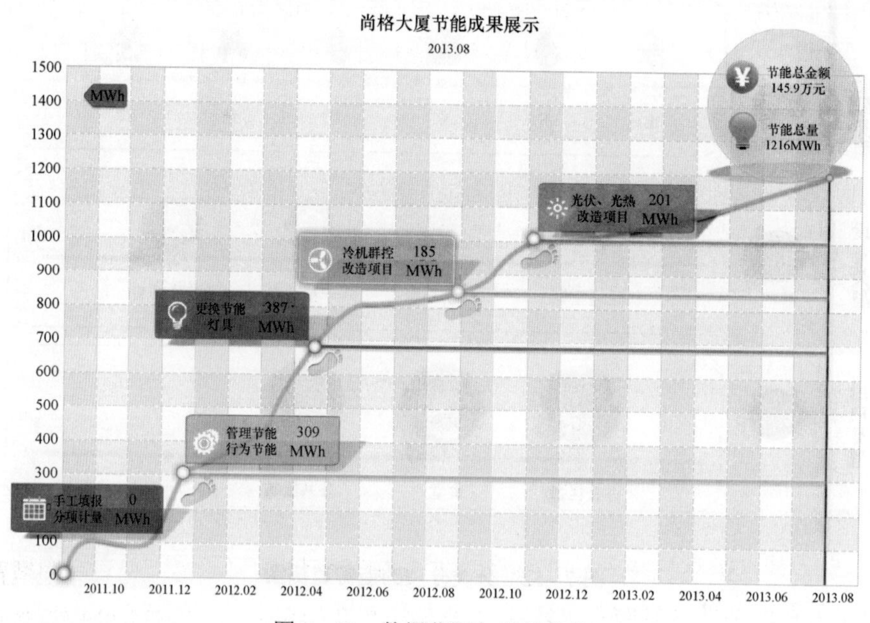

图 7-53　数据监测与节能优化

5. 基于用能习惯的节能管理

采用一定的技术手段检测人们的用能习惯，发现节能空间，通过加强管理和必要的技术手段提高能源利用效率，提高舒适度，提升用户体验。

根据建筑业态，运营模式，用户日常用能习惯等，建立人体用能习惯预测模型。通过数据积累，对固定空间的用能进行预测，进而为用能设备制定控制和节能策略提供依据。

通过采集与传感技术，获取室内温湿度、空气质量、照度、人体移动情况等。根据室内环境及检测到的人体活动，实现对建筑中照明、空调等的本地及远程控制、分区、定时、感应控制，对电梯的变频调速等节能控制。系统还需具有更多的智能化、智慧化属性，坚持“以人为本”的原则，在实现节能的同时，提高舒适度，提升用户体验。

6. 计划与实际管理

计划与实际管理是根据能源分配计划检修计划、历史能耗数据分析和统计、能源消耗预测、供能状况等可自动计算能源消耗计划和外购计划，制定详细的建筑能源管理指标体系，指导相关部门按照供需计划组织配电、配热。

采集、提取和整理各种楼宇子系统实际能源消耗量和能源介质放散量等数据，获取能源分析所需的实际数据，为所有部门编制各类其他报表提供基准。通过计划与实际数据的分析比较，对园区所有能源数据进行有效跟踪，帮助管理者理清近期潜在影响因素，快速制定实行的决策，增进应变能力。能源实绩有日、月、季、年能源实绩表（包括电，热，水等不同分析切入点）；能源计划有日、月、季、年能源供需计划表（包括电，热，水等不同分析切入点）。计划与实绩比较有同比环比比较分析，其中包括柱状，曲线，饼图。

7. 平衡优化管理

平衡优化管理是能源供应和能源消耗直接存在距离，调整复杂，系统在大量历史数据基础上，对能源的生产，存储，混合，输送和使用各环节集中管理与控制，为大型建筑群建立一套与能源管理系统集成的能源分布网络和平衡优化模型。

通过综合平衡和燃料转换使用的系统方法，计算评价大型建筑能源利用水平的技术经济指标，实现能源供需动态与静态平衡，得出各种能源介质的优化分配方案，使大型建筑能源的合理利用达到一个新的高度。主要功能包括：能耗报告、能耗排名、能耗比较、日平均报告率、偏差分析、回归分析、用电分析、系统运行优化。

配电及能源优化策略：从专业的深度对电能消耗进行数字化和集成化的管理、控制以及优化。使系统能够达到与无功补偿装置联动来提高功率因数，通过与自发电装置（如太阳能发电装置或其他类型的发电装置）、蓄能装置联动与交互，从而完成电线路控制，最终实现移峰填谷。

8. 报表分析管理

报表分析和经济性分析管理是通过消费结构，楼层能耗对比，重点耗能设备分析等多种分析方式，报表分析可以帮助物业管理人员计算特定房间或人均能耗，实现自主能源审计管理。报表不仅可以自动生成，也可以按照实际需要实现手动或自动打印，供调度和运行管理人员使用。报表中有能源调度日报表、能源供需计划报表、能源实绩报表、能源平衡报表、能源质量管理报表、能源成本报表、能源单耗报表、能源综合报表、能源设备状态报表、能源故障信息统计报表、能源设备备件报表、能源配送消耗报表等。

9. 能源对标管理

能源对标管理是利用建筑物规范的能源管理系统，通过与竞争对手或是行业领导者比较，建立完善持续改进的流程。主要功能包括：① 结合国家标准，对主要设备的单耗指标进行线上监测；② 对标国家有关标准规定的经济运行指标；③ 对国家规定的节能目标设置警戒线，对为达成目标的进行自动警示。

10. 基础数据管理

基础数据管理是大型建筑群开展能源工作的重要基础内容，是大型建筑能源管理信息化建设的前提和基石。主要功能包括：能源介质编码、能源计量单位体系、计量仪表、计量点、计量区域。

11. 设备与资产管理

包括设备管理的组织体系，设备资产管理，设备运行和维护管理，备品备件管理等。建立设备整个生命周期的、完整的基础档案和技术档案，对运维各项活动做到全面覆盖，加强设备的日常维护与节能改造。

系统通过长期实时收集运行数据，进行管网漏损自动检测、分析，同时结合设备信息，形成专家诊断，提出可靠的日常维护建议以及改造升级建议。

通过技改和加强维护，指导维护保养工作，提高能源设备效率，实现能源设备闭环管理。

主要功能包括：① 运行记录、启停记录的实时数据和历史数据查询；② 缺陷、故障记录维护，查询；③ 维修工单，试验工单，保养计划等设备维护管理。④ 设备基础信息管理（型号，厂家，电压等级等信息）；⑤ 维修成本，运行成本分析和报表。

通过完善的设备及资产管理，保障设备及系统的正常、高效运行，可提高建筑部品部件的品质，增加建筑的安全耐久性，同时也是节能控制策略充分发挥其作用的必要条件。

12. 报警管理

报警管理即利用多个报警模型，负责对过程，设备，质量，安全指标，能源限额的超限进行多种方式报警。不仅包括模拟量报警，事件报警，重大变化连续重复报警，还包括硬件设备报警等。支持一个完全分布式的报警系统、报警及事件的传送、报警确认处理以及报警记录存档。

用户可以自定义各种报警，报警信息也可以通过不同方式传送至用户。

主要功能包括：① 设备报警：重要能耗设备的运行状态异常报警；② 环境质量报警：包括空气质量，温度，湿度等异常报警；③ 电源故障报警：即设备电源故障，ups断电报警；④ 网络通信报警：设备通信及网络故障等异常报警；⑤ 报警级别设定：基于事件的报警，报警分组管理，报警优先级管理；⑥ 报警和事件输出方式为：为报警窗口、声、光、电、短信、文件、打印等方式。

13. 权限维护管理

权限维护管理是针对不同程序信息敏感度，系统提供一个优秀的权限维护管理模块，可以满足复杂的系统管理要求。主要功能包括：用户信息、角色管理、控制操作管理、系统日记维护、数据库维护。

14. 移动应用及增值服务

结合手机 App、微信等移动应用，针对不同用户采用差异化管理，扩展多样化的创新增值服务。移动应用可使管理者及时了解建筑的能耗状况，环境状态，用能指标等，并给出适当策略。对能耗信息、环境品质、设备系统运行参数等多方面全角度地进行监测。

15. 节能云平台

通过节能云平台的建立，实现集团对各子公司、政府对各下级单位的能耗监管、环境监管、资产管理、设备运维监管、收益管理等；接入子公司、下级单位的基础数据，可为集团、政府等的全局管理、精细化管理提供数据支撑。

16. 基于 BIM 的节能管理

通过与 BIM 技术的结合，实现基于 BIM 的运维管理，使用户更直观、清晰的了解建筑信息、设备信息、能耗信息、实时数据等，可轻松地实现查询、搜索、定位等功能，便于用户快速进行设备运行检查、维护和控制，让运维管理更加直观、简单。还可以通过能源展示大屏，向公众传达能源信息，展示能源管理成果和节能效果，宣传节能环保理念，彰显园区绿色形象（见图 7－54）。

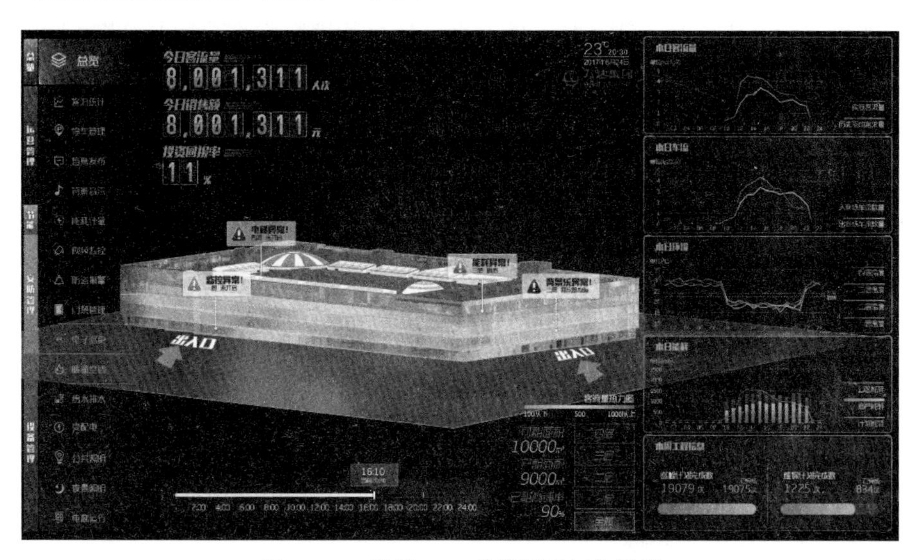

图 7－54　基于 BIM 的能源精细化管理

7.6.5　应用价值

现如今能源问题日趋紧张，节能减排是我国的重要国情。通过对建筑执行能耗量化管理以及效果评估的手段，可降低建筑运营过程中所消耗的能量，最终达到降低建筑的运营成本，从而提高能源使用效率。

通过智慧节能系统，可在满足安全、舒适的前提下，使园区能耗量和能耗费用最小化。不仅能够降低能耗费用开支、提升服务品质，还有助于提升品牌形象、管理水平和综合竞争能力。具体应用价值如下：

1）对于自持园区建筑：提高节能运行管理水平，提升管理效率、服务品质和能源利用效率，进而提升项目的竞争力；

2）对于出售园区建筑：以技术措施保障机电系统高品质、高效运行，可提高用户满意度，为园区增值；

3）对于设计管理：采集已建成项目的服务品质及能耗数据，指导新建项目的设计，提高设计管理水平，让新建项目的服务品质更高、能耗更低；

4）对于品牌建设：可将智慧节能服务品质效果、节能效果数据用于品牌宣传，帮助集团树立绿色、智慧、健康的品牌形象。

7.6.6 发展趋势

1）在数字孪生控制体系下，提出面向实时动态性的联动决策方法，即通过“物理环境—虚拟模型”的动态精准映射与实时反馈控制，实现系统的在线动态决策与反馈，从全局优化的角度对系统进行协调与控制。

2）随着“云、大、智、物、移”的发展，传统的能源管理将向互联网+能源管理，AI+能源管理、云+能源管理等领域拓展。物联网和云计算的应用，都将打通大数据收集的通道。通过数据挖掘，发现和总结庞大数据中所蕴含的知识，将使传统的能源管理系统具有更多人工智能的属性。而人工智能在能源管理领域的应用，也将大大降低运营维护的难度和成本，实现更加人性化、专业化、精细化、数字化的管理。

3）通过节能云平台的建立，采用互联网+能源托管的商业模式，可借助专家团队、专业队伍完成能源分析管理及设备的远程运行维护，实现综合统筹管理。通过远端的数据监测、分析、诊断，促进落实节能改造、能效优化、设备维护与更换，保障系统和设备的稳定运行，同时提高室内舒适度及优质的能源服务，实现能源管理系统运营的规范化、现代化。

4）未来能源供应侧将更为丰富，如分布式光伏、分布式风电、余热发电、电储能还有储冷储热等供能形式，这些技术的应用，将大大提高能源供应侧的效率，同时也需要能源使用侧的效率提升管理。

7.7 综合管网

7.7.1 概述

园区综合管网是指在园区规划区范围内，埋设在规划道路下的供水、排水、燃气、热力、电力、通信以及地下管线综合管沟（廊）等。地下管网担负着园区的信息传递、能源输送、排涝减灾、废物排弃的任务，是发挥园区功能、确保社会经济和城市建设健康、协调和可持续发展的重要基础和保障。

针对地下公共安全的严峻挑战，“四措并举”智慧管网建设理念，即“摸家底、查查体、治治病、让管网会说话”四大举措，实现地下管网从“普查、会诊、治病、养护”到“动态监管”等五位一体的新型智慧管网管理模式，实现探查掌握园区内管线空间分布位置、敷设情况、发现并修复园区内管线隐患；形成管线监测体系、实现运行情况可视化，及时发现管线运行异常情况并准确定位。

7.7.2 建设目标与需求

运用地理信息+物联网技术对供水、排水、燃气、热力、通信等重要管线，城市核心功能区、人员密集区、重大基础设施等重点区域，易涝、易漏、易爆、易坍塌等重点部位，实现安全运行实时监测，透彻感知地下管网运行状况，深度挖掘管线运行规律，确保安全隐患“早发现、早防范、早处置”，做到早期预测预警和高效处置应对，从而实现管线设施运维主动式安全保障，有效降低城市运行安全事故的风险，切实加强城市公共安全管理水平，构筑安全稳固的城市地下“生命线”，提高对管线隐患的管理水平以及对管线异常情况的预警能力，推动园区地下管网的安全、绿色、高效和稳定运行。

7.7.3 技术路线

1. 地下管网探测（摸家底）

运用测绘和地球物理探测技术，对城市地下管网开展精细化普查工作。查清各类管线的空间赋存状态、连接关系和各种属性参数等，查明其平面位置、高程、埋深、走向（流向）、规格、材质、管线性质、权属单位、建设年代、设计使用年限以及管线附属构筑物信息，并编绘以地形图为载体的地下管线图。

通过地下管线的普查摸清地下管线的规模大小、位置关系、功能属性、产权归属、运行年限等基本情况，对情况不明的管线进行补查，对于已有管线数据的准确程度进行核查、修正和更新。

2. 地下管网安全评估（查查体）

1）在普查基础上，在专业管线的在线监测系统和巡检管理系统的支撑下，通过对管线关键节点的状态信息和巡检情况、历史信息等的深入分析，识别地下管线的综合安全风险。

2）在安全预警系统的支撑下，以事故发生的可能性和后果的严重性为准则，系统考虑管线寿命、环境和故障率等相关因素影响，综合分析形成地下管线的风险等级和安全策略，实现管线的健康管理。

对地下管道进行管网隐患排查，包括排水管网破裂、脱节、堵塞、坍塌、错接等严重或重大缺陷隐患，供水管网漏损，燃气管网泄漏，地下管网整体腐蚀情况等；通过分析和评估，形成相对完善的健康档案数据库，为管网改造提升提供信息支撑。

3. 地下管网工程治理（治治病）

对于管网安全评估过程中发现的问题，采用工程措施进行治理，包括淤积严重的排水管道进行清淤疏通，保证管道正常功能。针对分析评估发现的病害严重的排水管道，不仅危及道路安全，而且影响排水功能，利用管道机器人将玻璃纤维固化材料牵引至管网内，随后进行打压充气，待材料完全贴紧管道内壁后，使用紫外线烤灯设备对固化材料进行灯烤使其达到一定硬度，形成新的管道内衬。与采用传统开挖修复相比，非开挖技术不需要破除大量道路、绿化及其他地上地下附属设施，既大大缩短了施工周期，提升了修复效率，又降低了交通影响和施工带来的安全隐患，减少施工扰民。

4. 智慧管网建设管理（让管网会说话）

通过加装管网在线监测设备，实现管网运行状态实时监控；开展排水、供水、燃气、路灯、井盖等专题应用建设，提升各项管网运行监管能力和业务管理水平；打造城市地下管网监督指挥中心，形成地下管网统一综合监管、高效协同的管理体制。

实现地下管网问题发现上报、指挥派遣、处置反馈、任务核查、督促办理、绩效考评的“六步闭环”监管的工作格局，全面提升地下管网安全监管事前、事中、事后的精细管控水平。

7.7.4 应用系统

1. 打造地下管网在线监测网

在地下管网重点区域、重点位置加装状态感知设备，实现管网精确定位和实时状态感知。例如燃气管网的泄漏传感器、供水管网的压力、流量、水质等传感器，实现对防汛内涝、排水、供水、市政井盖等主要管网及附属设施运行情况的实时掌握、及时预警。

2. 专项管网智能化管理

结合各专项管网管理业务，开展防汛内涝、排水、供水、燃气、供热、市政井盖等信息化建设，构建智慧管网综合监管平台，形成地下管网设施安全运行监管“一张图”管理模式，呈现管网基础设施整体运行情况，实现基础设施系统风险评估、实时监测预警、事故综合研判、辅助决策分析等功能，建立城市管线基础设施健康运行体征指标体系，从而实现管线设施运维主动式安全保障，有效降低城市运行安全事故的风险。

智慧排水，通过对排水全过程监控，实时获取排水管网及设施运行状态，进行预警预报。打造“在线监测—防汛预警—巡查养护—案件管理—生产经营—指挥决策”于一体的综合管理平台，如图 7–55 所示。

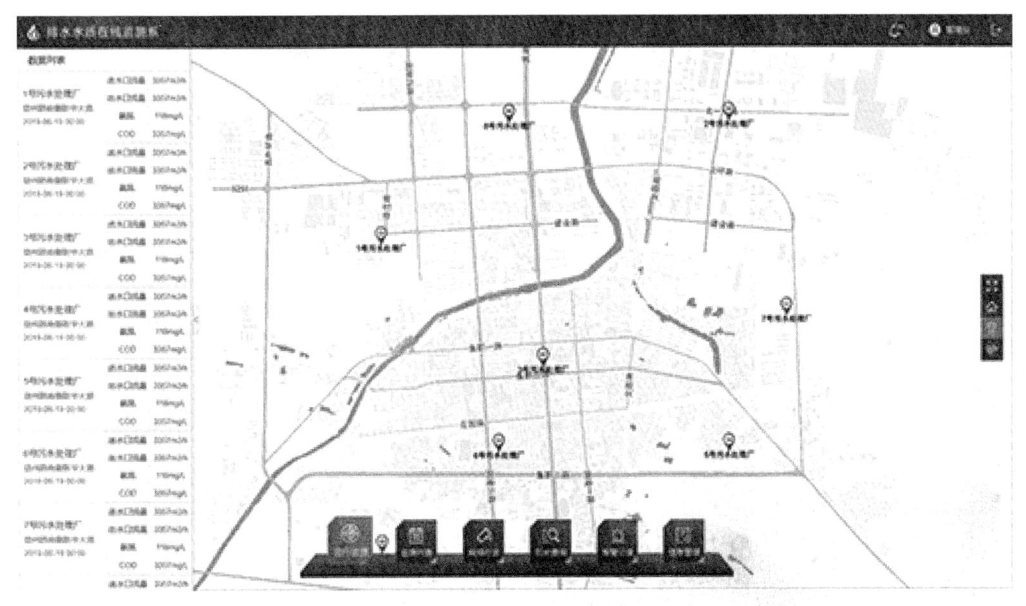

图 7-55　排水水质监测系统

智慧供水，以供水服务标准化、调度智能化、管理精细化为建设目标，实现对供水设施全面、动态化管理，实时监控管网关键点，建设供水仿真模型，采取分区计量的方式，实现有效的漏损分析管理，加强供水水质安全监管，实现问题自动预警，确保供水安全（见图 7-56）。

图 7-56　供水管网监测系统

智慧燃气，开展燃气全过程监控，实时获取燃气管网运行信息，实现对燃气信息实时准确地采集、监控、处理和分析，准确反映燃气泄漏和燃气事故信息，提供应急决策支持，保障供气安全（见图 7-57）。

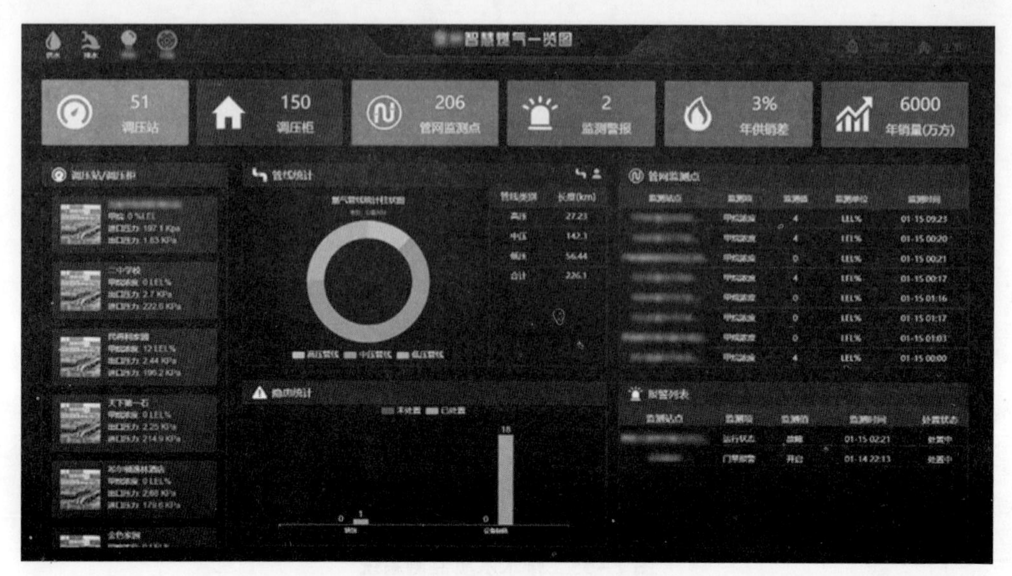

图 7－57　燃气管网监测系统

智慧井盖，实时监控井盖的位移、破损、丢失等状态，在监管平台上进行井盖状态报警，避免形成“城市陷阱”，减少人员意外坠井伤害事故的发生，提高管理部门对井盖监管力度，实现全市重点区域井盖设施精细化管理。

7.7.5　应用价值

通过综合管网的智慧化建设可以减少管网漏损、杜绝资源浪费，减少安全风险事故、有效排除地下隐患，减少经济损失、提供辅助决策，助推黑臭水体治理和污水处理提质增效，全面提升园区地下管网服务能力。

比如，宿州市智慧管网各系统自建成运行以来，先后发现燃气管道危险气体超标 19 次、成功预警燃气泄漏 80 多起，供水管道渗漏 13 处、供水爆管预警 15 起，检查井盖非正常开启 450 余次。在 2018 年城市防汛中，通过重要积水点雨量及积水监测实时预警，科学调度应急设备 108 台次、应急人员 850 余人次，提高了防汛及排涝能力，为城市安全度汛提供了保障。

7.7.6　发展趋势

在管网智能监测方面，应加大对监测设备的研发，提高监测设备的稳定性，防水、防潮、耐寒、耐高温等特性，降低设备维护成本。同时，在现有监测基础上，未来应该增加管网状态的监测指标和参数。

同时，针对周边环境对管网造成的严重影响，将增加管道周边环境的监测，例如土壤监测、地质情况监测、实时天气信息等。根据周边环境的实时信息，预测管道隐患或腐蚀情况的变化趋势，预报强降雨对排涝的影响程度等，从而全方位、多维度地实现地下管网运行状态的监测与预测分析。

7.8 智慧管廊

7.8.1 概述

园区综合管廊，是园区地下综合设施动脉工程的重要部分，对于园区建设来说，具有十分重要的战略意义。近年来，随着园区建设的快速发展，园区地下空间也日益紧张，目前园区地下空间很难满足各类地下管线布设的要求。而园区综合管廊的施工建设，则解决了园区给水、通信、电力等各种管线管网的集约化建设，可以有效实现城市交通拥堵和道路积水等问题，有效解决了路面反复开挖和管线破裂等问题，对于北京市管线的管理和维护具有重要的意义。目前，在我国一些城市已经开工建设了园区综合管廊，并将通过国家相关政策的引导和推动，园区综合管廊的建设将进入新高潮。

智慧管廊是指综合管廊本体、附属设施及入廊管线（高压电缆、燃气、给水、排水、中水、通信、广播电视等）与人实现互联互通；从而实现从感知、传输、控制、大数据处理、指挥调度一体化协同解决方案。

智慧管廊运维管理平台是先进技术的试验与应用，为园区综合管廊智慧化监控、运维的先进性做技术支撑。将云技术、BIM+GIS 技术、无线通信技术等技术应用于园区综合管廊　进行监控管理，为进一步优化先进技术在管廊的应用、为大面积推广应用先进技术积累管理、维护等方面的经验，实现设施设备运行安全、管理运行高效化、资源利用集约化的管理目的。

概述通过物联网平台收集汇聚园区感知设备的数据，实现对园区运行状态的实时感知，再通过基于数字孪生的三维可视化渲染技术与各种方式的展示呈现。

7.8.2 建设目标与需求

1. 园区综合管廊的特点

（1）规模大，范围广

地下管线遍布园区的每个角落，为园区每天的正常运作提供着必不可少的能源资源。据不完全统计，预计 2020 年年底，全国现有在建综合管廊长度将到达 10 000km。

（2）管线种类繁多

地下管线种类众多，园区综合管廊　按照功能和用途可分为 8 个大类：给水、排水、燃气、电力、通信、工业、热力和其他。

（3）空间分布复杂性

综合管廊空间分布复杂，不仅敷设在园区主干道下面，在各小路也均有分布，并且综合管廊 在空间上呈垂直分布，简单的平面图无法将其空间关系清晰地展示出来。

（4）隐蔽性强

综合管廊属于地下空间建筑设施，均埋设在地下，并且数量庞大，其隐蔽性极强，很难确定其在地下空间的分布状况。

（5）管理部门较多

管理机构涉及政府的30多个部门，易导致“信息孤岛”现象。在综合管廊 全生命周期中，设计、施工、管理、维护等各阶段数据格式不统一，数据处于碎片化，各阶段有关部门数据共享率低，资源利用率低，造成人员和资源的浪费。

（6）“家底不清”

综合管廊结构复杂，数量庞大，无法说清什么地方有什么管线，以及管线的尺寸、材质等信息。同时，很多老旧管线本身资料不全，很多纸质资料没有建档入库，对地下管线的信息化管理造成很大困难。

2. 综合管廊的监控与管理模式存在的问题

环境与设备监控、安全防范、预警及报警、设备管控等管廊管理配套工作分散在若干业务平台之上。由于产品来自不同的厂商，在数据交换中缺乏统一的标准，从而导致数据接口众多、数据无法互联互通，访问交互性差等问题，形成了一个个的“信息孤岛”，制约了对于管廊的综合管理水平。

对于现在各业务管理平台，也存在着功能未满足管理需要的矛盾：

1）传统监控采用人工管理模式，运营管理成本高，管理水平与管理质量也无法得到有力保障；

2）传统 SCADA 系统是平面的、系统的，不是三维的、立体的，没有维护管理信息，没有空间位置信息；

3）没有应急预案、应急处理流程，解决紧急事故时易相互推诿、扯皮；

4）市政设施管理的运维监测监控能力、应急调度指挥能力、综合业务能力很难提高；

5）管廊设备和环境监控系统很难或很少实现与消防、安防、视频、巡更等系统的联动。

3. 智慧管廊的建设目标

2012年11月22日，《住房城乡建设部办公厅关于开展国家智慧城市试点工作的通知》（建办科〔2012〕42号）中发布的《国家智慧城市（区、镇）试点指标体系（试行）》，在“城市功能提升”的二级指标下指出了“地下管线与空间综合管理”的三级指标，指标说明了要实现园区地下管网的数字化综合管理、监控，并利用三维可视化等技术手段来提升管理水平。2015 年 6 月 1 日起实施的 GB 50838－2015《城市综合管廊工程技术规范》，第七章中指出“综合管廊宜设置地理信息系统，并应符合下列规定：应具有综合管廊和内部各专业管线基础数据管理、图档管理、管线拓扑维护、数据离线维护、维修与改造管理、基础数据共享等功能；应能为综合管廊报警与监控系统统一管理信息平台提供人机交互界面。综合管廊应设置统一管理平台，并应符合下列规定：应对监控与报警系统各组成系统进行系统集成，并应具有数据通信、信息采集和综合处理能力；应与各专业管线配套监控系统联通；应与各专业管线单位相关监控平台联通；宜与园区市政基础设施地理信息系统联通或预留通信接口；应具有可靠性、容错性、易维护性和可扩展性。”

三维 GIS 技术可以使得用户获得身临其境的感官体验，可以更加符合和完整地描述真实世界。三维 GIS 的研究对象有：点、线、面和体，其中线是空间曲线、面是空间曲面、体则是特有的三维对象，三维 GIS 研究的不仅是复杂实体内部空间结构，还包括体与体之间的相互关联。将三维 GIS 技术应用在综合管廊的管理信息系统建设中，一方面可以使得空间关系复杂的管线在表现上层次清晰，另一方面可以使得用户容易掌握使用方法，降低学习成本。

BIM 技术是一个集成了建筑物建设项目在全生命周期内所有几何模型信息、功能需求和构建性能的模型，同时它还拥有施工进度、建造过程中的控制信息。BIM 技术的优势在于对建筑物的全生命周期管理，改善团队合作，实现建设项目价值最大化。包含建筑物领域在内，BIM 技术在桥梁工程、铁路交通、园区规划和水利工程等各种基础设施建设中均有广泛的应用。利用 BIM 技术可以将图纸上的内容进行“预装”，通过模拟真实的三维模型可以发现设计上的问题，提前解决管线之间的位置冲突问题。然而，BIM 技术主要设计的是建筑物内部的结构，无法与外部管网产生关联，在空间分析、数据库管理等方面存在着盲点和难点。

针对综合管廊 具有的空间复杂性、隐蔽性、投资大且更新快、数据碎片化、普查困难等一系列特点，只有将三维 GIS 和管线 BIM 技术相结合，才可以将综合管廊的规划、建设和运营阶段整合一体，并满足不同用户的需求。

7.8.3 技术路线

采用国际先进成熟的 BIM+GIS 技术将综合管廊进行三维可视化显示，再对各感知系统的数据进行采集，通过物联网、无线传输网、互联网等信息传输网络对信息进行业务化处理，从而实现 GIS 宏观视角下的管廊三维监控和 BIM 微观视角下的管线监控（见图 7-58）。

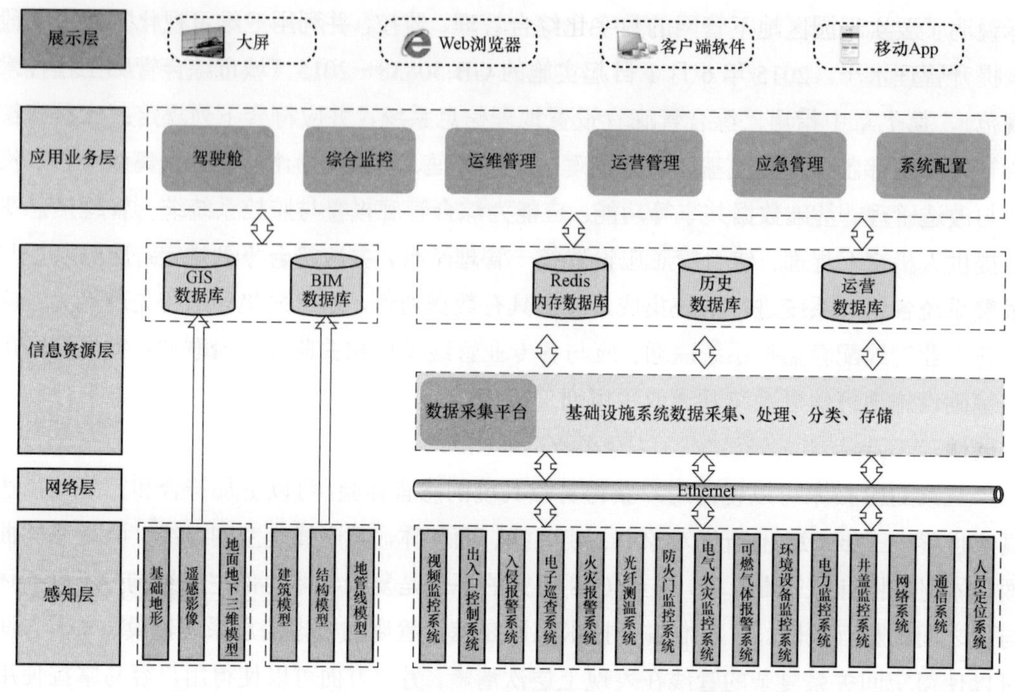

图 7－58　技术路线

“智慧管廊运维管理平台”处理业务涉及环境与设备、消防、通风、供电、照明、排水、安全防范、语音通信、预警与报警等众多领域，系统对采集数据进行云计算和大数据分析，实现了管廊数据潜在价值的挖掘和利用，供给政府职能机构、管廊运营公司及入廊管线单位等。在统一管廊运维体系、BIM 标准体系及信息安全保障体系的前提下，实现智慧管廊运维管理平台标准化和体系化，为面向各类用户提供基础的数据支撑和信息保障平台。

1. 远程数据采集

传统的数据采集大部分都是基于人工进行现场采集，耗费人力，且不能进行自动监测，因此本次系统设计要实现数据实时采集、远程监测的需求。实现对底层数据信息的采集，采集的主要系统有视频监控系统、出入口控制系统、入侵报警系统、电子巡查系统、火灾报警系统、光纤测温系统、防火门监控系统、电气火灾监控系统、可燃气体探测报警系统、环境与设备监控系统、电力监控系统、井盖监控系统、网络系统、通信系统、无线覆盖及人员定位系统等。

2. 自动化监测

系统通过对综合管廊内部环境因素进行自动、连续监测，并且实现数据远程传输，可以及时进行查询。主要是在监测中心里实时显示综合管廊内部环境参数，可以调用数据曲线查看趋势，以及历史数据的查询。通过对各段综合管廊内部的智能化改造和信息集成，实现地下综合管内部局域的智能化控制。利用施工过程中不断完善的 BIM 信息，将 BIM 竣工模型二次开发形成运营模型，在运营模型中搭载 IOT 技术（物联网技术）

实现 BIM 数字化运维。通过在虚拟的 BIM 模型和真实的物联网传感器搭建数据的连接，可以实现远程端口对综合管廊内部数据的形象实时展示和远程控制，通过参数的设定和人员权限的设置，实现智能预警和任务推送。通过 BIM 技术，可以支持对综合管廊项目的综合管理和监控。通过长时间的运维信息的储存和统计，形成运维信息大数据，通过对大数据的分析得出对后期工程建设、运维等阶段工作的指导意见（风险实时监控与主动预警）。BIM 技术的使用，可以全面提升综合管廊运营的安全等级，优化管理流程，提高管理效率，降低运营风险成本。

3. 信息预警和报警

能够及早避免异常情况的发生，实现监测点信息和远程信息数据的同时更新，上位分析数据后得到状态的预测值，进行判断后发出预警。

4. 三维显示功能

综合管廊距离较长，需要分区域进行检测，所有的监测区域都需要直观的以三维的形式显示在用户界面上。三维展示使用 3DMAX，Rhino，Revit，Navisworks，Bentley，Tekla，Catia 等能交付标准模型的软件下实施建模，再依靠 GIS 地图提供地理信息位置坐标和相关功能的开发实现三维展示。

5. 基于物联网架构设备网络需求

目前传统的智能化系统监控信息传输网络设计，是根据不同系统或产品的自身特点，采用各自独立的监控信息传输网络和互不兼容的布线敷设方式，这种五花八门的各自系统信号传输网络，不但造成智能化系统布线混乱和繁杂，各系统通信协议很不一致，造成布线和系统集成的难度和成本，也为今后智能化系统设备扩展和网络维护增加了难度和费用。物联网架构设备网络采用以太网络结构模式，基于 TCP/IP 通信协议。在智能化物联网络上部署智能化各应用系统，如管廊自控系统、变配电系统、视频监控系统、门禁控制系统、网络管理系统等。

7.8.4 建设内容

智慧管廊建设内容包括智能化系统建设和信息化平台建设。

智能化系统建设包括环境与设备监控系统、安全防范系统、通信网络系统和消防报警系统。具体建设内容详见 GB 50838—2015《城市综合管廊工程技术规范》和 GB/T 51274—2017《城镇综合管廊监控与报警系统工程技术标准》。

信息化平台建设包括：

（1）基于 GIS+BIM 技术的指挥舱

指挥舱用于指挥中心大屏显示的综合数据监控界面，包括 GIS 展示、重点实时监控数据、重点数据分析、预警报警信息等（见图 7–59）。以 GIS+BIM 为技术核心的三维可视化综合监管功能，实时掌握设备及管线状态，通过汇聚运行数据，构建管廊数字孪生体，完美呈现可视化的“数据管廊”。

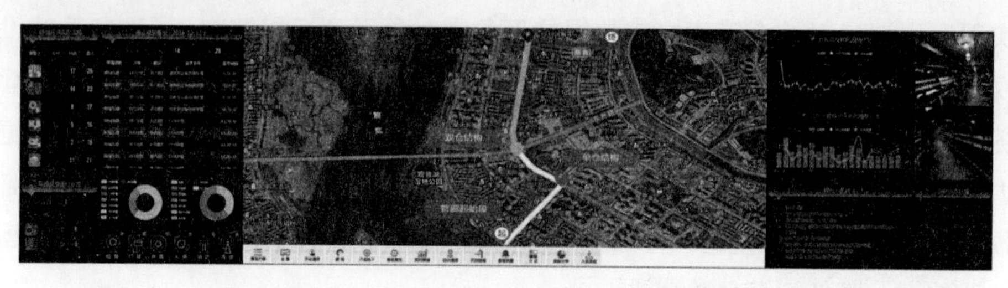

图 7－59　基于 GIS＋BIM 技术的指挥舱

（2）综合监控功能

集成多个智能化子系统，对整体情况进行总览（两种显示方式 BIM＋GIS）＋其他模块或菜单，统一监控廊内环境状态及设备运行；实现各系统信息共享及联动控制功能，包括对环境、设备、配电等监测数据的采集及控制，对视频、门禁、人员定位、电子井盖等监测数据的采集及存储，对光纤测温、烟感探测器、温感探测器等消防监测数据的采集及存储；实现对通信录的管理，同时还需要具备语音对讲、消息管理、实时回传（视频、图片、语音）、在线会议、即时通信的功能等。还可接入入廊管线监控系统、廊体结构监测系统数据（见图 7－60）。

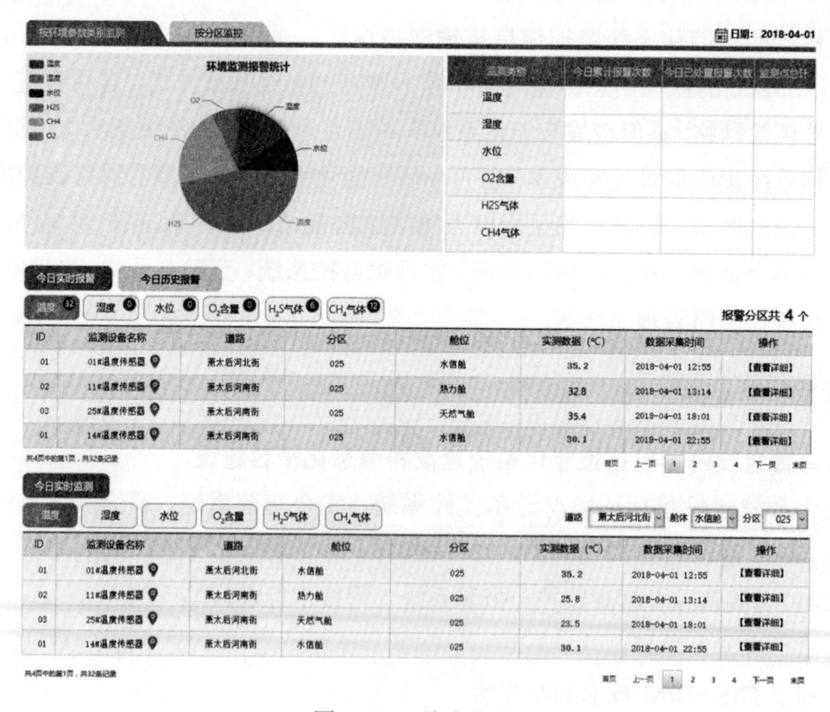

图 7－60　综合监控

（3）运维管理功能

高效适时的运维工作是综合管廊持续、安全、稳定运行的保障，也是综合管廊日常管理工作的主要内容。运营服务平台的运维管理模块应为管廊的维护与维修活动提供信息化支撑，实现巡检管理、办公协同的电子化。执行流程包括资产管理、综合巡检、维护维修、入廊人员管理、值班管理等（见图 7–61）。

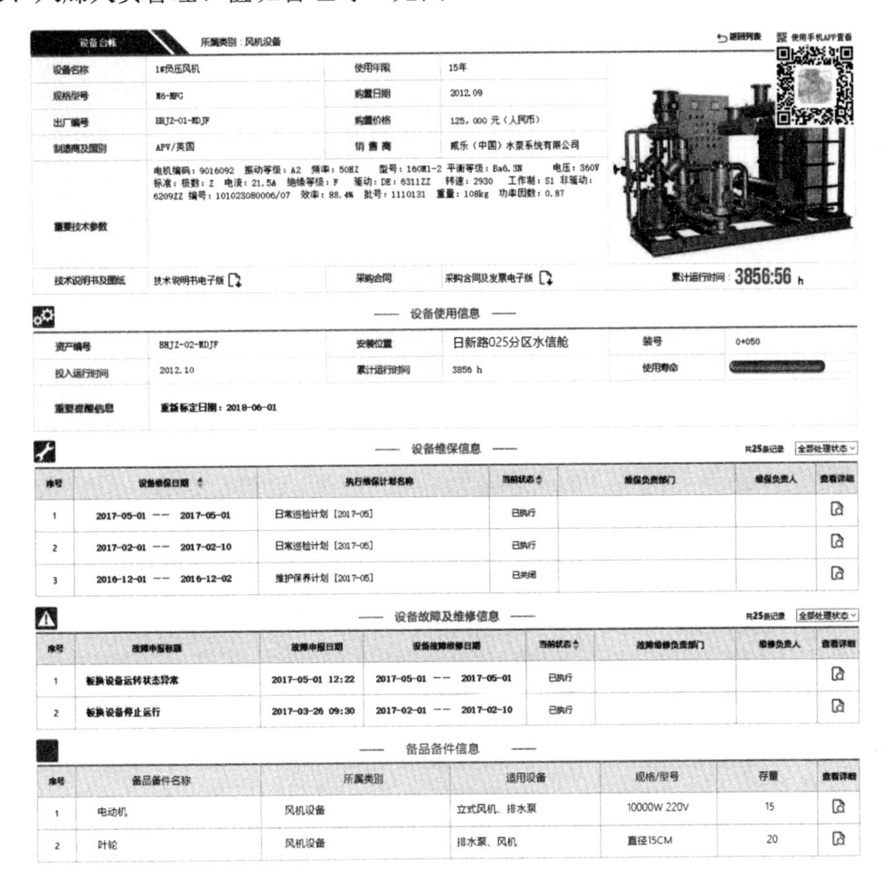

图 7–61　运维管理

（4）运营管理功能

运营管理可以提供高效适时的运营工作，对运营团队提供支撑，实现运营管理的流程化、制度化、科学化、扁平化。主要功能包括入廊用户管理、合同管理、能耗分析、运营分析、安全分析（见图 7–62）。

（5）应急管理功能

管廊应急管理系统依托管廊综合安全体系，充分利用现代网络、计算机和多媒体技术，以数据库分析、多媒体信息表示为手段，实现对突发事件数据的收集、分析，对应急指挥的辅助决策、对应急资源的组织、协调和管理控制等指挥功能（见图 7–63）。根据管廊的业务特点和需求，在面对突发事件时，系统可以通过本系统为指挥人员提供各种信息服务，做到反应处置迅速、信息沟通快捷、指挥协调有力，全面提升管理部门的安全防范和处置突发事件的能力，从而构建全方位、多层次的应急指挥管理功能。

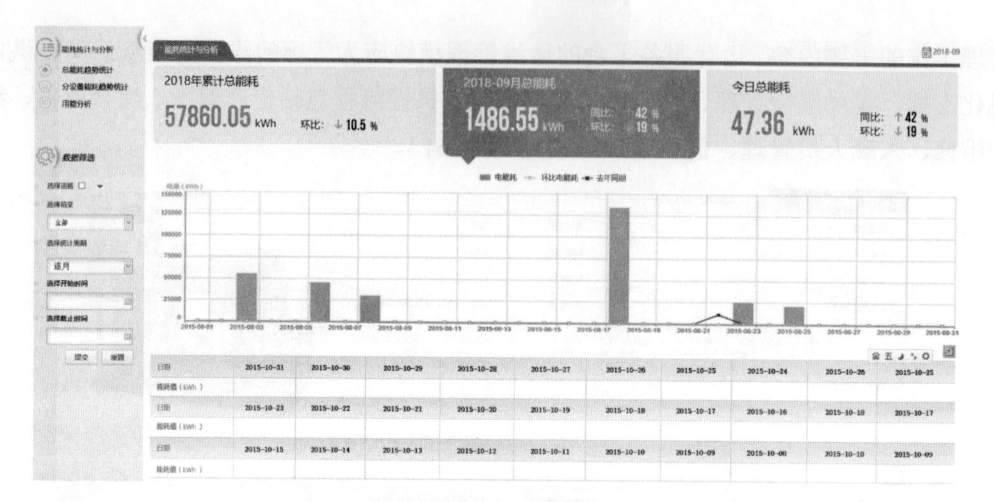

图 7－62　运营管理

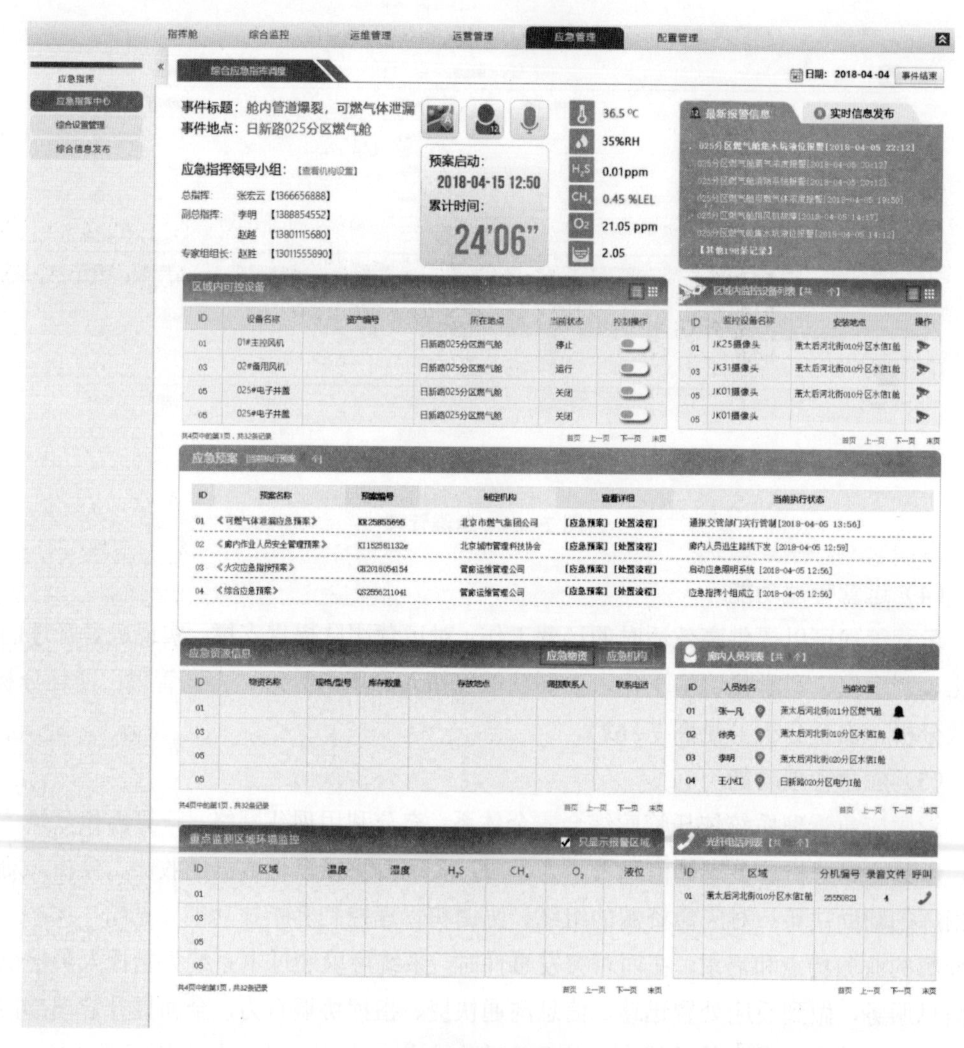

图 7－63　应急管理

（6）配置管理功能

实现基础功能的个性化配置。系统采用“角色授权”机制，通过角色管理，将平台全部功能模块的操作权限进行分配及绑定。用户通过与角色的关联，实现对平台相应功能模块的操作，对智慧管廊运维管理平台的报警方式进行管理，对各类环境参数的报警阈值进行设置及管理（见图 7-64）。

图 7-64　配置管理

（7）App 功能

结合移动智能终端开发管廊 App 应用，实现管廊内信息互动运维及全流程监管，提高管廊运维管理效率的同时，解决管廊内运维状态无法掌握、运维环节缺监督、运维质量难评价的行业难题。管廊运维 App 主要包括资产管理、综合报警、维修管理、我的运维四大部分。

7.8.5　应用价值

“综合管廊”是将电力、通信，燃气、供热、给排水等各种园区工程管线集于一体形成的园区地下管道综合走廊，实现“统一规划”“统一设计”“统一投资”“统一建设”“统一管理”“统一维护”，是保障园区能源、市政管线正常运行的重要市政基础设施“生命线”。

通过园区综合管廊的不断建设，可以有效地进行管理、统筹市政管线规划，解决反复开挖路面、架空线网密集、管线事故频发等问题，提高园区安全性、完善园区功能、美化园区景观，带动园区朝着集约高效的方向转型发展。

依据国办发〔2015〕61 号《国务院办公厅关于推进城市综合管廊建设的指导意见》，管廊配套系统达到智能化管理水平、满足运营维护需要、确保综合管廊的运营安全。随着园区经济的快速发展，综合管线建设规模也在不断扩大。智慧管廊运维管理平台，是对设备运维管理、日常运营管理、安全监控、预警报警、应急处置等方面配套工作的完善和高效整合。

平台具有全方位高精度的综合监控功能，满足高达百万台以上设备的综合监管能力。依托管廊内大量智能化设备，实时掌握设备及管线状态，通过汇聚运行数据，构建管廊数字孪生体，完美呈现可视化的“数据管廊”。

全天候自动化运维功能为用户构筑起动态运维体系，数字化资产管理手段形成运维专家库，预警故障点，延长设备使用时间；通过平台智能规划巡检路线，有效优化运维流程，科学调配运维人员，显著提升运维效率。

一张图应急管理功能可最大限度保护廊内人员安全。毫秒级响应，第一时间远程协助运维人员逃生，并启动救援预案，协调应急资源，为应急指挥提供辅助决策。

平台以 BIM+3DGIS 数字管控技术为支撑，支持从片区级到区域级再到园区级的分级管理模式，不断与智慧园区建设深度融合。

7.8.6 发展趋势

“新基建”主要指以 5G、人工智能、工业互联网、物联网为代表的新型基础设施，本质上是信息数字化的基础设施……能支撑传统产业向网络化、数字化、智能化方向发展的信息基础设施，包括新一轮的网络建设，如光纤宽带、窄带物联网等；数据信息相关服务，如大数据中心、云计算中心以及信息和网络的安全保障等，也必将成为我国“新基建”的核心所在。

园区综合管廊作为“城市生命线”，必将在新基建大潮下迎来飞速发展。主要体现在以下几方面：

1）预计 2020 年全国开工建设的城市综合管廊将达到 10 000km，并以每年 2000km 的速度快速增长。

2）在 5G、大数据、云技术、物联网的大背景下，管廊的智能化系统也必将向边缘化、AI 自动化方向发展。

3）以工业自动化、数字孪生技术为代表的新应用，给管廊带来更加广阔的应用空间。

4）通过高效的智慧化手段与业务和管理的高效结合，让建设成本、运维成本、入廊成本达到最经济的水平，智慧管廊发展的必然趋势。

7.9 智慧消防

7.9.1 概述

园区建筑群多且复杂、分布范围广、消防安全隐患多，稍有不慎极易发生重大火灾，造成重大伤亡和财产损失以及不良影响。

随着十三五国家战略的实施与推进，加快智慧消防建设，提升消防治理水平和服务水平是各级管理部门必须落实的工作。公安部于 2017 年 10 月发布了《关于全面推进“智慧消防”建设的指导意见》，在全面推进智慧消防建设的基础上，按照“急需先建、内外共建”的方式，近两年内重点抓好“五大项目”建设，实现动态感知、智能研判、精准防控，为消防工作提供信息化支撑。

提高消防工作科技化、信息化、智能化水平，是解决当前火灾多发、主体责任落实不到位、消防意识淡薄等众多矛盾的关键，也是信息化条件下打赢防火、灭火攻坚战的必要手段。

基于此，建设园区智慧消防平台，是园区智慧消防体系建设不可或缺的重要内容。通过智慧消防平台的建设，最终实现消防管理工作智慧化、科技化、智能化。

7.9.2 建设目标与需求

1. 建设目标

通过该平台的建设和运行，将园区消防监督管理和消防机构灭火救援所涉及的各类要素所需的消防信息链接起来，构建具有高度感知能力的消防信息化基础环境，实现实时、动态、互动、融合的消防信息采集、传递、处理和可视化展现，能够全面促进与提高消防相关部门、单位对消防监督与管理水平，增强相关消防机构灭火救援的指挥、调度、决策和处置能力；同时，该平台将对园区中所有消防系统及设施设备的运行状态进行实时监控，并实现统一的运维管理，确保园区消防系统、设施设备、消防器材处于完好的最佳运行状态。

2. 建设需求

（1）集成互联，信息共享

依托物联网、通信网等，综合运用 RFID、二维识别码、智能终端等技术，将园区的所有消防系统、设备以及相关消防组织机构、人员进行综合集成，实现园区消防领域的人与物、物与物的互联互通，形成一个整体消防物联网，实现各消防要素间的信息共享，为实现消防数字化、协同化提供支撑。对园区所有消防设施系统的联网、监控、监管、维护，打破了一般消防远程监控系统只对火灾报警控制系统上报火警、故障信息辅助联网单位消防控制室的值班人员及时、准确地确认上报警情，最大限度提早报警时间、缩短报警过程，提高消防部队快速反应能力，争取宝贵时间迅速出警灭火。监控中心可将确认后的火警信息通过专用设备传到城市 119 指挥中心。

（2）消防管理规范化和精细化

建设园区消防管理系统及相关 App，通过园区 GIS 地图、3D BIM 模型的应用，对园区内建筑物、消防监督单位、危险源等监督对象的基础信息、检查记录、隐患整改记录、消防属性信息、空间属性等进行管理；实现对消防设施审查及评估的管理；利用智能终端进行行日常检查、违规整改意见在线通知等；实现对消防资源、消防隐患、火情、危险源、紧急事件处理等因素进行分析统计，为消防资源规划、消防决策、消防任务指标制定提供辅助决策。

（3）消防设备维保网络化和移动化

构建消防设施设备维保管理系统及相关 App，综合运用计算机及网络、RFID、二维识别码、移动通信终端等技术，将所有消防设施设备纳入网络中，实现对所有设备的实时监控，设施设备故障的自动报警、设施设备故障智能分析、维修周期的自动提醒。

开发移动终端应用 App，实现设施设备现场巡查检测、在线电子派单、电子地图导航、电子回单系统、数据远程传输、维修人员的协调调度等；实现“安装调试→跟踪检查→维修保养→更新报废”的全生命周期管理。为消防设施设备管理提供一套完整有效的实时监督和维护管理的网络化和移动化手段。

7.9.3 技术路线

利用物联网传感器、互联网技术对整个园区的消防报警信号以及设施设备状态进行采集，同时依托 BIM 技术，将各类信息完整的展示在虚拟空间，实现对园区中所有消防系统及设施设备的运行状态进行实时监控，并实现统一的运维管理。

7.9.4 建设内容

园区智慧消防建设可分为 8 大应用：消防设施物联网管理系统、消防设施设备维保管理系统、消防接处警综合调度管理系统、消防灭火救援指挥调度辅助决策系统、消防防火监督管理系统、消防数据综合分析与应用系统、数字化应急预案管理系统、移动应用。

1）消防设施物联网管理系统。主要包括消防设施设备可视化监测与展示子系统、消防设备设施与园区 GIS+BIM 系统的数据交互子系统、消防监管对象数据模型子系统（见图 7–65）。

2）消防设施设备维保管理系统。包括设备基础信息管理、消防设备设施维保方案管理、维保网格管理、维保排程管理、维保单管理、维保记录管理、零部件管理、设备报废管理、设备故障报警、维保周期提醒、设备故障统计分析、设备状态统计分析、消防设施部署变动的数据与图纸更新等（见图 7–66）。

3）消防接处警综合调度管理系统。包含火情报警信息展示与提醒、火情报警与视频联动、火警区域图示、火警上报、预案展示、火警处置、119 人工报警的接警处置等（见图 7–67）。

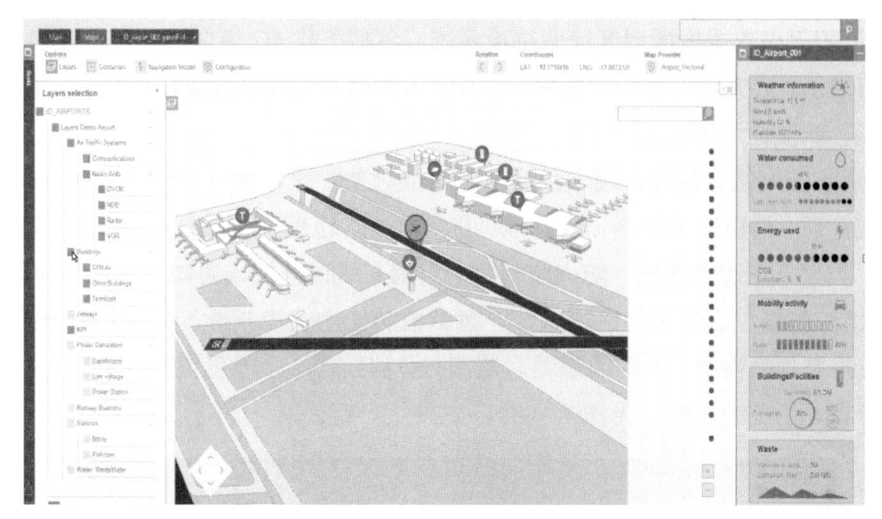

图 7－65　GIS、BIM 系统数据交互示意图

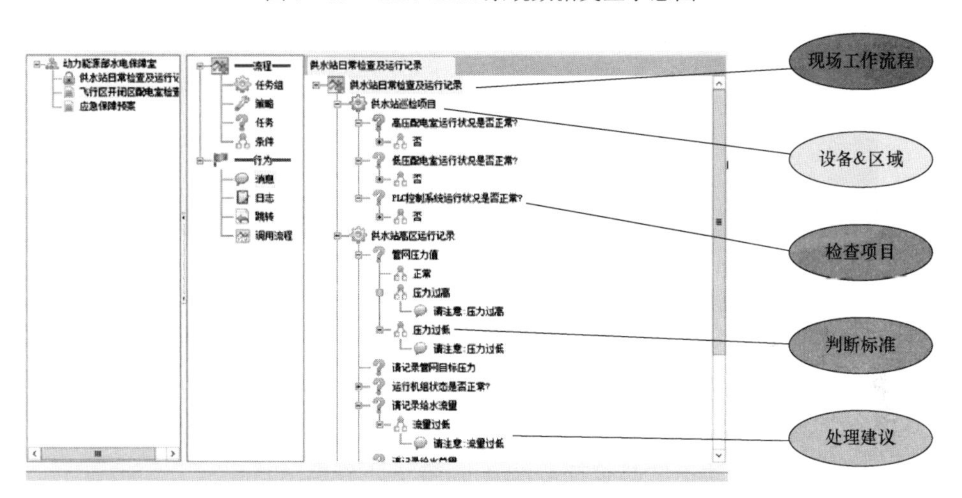

图 7－66　维保作业程序创建示意图

图 7－67　全局信息呈现示意图

4）消防灭火救援指挥调度辅助决策系统。包括车载 4G 摄像回传、单兵摄像回传、行动轨迹展示、火灾附近消防设施展示、灭火水源展示、救援力量分布展示、预案展示、视频展示、疏散通道/路况展示等。

5）消防防火监督管理系统。包括消防安全对象管理、重点单位档案管理、重点部位与区域管理、消防监督检查记录管理、日常检查与违规整改信息管理、防火作业的监督管理、防火工作通报管理、防火监督信息查询与统计分析、通知与通告管理等。

6）消防数据综合分析与应用系统。包括消防安全态势分析、火灾预警误报原因分析、消防报警预测模型、消防隐患动态监测与分级防控、多维度灾情分析研判、消防设备故障分析、示范应用等（见图 7–68）。

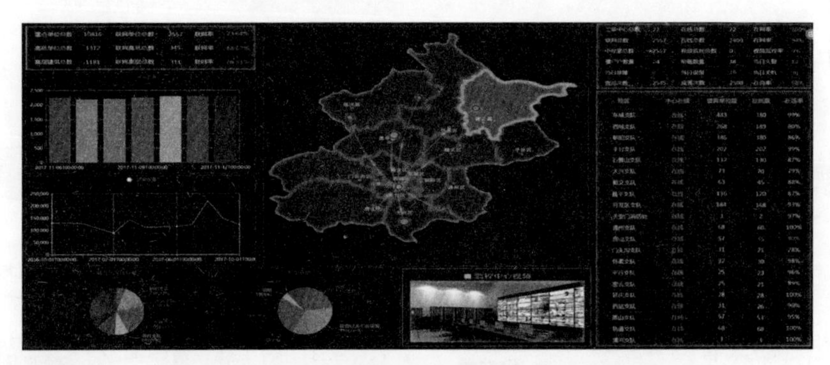

图 7–68　消防大数据综合态势分析可视化示意图

7）数字化应急预案管理系统。包括预案编制、预案审核入库、预案查询、消防预案特别警示、消防应急灭火救援演练、消防应急预案培训管理、消防应急预案修订等。

8）移动应用。包括消防灭火救援指挥调度及辅助决策系统 App、消防设施设备维保管理系统 App、消防防火监督管理系统 App 等（见图 7–69）。

图 7–69　移动 App 应用示意图

7.9.5 应用价值

智慧消防的应用价值在于解决了园区各类消防设施信息的共享问题、消防设施的维保问题、消防监督管理问题以及消防指挥调度问题，提高了园区消防维保人员的效率，极大提高了园区的消防安全保障，真正做到了方便、快捷、安全、可靠，使人民生命、财产的安全以及警员生命的安全得到最大限度的保护。

7.9.6 发展趋势

在物联网、云计算、大数据、AI、5G 等新兴技术的发展驱动下，传统消防已经发展为智慧消防。

1）传统的有线探测器已经逐渐向采用物联网、5G 技术的无线探测器，有线向无线的转变，给实施带来了便捷。

2）传统单一的各种消防子系统向统一的智慧消防平台发展。智慧消防平台将传统的各类消防子系统统一纳入管理，打破各子系统的信息孤岛，为消防设备的联动创造了条件。

3）传统单一的报警及联动技术向 AI 智能分析演进。通过 AI 专家分析系统，可以对园区各种消防设施的使用情况进行预测，在消防设施失效前进行预警，防患于未然。

4）传统的人管向计管发展。通过平台对各类消防信息的综合分析，自动判断各类报警的真实性，极大提高了人员效率，避免了误报、漏报情况的出现。

综合运用物联网、云计算、大数据、AI、5G 等新兴信息技术，加快推进“智慧消防”建设，全面提高消防工作科技化、信息化、智能化水平，实现“传统消防”向“智慧消防”的转变，消防产业升级成为发展之必然。

7.10 园区智能设施运维管理

7.10.1 概述

园区的智能设施，是实现对园区内各领域、各行业、各专项的信息实时动态监管、数据智能汇聚分析、事态精准快速掌握、决策全面高效辅助的重要基础，因此，通过完善有效的运维管理，保证园区智能设施正常高效运转成为实现园区智慧化管理的关键。

园区智能设施具有类型繁杂、数量众多、安装位置分散、运维方式迥异的特点，依靠简单的人力巡查式的运维管理方式，很难实现对于这些智能设施的全面高效管理，因此，要实现对于园区内智能设施的精准高效运维管理，不仅需要完善有效的运维管理体系作为基础，同时还需要更加智能化、智慧化的运维方式和手段。

智能设施综合管理系统通过集成地下管线管理、环卫设施管理、园林绿化管理、窨井安全管理等多个功能模块中的各类物联网感知设施和智能设施，以可视化的方式实时集中展示设施属性及状态，对于异常设施进行及时报警，配合为巡检运维人员所配备的智能设施巡检养护移动端，保证相关管理人员能够第一时间发现异常问题、第一时间找到异常设施、第一时间实施运行维护。依靠智能设施综合管理系统与智能设施巡检养护移动端的配合，更进一步实现运维人员、技术支持人员和维护主管之间的高效协作，确保智能设施运维的及时性、精准化和高效率，保证事件处理流程、日常巡检流程和维护保养流程的规范合理。

7.10.2 建设目标与需求

园区智能设施综合管理系统以可视化的形式实时展示园区内供水、排水、窨井、园林、环卫等领域各类智能设施的属性信息和实时监测信息，管理维护基础设施中各类智能设备，在超出正常值范围或者设施出现问题时及时报警，以便管理者及时作出应急对策；为相关业务管理部门的决策分析提供实时监测数据支持，满足新形势下智能设施精细化管理的需求。

智能设施综合管理系统整体功能需求：

1）实现对园区基础设施、环卫设施、窨井、管网、园林绿地等领域建设的智能设施进行实时监控和在线管理；

2）实现对超出正常范围的智能设施实时预警，对智能设施的报警信息做出及时的提示和处理；

3）实现对园林、环卫、市政等方面智能设施的巡检运维管理功能，包括巡检运维任务派发，案件管理、事件处理跟踪，巡检运维人员管理等功能。

智能设施巡检养护移动端是在园区智能设施运维养护流程的基础上，结合智能设施综合管理系统的实际情况和业界主流的技术路线进行设计，最终形成任务跟踪、案件上报、问题处理、轨迹回放、人员管理等几大功能模块。

智能设施巡检养护移动端整体功能需求：

1）规范园区智能设施巡检、养护以及维修的流程；

2）及时发现设施故障，及时便捷上报，提升设施的运维和使用效率；

3）有效地跟踪和监督园区智能设施运维队伍的工作效率和工作状态，从而能够大大提升整个运维养护工作的工作效率，进一步降低设施的损坏率，保障设施的正常运行。

7.10.3 技术路线

智能设施接入园区智能设施综合管理系统的过程中，将多种接入手段整合起来，提供多协议的适配，统一互联到接入网络，实现与公共网络的连接，同时完成转发、控制、信令交换和编解码等功能。通过多种感知设备之间数据通信格式的转换，对上传的数据格式进行统一，同时对下达到感知延伸网络的采集或控制命令进行映射，产生符合具体设备通信协议的消息。物联网网关对感知设备进行统一控制与管理，向上层屏蔽底层感知延伸网络的异构性。而终端管理、安全认证等功能保证了数据业务的质量和安全（见图 7-70）。

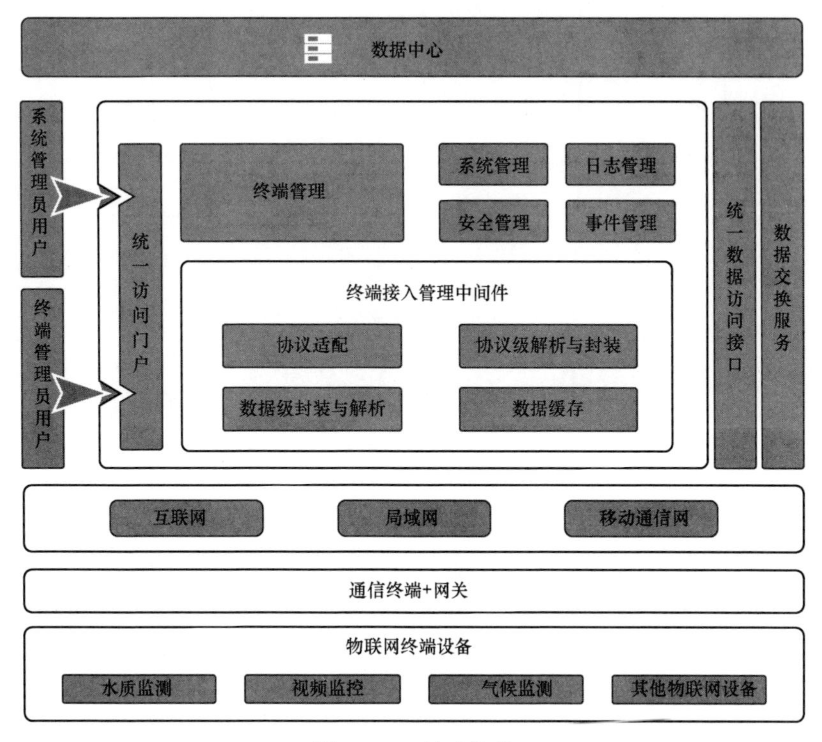

图 7-70　技术路线

通过将智能设施统一接入管理系统，将多领域、各类型的设施属性、实时数据进行收集、整合、分析、可视化展示，实现园区内供水、排水、窨井、园林、环卫等各领域实时监测数据的感知。各类设备的适配、安全接入和身份认证，保证采集数据的安全可靠传输，并通过对数据的协议解析、数据转换和提取，通过移动网络、泛在网和互联网将各类数据安全、稳定、可靠的传输至数据中心。

7.10.4　建设内容

1. 园区智能设施综合管理系统

园区智能设施综合管理系统在地理信息与接入的智能设施监控信息的基础上，实现对园区运行过程中各智能设施属性信息及实时数据的“一张图”综合展示，开展地下管线、环卫、园林绿化、窨井等智能设施管理专题，通过“一张图”专题展示，将多维度采集分析后的数据信息在地图中进行图表化、可视化展示，实现对园区各领域运行状态的实时监控，推动日常管理工作的信息化、智能化提升，提高园区监管工作效率。同时将智能设施实际运行状态信息进行记录和集中展示，实现智能设施问题故障及时预警，运维状态实时查看，运维流程闭环管理，保证运维工作精准、高效运行（见图 7-71）。

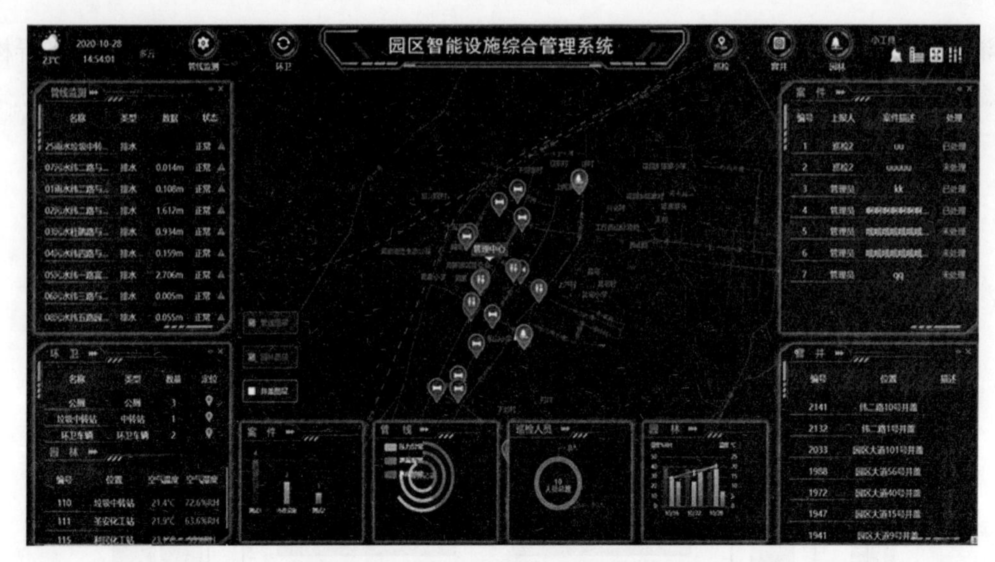

图 7－71　园区智能设施综合管理系统

（1）地下管线智能设施管理专题

通过对安装于管线各处的各类型智能设施运行状态进行实时监控，回传状态信息进入智能设施综合管理系统数据中心，并在“一张图”上进行集中展示。同时，对各类型设施分类展示，实时了解各类设施属性信息、运行状态。针对异常设备及时告警，并提供精准位置、深度、属性等设施信息，以便运维人员进行运维方案准备（见图 7－72）。

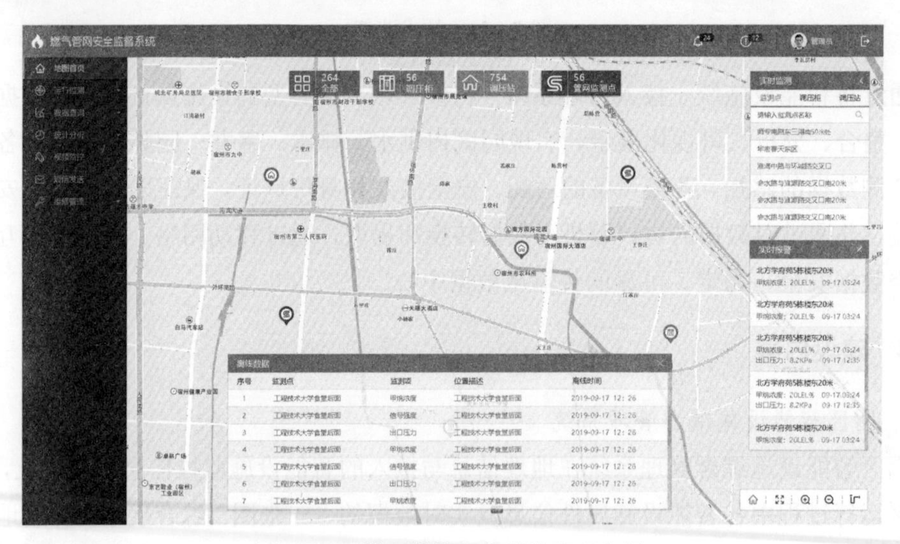

图 7－72　地下管线智能设施管理专题

（2）环卫智能设施管理专题

对园区环卫业务各类如水质、气体等相关智能设施数据及属性信息接入并实现实时信息回传，建立相应数据专题对园林环卫领域各类智能设施进行监管和集中展示，保证园林环卫领域各智能设施的平稳高效运转（见图 7–73）。

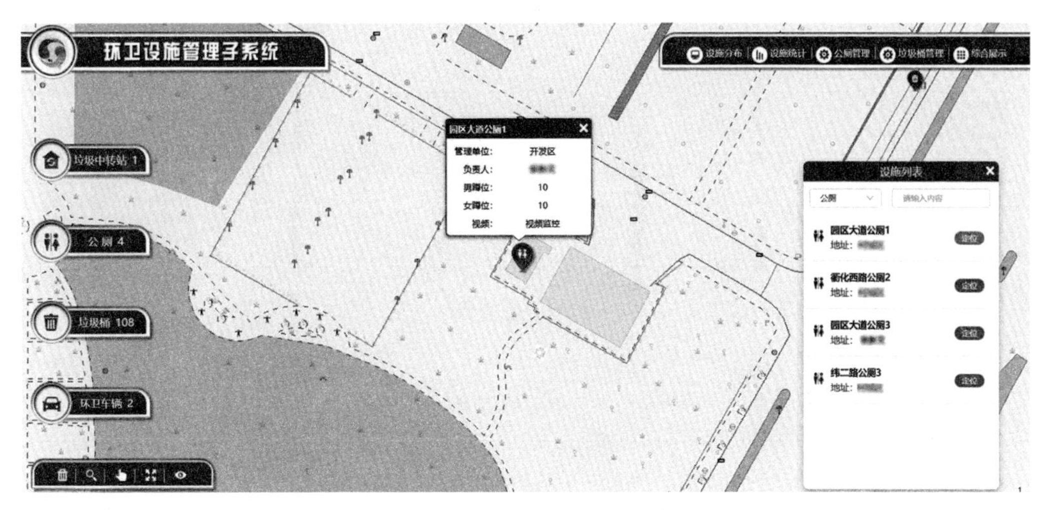

图 7–73　环卫智能设施管理专题

（3）园林绿化智能设施管理专题

通过对园林绿化领域内智能设施信息进行采集，包括公园绿地、附属绿地、生产绿地、防护绿地、其他绿地和古树名木等地的智能监测设备，实现园区园林绿化智能设备的“一张图”管理（见图 7–74）。

图 7–74　园林绿化智能设施管理专题

（4）窨井智能设施管理专题

集成地下管网、井盖等处安装的智能设施，对井盖智能设施的在线正常、离线异常、维修和已派单巡查等状态进行实时监控，发现设施异常及时告警处理，确保设施长期其处于良好状态（见图 7–75）。

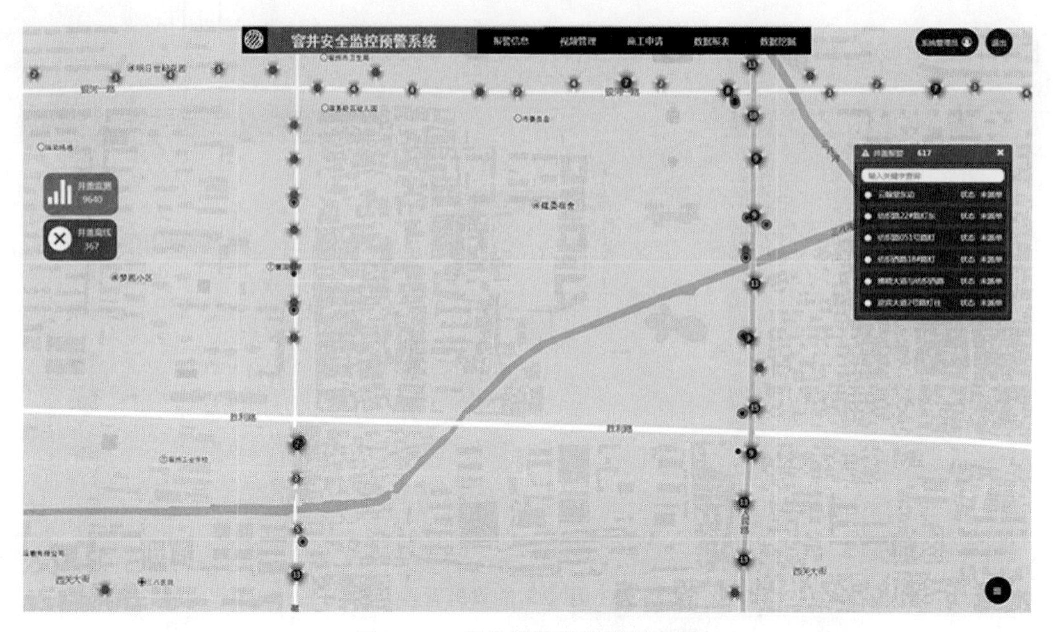

图 7-75　窨井智能设施管理专题

2. 智能设施巡检养护移动端

移动端包含任务跟踪、案件上报、问题处理、轨迹回放、人员管理等几大功能模块，通过移动端，提升对于巡检运维人员的有效管理，实现任务点对点传达，人员状态实时管理，运维工作完整记录，帮助巡检运维人员更加高效准确的进行智慧设施运维工作，转变依靠长时间巡查发现问题解决问题为依靠系统预警及移动端任务派发，短时精准高效解决问题，大大提高巡检运维工作的效率。依托园区智能设施综合管理系统与智能设施巡检养护移动端协同配合，实现管理人员与运维人员进行信息高效共享传递，任务快速下达，问题及时反馈，运维管理全程记录。进一步简化运维流程，提升运维效率，增强运维水平，从而打造专业高效、精简干练、协同统一的运维队伍（见图 7-76）。

7.10.5　应用价值

通过智能设施综合管理系统的建设可以进一步加强对于园区智能设施的监管和运维，确保园区全域智能设施的高效稳定运行状态，从而保证园区能够基于各领域智能设施所采集的准确、实时的数据来实现园区的稳定、精准、智能管理。智能设施不仅重在建设，更重在建成后的持续养护，园区的各项智慧化分析与应用都基于园区内智能设施采集到的实时、准确的数据信息，只有保证智能设施的高效稳定运转，才能确保园区各领域的智慧化建设在准确的数字信息基础之上，才能保证园区管理者能够基于真实、准确、有效的信息进行科学化决策。

图 7－76　智能设施巡检养护移动端

依托智能设施综合管理系统与智能设施巡检养护移动端的配合，形成设施故障信息反馈，系统主动预警，运维任务指派，运维人员处置，运维流程及结果记录的全流程闭环管理，一方面大大提高园区管理人员对于智能设施的全局化监管，另一方面增强多部门运维管理工作的协同性，推动运维信息由上至下、由点到点的准确传达，定向精准发现问题，高效准确解决问题，将巡检运维人员从繁重的巡检任务中解放出来，实现园区智能设施的智慧化、专业化、高效化的管理。

7.10.6　发展趋势

随着物联网、云计算、大数据、AI、5G 等新兴技术的不断发展，智能设施的监测和分析水平提高的推动下，其设施的技术含量也越来越高，因此对于智能设施运维管理工作的要求也越来越高，不仅需要更专业的运维知识，还需要更高效准确的运维管理流程，更专业的运维管理系统。如何提升园区的运维水平，保证智能设施的稳定高效运转成为实现园区智慧化管理的重要组成部分。

未来，运维管理将向着更加专业化、智能化、精准化的方向发展，不仅要求拥有更多专业运维知识的运维人员，更需要智能化的系统和设备来进行辅助管理，依靠先进的管理流程和系统设备，实现对于园区智能设施的全局化、全周期的管理，以此为基础打造专业高效、精简干练、协同统一的运维队伍。

第 8 章　智慧园区应用——智慧服务篇

8.1　概述

智慧服务是智慧园区建设中重要的组成部分。园区服务智慧化可以给园区企业营造更好的发展软环境，提高员工生活满意度，从而助力园区打造更好的营商环境。

智慧服务的分类有各种类别，根据服务类型不同，园区的智慧服务主要包括政务服务、企业服务、公众服务、安全服务这四大类。

8.1.1　需求分析

随着产业概念的兴起，通过软件的服务实现个性化经营是大势所趋。几乎所有园区都号称为入驻企业提供“一站式服务”或者“一条龙服务”，但现实中很多园区往往徒有服务概念，缺乏实际服务内容而无法有效执行。具体问题如下：

1. 传统园区在服务方面存在的问题

第一，提供服务类型较少。传统园区在给园区企业和员工提供服务时，往往只专注于自身擅长的某个领域，例如该园区管理方如果有投融资背景，则会专注给园区企业提供金融投资等服务。

传统园区一般将主要精力投放在园区空间资产租赁、物业服务等园区基本运营事务上，园区服务对于一些传统园区属于锦上添花的工作。在没有明确利益产出的情况下，一些园区有选择地提供服务。因此，总体而言提供的服务类型较少。

第二，服务投入业务量重。传统园区在提供园区服务时，往往需要自己对接多方资源，甚至需要配备专业人力。人力成本和时间成本整体投入量大，并且无专业的服务质量把控标准，难以对服务形成量化的流程控制和结果监督，服务业务难以实现轻量化。

第三，无法进行智慧管控。园区服务类型众多，不同的服务需要对接不同的服务商。

不同的业务、衡量标准和流程，难以进行智慧化的统一管理，使得园区运营方在管控方面压力较大。

2. 智慧服务在园区实际应用中存在的问题

随着科技的发展，园区管理方也越来越重视服务给园区带来的价值。智慧服务作为智慧园区的重要组成部分，得到了很多园区管理方的重视。然而目前智慧服务在园区的实际应用中存在一些发展难点。

第一，智慧服务难接入。服务商类型众多，以何种方式接入园区，园区如何进行统一管控，是目前园区管理方面临的困难之一。一些园区有智慧园区平台，则较好处理，有些园区本身没有进行智慧园区平台建设，则智慧服务接入难以实现。

第二，综合服务未标准化。传统园区管理就是业主方与物业管理公司间的考核和被考核关系，园区运营的品质由物业管理方的水平决定。各项目间无法统一量化考核指标，项目服务标准未能统一规范，租控信息可视化工具不齐全，停车管理、能耗管理、安保管理、网格化管理等综合服务存在响应不及时的情况。运营者对产业服务本身的价值收益予以“漠视”。以停车管理服务为例，对于规模较大的园区，存在管理区域分散、使用多个停车厂商的情况。管理方每月需要与不同的停车厂商核对报表，无法获知实时数据，且服务难以标准化。

第三，服务流程难闭环。智慧服务全流程涉及前期服务商的筛选、提供服务、服务反馈、支付费用等环节，如何实现整个服务流程闭环，是目前智慧服务遇到的难题之一。每个环节对服务商、管理方以及服务支撑技术都有一定要求，要统一各方资源才能实现整体服务闭环。

第四，智慧化流于表面。一些园区提供了线上服务申请等功能，但是并没有让园区内的企业和员工真正使用起来。另一些园区将智慧服务停留在基础设施智能化层面，没有深入到软性服务智慧化领域。

8.1.2 总体框架

智慧服务平台是一个体系分层、接入多样、资源开放、业务轻量、功能模块化的统一服务平台。基于园区各方服务需求的多元化与灵活性特点，平台采用分层架构的思想，以达到服务能力及应用的可成长、可扩充。智慧服务总体架构设计如图 8-1 所示，包括基础设施层、平台层、应用层、接入层和用户层。

1. 基础设施层

基础设施层是智慧服务平台的基础设施保障，由依托于物理建筑上的园区智能运营设备、系统网络设备、数据中心、智能化系统和智能楼宇等各类硬件设备设施及系统组成，提供异构通信网络、广泛的物联感知和海量数据汇集存储，为智慧服务的各种应用提供基础运行环境及数据支撑。

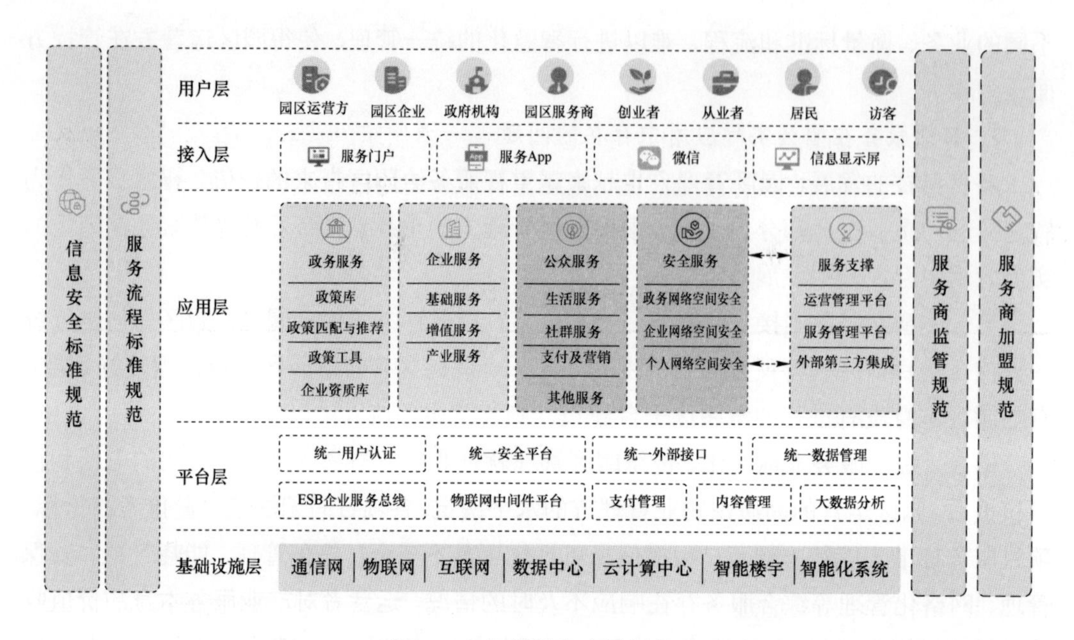

图 8-1 智慧服务应用框架

2. 平台层

平台层为智慧服务的各类应用服务提供驱动和支撑，是各个应用系统之间的公用组件，这些组件可以被各个应用系统调用，也可以在组件之间进行调用。在此平台上根据相关标准开发新的应用和新的功能，可以实现与原系统的无缝集成，使软件硬件均能即插即用，大大缩短开发周期。平台层主要的支撑服务包括：统一用户认证、统一安全平台、统一外部接口、统一数据管理、ESB 企业服务总线、物联网中间件平台、支付管理、内容管理、大数据分析。

3. 应用层

应用层是智慧服务应用的内容体现，在平台层的基础上构建政务服务、企业服务、公众服务、安全服务四大服务体系，为智慧园区中的各参与方及社会公众提供泛在的服务。在应用层对外提供服务时，需要运营管理平台、服务管理平台及外部第三方系统协同完成服务的内部支撑与闭环管理。

4. 接入层

智慧服务平台根据不同用户特点和业务应用模式，通过服务门户网站、移动 App、微信、信息展示屏等业务接入方式，为使用者提供更直观、更便捷的信息、资讯展现及服务申请与办理功能。

5. 用户层

用户层是平台服务的对象，包括园区运营方、园区企业、政府机构、园区服务商、创业者、从业者、居民、访客。

8.1.3 应用综述

智慧服务应用场景涉及园区和楼宇运营管理的方方面面，例如政务服务、企业服务、公众服务、安全服务，在具体场景方面，则涵盖针对企业的日常服务、发展需求服务等，以及针对个人的衣食住行服务，见表 8－1。

表 8－1　智慧服务主要应用场景

智慧服务主要应用场景	
政务服务	政策资讯、政策查询与匹配、政策落实、各类审批、……
企业服务	基础服务、增值服务、产业服务、……
公众服务	园区生活、园区社群、园区泊车、园区支付、……
安全服务	资产发现服务、威胁情报预警服务、安全策略优化服务、安全产品运行监管服务、安全事件研判分析服务、……

智慧服务的核心是通过一个统一的平台整合所有服务，实现全流程服务闭环，如图 8－2 所示。

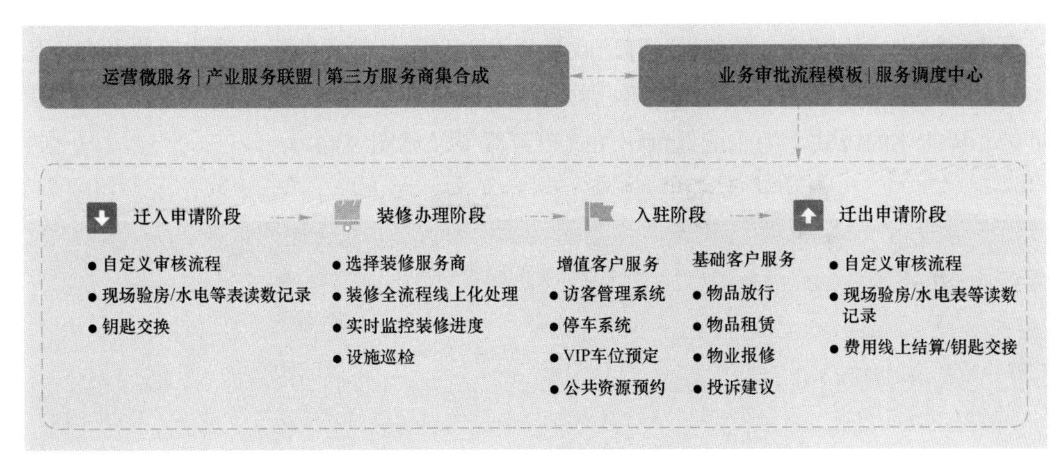

图 8－2　园区智慧服务平台

8.2 政务服务

8.2.1 应用概述

近年来，为促进供给侧改革和进一步优化产业结构，各级政府大力扶持企业进行技术创新、提质增效。在产业政策引导下，去产能、降成本、去杠杆取得积极进展，传统产业智能化改造步伐加快，人工智能、物联网、大数据、高端装备、节能环保、生物医药、数字创意等新兴产业蓬勃兴起。加强政府引导，加大对创新产业的支持力度，已成为培育经济增长新动能的经验和共识。

与此同时，由于涉及政策部门繁多，从科技部、工业和信息化部到国家发展改革委、人力资源社会保障部等，从国家到地市、区县，分别都有政策发布网站及渠道，使得企业查找很不方便，无法及时获悉相关政策发布情况，无法简单方便地享受到政策红利。此外，大多数企业不能准确地解读政策，对此投入的精力极为有限，面对各项政策无从下手，而目前政府部门提供的电话、邮件等途径很难满足企业庞大的咨询需求。这些因素对政策的实施产生了不利影响，见表 8–2。

表 8–2　　各类主体的政务服务痛点

相关主体	政务服务痛点
企业	政策获取难、理解难、落地难、碎片化
园区	缺乏好的政策服务工具
政府	政策扶持不精准，实施效果难掌握

要解决产业政策实施的痛点问题，必须借助信息化手段，利用云计算、大数据、人工智能等技术，从服务企业角度，打造政策集中平台和智慧政务服务整体解决方案，具体包括从政策查找、政策解读到准确匹配、主动推送、咨询等方面提供服务方案，以信息化、智能化的方式，为企业提供一站式政策服务（见图 8–3）。

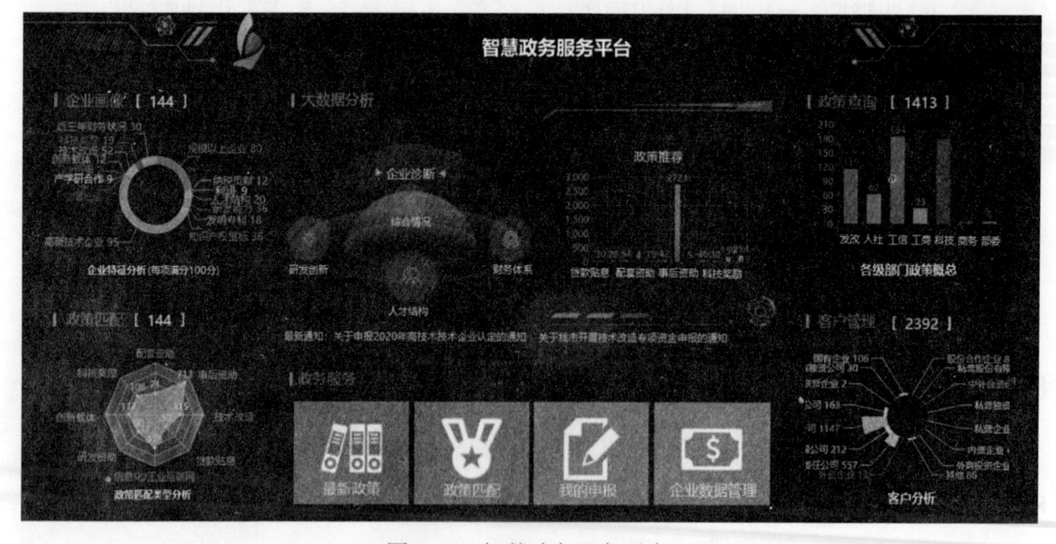

图 8–3　智慧政务服务平台

智慧政务服务平台能够有效地降低企业查找政策的成本，精准匹配和推送将节约时间和成本，同时由于政策扶持的精准度提高，能够提升产业专项资金的扶持效果，智慧政务服务平台功能架构如图 8–4 所示。

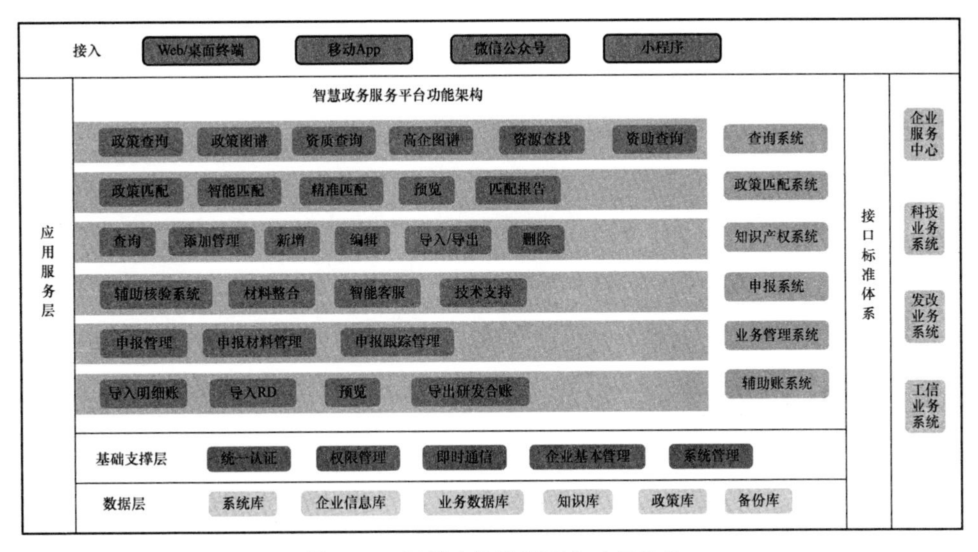

图 8-4　智慧政务服务平台功能架构

8.2.2　政策库

在创新全球化时代，头部企业不再是唯一的创新源头，从趋势上看，科技型中小企业越来越受各地政府和园区的重视，中小企业更有可能利用中国优势成为创新的摇篮。产业扶持政策不仅能够强力吸引中小型科技企业落地，而且能够帮助他们实现研发创新和量产，解决人才、资金等问题，从而打造优秀的产业链，成为城市经济的核心。为此，从中央部委到地方各级政府，出台了大量的产业扶持政策，从政府层面积极引导产业结构升级。但是目前政策存在获取难、理解难、落地难、碎片化状态等问题，缺乏全量、系统、结构化的政策数据，无法充分释放政策红利。

大数据技术的快速发展催生了政策数据平台的诞生，目前大数据在商业智能、政府决策、公共服务领域等领域得到了广泛的应用和发展，数据挖掘、云计算、人工智能等技术为构建政策数据平台提供了强有力的支撑。随着营商环境的进一步优化，政策红利深度释放需求越来越强烈，政策数据平台有广阔的需求空间。从园区运营角度看，构建全面、及时、权威的政策数据库具有重要意义。

政策库的建立包含数据采集、数据清洗、数据结构化、政策关联、政策图谱与对比等步骤，如图 8-5 所示。

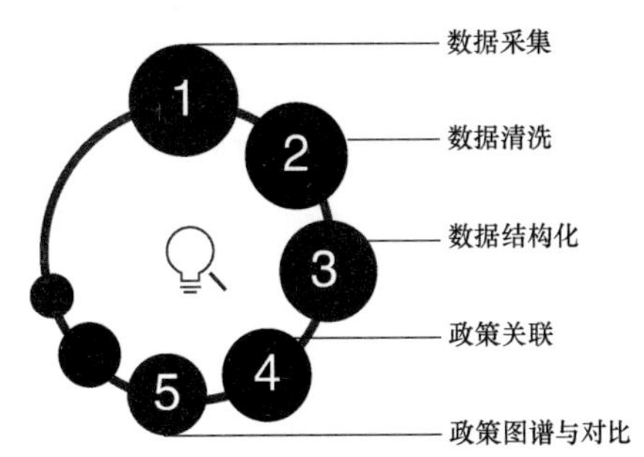

图 8-5　政策库的建立路径

1. 数据采集

政策数据采集以“一横一纵”为主线，横向为政策出台部门，包括科技部、工业和信息化部、国家发展改革委、人力资源和社会保障部等，纵向为国家部委级、省级、市级、区（县）级4个层级，采集的目标为上述政府单位官方网站的政策法规、政策文件、通知公告、政策解读、申报系统、公众互动等栏目，将碎片化的政策资源一网打尽（见图8-6）。

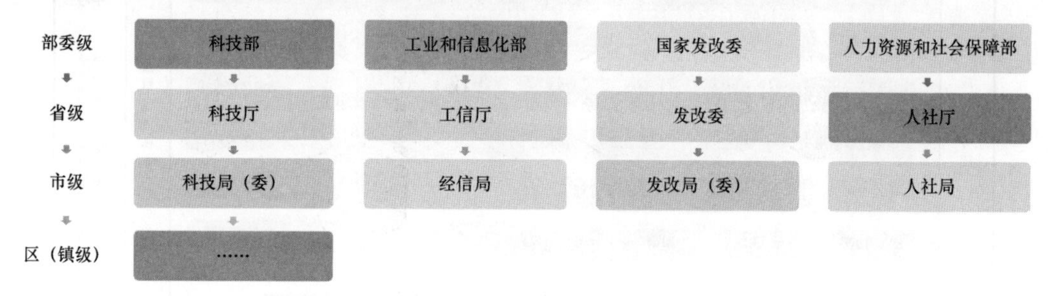

图8-6　政策数据采集部门

2. 数据清洗

政策一经出台，即收录到数据库，在数据库中进行清洗加工、梳理、解构、重组、标签化等。针对性非结构化数据，采用高效的人工智能技术进行清洗，必要时辅以人工核验，确保数据的完整性和有效性。

3. 数据结构化

政策数据结构化是政策匹配、政策智能分析、智能推送的基础，数据结构化的难点在于各部门出台的政策缺乏系统的关联，过往发布、上下级发布、相关单位发布的政策文件格式、要素属性都不一样，难以形成统一的数据结构化方法论和规范。

通过对政策进行结构化的要素分为标题、政策部门、申报时间、申报类型、适用产业、申报条件、支持力度、申报材料、政策原文、原文链接、注意事项、申报系统等，如图8-7和图8-8所示。

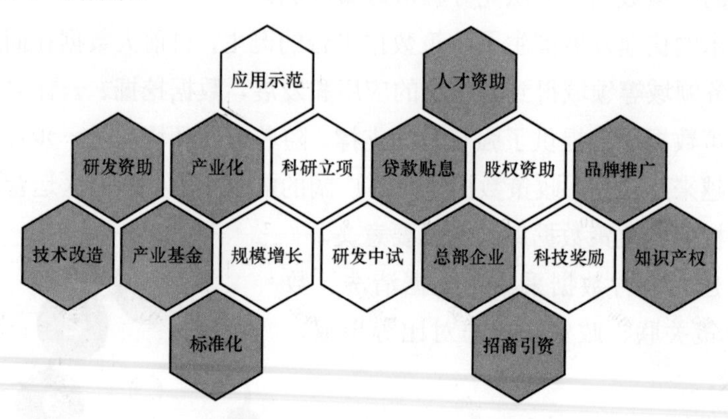

图8-7　政策申报类型分类示例

4. 政策关联

政策关联包括当前政策与历史政策关联、政策与解读关联、政策与公示信息关联、政策与服务关联等，通过这种关联关系，提升政策数据关联与交互，从而提供更有价值的数据支持。

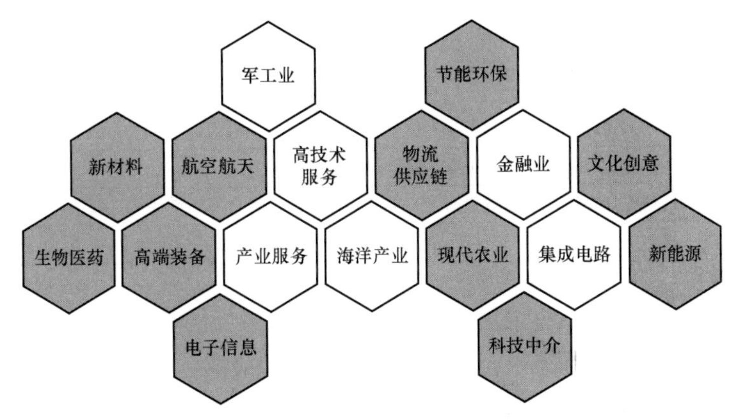

图 8-8　政策适用产业分类示例

5. 政策图谱与对比

通过筛选对比范围和对象，勾选对标字段可以一键智能生成政策图谱，呈现客观、科学的以数据为支撑的对标结果，成为政策使用者的决策工具（见图 8-9 和图 8-10）。

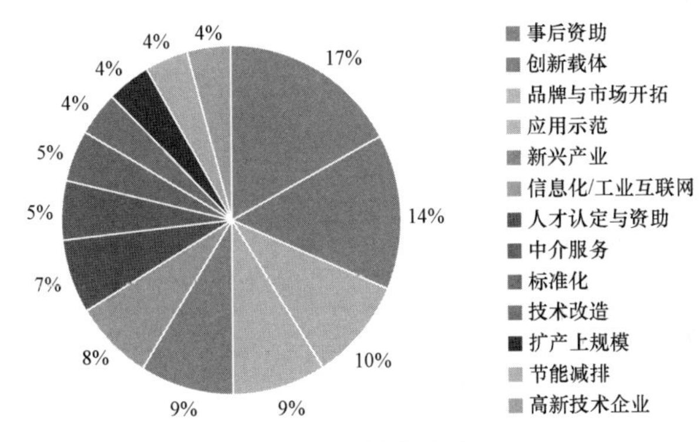

图 8-9　政策分类统计

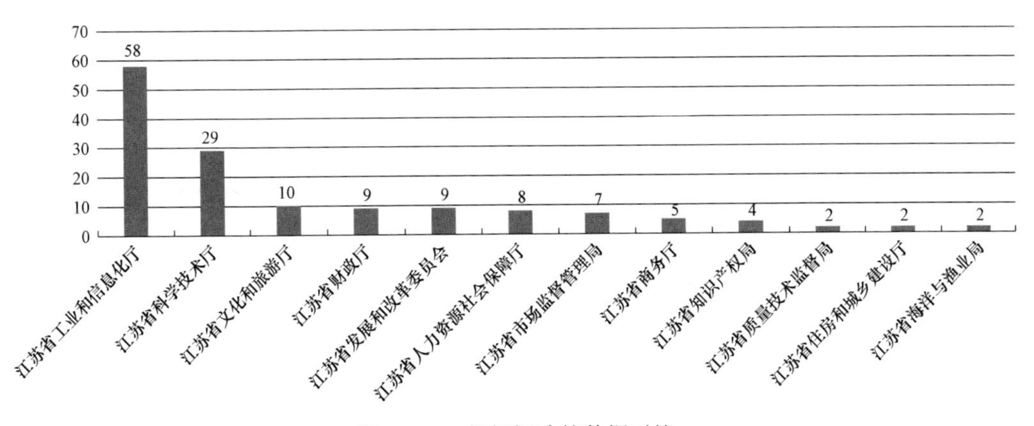

图 8-10　部门间政策数据对比

构建政策库将至少使 4 类主体受益，具体见表 8-3。

表 8-3　　各类主体受益分析

相关主体	受益点
企业	基于政策库的一站式政策平台将使企业极大地减少时间成本、人力成本，更多的政策扶持机会
园区	为企业提供更多维度的服务，高效服务企业
政府	产业发展主管部门和政策研究室等部门可通过政策数库精准决策，提高政务服务水平
企业服务提供商	极大地降低了政策的获取、加工成本，提高服务水平

依托政策库，各类主体可采用“数据+平台+服务”的模式，为企业提供基于政策的各类产品服务、数据服务、平台服务等，将产生积极的社会效益。

根据中国招标投标公共服务平台数据显示，企业对服务商信息化水平的要求显著提高，例如南方电网公司 2020-2021 年科技产业政策咨询服务招标要求服务单位能够应用云计算、大数据技术，通过智能评估和匹配系统挖掘有价值信息，这表明数字化政策服务对企业和服务方越来越重要。

8.2.3　政策匹配与精准推荐

《国务院办公厅关于聚焦企业关切进一步推动优化营商环境政策落实的通知》提出，要向企业精准推送各类优惠政策信息，提高政策可及性；《广东省“数字政府”建设总体规划（2018-2020 年）实施方案》提出，支持各地建立本地区涉企政策“一站式”综合服务平台，实现政策的精准推送；上海市政府《关于创新驱动发展巩固提升实体经济能级的若干意见》提出，形成集聚政策和服务的“一门式”窗口，构建企业精准服务体系。随着营商环境的优化、数字政府和智慧园区的建设，政策精准服务体系的构建将是其中非常重要的一环。

要实现政策精准推送应首先对用户和政策进行标签化，通过企业画像、推荐引擎等技术，对政策和企业进行双向精准匹配。

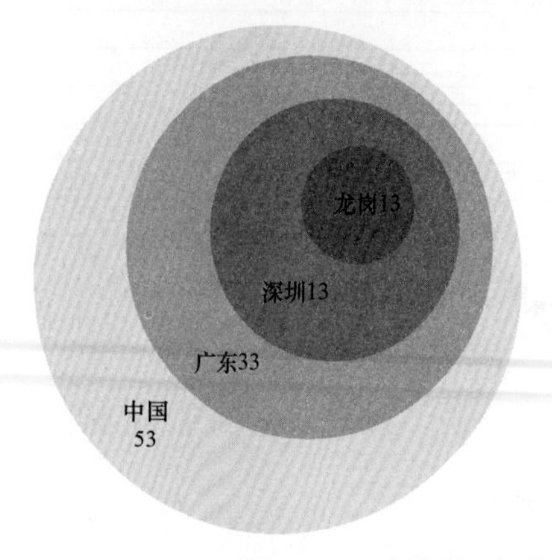

图 8-11　政策匹配概览

根据企业基础信息，按照企业类型、发展阶段等多种维度分类建档，深入分析不同类别企业的多样化需求，建立企业画像。根据结构化政策的要素条件，结合企业画像，一方面为企业从海量政策中匹配出适合的政策，另一方面，为某项政策在一定范围内匹配出适合的企业。匹配完成以后，系统可记录匹配结果，为企业精准推送政策变动信息、关联政策等（见图 8-11～图 8-14）。

预计本企业可申请资助：I类：225.25万元，II类：1244.55万元，III类：1485.3万元，总计2955.1万元

是否导出	类型	项目名称	受理部门	支持力度	地区
导出	匹配结果	小微工业企业上规模…	深圳市工业和信息化局	对首次新增纳入我市…	深圳
导出	匹配结果	PCT专利申请资助项目	深圳市市场监督管理…	1.申请人提交PCT（…	深圳
导出	匹配结果	国内发明专利资助	深圳市市场监督管理…	1.申请人获得发明专…	深圳
导出	匹配结果	国外发明专利资助	深圳市市场监督管理…	1.申请人在美国专利…	深圳
导出	匹配结果	国家高新技术企业认…	光明区科技创新局	对上年度首次通过认…	光明
导出	匹配结果	抗疫扶持专项-适岗培…	深圳市人力资源和社…	线上培训每人每学时…	深圳
导出	匹配结果	疫情期间医保待遇相…	深圳市人力资源和社…	疫情期间，报备成功…	深圳

图 8－12　政策匹配列表

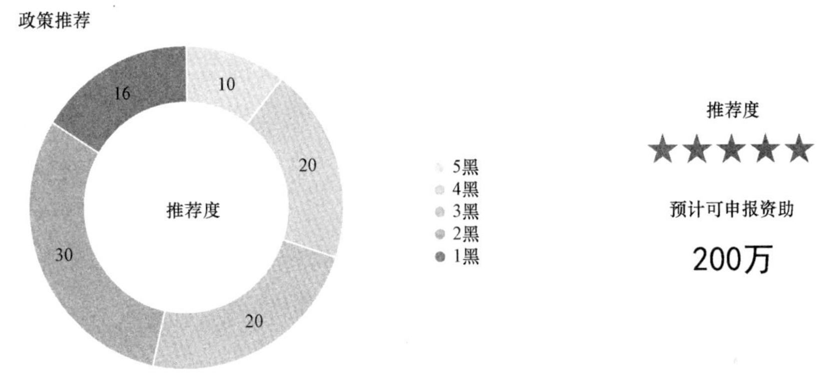

图 8－13　政策推荐概览

类型	项目名称	受理部门	支持力度	地区
推荐政策	抗疫扶持专项-稳岗就…	光明区工业和信息化局	（一）湖北籍未返岗…	光明
推荐政策	创新型高成长企业培育	深圳市中小企业服务局	待定	深圳
推荐政策	支持企业吸纳就业	深圳市人力资源和社…	将吸纳建档立卡贫困…	深圳
推荐政策	深圳工业设计走进中…	深圳市工业和信息化局	给予单个项目最高不…	深圳
推荐政策	新材料产业发展扶持-…	光明区工业和信息化局	对新材料首批次产品…	光明
推荐政策	“专精特新”企业培育资…	深圳市中小企业服务局	（1）对入选国家工信…	深圳
推荐政策	征集2020年战略性新…	深圳市发展和改革委…	1.市级工程研究中心…	深圳

图 8－14　政策推荐列表

通过精准匹配，能够为每个企业量身配置政策推送信息，确保推送的政策符合企业需求，能够切实发挥扶持政策激励引导作用，深入推动政府与企业间政策信息的“精准对接、无缝衔接”，为园区企业服务“流程再造、创新服务方式、拓展服务网络、提升

服务能力”方面起到积极的作用。

8.2.4 政策工具

政策服务需要借助信息化工具才能更好地梳理各项申报资料、提升各类资质等，这些工具是企业享受政策的有力助手（见图 8-15）。

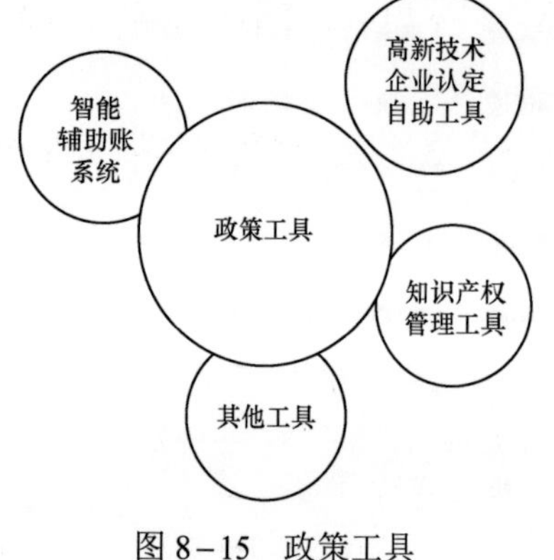

图 8-15 政策工具

1. 高新技术企业认定自助工具

通过该工具进行申报前模拟，借助系统自动识别错误和风险，全面客观地评价企业的技术创新体系，是企业申请高新技术企业认定的机器人导师，借助工具可自动生成申报材料。

2. 知识产权管理工具

可以添加或批量导入本企业的知识产权，通过工具实现对知识产权的智能化管理，能够自动计算知识产权的权利日期，提醒知识产权的状态变化，及时缴纳年费。

3. 智能辅助账系统

通过企业研发项目、研发人员、研发工时、设备工时、研发支出等数据，能够智能化地导出研发辅助账，精简重复性工作，节约时间，提高效率。

4. 其他工具

其他有利于企业培育和孵化、借助新兴技术为企业服务的工具。

对企业来说，政策工具是降低成本和提高效率的重要工具，通过软件方式，将企业往产业政策引导方向上指引，同时也将企业经营风险降到最低；对企业服务提供者来说，能够进一步降低成本，改变传统服务方式。

8.2.5 企业资质库

企业画像的完善需要以企业资质为基础，该资质库采集、保存、整理重要的企业信用资质信息（见图 8-16），为商业银行、企业、园区、相关政府部门提供查询服务，为产业政策、金融服务和其他服务提供有关信息支持。

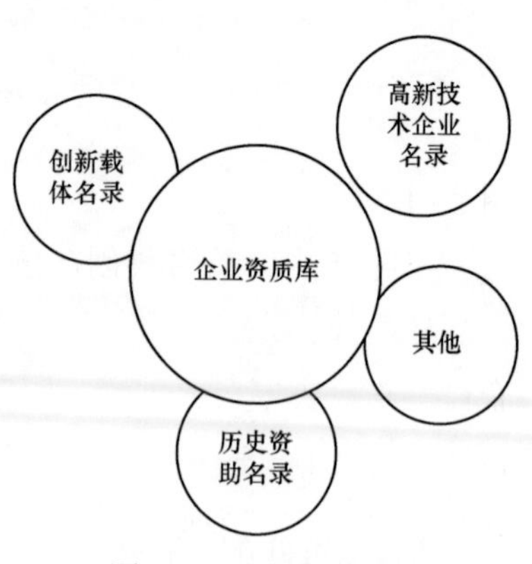

图 8-16 企业资质库

1. 高新技术企业名录

截至 2019 年底，全国共有高新技术企业约 21 万家，高新技术企业是掌握核心技术和具有较强的自主创新能力的优质企业，建立名录可方便企业和服务人员查询。

2. 历史资助名录

对已获得过相关资助的企业，建立名录，方便企业查询及同行业企业的对标，具有重要的参考价值。

3. 创新平台名录

企业获得的重要创新平台资质，例如公共服务平台、技术中心、工程中心等创新载体资质，建立名录可方便企业和服务人员查询。

企业资质库的建立有助于企业方、园区方进一步了解企业状况，清楚地掌握企业和政策之间的适配度（见图 8－17）。

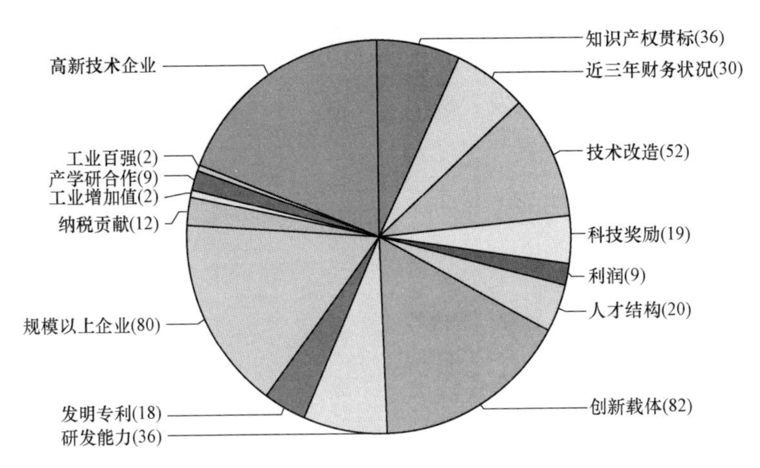

图 8－17　企业资质画像呈现示意图

8.2.6　应用价值和效果

建立基于产业政策的智慧政务服务平台，能够显著提升招商形象，加强服务方与企业的互动联系，同时可对平台使用者进行精准资讯推送，实现精准招商。通过平台提供多维企业服务，对园区运营而言也能创造直接经济效益（见图 8－18）。

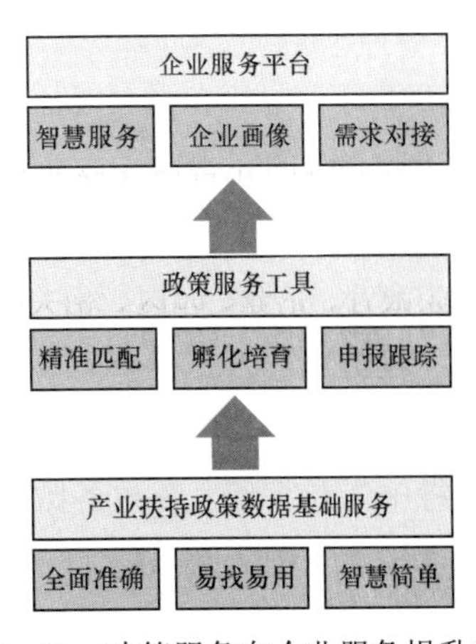

图 8－18　政策服务向企业服务提升示意

东莞市沙田港湾科创产融城通过智慧服务平台等各类开放式动态服务体系的建设，已成为科创企业成长解决方案提供商、大湾区产城融合发展示范区（见图 8－19）。港湾科创产融城持续动态更新和完善各类生产性服务、生活性服务和政务类服务，目前园区各类服务总数逾 200 项，单个运营人员提供政务服务效率提升 40%以上，整体投入政务服务的人力资源节约25%以上。

《东莞市加快5G产业发展行动计划（2019—2022年）》提出，东莞要完善产业配套，大力推动5G产业发展，增强空间意识，围绕重点园区，推动集聚发展。港湾科创产融城抓住机遇，通过一系列服务提升与推广，2020年4月，东实5G产业示范基地在港湾科创产融城签约挂牌，共同促进新兴产业与城市更新的协同发展。东实集团与18家5G联合体企业签订了战略合作框架协议，重点围绕5G产业园区的建设运营，在5G产品的生产、研发、应用及人才、资本配套等产业链各环节展开深度合作，助力港湾科创产融城打造成在5G智能终端、高端装配制造产业方面的集聚区。

图8-19　港湾科创产融城移动政务服务平台

8.2.7　发展趋势

我国政务信息化开始于20世纪80年代末90年代初，历经了办公自动化工程、“三金”工程、政府部门上网工程、电子政务工程和智慧政务工程五个发展阶段。2012年以来，一批经济发达的大中型城市进入智慧城市实施阶段，在智慧城市规划和基本建设内容中，智慧政务成为基本建设重点。

为应对经济下行压力和国际贸易的不确定性，智慧政务将进一步在改善营商环境方面发力。当前，营商环境是我国经济社会发展的一个痛点。根据世界银行公布的数据，2018年，我国营商环境全球排名第78位，与中国第二大经济体的世界地位不相适应。2019年，中国营商环境的世界排名有所上升，位列第46位，但仍与我国经济在世界上的地位不相称。因此，未来智慧政务的发展要把改善和优化营商环境作为重中之重，力求取得突破，为应对经济下行、解决贸易摩擦作出新贡献。未来智慧政务将呈现以下趋势：

1）5G时代，政务大数据将被进一步开发利用，数据融合的趋势将越发明显，协同政务将出现新突破。在政务数据、企业数据、社会数据三类数据中，政务数据处于核心地位。这不仅因为公共部门是国家最大的数据源，政务大数据占据全部数据的70%～80%，而且还因为政务数据具有权威性、可靠性，更具有开发价值。

2）更全面的政务云服务能力，为政府部门、园区和企业提供共享的基础资源、开放的数据支撑平台、丰富的智慧政务应用、立体的安全保障及高效的运维服务保障。

3）以大数据、云计算、移动互联网、物联网等新兴技术为支撑，开启企业服务新模式，实现由被动服务向主动服务的转变。

智慧政务已经成为政府职能转变和园区服务运营提升的新动力、建设服务型组织的重要路径，推动释放市场潜力的新增长极和供给侧结构性改革的有力杠杆。

8.3 企业服务

8.3.1 应用概述

园区运营主要以“招商、稳商、育商”为核心理念，企业服务作为其中“稳商、育商”的重要环节，是园区内企业发展、产业聚集、提升园区整体实力不可或缺的运营重心。在园区运营过程中，企业服务的开展存在企业需求挖掘不充分、园区服务不及时、服务质量不高、服务过程未能全程督管等问题，归根结底，主要是园区与企业未建立相互依赖和信任的关系，企业在发生服务需求时未能将园区作为首选考虑，园区在开展企业服务时也未能以高度责任感尽心提供服务。

传统的企业服务主要依靠人力走访企业、服务企业，在大数据和人工智能时代，基于大数据和人工智能的智慧企业服务逐步走上舞台，对基础服务、增值服务、产业服务三大企业服务类别进一步升级，优化了服务触达方式、服务广度、服务质量、服务效率等。

目前园区企业服务主要有以下痛点：

1）很多园区企业服务流于表面，缺乏真正了解企业需求、深入定制化的服务；

2）园区服务商多且杂，园区管理方很难筛选出优质服务；

3）园区服务往往投入大、收益慢，园区没有太多动力。

基于此，本章所提到的智慧企业服务包含三个含义：

一是将原本基础性企业服务智能化、线上化、统一化、标准化，如物业报修、迁入迁出服务、装修服务、企业信息发布、企业论坛、培训服务等，即基础服务；

二是能够为业主方带来增值收益的企业服务，如企业团餐、企业福利、办公采集等，即增值服务；

三是由第三方提供的专业服务，如人力、法务、财务、金融、投融资等服务，即产业服务。

智慧企业服务主要内容如图 8-20 所示。

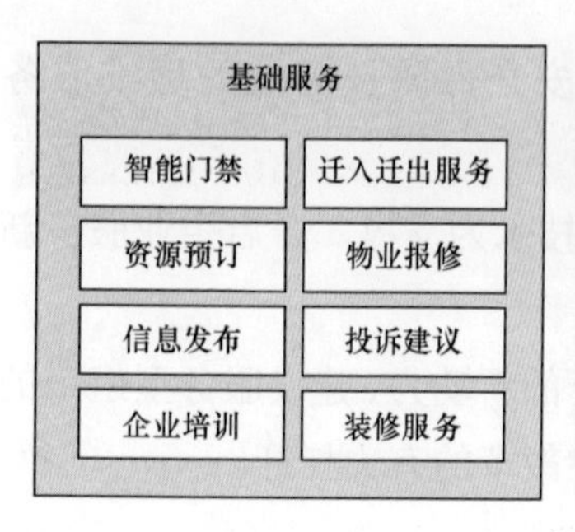

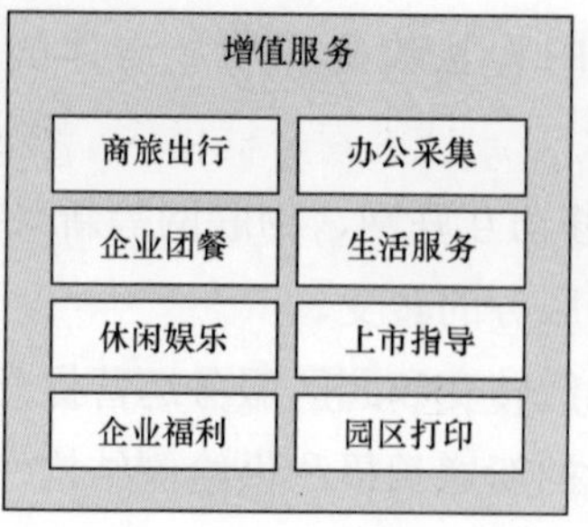

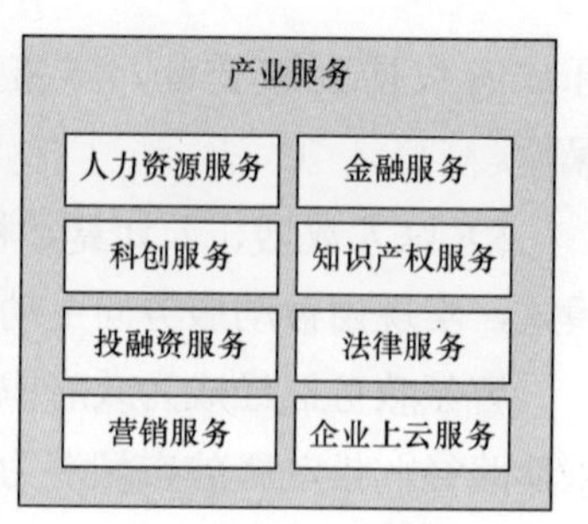

图 8-20　智慧企业服务主要内容

8.3.2　基础服务

1. 基础服务的含义

基础服务作为园区服务的基础及标准配置，应当满足企业入驻时的基本办公及企业员工的生活需求。基础服务智慧化致力于通过线上线下双重手段，围绕企业客户的需求，完善包括物业报修、迁入迁出服务、装修服务、企业信息发布、企业论坛、培训服务等基础服务，以达成这些目的：

打通各服务系统关键节点：整合上下游资源，提供全方位一体化的服务，让企业省心省力；

简化原有办事流程，提升服务效率；

让服务流程化，可视、可管、可控，提升服务质量；

多样化服务落地吸引企业入驻，促进招商。

2. 业务子场景

主要包括信息服务、智能门禁、停车缴费、公共资源预订、物业报修、设备巡检、投诉建议、品质核查、安全检查、通勤交通、人才住宿、共享空间（免费）等。

信息服务：借助园区智慧平台为园区企业提供信息服务工作，包括供求信息发布、政策信息通知、展会信息通知等。

智能门禁：如扫码开门、人脸识别开门等，也可以帮访客预约通过二维码或者人脸识别自行出入大堂。

停车缴费：包括在线缴费、车位预约、反向寻车等。

公共资源预订：可以在线查看园区公共资源空闲情况并线上预订、缴费。

物业报修：物业报修流程可视化。

设备巡检：设备 24h 无间断自动巡检、出错及时告警。

仓库管理：在线进行物品领用申请及审批。

迁入迁出申请：迁入迁出申请可以通过线上随时申请并可以移动审批。

借助智慧化服务平台，园区中的企业、个人都可以随时与园区的服务人员进行沟通，获得支持，并评价服务。通过这一系统，把园区周边的各类商户集中起来，通过手机 App 把为商户提供的各类服务同步到线上，以提供更多优质服务。

3. 应用效果

以物业服务为例，物业管理是园区和楼宇管理方提供的基础服务，主要包括设备巡检、物业维保、品质核查、仓库管理和能耗管理等。智慧化物业管理平台可以帮助管理方提供更高质量、更快捷的服务。

首先将设备设施进行建档管理，然后指定周期性计划并审批，审批通过后，系统将按计划自动生成任务，到计划时间点，系统自动实时派单。相应的巡检人员直接通过 App 接单，巡检人员直接就可以执行任务。整个过程可实现系统自动，无须管理人员再次进行协调，提高管理效率（见图 8－21）。

图 8－21　设备设施巡检

若是园区或楼宇内的企业在手机 App 上进行报修，系统也可实现自动接单和派单，加快响应速度，提升服务体验。

维修巡检人员在进行巡检时可根据系统内的巡检标准手册进行操作，避免巡检漏洞；巡检和维修后可在手机 App 上进行任务汇报，及时反馈。同时，品质核查也有对应标准手册，工作人员可根据系统指示执行工作，形成标准化，方便长期管理。

系统可实现巡检或保养执行监控，对异常情况进行告警，最后形成统计分析表，管理人员可轻松掌控物业维保及设备设施的品质核查情况。

8.3.3　增值服务

1. 增值服务的含义

增值服务是指园区除了提供场地收租金形成营收外，也可以通过为园区企业和个人提供服务形成营收，包含两层含义：一类是园区直接通过提供增值服务产生流水和利润，如企业团餐、企业福利、共享空间（收费）、共享会议室等，服务形成规模后就很容易为园区带来增值收入；还有一类是园区通过投资企业或为企业提供资本类的服务，通过助力企业上市形成投资收入。园区可以利用各方资源，辅导企业对接资本市场，园区运营者可以设立产业/并购基金，一方面为企业发展提供资金，解决其融资难、爆发难的问题，另一方面也借此增强产融结合过程中园区运营者的话语权。此版块，园区应当统筹提供的服务包括投融资顾问服务、资产证券化服务、上市辅导服务、战略咨询服务、并购重组服务、高端税务筹划服务等内容。

2. 业务子场景

增值服务是企业服务中具有极大拓展空间的一个模块，目前市面上主要的增值服务包括企业团餐、企业福利、共享空间、共享会议室、招聘服务、员工住宿服务、员工通勤服务、企业财会服务、员工健康保障服务、员工亲子娱乐服务、投融资顾问服务、资产证券化服务、上市辅导服务、战略咨询服务、并购重组服务、高端税务筹划服务、……

增值服务类型多样，不少园区和企业已经在增值服务方面探索出具有自身特色的道路。

3. 应用效果

（1）以企业团餐为例

深圳湾科技园区项目包括深圳湾科技生态园、深圳市软件产业基地、深圳湾创业投资大厦等 7 个项目，是深圳高科技产业创新发展的代表性园区。园区总建筑面积约 360 万 m^2，以产城融合科技综合体为主要特征，可动态引进高新技术企业 1000 家，年产值超过 1500 亿元，税收超过 100 亿元。

深圳湾科技园区由深圳湾科技发展有限公司运营，深圳湾科技是深圳市国资系统专注于科技园区开发运营的创新型产业资源服务平台企业。

为提供增值服务，拓展增值收益，深圳湾科技在其园区智慧运营管理平台 Mybay 上开放园区外卖功能，并已经落地深圳湾生态园。目前，深圳湾生态园的餐饮市场主要由个人外卖、企业团餐和企业补贴福利三部分组成，形成 200 万元的企业团餐流水，对园区增值收益影响巨大（见图 8-22）。

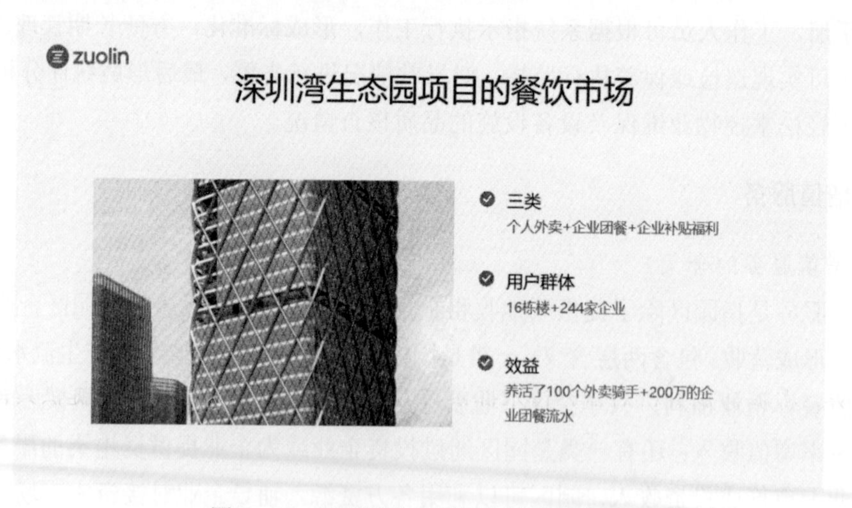

图 8-22　深圳湾生态园区餐饮市场分析

从试点、调整、推广到后期营销，管理方与技术提供方全程参与，让园区和楼宇的管理方真正将该平台运营起来。线上和线下接口统一打通，从 Mybay 线上开机广告、首页 Banner、商城店铺广告，到线下大堂入口、商家店内外、电梯宣传，全部为管理方和商家打通，如图 8－23 和图 8－24 所示。

图 8－23　客户端页面

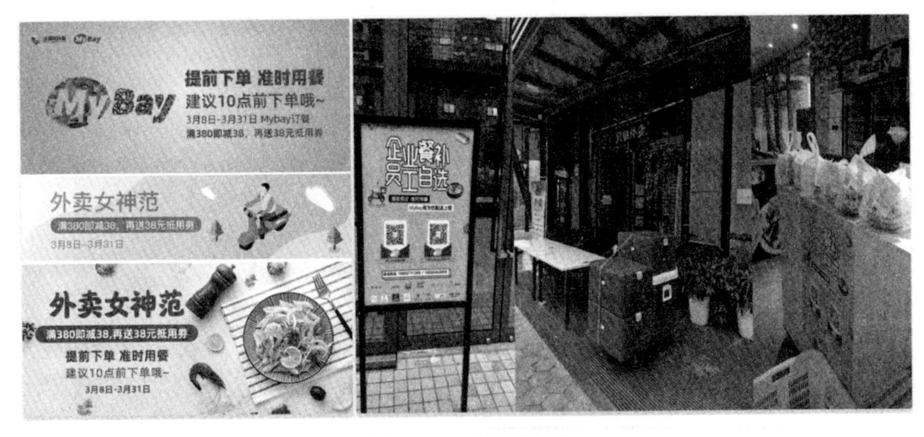

图 8－24　线下运营

此外，根据数据分析对比，技术提供方为园区、楼宇管理方和商家提供具体的配送建议，如经过分析发现，1 个配送员可提供 5000～6000 元流水的订单配送量，物业配送人员每日可实现增收 200～300 元（见图 8－25）。

企业团餐园区直送是实现园区运营增值收入的方式之一。对园区管理方，可以联动园区内已有资源，活跃园区商机，增加运营收入；对商家，可以直接触达园区内的客户，避免疫情期间因为无法提供堂食而造成的营业损失；对企业和员工，减少外送费，物业人员作为送餐员可实现直接送餐上楼。

200-300元

物业配送人员每日增加收入

&

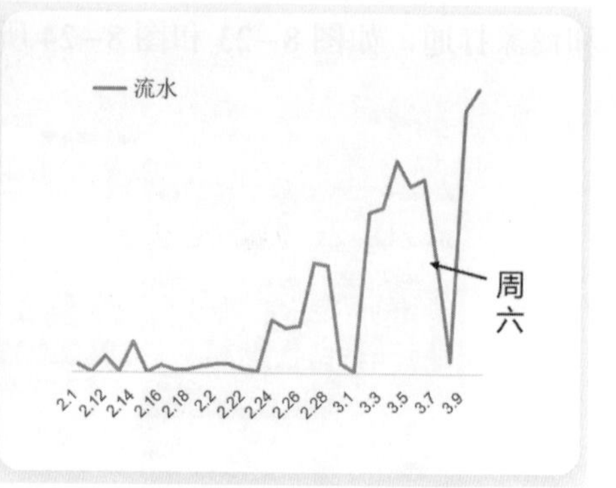

图 8-25　园区增值收益

深圳湾在智慧园区平台上开通园区外卖功能后，取得显著成果。基于深圳湾园区广大的用户群体，管理方还提供属地化全方位营销宣传，并配备充足的运力，商家订单增多，营业额暴增（见图 8-26）。

园区属地化全方位营销宣传

增加运力！突破配送瓶颈！

MyBay外卖订单实拍↓

图 8-26　园区外卖功能效果显著

企业团餐园区直送功能，让深圳湾园区智慧运营平台 Mybay 活跃度增加，也进一步吸引了商家对 Mybay 平台广告位的关注。因此，Mybay 广告收入也成为管理方新的增值收益。

（2）以企业集采为例

成都西部智谷产业园，建筑面积 76 万 m^2，入驻企业近 500 家，以文化创意、电子商务、大健康等为主导产业，园区年产值可达 400 亿元。西部智谷由成都市武侯区区属国有企业成都武侯高新技术产业发展股份有限公司开发建设，由其全资子公司成都新创创业孵化器服务有限公司运营管理，公司主要从事园区开发建设和运营管理。

为向企业提供高需求性的增值服务，西部智谷在智慧园区运营管理平台——智谷汇上，新增设 2B、2C 的“智谷集采”板块，主要面向企业提供办公集采以及员工福利（见图 8–27）。智谷集采较于市场同类商城，具有价格优惠、配送快速的优势，且属于基于园区提供的增值服务，服务质量和效率更有掌控度，企业接受度高。稳定的客源、渠道和良好的服务，可为园区带来可观的增值收入。目前西部智谷园区多家大企业已达成集采意向，累计意向订单超过 100 万元。

图 8–27　企业集采展示

8.3.4　产业服务

1. 产业服务的含义

产业服务的关键是要有企业产业化发展思路的意识，产业服务是将企业融入产业链条中来，让企业发展不再是孤立的局限于自身的生产经营，而是能够与其他企业形成合力，上下联通成为产业链条中重要一环。这样的企业不仅生存力强，发展空间格局也更大，是企业理想化的状态。产业服务主要是通过平台对接各类产业化导向资源，为园区企业提供高端猎头、财税顾问、目标市场推广、技术创新应用、投融资撮合、上下游企业对接等围绕企业人、财、物、技术的系列服务，以成都市西部智谷园区为例，智谷课堂为企业提供人才培养服务；智谷俱乐部为企业管理者提供业务合作对接的平台；支点空间为创业者提供了探讨交流的物理空间；智谷金融汇为融资者和投资者搭建高匹配渠道，帮助企业良性融资等。

2. 业务子场景

（1）科技创新公共服务平台

以园区为主要区域，以高科技产业和新型科技产业为主要服务领域，以技术创新支持体系和创业孵化服务体系为主要支撑，以产学研协同创新和共享性充分体现为特征的科技创新公共服务平台。

（2）人力资源公共服务平台

园区人才资源公共服务平台通过整合各种社会资源、促使人才、科技与其他要素的有机结合，形成开发、多元、功能完善的人才事业平台，并向国际范围延伸，以区域化促进国际化，以国际化带动区域化。

（3）知识产权公共服务平台

园区通过平台建立知识产权建设体系，通过平台与载体实现宣传与公共信息、法律咨询与纠纷调解、培训与业务办理、国内外转移与转化四大服务功能，政府可通过知识产权服务平台采购服务的方式，为企业提供知识产权国内外转移与转化服务。

（4）园区投融资公共服务平台

重点建设支持和功能两个系统。支持系统包括投融资信息服务平台、融资担保系统和科技创业服务中心；功能系统包括政策性自信扶持体系、多元化投融资渠道和资金市场化退出机制。

（5）企业上云公共服务平台

围绕企业的运营管理、经营决策和研发生产销售等环节，提供基于新型信息基础设施的云化服务，一方面助力企业降低信息化建设成本，打通全流程业务数据，提高企业经营决策和业务创新效率；另一方面促进园区产业生态数字化转型，加强产业链协同，提高企业运营效率。

企业上云公共服务平台涵盖以下云端服务类型：基础系统上云服务（包括 IT 资源、安全防护、办公协同、会议系统上云），管理上云服务（包括人力资源管理、财务管理、行政管理、信息管理上云），业务上云服务（包括研发设计、生产、供应链、营销上云）。

3. 应用效果

（1）投融资服务平台

投融资服务平台不是仅仅帮企业找到资金即可，而是要帮企业找寻合适的、与企业发展理念一致，愿和企业共成长的合作伙伴（见图 8-28）。在成都西部智谷产业园入驻的某企业，在西南地区一直未能争取到合适的投资基金，使用园区智慧化企业服务平台智谷汇后，通过平台展示公司业务产品，精准推送潜在意向投资群体，并在平台的积极促进下，获得了沿海某对口投资基金的青睐。投资基金精准匹配，企业找到了“识货”的资本方，双方实现了强强联合，携手共进，这是在智慧化平台下的产业服务，为企业提供了实质有效地走向产业化进程的服务。

图 8–28　投融资服务类型

（2）企业上云公共服务平台

企业上云公共服务平台提供混合云基础服务和业务上云服务。沈阳中德产业园某企业使用公共服务平台上的 MES 应用服务和设备数据采集云服务，实现了设备状态采集、关键质量工艺参数采集（检测设备或生产设备需开接口支持）以及能耗采集（功率、电压、电流）。通过制品生产管理和设备的联网，以信息可视化提供的数据作为支撑，准确掌握各类生产的资源负荷状况，提高瓶颈资源利用率，提升生产应变能力，减少生产问题，有效降低了管理成本、产品生产成本 10%～20%，增加了企业的生产柔性，从而进一步满足了园区企业的服务需求，完善了园区产业服务体系。

8.3.5　应用价值和效果

智慧服务管理平台，实现智慧服务落地，将智慧园区初期只重视设备设施的智能化，逐渐发展到注重管理和服务。

首先，服务类型增多。在统一平台上对服务商进行智慧管理，服务流程智慧化跟进，有助于管理方为园区入驻企业提供更全面的服务（见图 8–29）。

其次，服务投入轻量化。作为管理方，不需要为每种类型的服务配备专业的管理人员，通过智慧服务平台，可以对接市场上各行业优秀的服务商，管理方在整个过程只需要进行平台管控即可。智慧服务平台，减少管理方在运营服务过程中的时间和人力投入，且可把控质量，实现轻量化运营。

图 8-29　企业服务类型

再次，智慧服务接入方便。经过管理方审核的服务商，可快速接入智慧服务平台。由于智慧服务平台的开放性，不同服务商原有系统可快速接入，技术上更为简单快捷。

然后，服务流程闭环。传统园区服务由于人力成本高或各系统之间数据不连通等原因，导致服务流程难以闭环，智慧服务可实现服务挑选、服务实施、服务评价、服务支付，全链条在平台上实现，实现了服务闭环。

最后，统一数据沉淀。经过审核的服务商可以快速入驻到平台上，管理方仅需在后台进行简单的配置即可完成服务对接，后台将统一记录各类型服务相关使用数据，报表清晰明了，如图 8-30 所示。

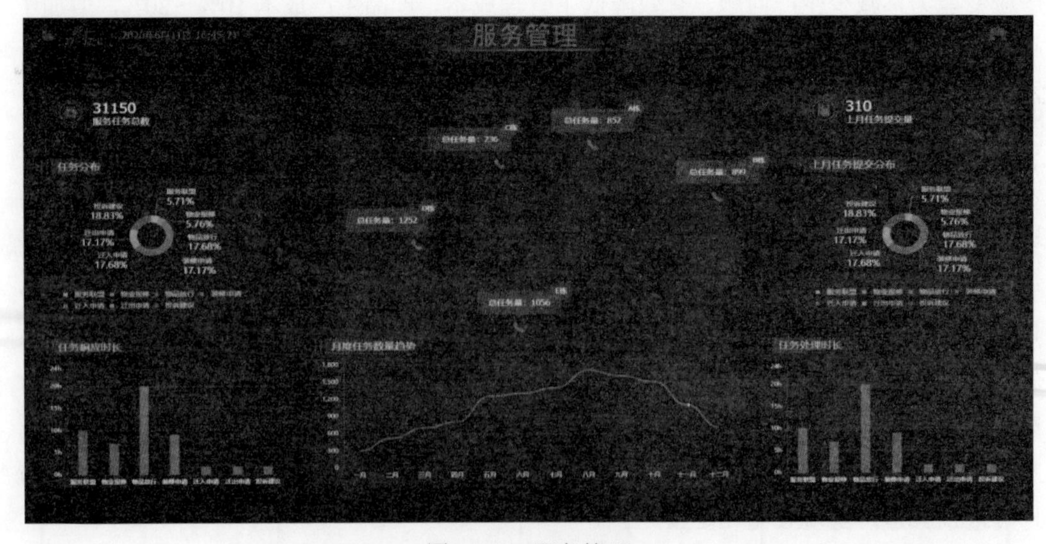

图 8-30　服务管理

8.3.6 发展趋势

企业服务在基础服务、增值服务、产业服务的基础上，大力培育数字经济新业态，深入推进企业数字化转型，打造数据供应链，以数据流引领物资流、人才流、技术流、资金流，形成产业链上下游和跨行业融合的数字化生态体系，是园区企业服务的发展趋势。

园区服务通过统一的智慧平台，满足企业自身业务发展和信息技术应用需求，使用云计算、5G、物联网、人工智能等技术，帮助企业降低成本，提高生产效率，让企业走上标准化管理运营的道路。同时，破解工匠不足难题、打造园区管理平台应用生态、培育产业发展新动能，是强化企业主体作用、优化生产经营管理、提高业务能力和发展水平的重要途径，为传统制造业、服务业企业提供产业转型升级服务，努力破解发展难题，促进产业园区实现信息化和工业化深度融合，推动园区内企业提质增效和转型升级。

8.4 公众服务

8.4.1 应用概述

根据园区位置、封闭程度的不同等，建设公众服务配套的难易程度不同。如园区位置地处城市中心，开放程度较高，公众服务配套建设基本是当地城市公众服务的标准；园区位置距离城市较远，开放程度不高，基本依靠管理公司的协调和开发能力来建设公众服务的配套。

公众服务系统配套建设对园区发展有导向性作用，其为企业提供良好的后勤服务设施，能够吸引产业入驻，促进产业与自然和谐发展。同时，园区的发展带来就业和居住等方面的需求，有力推动各方劳动力向园区聚集，实现人口转移，形成居民点的空间聚集，能为当地城市经济和人口做出很大贡献。

园区公众服务配套主要还是满足园区办公人员或者生活人员的吃、住、行、穿等基本需求和升级需求。传统模式下的解决方式是依靠园区经营管理公司建设，或者沟通协调政府解决，但是园区面积有限，人口流量有限，投入过大是浪费，投入过少又满足不了园区人员的需求。因此如何建设园区配套公众服务，需要楼宇信息技术、城市信息技术、区块链技术、地理信息系统、大数据、5G 技术等新的信息技术支撑。

智慧化园区公众服务可以分为园区生活服务、园区社群服务、园区支付和营销、园区其他服务等（见图 8-31）。

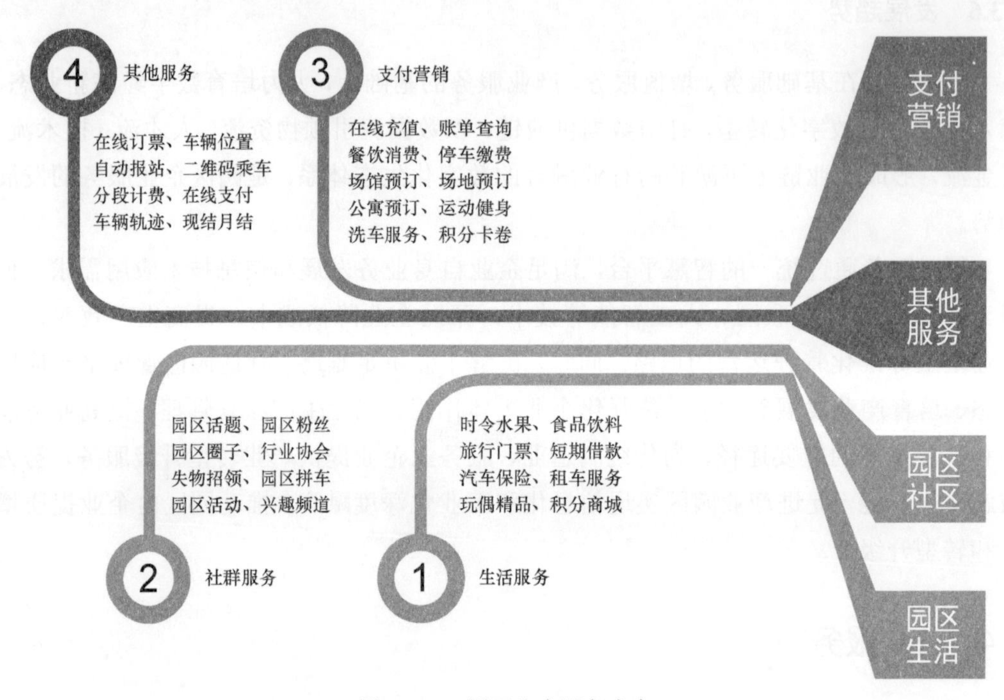

图 8－31　园区公众服务内容

8.4.2　生活服务

1. 目的

建立并实行完善的园区生活服务，为园区业主/租户/公众营造安全、舒适、温馨、和谐的居住环境，通过不断深化服务内涵来提升园区物业的卓越价值，让业主/租户/公众向往的生活品质在良好的体验中全面升华。

2. 建设内容

随着当前网络技术的发展，基于物联网等新技术，为园区员工提供智慧化生活、便捷化服务是趋势，比如城市中心和郊区的距离缩短，可以在线预约服务。生活服务包括健康、文化教育和居家生活三大板块，根据物业类型和园区规划，生活服务又有不同的服务内容区分，其中基础服务为必须提供的服务，根据项目类型、周边资源和服务客户群体，也可以提供其他项附加值的服务，比如完善园区生活指南、提供园区生活便利的指引。

健康服务主要包括体检、急救、基本医疗等，可以在园区内部设置一个小诊所，也可以和周边距离近的医院签订合作协议，发生问题进行紧急救护，同时进行定期的问诊、健康信息采集、健康评估、健康检测与干预、健康档案建立等。后续还有健康档案、健康维护、常规健康指标检测、疾病预防宣传及养生讲座、健康义诊咨询、门诊治疗、应急救援、慢病管理、家庭卫生保健等。

还可设立园区空气监测点，展示园区内空气质量、空气污染指数、数值变化，噪声污染，查看园区是否存在污染。

文化教育服务是指日常的园区文化教育服务，满足业主、租户、员工在知识和技能等精神方面的需要。服务内容包括园区中老年教育服务、青少年教育与游乐的少儿服务、公众体育健身的运动服务及业主节假日的休闲沙龙服务等。

关于居家生活服务，传统模式是设立食堂和便利小超市，近园区周围，会根据需求建设餐饮、茶室、培训、车辆维修等店面给园区公众提供居家便民服务；建设园区智慧化平台，打通线上和线下服务通道，园区公众可以在园区 App 上预订和使用各类生活服务，满足业主日常舒适、便捷生活的需要。服务内容主要包括线上预定便捷购物、宴请聚餐、休闲聚会、商务代办、家政保洁、交通出行等（见图 8–32）。

图 8–32　园区智慧化生活服务

以购物为例，园区设置便利店，园区人员可以进店购买，也可以在园区 App 线上进行预订付款，便利店配送，方便快捷。

以交通出行为例，园区运营公司和政府沟通，开通交通站点，为园区人员提供交通便利，也可以在园区 App 上发起拼车服务，同时邀请租车公司或者共享汽车公司在园区租赁车位，员工扫码租车。

8.4.3 社群服务

传统园区群体靠熟人介绍，因业务关系聚集，这种社群聚集局限性大，其他人员融入相对困难。5G 技术、楼宇信息技术、数字孪生等技术的发展，缩短了人与人之间的距离，增进了人与人间的沟通。根据园区规划、产业的不同，可以建设园区不同的团队和举办多样化的活动，吸引园区业主、租户和员工参加。如园区网站开设大家感兴趣的话题探讨，增加网络流量和人气；根据园区产业的不同，组织相应行业协会定期开展活动，形成园区内部自己的各种圈子和兴趣团体（见图 8-33）。

图 8-33 社群服务

以园区行业协会为例，专业园区利于形成产业聚集，逐渐培育行业“领头羊”企业；基于产业集群建设的行业协会出台的意见和标准逐渐成为省级甚至国家标准，引领行业发展方向，从而产生 1+1>2 的效果。

8.4.4 园区支付及营销

建设园区结算平台，打通园区内各项服务预定和支付渠道，打通线上支付、银行接口、微信、支付宝等，使园区服务更便利、人性化。

园区 App 在线缴纳物业费、水电费、租金等；用户可以查看历史明细和账单明细。同时运营公司对定期按时付费的租户进行积分奖励，达到一定积分可以考虑优惠折扣等。

园区商户可以使用园区二维码、App 进行收款，查询收款明细及园区转账到商户明细。

以园区餐饮商户为例，用户可以在园区 App 下单预订付款，商户送餐到用户办公室，完成服务（见 8–34）。

图 8–34 园区餐饮营销

8.4.5 其他服务

为更好地服务园区人员，提升园区人员的幸福感和参与感，园区运营公司可以定期组织活动，如拓展、党群、急救、消防疏散演练等，既丰富了园区人员的生活，又提升了园区人员对园区的认同感，同时也使园区人员学到了知识。

从增加园区人员的福利出发，园区运营公司可与园区商户一起组织大促销活动，如对某一生活类商品进行促销活动，这样既为园区人员谋福利，满足了消费需求，又实现商品大批量的销售，园区商户的现金流扩大了，实现部分利润。此外，也可以和外部文旅类公司合作促销，如折扣票园区 App 上销售，园区运营公司统一与外部文旅类公司统一进行结算（见图 8-35）。

图 8-35　园区其他服务

8.4.6　应用价值和效果

园区公众服务建设对提升园区人员的幸福感有着至关重要的作用，同时对招商引资也有着很重要的影响。

以中国广电·青岛 5G 高新视频实验园为例，招商招租的首要就是介绍园区位置、周边交通、购物、住宿、娱乐等配套情况，以及园区的各种配套设施建设等，以此完备的各种配套吸引园区潜在客户，实现“拎包入驻”，园区招租招商因此提升至少 20%。

为了提升园区公众服务，中国广电·青岛 5G 高新视频实验园在广联达自主可控 CIM 平台的基础上，建设了基于 CIM 的园区管理智慧运营平台，确保各项服务都有痕迹管理，实现服务及时和精细化管理。同时在 V-Park 园区管理 App 上拓展了各种公众服务的板块，如园区话题、园区社区等。

8.4.7 发展趋势

园区运营从传统空间运营向创新空间、提升增值服务、促进产城融合的转变，服务也从传统的企业服务向产业服务和个人定制化服务转变。通过提升增值服务来提升运营公司的收入，其中园区公众服务占较大比重，园区企业个体对园区公众服务的满意，意味企业对园区服务的认可，将增强园区客户黏性。

从发展上来讲，未来大数据、5G、物联网等技术的发展，对公众服务的提升将发挥重要作用，使得园区公众服务更细致、更有目标性。

8.5 安全服务

8.5.1 应用概述

智慧园区是以物联网、云计算、大数据、移动互联网等信息通信技术、系统工程技术和园区运行管理技术为基础，将交通、能源、环境等系统资源高效整合，使园区更智能，资源配置更合理。

与此同时，在智慧园区快速建设过程中，也暴露了网络安全问题，网络安全既属于业务的支撑能力，也是园区业务发展的前提。首先，过去在网络安全建设工作中最大困难是如何确保网络安全的有效保障，在网络安全工作上投入越来越多，却无法直观看到网络安全成效。其核心问题就是缺少对安全的持续运营，仅进行各类网络安全设施建设并不能使网络安全工作得到保障。其次，网络安全各类安全设备软件的材料加大了园区安全管理复杂度，如何实现网络安全运营工作服务化成为保障安全效率需要思考的重要方向，因此在智慧园区网络空间安全服务中，重点实现的两个目标一是安全运营的部署，二是安全能力的服务化。智慧园区统一化的产业网络空间安全服务有利于集约化、系统化的解决智慧园区网络空间安全问题。

智慧园区网络空间安全服务，是指由服务机构为园区提供的全面或部分网络空间安全解决方案的服务。主要包括网络与信息系统安全工程的设计、实施、运行、维护和数据保护与应用，以及相关的咨询和培训等活动。园区网络空间安全服务针对不同的对象可提供不同内容的服务，包括资产发现服务、安全事件研判分析服务、威胁情报预警服务、安全策略优化服务、安全产品运行监管服务、安全基线评估加固服务、周期渗透测试服务、安全应急响应服务、安全风险分析及通告服务和网络安全培训服务等，结构图如图 8–36 所示。

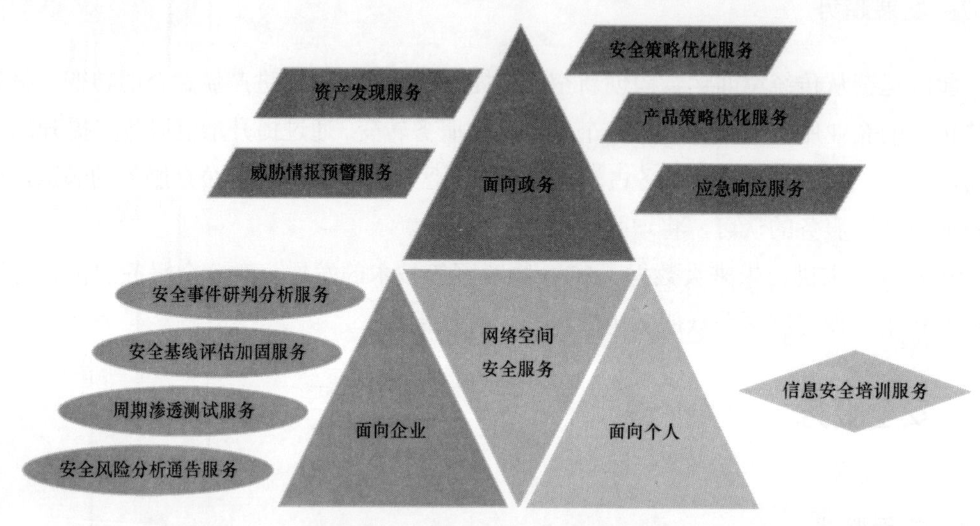

图 8-36　网络空间安全服务结构

8.5.2　面向政务的网络空间安全服务

1. 资产发现服务

园区提供基于互联网资产发现技术对政务系统的信息资产管理服务，通过基于网络扫描、搜索引擎、互联网基础数据引擎以及人工服务主动探测在互联网上暴露的资产，可形成明确的资产清单，帮助政务客户发现自己的未知资产，基于实时的资产发现开展安全管理工作，及时发现问题进行安全整改。

互联网资产发现是利用互联网安全大数据进行互联网资产梳理与暴露面筛查的服务。服务通过数据挖掘和调研的方式确定资产范围，之后进行主动精准探测深度发现暴露在外的 IT 设备、端口以及应用服务等安全相关的安全资产，发现活跃资产及“僵尸”资产，并由安全专家对每个业务梳理分析，结合用户反馈的业务特点对资产重要程度、业务安全需求进行归纳，最终有针对性的形成资产清单，精准探测互联网暴露面（见图 8-37）。

2. 威胁情报预警服务

威胁情报预警服务是基于网络安全威胁情报来监测和管理政务系统资产的安全健康状态，主动提供安全事件预警、分析以及处置，利用第三方安全大数据进行关联分析和行为分析，精确地标签出威胁情报，提供安全预警，可帮助政务系统保持其 IT 基础设施的更新，更好地积极阻止安全漏洞，并采取行动来防止数据丢失或系统故障，从而有效地抵御攻击者（见图 8-38）。

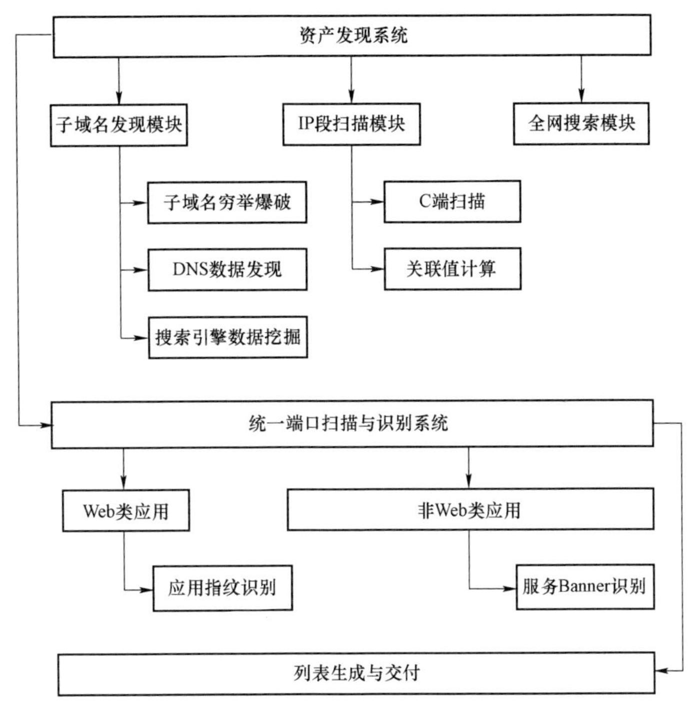

图 8-37　资产发现服务工具逻辑架构

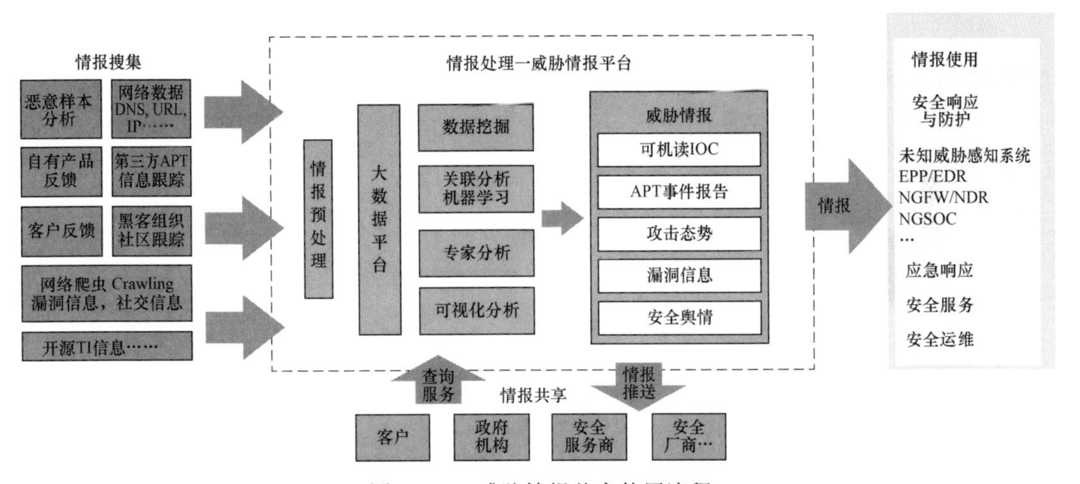

图 8-38　威胁情报共享使用流程

3. 安全策略优化服务

安全策略优化是指对安全控制策略是否起到作用、是否合理高效进行检查和改进，可以及时地发现和控制风险。在安全服务的过程中，需要持续地对信息系统各个层面的安全策略进行优化，需要通过工具及人工的方式进行检测、分析、优化。

4. 安全产品运行监管服务

园区负责对所有安全产品运行进行监管服务工作，针对政务系统安全防护体系中的安全产品运行过程中所进行的一系列常态化监管审核，包括设备运行安全监测、设备运行安全审计、设备及策略备份更新、安全设备告警监控等，通过安全产品运行维护工作的开展保障安全产品最优化运行。

5. 应急响应服务

园区负责实施安全应急响应服务，为政务系统提供 7×24 小时的应急响应服务，在接到应急响应需求后，通过本地+远程支持的方式进行网络安全应急。如：出现突发紧急事件（病毒爆发、网络攻击、信息外泄、网络入侵）后，指派专家赶到现场响应处理安全事件。基于具体的安全事件开展安全应急响应处置，安全事件检测、安全事件抑制、安全事件根除、安全事件恢复、安全事件总结，降低损失、快速恢复、事件溯源，最终形成协调联动机制，增强应急技术能力，健全应急响应机制。安全事件处置完成，系统得到恢复，找到安全事件发生原因并提供安全解决方案。

8.5.3 面向企业的网络空间安全服务

1. 安全事件研判分析服务

安全事件研判分析服务以企业所属资产范围为基础，由园区安全服务人员在日常运营过程中对企业安全防护设备、安全管理平台、安全监测系统等类型的安全设备进行查看，对所产生的告警信息结合企业资产进行分析，结合外部威胁情报数据分析验证告警的真实性、影响范围及程度，经过分析验证后给出相应的解决方案，通报给相应的责任单位并协助进行整改，整改后进行验证，对于重大安全事件请求专家进行响应快速处置（见图 8-39）。

图 8-39 安全事件检查分类

2. 安全基线评估加固服务

园区负责对区内企业各业务系统实施安全基线评估加固服务，通过“自动化工具配合人工检查”方式进行检查，主要包括网络设备、安全设备、操作系统、数据库、中间件等安全配置基线，采用主流的安全配置核查系统或脚本工具，以远程登录或检查脚本工具的方式，完成检查（见图 8-40）。通过安全基线评估加固，可以及时发现业务系统中存在的安全漏洞，通过对服务器及安全设备漏洞的整改加固，可及时消除安全漏洞可能带来的安全风险。

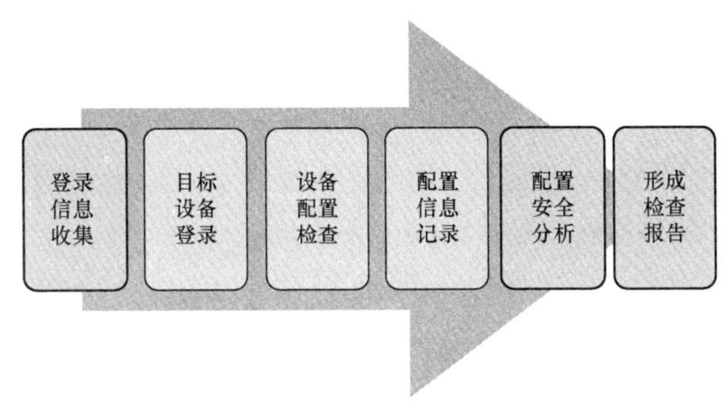

图 8－40　安全基线评估工作流程

3. 周期渗透测试服务

园区负责对园内企业各业务系统实施周期渗透测试服务，采用各种手段模拟真实的安全攻击，从而发现黑客入侵信息系统的潜在可能途径。渗透测试工作以人工渗透为主，辅助以攻击工具的使用。主要渗透测试方法包括信息收集、端口扫描、远程溢出、口令猜测、本地溢出、客户端攻击、中间人攻击、Web 脚本渗透、B/S 或 C/S 应用程序测试、社会工程等。

4. 安全风险分析及通告服务

园区为园内企业建立安全通告机制，对出现的安全问题、威胁情报信息等进行安全风险分析确认后全面传达，每周以邮件形式向用户通告园区网络安全态势、重大舆情信息、重要系统漏洞及补丁信息等。对于紧急重大类漏洞信息，以最快时间通过邮件或电话向客户告知漏洞危害、影响范围及应对方案等信息。

8.5.4　面向个人的网络空间安全服务

面向园区个人可提供不同级别的网络安全培训服务，网络安全培训可以提高园区内信息化相关工作人员的安全意识和安全操作技能。通过定期举行网络安全培训，提供定制化的网络安全意识和安全实操培训服务，建设智慧园区网络安全培训中心，从制度、管理、课程设置、讲师体系等多维度构建智慧园区安全培训体系（见图 8－41）。

8.5.5　应用价值和效果

1. 广东省某市高新区智慧小镇项目

广东省某市高新区政府本着“安全第一”的信息化建设思路，在智慧城市等多个信息化建设项目落地之际，设立了“智慧小镇”项目，其目的为信息化建设和改革开放保驾护航，使高新区安全能力建设处于业界领先水平，成为区域安全最佳典范小镇，并在全国乃至全球推广等。

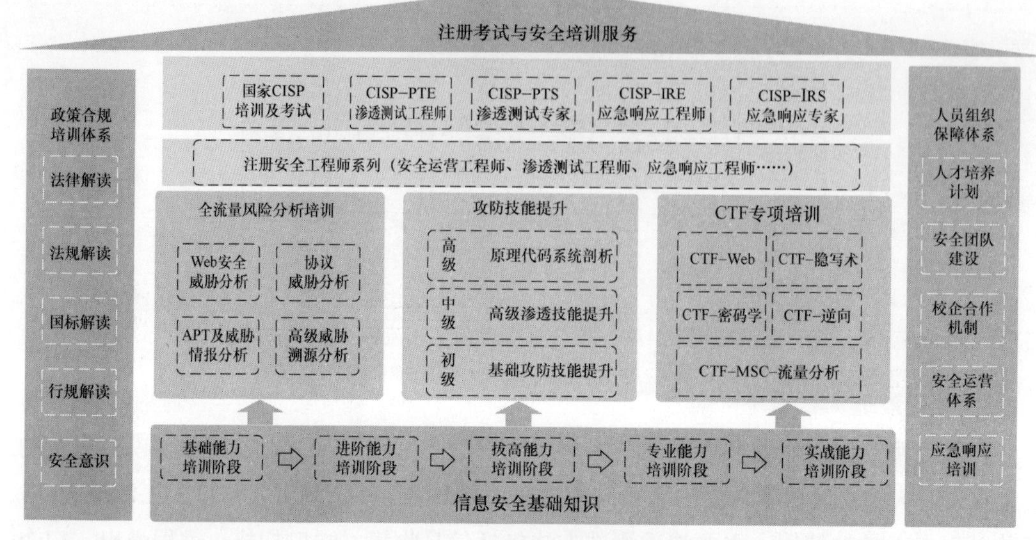

图 8-41　安全培训架构

通过安全防护服务保障体系建设，树立高新区作为党政机关统筹推进网络安全和信息化法治、标准建设与监管等职责向社会公众展示良好的管理形象；为高新区社会稳定、长治久安提供可靠、安全的防护支撑保障，社会效益显著。

网络安全防护整体水平的提升主要体现在以下三方面：

一是通过安全服务的实施，使信息系统达到国家关于网络安全等级保护的基本要求，极大提高合规性水平；

二是通过网络安全队伍的建设可以提高网络安全意识水平；

三是高新区各网络系统的网络安全水平将得到普遍的提高，使高新区信息化水平整体迈入新的台阶即“网络安全智慧小镇”（见图 8-42）。

2. 云南省某市智慧产业园区项目

该项目设置有 2 个网络安全教育基地，应急保障及智慧中心、大数据网络安全运行中心、智慧城市应急保障中心等 3 个中心；此外该项目还涉及校企合作、国家级城市网络攻防实战演练靶场合作、数字经济论坛等合作。通过以上产业合作的推动，扩大内需，聚集人才，引入千亿级安全龙头企业入驻，培育孵化一批网络安全初创型企业，打造全国网络安全示范标杆城市新名片，并与国家一带一路、军民融合、网络安全战略与地方政府产业发展战略相结合，带动全省及南亚、东南亚网络安全产业生态圈的建设（见图 8-43）。

项目总投资近 12 000 万元，项目建成投入运营后，第 1 年预计创收 5000 万元，第 2 年预计创收 7000 万元，最终年创收将突破 1 亿元，新增营业税金及附加 800 万元/年以上（第一年 600 万元），具有较好的经济效益。此外，通过长效的网络安全运营服务，带来显著的社会效益。

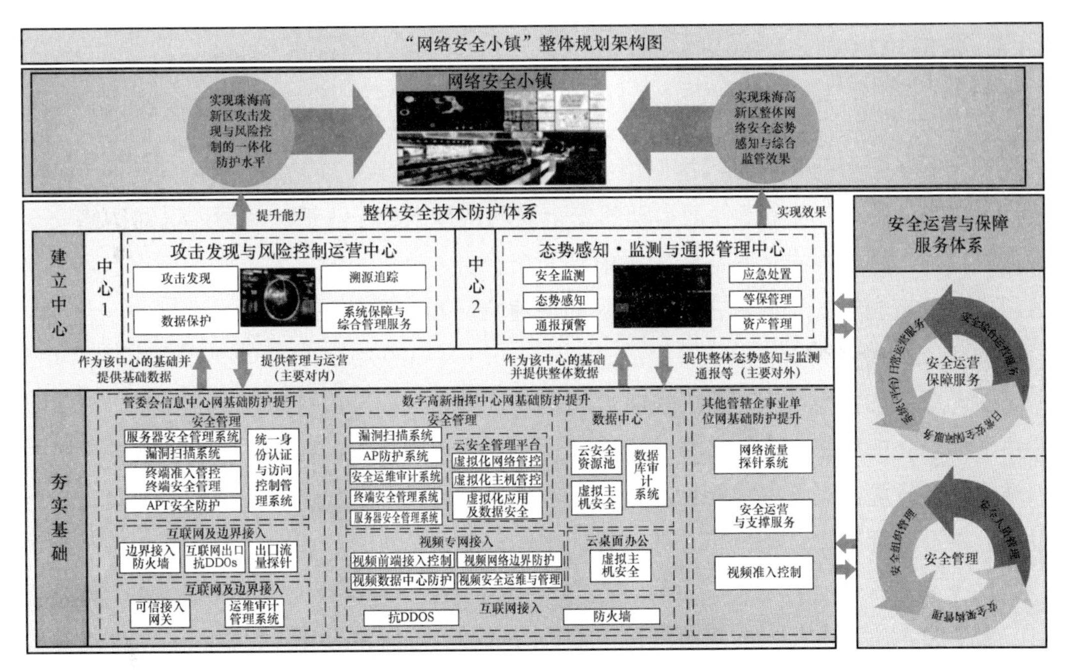

图 8-42　网络安全小镇规划架构

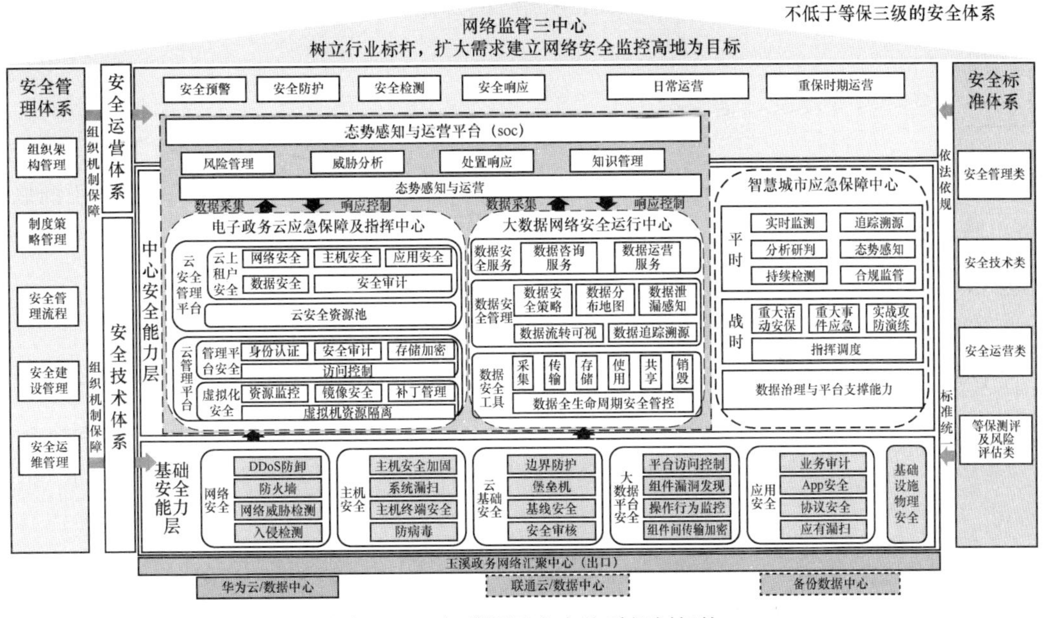

图 8-43　智慧园区安全体系规划架构

一是建成网络安全教育基地，提升全民网络安全意识；二是创建网络安全运营、响应、保障3大中心，降低政府系统管理成本；三是体系化网络安全设计，提升园区网络安全防护水平；四是提升政府信息服务满意度。

8.5.6 发展趋势

1. 安全服务平台化

安全服务平台化是智慧园区网络空间安全服务的重要发展趋势，针对某一台设备、某一次攻击、某一个安全事件而启动的安全服务将越来越无法适应智慧园区对网络安全服务的诉求，将各种安全服务能力集中到一个平台，提供一键式安全服务调用，降低使用门槛，更有利于安全服务在智慧园区的快速响应和部署。

2. 安全服务标准化

安全服务的本质是人，而个人能力的差异直接导致安全服务质量参差不齐，智慧园区亟须标准化的网络安全服务持续提升园区网络空间能力，这不仅仅体现在服务流程的标准化，更体现在服务内容的标准化。随着机器学习、人工智能等新技术的普及，安全服务也将推进标准化进程，将个体差异的影响降到最低。

3. 安全服务实战化

安全的本质是人与人的攻防对抗，随着网络对抗愈发常态化，智慧园区安全服务从满足日常运营要求逐渐转向满足实战对抗，更强调以人为核心，建立实战化的安全服务能力。其目标是实现安全与信息化在智慧园区的全面覆盖、深度结合、有效检测、协同响应。

参考文献

［1］闫立忠. 产业园区/产业地产规划、招商、运营实战［M］. 北京：中华工商联合出版社，2015.

［2］葛培健. 数字化+证券化，双轮驱动园区转型创新，2020-05-27.

［3］央视网. 人工智能如何赋能新时代？习近平这样说，2018-09-18.

［4］汪玉凯. 数字政府的到来与智慧政务发展新趋势，人民论坛，2019-04-30.

第 9 章　智慧园区应用——园区大脑篇

9.1　概述

9.1.1　基本内涵

随着我国持续投入信息化建设，各行各业都开始了数字化转型和升级，智慧城市、智慧园区、智慧交通、智慧医疗、智慧管线逐渐兴起，为人们的生活带来新体验，也为社会发展提供了新的契机。园区作为城市组成的基础单元和经济发展与公共服务的重要载体，是我国信息化发展战略中的重要一环。

传统园区往往由于缺乏有效的顶层设计，导致系统间各自为政，效率低下；数据间存在信息壁垒，无法利用剩余价值进一步提升社会的生产力。同时，随着时代的发展，园区里的个体也提出了健康、参与度、社交及分享等众多诉求。为了适应信息化时代的快速发展和满足人们日益增长的多样化需求，亟需构建一套智慧园区生态系统来为管理者、企业和园区居民服务。

智慧园区不是依靠硬件和软件的堆叠而实现的，其重点应在于“智慧”二字上，这需要园区拥有一个中枢似的指挥系统，一个如同人类大脑一样的器官，拥有全面、实时的决策能力来辅助园区的管理者们进行思考，完成众多人脑所不能完成的复杂问题，甚至可以拥有自我学习、自我完善的功能。随着智慧时代的到来，以前看似遥不可及的新技术已成为常态，高速移动网络、智能终端和各类传感器快速渗透到了各个领域，园区大脑这一概念也因此应运而生。

园区大脑以空间科学、信息科学、人居科学和系统科学为基础，利用云计算、大数据、人工智能等新型技术，打破园区各系统出现的信息壁垒，将各行各业的数据资源进行汇聚和融合；充分利用云端强大计算能力，将园区数据转化为园区发展的“新能源”；更有效地调配公共资源，提升园区的服务和运营能力，推动园区可持续发展，实现人与园区的良性互动。园区大脑还可以通过各系统间汇集融合的数据，不断地进行学习、适应和优化，最大化地辅助园区进行各项决策并提供各种智慧化的服务，促使园区可以像一个拥有智慧的生命体一样，不断地进化和完善自身。

9.1.2 总体需求

1）智能决策：基于大数据智能分析和 AI 算法，结合园区地理、气象等自然和经济、社会、文化、人口等规律，为园区管理者提供决策支持服务，实现园区内的自我调节、优化和完善。

2）协同治理、主动预警：形成“全时段、全区域、自动化、多途径”的事件预警网络和协同治理体系，实现对于园区内的主动告警，并且可以根据告警内容和实际情况采取不同的处理方式。

3）绿色高效：高效配置和共享园区的能源和资源，实现园区内的绿色高效、降能减耗和可持续性发展。

4）仿真模拟：通过园区内丰富的数据，对园区不同应用场景进行模拟，优化园区的管理规范，提高园区的综合管理能力，降低园区的管理成本。

9.1.3 总体框架

园区大脑架构如图 9–1 所示。

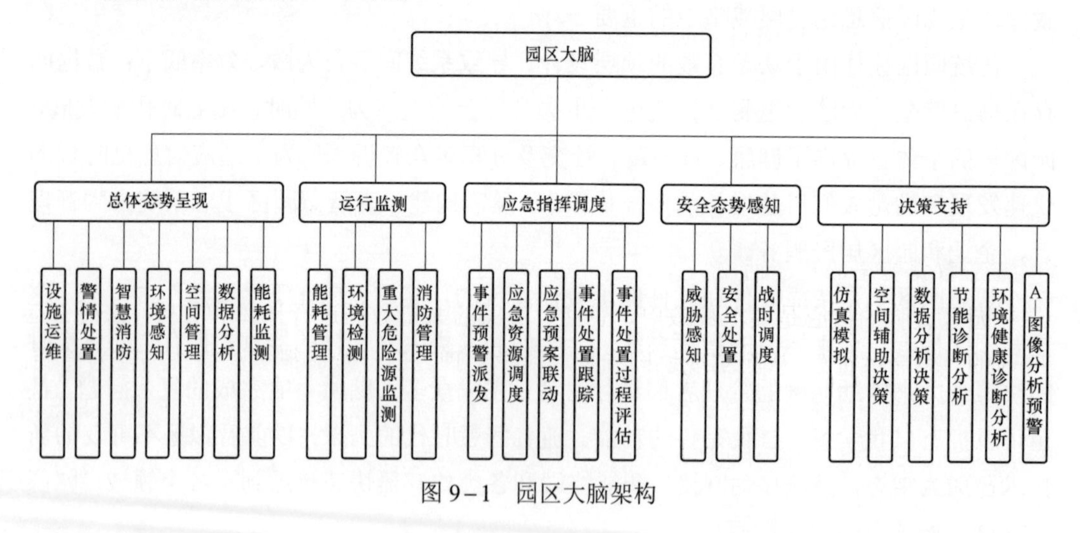

图 9–1　园区大脑架构

9.1.4 应用综述

本章将对园区大脑的五个重点应用进行详细介绍，分别是总体态势呈现、运行监测、应急指挥调度、安全态势感知与分析和决策支持。

1. 总体态势呈现

通过收集汇聚园区内的数据，实现对园区运行状态的实时感知，再通过基于数字孪生的三维可视化渲染技术与各种方式进行综合的展示呈现。为园区管理者和业务运营人员提供全局视角，园区整体态势呈现，为重大和突发事件处置提供全面的业务和数据支撑。

2. 运行监测

运行监测基于三维的建筑物空间模型和园区内各类传感器，实现园区室内外、地面地下运行形势的完整展现，以及企业与建筑、房间关联，资产设施与容器关联，人员实时位置与运动轨迹的长效监控，以及事件与地点等相关信息的全面挂接。

3. 应急指挥调度

应急指挥处置为智慧园区针对各种安全风险，制定相应的应急处置方式，保证在各种故障或灾难情况下，园区能够进行基本的运营生产活动。在故障和灾难过后，园区能够快速恢复生产运营生产活动，形成整体解决方案，打造应急处理平台，为平时的应急演习、管控措施、复产评估与辅助决策起到良好的支撑作用。

4. 安全态势感知与分析

以智慧园区整体安全资源的集约化为基础支撑平台，并利用“实时、全样、精准”的安全大数据，建立全程在线、全域覆盖、实时反馈的“智慧园区网络安全态势指挥地图即安全监管智脑”，使得智慧园区网络安全变得可知可感。

5. 决策支持

决策支持应用基于各业务数据进行可视化统计分析，通过仿真模拟系统、空间辅助决策、数据分析决策、节能诊断分析、环境健康诊断分析、AI 图像分析预警，向决策者展示多维度实时准确数据和分析结果，为决策提供依据。

9.1.5 存在问题

1. 数据安全的监管问题

园区大脑的核心是要汇集政府、企业、市民的大量数据进行计算和分析，来感知园区内的“生命体征”，从而实现协同指挥、科学治理，但现阶段很多法律法规较为模糊，导致数据职责不清晰，管理制度不健全。传统方式已经无法适应数据安全需求，亟需构建从采集、传输、存储到处理、使用、销毁全生命周期的监管制度。

2. 园区智慧化服务不足

传统智慧园区重视基础设施建设，而在很多智慧化服务上只是把园区的工作进行了数据转化和云端上传，并没对这些宝贵的数据加以利用和分析，导致这些数据呈现的并不直观，无法对园区工作者的日常决策起到有效支撑，最终导致园区发展受阻。

3. 缺乏统一的规划和引导

智慧园区的内容繁杂，不仅有共享的信息基础设施，更包括大量的智慧服务，涉及的技术众多，因此园区大脑的建设，需要有一个机构集中统一的规划和持续性的引导。要根据园区的定位及特色，制定统一的规划方案、各类标准和规范，这样才能让园区大脑更好地服务园区。

4. 缺乏一体化的应急指挥方案

目前各智慧园区在应急情况下能够提供简单的辅助功能，如智慧园区系统提供信息发布功能，部分园区还提供了线上办公解决方案，但总体来看没有形成一体化的方案。园区需要一套集合日常监测、事件预警、综合应急指挥、灾后复产重建于一体的应急指挥系统，来为园区的安全生产保驾护航。

9.2 总体态势呈现

9.2.1 应用概述

以物联网、大数据、云计算、人工智能、移动互联、GIS/BIM 等新型数字化技术为基础，对园区的人、车、资产设施进行全连接，通过物联网平台收集汇聚园区感知设备的数据，实现对园区运行状态的实时感知，再通过基于数字孪生的三维可视化渲染技术与各种方式的展示呈现。为园区管理者和业务运营人员提供全局视角，为重大和突发事件处置提供全面的业务和数据支撑。

9.2.2 建设目标与需求

实现对园区运行状态的实时感知：

1）将物联网平台及园区管理的相关应用系统等信息进行整合，形成数字孪生园区，立体呈现全园区的整体情况，包括人员/车辆态势、园区安防态势、能源消耗情况、设施和资产运营态势、环境和空间使用情况等，并通过联动视频监控系统、物联网系统远程查看和控制，整体展现园区人、车、物、空间和运营风貌。

2）领导驾驶舱：收集安防系统、物联系统、外部信息等数据，通过大数据等技术将园区信息整合分析，多维度呈现园区运作态势，包括园区发展态势、园区总体安全态势、园区绿色运行态势等。整体感知园区运行态势，作为领导层的数据决策支撑。

在 IOC 管理调度端和调度中心大屏上展示相关指标体系和目标完成情况，包含布局和编辑要展示的内容、展示指标设置、GIS 展示、视频接入、多区域内容联动、大屏输出及监控等内容。

9.2.3 技术路线

综合应用物联网感知技术、多源数据融合、地理信息技术、BIM 技术等实现园区总体态势的实时可视化呈现。

1. 物联网感知技术

物联网通过射频识别、红外感应器、全球定位系统、激光扫描器等信息传感设备，按照约定的协议把任何物品与互联网连接起来，进行信息交换和通信，以实现智能化识别、定位、跟踪、监控和管理。

2. 多源数据融合

利用关系型数据库、数据集成 ETL 技术、分布式文件系统（HDFS）、分布式计算 MapReduce 等技术，实现各类数据的交换、集成、清洗和转换，实现各类业务数据的数据体系的存储和管理。

3. 地理信息技术

通过聚合和叠加将各类资源数据整合在一张地图上，利用系统的空间查询定位能力、空间统计分析能力和直观生动的信息展现能力。

4. BIM 技术

通过集成园区设计及施工阶段的 BIM 模型，形成数字化资产，接入园区管理平台，用于园区内建筑、道路、综合管线等设施的三维可视化运营管理。

9.2.4 应用系统

搭建园区 CIM 平台，以“园区城市空间、建筑空间、地下空间”三位一体的模型为载体，通过数字孪生双体，构筑园区数字化空间基础设施与基于 CIM 平台的园区智能化应用，实现数据集成，支持可视化、可模拟和可分析的管理。

1. CIM+设施运维

基于三维可视化 CIM 模型，综合统计显示园区内设备设施使用情况，包括可用率统计、维修工单的统计等情况，如图 9-2 所示。

（1）设施运行

实现对园区市政基础设施及设备等园区资产全生命周期、精细化、可视化管理，同时通过 IoT 集成接入设备设施运行状态，及时发现设施运行异常，消除风险，确保园区资产健康、稳定运行。

（2）数字化巡检

实现园区设施数字化、智能化巡视检查，从巡检计划制订到现场设施问题反馈全业务、全流程端到端的精细化管理。主要包括巡检计划制定、巡检任务执行跟踪、巡检归档、巡检报告生成、离线巡检、催办通知等。

（3）数字化维养

设施运行智能预警归并、维护维修计划、维护维修申报、维护维修任务执行跟踪管理、维养验收管理、维护维修报告生成管理、维护维修备案管理。

图 9-2　智慧园区设施运维

2. CIM+警情处置

基于三维可视化 CIM 模型，联动园区各子系统，提供一体化应急保障，包含应急预案、应急物资、应急指挥、智能调度等，如图 9-3 所示。

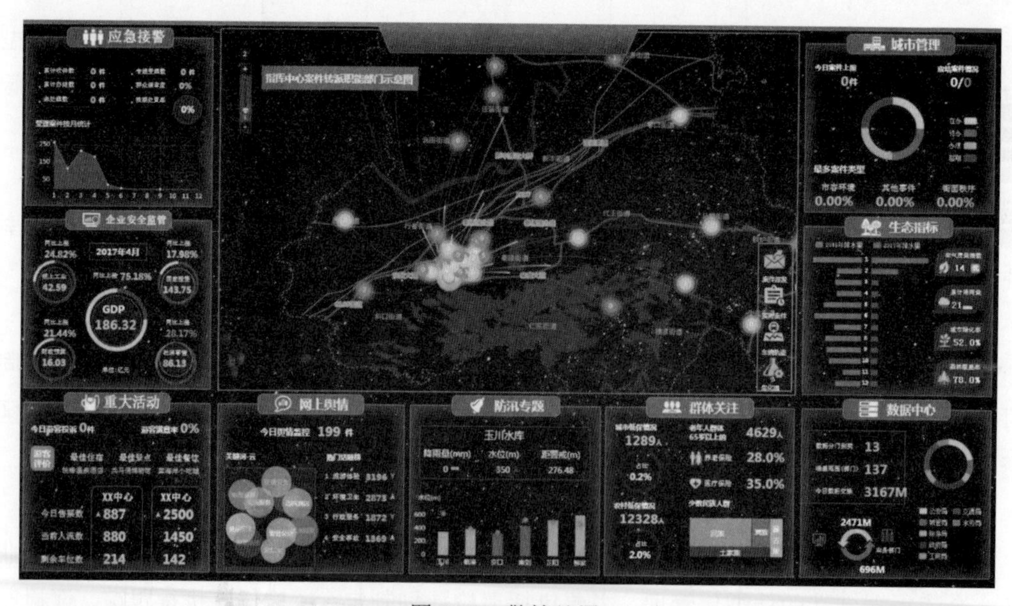

图 9-3　警情处置

3. CIM+智慧消防

基于 CIM 平台与新一代消防物联网报警系统，运用通信网络、GIS 定位技术与分布式智能传感设备，结合楼宇 BIM 模型，实时采集联网单位火灾报警控制器报警信息和运行状态信息，实现对联网单位自动报警系统的全方位感知、全过程监控，如图 9-4 所示。

图 9-4 智慧消防

4. CIM+环境感知

污染源溯源监测，构建环境监测数据模型，实现自动管理的业务变革，以数据驱动智慧节能。通过在线监测手段，对园区环境质量、污染源、风险源等主要监测对象进行 24 小时不间断监测监控，并以 GIS 渲染+BIM 模型、统计图表等方式进行高效直观的展示，从而实现对监测对象多方位多角度的动态监管，如图 9-5 所示。

走行车实时监控

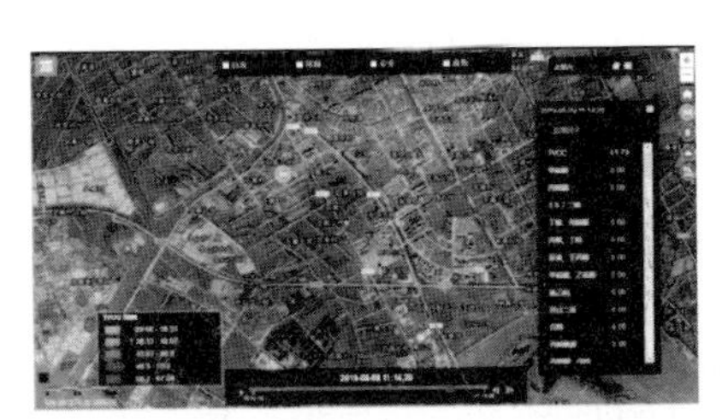

走行车历史轨迹

数据超标报警

污染溯源分析

图 9-5 环境感知

5. CIM+空间管理

通过基于 CIM 的三维可视化技术，实现区域概览、虚拟漫游、产业布局、重点项目信息等内容的可视化呈现，如图 9-6 所示。

图 9-6　空间管理

6. CIM+数据分析

通过获取园区管理中与建设、招商、运营、经济运行等业务相关的实时数据，进行数据挖掘整理并输出相关的数据分析，分析特定领域的关键指标，为园区运行态势提供可视化的监控，如图 9-7 所示。

图 9-7　数据分析

依托园区 3D 模型对楼宇基础信息、区位信息、入驻企业信息进行统一的管理，并与经济数据、GIS 地图的结合应用，实现智慧园区内 3D 化经济数据分析。同时基于上述基础信息，利用楼宇空间属性与地理位置、周边环境、交通情况、产业分布等情况进行综合分析，为各领导和职能部门在招商选商、政策制定等方面提供科学的辅助决策支持，为入驻企业进一步提升配套服务水平。

7. CIM+能耗管理

集成园区能源管理子系统、物联网系统以及各个能源相关的专业子系统，实现对园区的能源介质（水、电、气）智能化管理。从能源子系统获取能耗总体数据，进行统计分析和综合指标呈现，提供对园区能源消耗整体态势的感知，如图 9-8 所示。

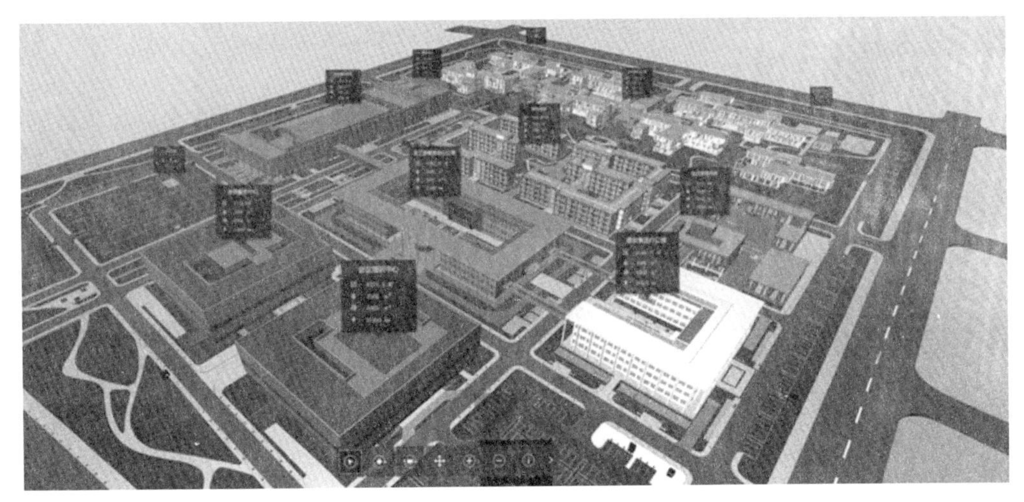

图 9-8 能耗管理

基于园区三维 CIM 模型实现可视化管理与展现。

绿色建筑运营监测：对建筑的供配电、给排水，暖通空调系统等的运行状态和参数进行监测，统计分析建筑能耗情况，传统能源替代率、非传统水源替代率、运营费用折算等。

能效运营监控：能源运行监控、能耗热点分析、供配电负荷监测、水管网平衡监测、园区供冷供热监测。

9.2.5 应用价值

园区的总体态势呈现，上接应用、下采数据、数据驱动、按园所需，打造园区的数字大脑。

1. 一图全面感知园区家底

依托大数据平台数据处理能力，融合各类数据，以指标方式可视化展现园区运行各个业务专题的状态，如经济发展、园区管理、公共服务等业务专题。

2. 一键全局决策辅助管理

依托大数据和 AI 平台，将数据和算法进行融合，通过理论建模与模拟仿真，将专家的知识应用到业务专题中，提供园区管理辅助决策建议。

3. 一体园区整体运行联动

融合 IoT 平台、视频云平台、集成通信平台、GIS 平台等技术，打造“运行监测发现问题，决策支持分析问题，事件管理解决常态问题，联动指挥解决应急问题”的全链路闭环系统。

4. 业务可视化

通过智能化分析和多屏展示能力，提供业务全景可视化。

9.2.6 发展趋势

未来的智慧园区，将通过统一接入各类应用系统和集中业务管理平台，强化信息化集约能力、创新智慧化应用、提升园区运行总体态势分析能力，建成园区大脑，实现园区运营管理的联动感知、智能决策和协同响应。全面促进园区管理与服务创新，构建智能化引领的智慧园区管理运行体系，促进园区产业转型升级，提升资源集聚和园区格局。

9.3 运行监测

9.3.1 应用概述

园区的运行监测基于全息三维的建筑物空间模型，实现室内外、地面地下运行形势的完整展现，以及实现企业与建筑、房间关联、资产设施与容器关联、人员实时位置与运动轨迹的长效监控，以及事件与地点等相关信息的全面挂接，让园区的运行过程实时可查、事后追溯，达到长效的安全稳定运行。

9.3.2 建设目标与需求

1. 能耗分析

能源消耗在园区绿色生产、可持续发展中扮演重要角色，整合园区内能耗数据，实现能耗统计、能源动态监测、能耗趋势分析、能耗产出分解等功能，对各能源系统运行状态进行实时监测，帮助管理者了解能耗状况及公司的运行和经济生产情况，合理调配资源，实现节能减排。

2. 环境保护

通过提升园区在废气处理、废渣管理、废水处理以及能耗管理等方面的具体建设，结合与园区特色相关的垃圾分类制度管理以及废料回收交易体系，最大程度上减少对环境的危害以及对能源的浪费，提高园区的资源与能源利用率，加强对环境危害相关因素的监控与治理，最终让园区走上绿色环保的发展道路。

3. 安全生产

为保障园区平稳运行，实现安全生产，需要对园区内危险源、重点保护对象进行统计监测，用户可以从地图上清晰明了的知晓风险点数量及分布，对园区运转情况了如指掌，实现对风险点的动态掌控、风险点标识和动态预警，做好预防、防范措施，保障园区财产安全和运行安全。

9.3.3 技术路线

1. 总体路线

面对园区运营中的海量数据，要建设以数据驱动的信息化平台，首先要解决数据汇聚与融合的工作，通过数据融合系统的建设，将多源数据进行抽取、转换与加载，从而以结构化和标准化的形式存放于各专题库中，以备各应用系统调用。而在数据的呈现上，除了传统的台账式展示与统计图表的排列以外，需结合空间信息进行时空关联展示，以一张图的规格，把不同的业务对象划分为多个专题图层，让用户可以一目了然地掌握各类资源、人员、服务、事件在空间上的分布。

2. 关键技术点

不同于传统的硬件设备监控平台，基于真实场景的数据建模技术基于 CAD 施工图纸以及高精度航空影像进行 1:1 与真实世界的等比例基础网格生成，通过现场采集进行室内外物联设备的位置信息，并通过多种类型的通信网络，将设备运行状态信息实时上传，并对移动设备的位置进行实时追踪。

这一技术有效补充了传感器基础管理手段上的短板，通常而言，传感器能感知整个区域，但整个网站部署完毕时，感知信息的位置与趋势总是难以得以清晰完整的表达。因此，传感网络需要一个高效的工具进行可视化展示，从而将部署的物联网传感器所收集的数据动态的展现在屏幕上，让管理者对园区设备、设施有直观的认识，对这些设备设施的运行状况有直观的感受，对这些数据的趋势能够了然于胸。

9.3.4 应用系统

1. 能耗管理

展示园区每月总体耗能、能耗变化、耗能最高的建筑和企业，统计全年园区单位能耗产出及变化、产出比最高的企业，方便园区管理者了解园区能源消耗及企业发展情况，如图 9–9 所示。

（1）能耗趋势分析

展示在参考园区能耗变化的情况下，给出的能耗趋势变化分析，方便管理者制定应对能耗增长或异常的措施方案。

（2）历史能源消耗与产出分解

展示园区内能源消耗类型、各类型在能源消耗中的占比、同比增减变化；展示园区自产能源在能源消耗中占的比例及作用；让管理清晰直观地知晓具体能源消耗去向。

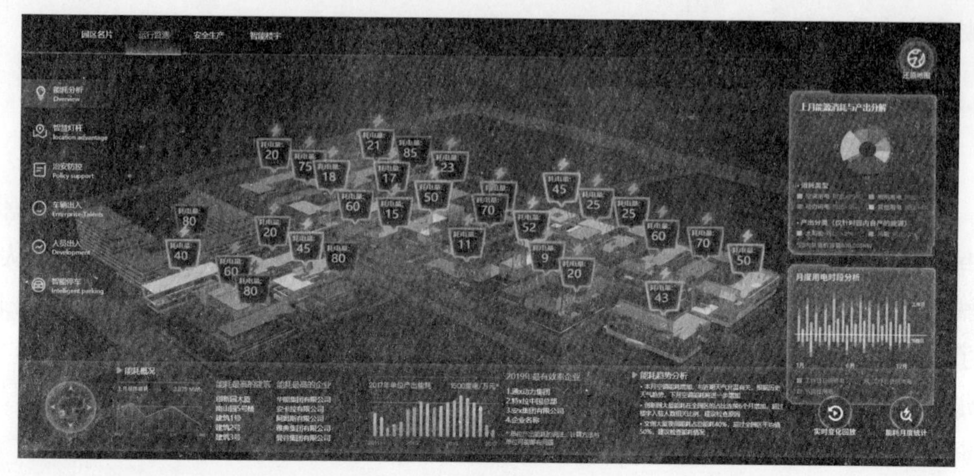

图 9-9　园区能耗监测

（3）月度用电时段分析

展示园区工作日、节假日日间和夜间的能耗，方便管理者了解主要用电时段以及园区内企业加班情况。

2. 环境监测

（1）空气监测

对园区的空气质量、空气污染指数等指标进行实时监测，可以对单台化工设备或某高风险装置区实施定点监测监控，也可以组网对某化工厂或某危化物传输管线或某化工园区实施全方位监测监控。

（2）污水监测

在完成园区下游污水处理厂的达标技改，确保其出水全指标一级 A 达标的前提下，针对产业园区的废水特性及环保监管复杂性，构建排污企业－园区集中预处理设施－下游污水处理厂－受纳水体自上游至下游的污水分级治理及协同监管模式，如图 9-10 所示。

（3）噪声监测

在园区内各方位设置噪声监测点，实时监测园区内的噪声情况，如果监测数值超过了 GB 3096—2008《声环境质量标准》，则预警器发出警报，提醒园区相关工作人员及时解决噪声污染问题。

3. 重大危险源监测

对园区内高危危险源的分布进行展示，辅以统一的视频监控，如图 9-11 所示。

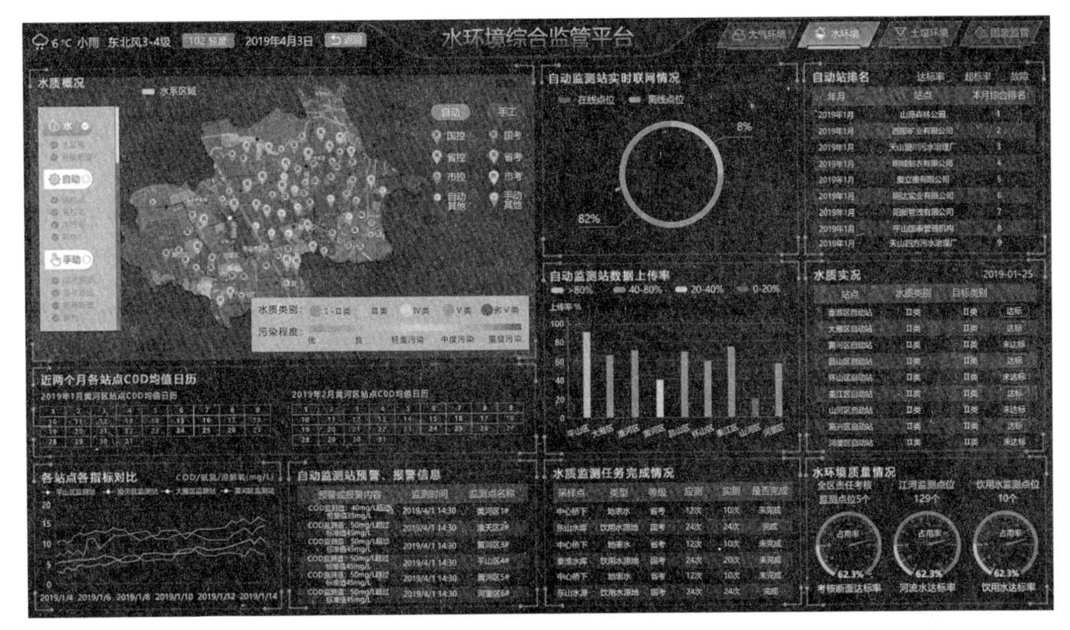

图 9－10　污水监测

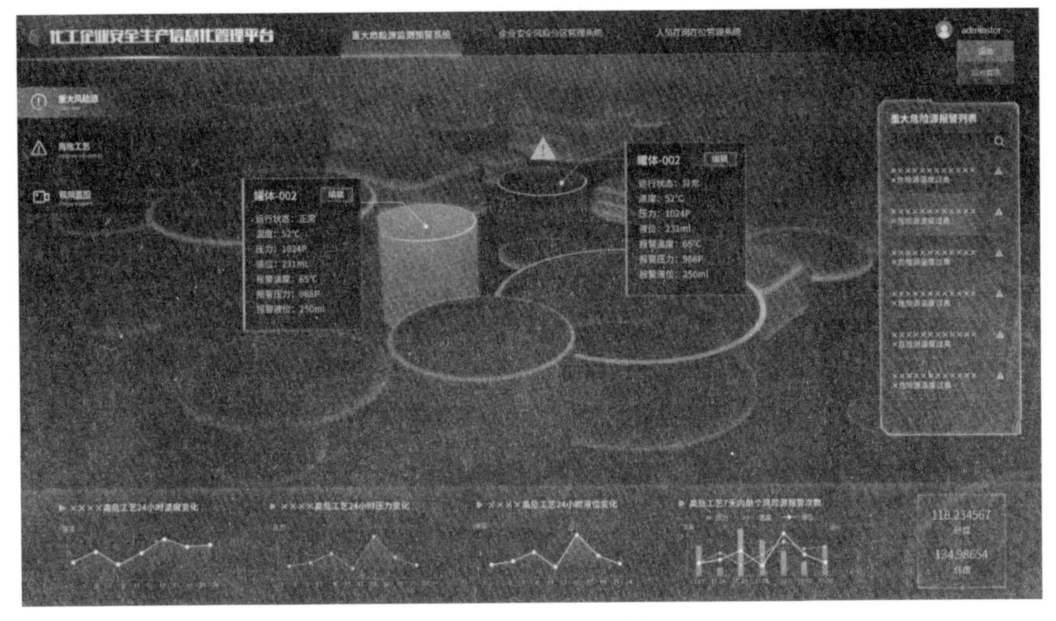

图 9－11　危险源监测

（1）危险源分布管理

危险源是化工园区的重要区域，也是危险区域，所以要对其进行实时监测。比如监测危险源的温度、压力、液位、浓度等指标是否超过警戒阈值，如果超出阈值范围，则要在地图上相关危险源处发出警报，并提醒相关负责的工作人员赶紧处理，及时解除危险警报。

具体而言，危险源分布管理可在以下场景中发挥作用：

1）重大风险源监测：通过标准的 DCS 协议从设备中控平台对接罐体以及其他监测设备的实时数据。

2）可燃气体监测：根据对接的数值能够通过标签方式在罐体上显示实时的数据值，让管理人员更加直观的了解运行状态。

（2）高危工艺管理

工艺管理是通过对化工工艺危害和风险的识别、分析、评价和处理，从而避免与化工工艺相关的伤害和事故的管理流程。它主要面向制造业与工业工艺，并帮助企业识别、了解和把控高危工艺中的风险，建立一套系统的业务改进机制、企业风险管理方法以及安全标准。

具体而言，高危工艺管理可在如下的场景中发挥作用：

1）工艺技术安全防护体系管理。通过对工艺链条体系的建模与分析，完善现场工艺设施防护栏杆，关键工艺设施防撞设施，安全通道，安全标识，提高系统安全水平，消减安全风险，消除危险作业。在工艺性本质化方面，将工艺系统过程控制管理方法标准和措施进行电子化与可维护化，保证生产系统安全、平稳，经济运行。

2）设备设施运行状态管理。以设备点检为基础，实现“预知维修”和“安全维修”，减少设备故障率，保障设备长周期安全经济运行，保障工艺系统连续平稳运行；通过技术改造，增加设备技术含量和设备的自动化水平，避免人与设备设施直接接触，降低员工伤害的概率。

4. 消防管理

消防管理的核心要点是为园区提供安全、高效、便捷的智慧化消防服务，将消防相关的信息与设施联网，保障园区的安全生产。消防管理主要分为三大块：消防监测、物资储备和火灾预案。

（1）消防监测

1）实时消防警报：展示园区实时消防警报出现的时间、地点、最近的监控画面及处理状态，便于管理者了解事件处理进程。

2）消防警报汇总：展示 30 天内火情警报数量及区域分布，有助于管理者了解园区安全情况，便于管理者加强高风险区域的管控检查，避免灾害发生。

（2）物资储备

1）消防器材统计：展示园区内所有消防器材种类、数量及位置分布，便于管理者了解器材概况、加强对器材的更新管理。

2）系统维保与演练情况：展示园区 6 个月内系统测试次数和消防演习次数与最新事件，统计园区器材全面检查时间，便于管理者进行新的演示安排。

（3）火灾预案

1）消防预案：展示园区总体消防预案、各建筑物应急预案，预案更新时间和制定部门，便于管理者查看及推广给园区内人员查看。

2）实时流程：滚动展示应急预案的处理步骤、负责部门及动画模拟，有利于管理者及工作人员了解应急处理步骤。

9.3.5 应用价值

1. 园区稳定运行的长效保障

通过对园区物联网的接入，在多个场景下进行运行形势的把控，并将业务对象与空间信息进行多元解析、动态分析，实现生产工作与日常运维活动的多维感知。同时，通过增加设备技术含量和设备的自动化水平，以流程为颗粒度梳理园区的运行过程，使之可查询、可追溯，形成园区稳定运行的良性循环。

2. 管理业务的跨条线整合

园区的运行监测采用多源异构数据融合技术，将不同业务条线的数据进行统一融合，通过一张地图了解全局，并通过一套指标体系衡量园区各方面的运行状态，定期进行运行态势体检与研判，便于管理者着眼宏观态势，免除细节数据与短时态势带来的影响。

3. 能耗与排放的全流程管控

运行监测体系中的能耗管理可在能耗监控、用途分析、需求预判、节能建议等方面实现动态监测，并提供了对绿色能源生产、水电资源消耗、垃圾分拣、废料处理、能耗指标交易等方面的趋势监测，兼顾环保与成本两方面的最优化，为园区的可持续发展创造条件。

9.3.6 发展趋势

1. 数字孪生的体系建设

数字孪生架构已逐步成为园区信息化建设的重要抓手，该架构通过组织效能的提升实现安全的管理水平，而方法则是重构现在办公自动化系统、工业自动化系统、消防自动化系统、楼宇自动化系统、安防自动化系统、通信自动化系统分而治之的现状。通过对园区人、空间、关系、事件、物以及组织关系的统一组织，在数字空间中构建一个孪生的园区镜像，并在这样一个互通互联的体系下进行整体的运营、协调以及管理，从而提升组织效能。

2. 多重业务的实时协同

目前，园区已建多系统的信息孤岛已经逐步被打破，但在多源数据汇聚、物联网设备对接中，仍然存在数据更新不同步、监控效果滞后的情况，当前业界逐步在园区中引入了大数据、物联网中间件等技术，以三维地图为基础，实现数据的快速获取与展示，逐步实现多源业务数据与物联网数据的无缝关联，共同助力园区的运行监测平台建设，实现突发事件管控的有的放矢。

3. 管理决策的智能演进

在智慧园区的各类管理决策中，运行监测类管理对响应的实时性具有较高的要求。目前，智慧园区已经逐步脱离了人工读取数据、判别形势、做出决策的传统形势，引入各类数据分析手段，让管理人员能够在园区突发事件判定、指挥决策与形势总结时，能够基于管理知识库，兼顾多方面的情况汇总选择最佳的管理手段与切入方式。

9.4 应急指挥调度

9.4.1 应用概述

应急指挥调度是保证各种故障或者灾难情况下，园区能够保证基本的生产运营活动；在故障和灾难过后，能够快速恢复生产运营。同时，形成整体解决方案，打造应急指挥平台，深化智慧化措施，为平时的应急演习、应急事件发生过程中的管控措施、灾后（疫后）复产评估与辅助决策起到良好的支撑作用。

应急指挥平台应通过信息互联互通、数据共享交换、业务协同处置等技术手段，建设应急无人值守、应急事件自动推送、应急事件联动调度、指挥、处置等系统应用，为园区管理部门提供科学化的决策分析。

9.4.2 建设目标与需求

1. 总体目标

在突发公共事件中，园区的管理和运营重点已经发生变化，由普通的管理转换到了应急管控状态。而园区数字化应急指挥调度系统，可以实现对突发事件处理全过程的数据的采集、跟踪、支持、指挥和处理，有效监控事态的发展，使得园区管理部门对突发事件的情况了解更加全面、反应更加迅速、相关单位及人员之间的协调与配合更加充分、决策及指挥更加有据可依。

2. 具体目标

（1）预警分析

对事件的各种现象进行识别、分析与评判的管理活动，包括事件监测、识别、诊断。事件监测是预警分析管理活动的前提，是确立事件的重要因素。

（2）自动流转

对事件匹配的节点、人员进行自定义流转，实现将各类任务中典型性的任务集中展示以及流转派发，参与事件人员可以查看相关典型任务的信息。

（3）分拨调度

便于园区指挥者和管理者更加清楚地了解事件的状况和相关信息，通过配置

GIS 服务的大屏幕可直观地掌握园区的基础信息、事件的处理追溯、评价信息等全局情况。

（4）应急资源联动

基于 GIS 服务对事件点位周边资源展示和查询，比如绘制几何图形、分析图形范围内的应急安防资源信息等，并联动园区的安防值班情况。

（5）应急预案联动

对事件的应急预案管理进行数据交互，根据事件等级匹配相应的应急预案，第一时间展示相关的预案流程文件，并结合事件提供相关的辅助决策支持信息。

（6）事件评估

在应急事件处置完毕后，提供对事件处置效果进行评价的手段，对事件的应急评估指标体系、评分标准和评分权重进行评估。

9.4.3 技术路线

如图 9－12 所示，在智慧园区的应急指挥体系中，应建立灾前监测和预警、灾中防控与救援、灾后重建与复产全流程的智慧解决方案。通过自然资源指标监测、灾后风险评估、园区综合调度系统、人群识别与定位、灾害损失评估测算等技术，实现一系列的应对流程和应对措施。

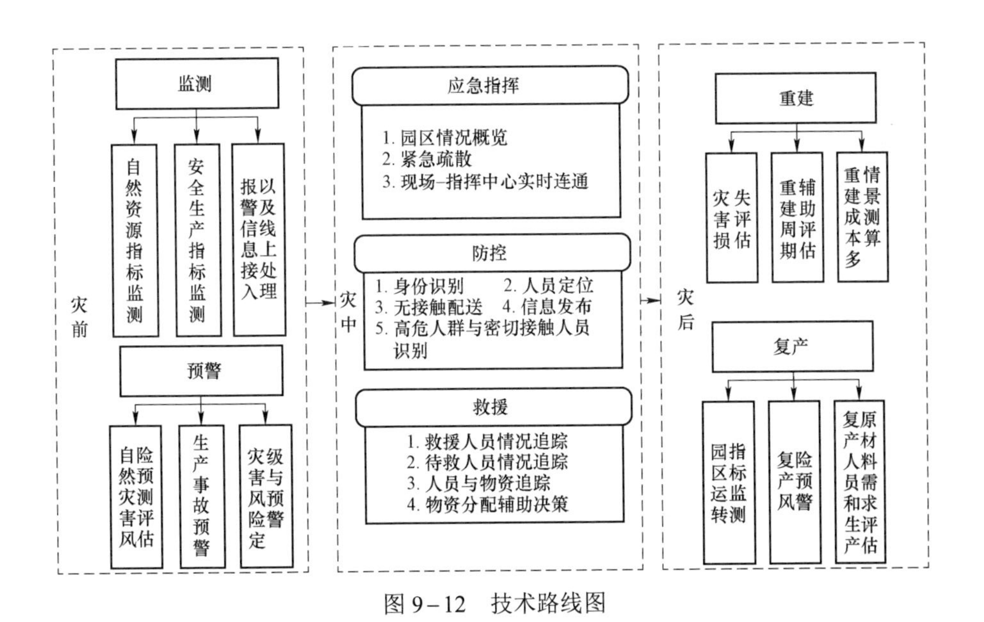

图 9－12　技术路线图

9.4.4 应用系统

指挥调度应用系统将物联网设备、视频设备、GIS 和业务数据进行高度融合，构建

“一切皆事件、发现即处理、全程可视化”的指挥调度模式，既满足了园区的日常维保等需求，也能够满足应急事件的应急指挥调度等需求。

建设园区“领导驾驶舱”，集成各个子系统的事件服务至大屏展示，园区管理者通过可视化一张图掌握园区内关键信息。

1. 事件预警派发子系统

系统实现了整个事件处理流程的自动化管理，使事件的处理过程更加科学、准确、快速。事件发生时，首先通过监测预警系统或人工方式接报事件，完成事件信息录入。系统自动生成事件编号、发生日期、上报时间，快速定位事件范围，通过地图缩放拖动获得事件位置的具体坐标。同时对事件匹配的节点、人员进行自定义流转，参与事件人员可以查看相关典型任务的信息。

2. 应急资源调度子系统

系统关联事件发生地点的视频图像，调用并展示相关应急预案信息，调用展示事件相关的历史案例信息，事件地点周边的各类应用资源信息。配置 GIS 服务，基于大屏直观掌握园区的基础信息、事件的处理追溯、评价信息等全局情况。

3. 应急预案联动子系统

系统根据检索与匹配规则、要素匹配与呈现规划等，调用数字化预案和数字化案例，根据实际要求合并和修改，第一时间展示相关的预案流程文件，形成初始化的针对性处置方案。按与指定位置的距离远近自动推荐相关的人员信息、资源信息，自动计算指定人员到指定地点最快的到达时间和最佳行动路径。

4. 事件处置跟踪子系统

系统实现任务多通道下发，如对讲机、电话、短信等，并记录下发时间、接收时间、接收人等信息，为任务的执行跟踪提供依据；任务接收单位对执行结果进行反馈，及时反映任务执行情况，生成处置任务状态一览表，明确显示各任务当前的状态。

5. 事件处置过程评估子系统

事件结束后对事件进行过程回放，包括各关键节点操作过程（人、事、响应时间等），在事后提供全面再现事件处置过程的手段，为应急管理人员对事件的处置过程进行评价提供依据。

9.4.5 应用价值

通过园区应急指挥调度系统建设，实现了应急资源的可视化呈现、处置方案的动态生成和快速指挥调度，有效推进了园区应急指挥精细化管理。基于系统具有的突发事件上报快速、应对响应及时、信息交流通畅、联络指挥高效、信息发布权威等特点，缩短了园区处理突发事件的决策及调度时间，提高了决策的科学性，降低决策的风险。

系统能够合理地调度突发事件相关的所有资源，为管理者提供更加直观的决策依据，彻底告别决策依靠“猜测、估计、尝试”的被动状况，从而形成“一切皆事件、发现即处理、全程可视化”新型的量化管理模式，实现依靠信息化数字化的手段大力提升机关事务的管理水平，帮助园区最大限度地达到减灾、救灾的目的。

9.4.6 发展趋势

1. 加强园区应急处置情景分析

基于历史、其他地区园区应急处置事件进行总结分析，研究园区应急处置事件的普遍规律，强化应急处置事件的后果研究。立足园区现状，对预期的园区风险进行全过程、全方位、全景式系统描述，实现园区应急处置现实经验与历史教训的集成，预防与准备的发展，行为与方法的统一。

2. 加强园区应急处置任务梳理

根据园区情景分析掌握的规律、发现的问题、梳理的工作要点，划分具体园区应急处置响应阶段，形成可操作、流程化、具体化的情景任务列表，细化到每一个响应阶段应急处置中心应该指挥什么、园区各应急单位应该联动什么、现场处置应该注意什么等，避免决策层级混乱、职能分割明显、碎片化工作等问题，实现应急准备认知论、方法论的统一。同时加强园区对自身应急处置能力的评估。在情景分析、任务梳理的基础上，开展针对性的应急演练，通过实际演练进一步发现问题，评估能力，制定应急能力提升策略，进一步修订预案、优化机制，弥补在制度、装备、队伍等方面的不足。

3. 融合大数据分析提高园区应急处置能力

建立应急处置的资源数据中心，对发生的突发事件进行数据目录转化，将已发生的关应急处置资料信息化、数据化，动态更新园区所在地的应急资源、救援力量队伍、专家信息、通过信息化手段将应急管理工作流程与基础应急数据目录结合，建立应急处置信息共享交换平台，设计应急数据分析模型，辅助制定应急决策，为应急管理提供最优的决策方案，提高部门联动的效率、指令执行针对性和有效性，将事故损失降到最低。

9.5 安全态势感知与分析

9.5.1 应用概述

智慧园区建设是实现园区管理智慧化、现代化的重要途径，通过建设智慧园区，可以优化配置和整合利用各类资源，改善整个园区经济、产业、生态结构，全面提高园区的运行效率、质量和水平。

如果说智慧园区是在充分整合、挖掘、利用信息技术与信息资源的基础上，对园区各领域进行精确化管理，那么网络安全态势感知与分析平台就是智慧园区网络安全建设成果和价值的集中体现，智慧园区网络安全变得可知可感。

以智慧园区整体安全资源的集约化为基础支撑平台，并利用“实时、全样、精准”的安全大数据，建立全程在线、全域覆盖、实时反馈的“智慧园区网络安全态势指挥地图即安全监管智脑”。

9.5.2 建设目标与需求

智慧园区态势感知与分析平台建设的目标是，通过大数据技术，实现园区网络和互联网等多个关键网络节点和信息资产数据的采集和存储，并对相关数据进行综合处理和关联分析，实现对智慧园区网络安全风险态势、业务资产风险、业务违规操作等安全风险的感知，并通过多种可视化技术将园区网络综合安全态势进行统一呈现。

智慧园区网络安全态势感知与分析平台能对全网数据进行采集、分析和可视化呈现，实现安全监测、风险分析、业务合规、通报预警、事件回溯、应急响应管理等信息管理、安全考核管理、安全态势分析等特色安全功能。同时能够完成综合态势评估、资产态势评估、流量态势评估、运行态势评估、脆弱性态势评估、攻击态势评估、行为态势评估、安全事件态势评估等，并进行安全态势预警、溯源及取证等工作。

通过平台的建设为智慧园区提供安全监测、防御、处置安全风险和安全威胁，园区安全管理支撑和应急指挥调度能力；形成具有主动防御和协同运营的能力；提高智慧园区安全管理决策的科学性和精准性以及安全监管效率和应急响应能力；使平台具备自我学习、自我演进的能力，从而满足智慧园区在网络安全管理、安全态势感知方面的需求。

9.5.3 技术路线

为实现持续的智慧园区网络安全风险管理目标，需要建立能够随着时间不断演进的安全架构和技术支撑体系，这会让园区在面对威胁和挑战时不断完善自身防御体系以及强化防御“姿态”。

SANS 研究所提出了一个动态安全模型——网络安全滑动标尺模型，如图 9–13 所示。该标尺模型共包含五大类别，分别为基础架构（Architecture）、被动防御（Passive Defense）、积极防御（Active Defense）、威胁情报（Intelligence）和反制进攻（Offense）。这五大类别之间具有连续性关系，并有效展示了防御逐步提升的理念。

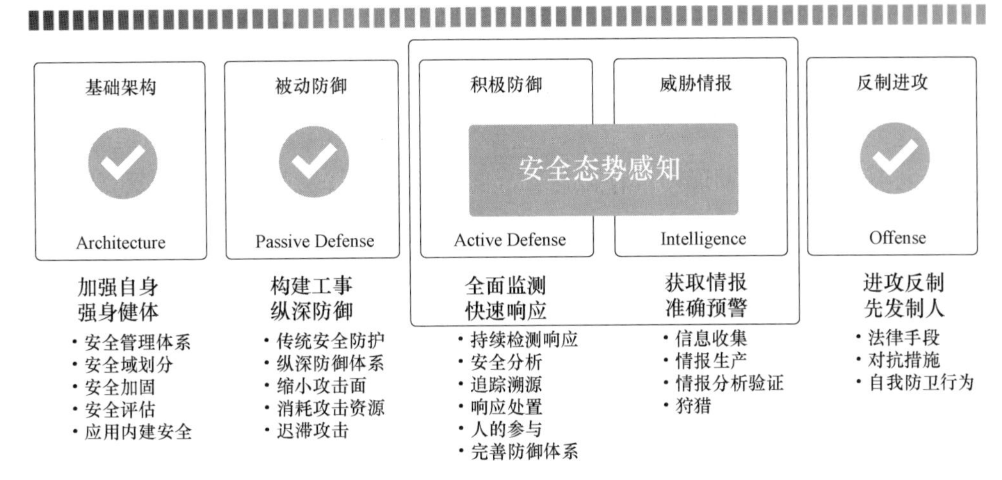

图 9-13　网络安全滑动标尺模型

架构安全：在系统规划、建立和维护的过程中充分考虑安全防护。

被动防御：在无人员介入的情况下，附加在系统架构之上可提供持续的威胁防御或威胁洞察力的系统。

积极防御：分析人员对处于所防御网络内的威胁进行监控、响应、学习（经验）和应用知识（理解）的过程。

情报：收集数据、将数据利用转换为信息，并将信息生产加工为评估结果以填补已知知识缺口的过程。

进攻：在友好网络之外对攻击者采取的直接行动（按照国内网络安全法要求，对于企业来说主要是通过法律手段对攻击者进行反击）。

现阶段信息安全工作都聚焦于“架构安全”和“被动防御”，“积极防御”和“情报驱动”涉及较少，因此在设计态势感知方案时应该聚焦于回顾“架构安全”补强“被动防御”，重点发展“积极防御”和“情报驱动”，以有效提高园区的信息安全防护能力。

在进行“被动防御”改进与“积极防御”进阶时，Gartner 的自适应安全架构，则可作为较好的参考，如图 9-14 所示。

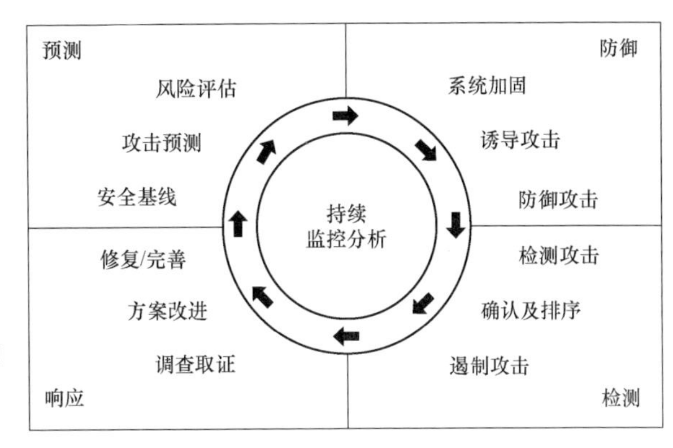

图 9-14　自适应安全架构

自适应安全架构将持续的监控和分析过程分为：预测、防御、检测、响应四个主要环节，每个环节中包含多个监控和分析方法。支撑这些监控和分析方法的是企业或组织内部的各层数据和来自互联网的威胁情报，因此要求智慧园区具备安全大数据采集、存储和分析的技术能力。

1. 预测能力

通过战略威胁情报，全面及时了解网络内外部威胁攻击动向，及时采取预防措施；通过安全风险管理，及时发现内网存在的安全漏洞并进行修复，降低网络暴露的攻击面；同时提升安全管理人员技能、意识，保障信息安全管理工作落实到位。

2. 防御能力

通过安全设备和服务对外部入侵攻击、内部横向渗透攻击进行防御，尽量在信息系统受影响前拦截攻击行为。

3. 检测能力

通过收集、检测网络流量、告警日志、文件内容、业务行为，全面感知园区网络层、主机层、应用层、数据层、终端层安全状况。

4. 响应能力

对于没有被及时拦截的攻击行为，通过人和态势感知与分析平台的协同，对安全事件进行全方位的分析研判，判断安全事件影响范围、危害程度，识别攻击意图、攻击手段，通过安全设备间的联动，实现自动的响应处置。

9.5.4 应用系统

态势感知与分析平台将覆盖智慧园区安全管理与运营的各个环节，图 9-15 为整个平台的缩略架构图。

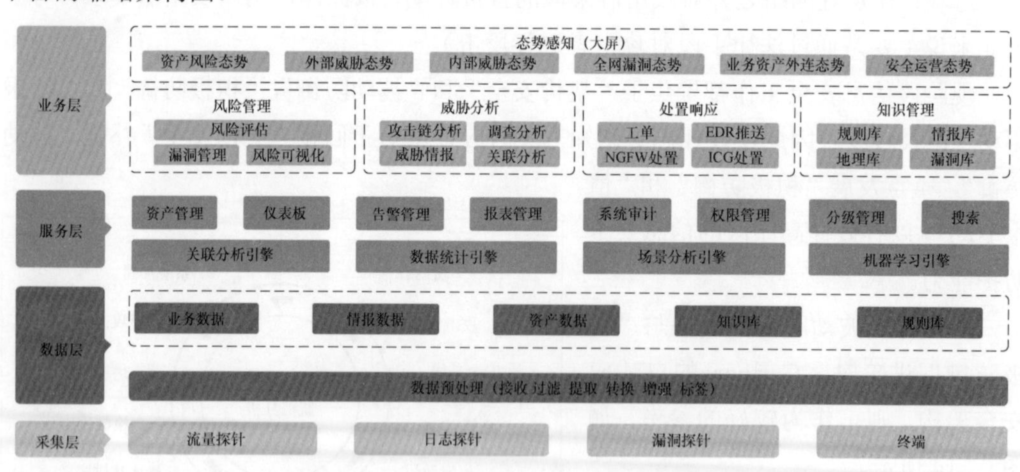

图 9-15　态势感知与分析平台架构图

1. 威胁感知

（1）最大限度识别网络威胁

基于强大的病毒、威胁、漏洞库等海量情报储备，配合高可用性操作系统，能够及时有效识别网络中的高级威胁。传感器具备强大的 SSL 解密能力，让网络威胁无所遁形。

（2）保障网络安全防护体系高效运营

通过合理部署网络数据传感器，有效采集网络中的流量和威胁数据，并对流量进行多种威胁检测生成威胁日志。

通过将日志外发到多种数据分析系统，可以作为内网本地原始数据，供分析系统进行多种关联分析，降低大数据平台数据处理压力，提高网络安全运营效率。

（3）旁路阻断，做好第一层安全屏障

网络数据传感器旁路部署，可针对特定源目的 IP 地址的 HTTP、TCP、UDP 流量（DNS 域名解析）进行阻断，增强防护，还可以针对阻断行为输出日志，便于管理员了解传感器行为，实现信息可查、可溯。

（4）异常抓包协助问题定位

通过对异常流量进行 PCAP 抓包可以进行本地流量异常定位。

（5）集中管控降低运维成本

网络数据传感器，可被态势感知系统进行集中管控、策略下发、特征库升级等，极大程度降低传感器运维成本。配合传感器自身的超强可视化效果，助力管理人员快速追溯安全问题，决策安全策略。

（6）增值服务提升产品使用体验

具备资产被动流量识别策略和资产监控功能，上报资产日志，协助用户做到资产可见、可控。

2. 安全处置

（1）威胁检测

平台采用基于外部采集的安全日志、网络流量日志或服务器日志数据为基础，集合第三方的威胁情报检测能力、丰富的持续运营规则、强大的机器学习检测三位一体。在产生威胁后，通过关联多维度数据进行上下文和证据补充；给园区用户提供一套完整的、可读的、极具价值的告警呈现能力。

（2）处置响应

威胁处置是一个复杂的流程，需要多级、多人的协同配合。平台给予用户将单个/多个告警和漏洞通过一个工单统一跟踪，并将多个人的判断结论通过工单统一跟踪和记录，从而使得威胁的跟踪有据可循。保障每一个威胁都能够通过工单进行及时有效的跟踪，增强安全团队处置联动协作能力。

（3）分析中心

平台提供对威胁事件的调查分析能力，分析员需要将调查的安全问题创建任务，将所有与要调查的问题相关的告警、日志、漏洞，甚至其他文本、图片信息都录入任务中，然后通过时间线展示、标注等功能可以回溯并记录问题的发展过程和相关影响。再通过搜索等功能不断扩展其他的日志线索，丰富该问题的相关证据。支持完整的攻击链分析，在数据完备的情况下可以还原整个攻击过程。

（4）风险评估

风险管理能够有效地反馈出当前网络的安全风险状态，通过风险数值的量化能够给出具体的评分指标，能够宏观的了解全网安全态势，给管理者提供有力的辅助决策。平台参照 GB/T 20984—2007《信息安全技术　信息安全风险评估规范》，设计了一套实用化的风险计算模型，实现了量化的安全风险评估。

（5）漏洞管理

漏洞扫描是发现漏洞的主要手段，网络中重要的主机系统、网络设备都会出现漏洞安全问题，漏洞的存在会影响着网络的安全性，如果不对其发现和处置，则会成为潜在的安全风险。为了获知网络中主机和网络设备的漏洞状况，提前获悉网络中资产和业务中存在的安全漏洞，提前采取补救措施，或者做好应急预案。平台提供了漏洞管理功能，实现对重要主机系统和网络设备漏洞信息的收集和管理，并将漏洞扫描结果自动同步到风险模块中，参与风险计算。

（6）拓扑管理

网络拓扑的绘制，能够直观地展现资产在网络中所处的位置。平台提供了拓扑绘制功能，可以按照安全域进行网络拓扑的绘制，也可按照业务系统进行绘制，通过资产风险值的展现能够有效地反馈出当前网络安全状况。

（7）态势感知

态势感知模块可以帮助用户快速、宏观地了解整个企业的安全情况。目前提供态势首页、工作面板及 6 种面向不同安全场景的态势监控界面：资产风险态势、资产外联态势、全网漏洞态势、外部威胁态势、内部威胁态势和安全运营态势。

3. 战时调度

（1）应急响应

应急响应服务依托于具有强大数据分析能力的安全态势感知与分析平台，通过在遇到突发安全事件后采取专业的安全措施和行动，并对已经发生的安全事件进行监控、分析、协调、处理、保护资产等安全属性的工作。第一时间采取紧急措施，恢复园区客户业务正常运行，追踪失陷原因并提供可行性建议，避免同类安全事件再次发生。保障园区用户的网络安全，最大限度减少安全事件给园区客户所带来的经济损失以及恶劣的负面社会影响。

（2）重要时期安全保障

重要时期安全保障（简称重保）服务整体工作分成备战阶段服务、临战阶段服务、实战阶段服务、决战阶段服务四个阶段服务，其中备战阶段服务、临战阶段服务是在重大活动或者会议开始前为安全保障工作做准备，主要负责重保期间队伍组建、重保方案设计、重保单位安全检查等工作；实战阶段服务和决战阶段服务是为重大活动或者会议过程中安全保障工作提供技术支撑，主要负责重保期间各重要单位网络安全的监测、应急值守、应急处突、攻防演习等工作，具体各阶段服务工作内容如图 9–16 所示。

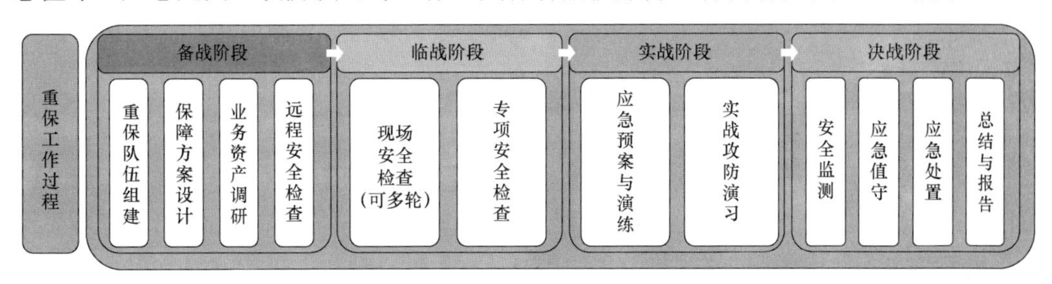

图 9–16　重保工作过程图

9.5.5　应用价值

1. 满足管理层对网络安全决策、指挥、处置的需求

安全态势感知与分析平台作为智慧园区网络安全管理与指挥的中枢，能够通过流量、各类日志关联资产，清晰地了解安全情况、安全建设情况、安全管理情况、安全事件处置情况等。通过态势展现使管理层了解到园区整体的安全情况，落实园区信息安全建设决策，有效管理落实各项信息安全工作。

2. 满足用户日志审计和日志留存等合规性的需求

安全态势感知与分析平台通过统一的日志采集、日志查询、日志存储、日志管理等，可以满足《网络安全法》中设备日志存储的要求。通过日志查询系统，用户可以方便的查询使用原始日志和解析日志，对安全事件进行追踪回溯或通过关联分析发现新的信息安全事件。通过搜索功能对日志进行统计，专家模式统计结果可以通过视图的方式直观地对日志进行数据统计，发现事件趋势。

3. 发现基础安全建设遗留的安全隐患，完善园区安全防护体系

安全态势感知与分析平台有效利用云端威胁情报数据，从互联网数据中进行发掘和分析攻击线索，极大提升未知威胁和 APT 攻击的检出效率，因此可以有效发现园区基础安全建设中遗留的安全隐患并及时修正。

4. 弥补现有被动防御方式的不足，提升园区安全防护水平

态势感知与分析平台通过引入威胁情报和关联分析规则技术的引入，形成了监听–主动回溯、研判–主动监测的检测体系，大大提升了园区积极防御的能力，弥补了园区现有网络安全被动防御方式的不足。

5. 基于客户业务环境进行场景化威胁监测，提升异常行为检测能力

态势感知与分析平台的场景化威胁检测技术，能够基于园区内用户的业务环境构建

威胁检测和响应模型，及时发现园区内部的业务安全风险。

6. 帮助企业建设协同防御体系，提高应急响应效率

态势感知与分析平台通过终端检测响应（EDR）技术可以和园区配置的其他安全设备进行联动，形成协调防御体系，可以大大缩短攻击者的攻击时间窗口并提高攻击者的攻击成本。

9.5.6 发展趋势

目前阶段，态势感知与分析系统为智慧园区提供数据分析结果，展示全网的安全风险情况，辅助管理者做安全战略决策。大数据分析技术与态势感知平台结合紧密程度有限，机器学习、知识图谱还有广泛的应用空间。

园区建设的网络安全态势感知系统对网络空间安全态势的整体感知能力有限，无法及时探测深层次的安全威胁，无法快速发现攻击，更无法实现园区内跨组织的信息共享和协同行动以及实施应急响应和威慑反制措施。网络安全态势预测尚不成熟，需要进一步加强。

由于态势感知系统从建立到实现良好运行，需要有持续不断的资源投入，不仅需要采集器、威胁情报、大数据分析平台等投入，还需要一定的使用环境限制，如时间、空间及数据质量等，同时需要大量的专家使用态势感知系统进行核心的人工分析工作，建立不同场景的算法模型。

可以预见在未来的几年里，智慧园区态势感知与分析平台的发展趋势是：

1. 深度融合大数据和人工智能技术

通过在态势感知系统中融合使用机器学习、知识图谱等大数据分析算法和人工智能模型，从整体上把握网络空间安全状态，对关键信息基础设施和重要信息系统的网络攻击和重大网络安全威胁实现可知、可管、可控、可溯、可预警，及时发现并精确预警及处置。

2. 系统可动态扩展和云化

随着云计算基础设施的大量使用，要求对安全威胁和攻击的处置能力随着云计算平台扩展而可动态扩展，实现网络安全态势感知系统的基础平台云化，使其态势感知能力可以随着保护对象的规模变化而动态变化。

3. 提供精准预测和防御处置建议

在大数据挖掘与分析技术持续发展的基础上，态势感知系统可以对越来越广泛的海量数据采集和分析，通过人工智能算法，结合云架构的大数据平台计算和分析能力，对网络安全态势进行深度感知和整体把握，并结合我国政策法规和相关标准，对园区网络空间的整体安全态势发展给出更精准的预测和积极防御处置建议，以供网络安全决策者参考和网络安全人员执行。

9.6 决策支持

9.6.1 应用概述

专家分析决策辅助系统基于各业务数据进行可视化统计分析，通过空间辅助决策、数据分析决策、节能诊断分析、环境健康诊断分析、AI 图像分析预警等功能，向决策者展示多维度实时准确数据和分析结果，为决策提供依据。

系统基于园区元数据模型的城市管理信息资源梳理方法，形成数据收集、整理、展示平台，推动部门间数据资源交换和利用，为园区规范化数据管理与高效决策提供数据支撑。

9.6.2 建设目标与需求

通过专家分析决策辅助系统的开发建设，利用信息化手段，为城园区设的前中后期各项工作提供基础技术支撑，展示并辅助园区建设的全过程，实现在同一个平台中完成各项建设的协同。构建未来园区的信息化底板，为建设项目的审批、管理保驾护航，降低建设项目落地难度，提高政府服务效能，从而有助于提高园区规划与建设、管理与服务的智慧水平。

9.6.3 技术路线

针对园区发展需求，系统基于时空数据、物联网终端数据、业务应用系统数据、地理省情调查等多源数据，通过数据交换系统对数据类型进行分类，以实现多尺度数据的时空维度耦合。根据数据表达形式的个体差异，进行特征嵌入，获取更为高效的特征表达。随后，根据数据的时序相关项、关联尺度范围，分别将上述整合的数据流、特征流送入深度卷积神经网络及长短时记忆网络提取深度特征，并在中尺度进行特征聚合。之后，经过多层深度特征融合，实现各类特征的全耦合学习与融合。最后，通过回归层输出多指标参数预测，从多源数据接口到最终的分析预测结果都以可视化方式展示，以辅助决策者进行全局判断和政务决策。

9.6.4 应用系统

1. 模拟仿真系统

模拟仿真系统，涵盖了虚拟园区展示、园区物流仿真、园区工程建设仿真、设备运行仿真、能源仿真、应急仿真模拟等多个方面，有助于优化园区管理规范、提高园区综合管理能力、降低园区管理成本。

（1）虚拟园区展示

在智慧园区管控平台中设定漫游路线、速度、视角，系统模拟第一视角在三维虚拟园区中自动漫游，了解整个园区的产业或者工艺布局，在漫游过程中可随时暂停，详细了解某一功能区域的详细信息，比如入驻企业情况、生产线及设备情况等，如图 9-17 所示。

图 9-17　虚拟园区展示

在仿真模拟平台可以展示园区隐蔽工程，比如整个园区的管网管线，实时全面地了解园区内主要能源介质的分布及流向等信息，如图 9-18 所示。

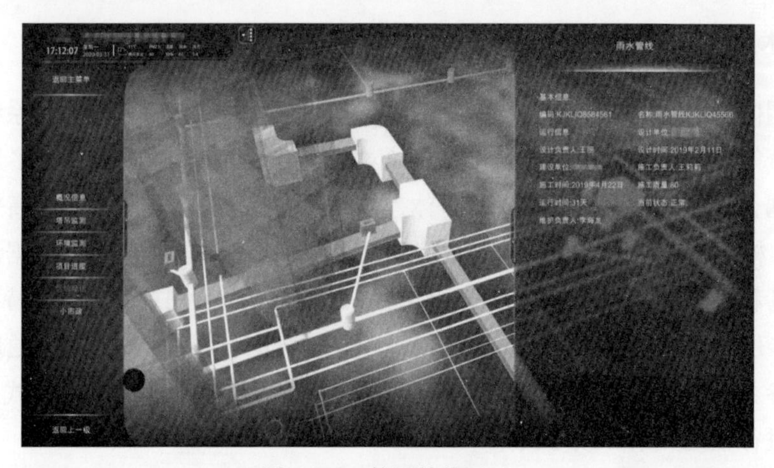

图 9-18　管网管线展示

通过 VR 和 AR，实现沉浸式的漫游参观，使参观人员获得更真实的参观巡游体验。

（2）园区物流仿真

智慧园区管控平台集成园区内部主要的道路信息，通过实时读取厂前区车辆、厂内运输车辆的位置坐标信息，并在三维园区平台动态跟踪展示车辆的位置信息变化，协助物流调度人员动态掌控园区内部的物资调拨情况和厂内车辆位置。

智慧园区管控平台可集成物流系统的运输计划路径，车辆排队等信息在大屏幕上动态展示车辆的计划行驶路线，每个计量磅秤前的车辆排队等候情况，协助管理者更好地优化物流线路，如图 9–19 所示。

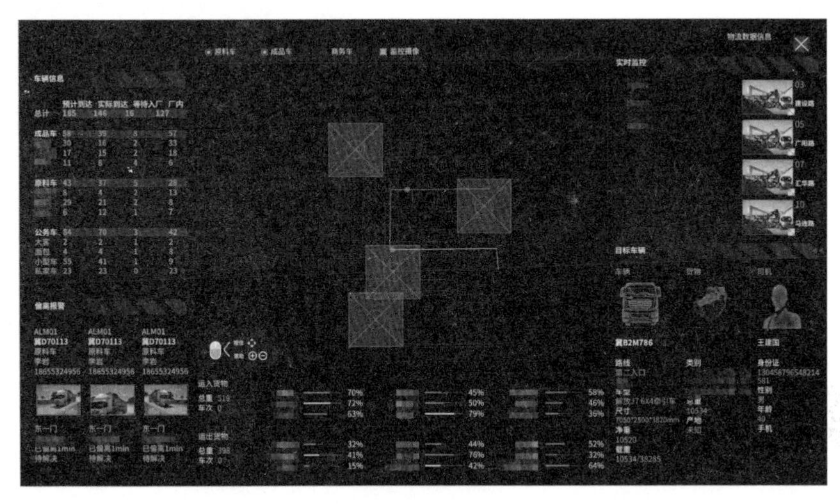

图 9–19　物流仿真

（3）工程建设仿真

集成各个工程的施工计划，在三维虚拟场景中动态模拟推演园区的工程进度。在各个工程的不同建设时序，利用日照、阴影、通视等工具对工程之间的干涉因素进行分析，提早发现影响工程建设进度的相关问题，如图 9–20 所示。

图 9–20　工程进度仿真

在仿真模拟平台通过设置温度、湿度、风力等环境参数值，动态模拟对园区内工程施工的质量及安全影响，避免质量安全事故的发生，如图 9–21 所示。

图 9-21　质量安全仿真

智慧园区仿真模拟平台，可以动态复现园区的详细建设过程，了解园区的建设历史，如图 9-22 所示。

图 9-22　园区建设过程复现

（4）设备运行仿真

在仿真模拟平台中，将园区中重点设备的三维模型接入实际运行数据及设备信号，使虚拟设备与实体设备的动作一致，从而实现设备的在线同步监控。

离线运行模拟通过模拟数据变化动态驱动三维模型状态改变，根据不同的模拟和参数调整，不断提高生产管理的效率，降低生产运行成本，如图 9-23 所示。

在接入运行数据的基础上，设定设备运行的环境参数，模拟设备在各种条件下的运行状况，预测设备维护需求及维护周期，提高设备使用寿命，同时避免因设备工况造成的安全事故风险。

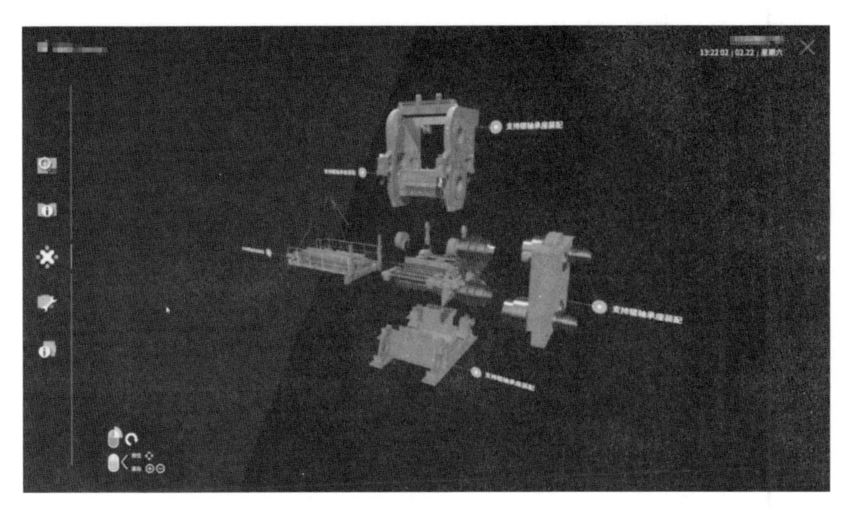

图 9-23　设备运行仿真

（5）能源仿真

针对园区内的水、电、煤气等能源介质，仿真平台接入实际运行数据，包括实时的流量、压力、温度等。模拟各能源介质的流向与分布，同时模拟关于能源的各个业务场景，比如关闭某一阀门影响的范围，结合气象数据分析爆管的影响等，如图 9-24 所示。

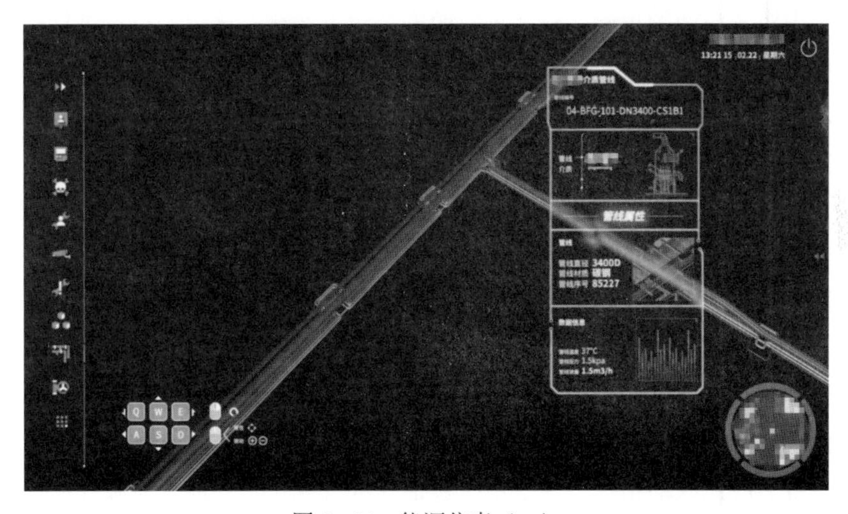

图 9-24　能源仿真（一）

通过设置能源介质的供应渠道、成本差异、消耗峰谷等因素，对整个园区的能源消耗进行仿真模拟，实现园区的能源优化调度，降低园区的综合能源消耗成本，如图 9-25 所示。

对能源相关的历史数据进行数据分析、挖掘，根据能源消耗历史平均值，进行能源供需、能耗实绩与计划的比较、模拟预测能源的消耗趋势，利用统一的能源预测模型，构建全部能源介质的预测分析。

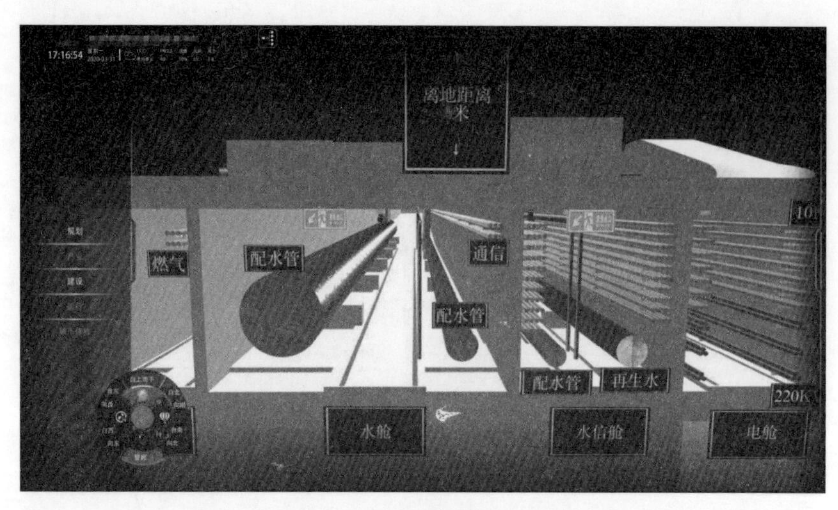

图 9－25　能源仿真（二）

（6）应急仿真模拟

在智慧园区运营管理平台中，可以对危险源和应急储备物资的位置及相关信息进行标识，可以对可能发生的事故进行应急仿真演练，并对紧急事故进行模拟分析，从而降低发生事故时的损失，提高应对突发事故的能力。

在平台中对各车间的危险等级、危险源安全距离区域、危险源位置进行标识，同时针对各类应急物资储备位置、储备量、购置和更新日期、检查日期进行标识，当出现应急物资不足、过期等问题时平台会自动提醒。

针对园区内各类危险事故的应急情况进行仿真模拟，应急预案包括：预案编制、审核、修订、归档、查询等，基于平台进行事故预防性演练，根据事先预定的演练脚本，参与人员进行数字化演习，演习后可进行演练回放和演练总结。利用仿真模拟平台进行应急事故演练模拟，快速进行事故分析定位，事故扩算速度和范围分析，提示正确的事故处理步骤，事故涉及人员的逃生路线指引，事故影响的生产能力分析，提高企业应急指挥调度能力。

通过监控中心调度大屏幕，智慧园区运营管理平台可以综合集成各子系统的信息从而实现跨系统的应急联动指挥。各子系统包括三维可视化子系统、能源管理子系统、视频子系统等。

当应急情况发生时，系统快速定位报警信号，实现各个子系统的联动，通过报警设备的编号，三维可视化子系统可快速将视角切换至报警设备的位置，显示设备报警内容，同时以声光提醒调度人员故障位置和故障类型，视频子系统可自动切换显示故障站点的视频信号，能源管理子系统可快速调整能源供应。

集中管控平台的跨系统联动，通过计算机系统快速地分析问题解决问题，大幅提高园区的管理效率和水平。

2. 空间辅助决策系统

通过全要素生产率分析法，引进企业及项目择优入驻辅助评价机制，将土地规划、经济发展、城市治理相关信息与二维三维地图结合，为信息在三维空间和时间交织构成的四维环境中提供时空基础，通过热力分析、AR 鹰眼技术，直观地为决策者进行决策提供依据，实现基于统一时空基础下的规划、布局、分析和决策，如图 9–26、图 9–27 所示。

图 9–26　二维地图

图 9–27　三维地图

3. 数据分析决策系统

通过物联网平台接入感知、传输、应用服务三层的功能模块和系统，统筹整个园区的物联终端数据，提出数字化报表和总体趋势分析，提高园区建设领域分析决策能力：整合能源能耗、生态环境信息，落实园区生态指标体系；调取水质检测数据，为园区海绵城市建设决策提供数据支撑；接入施工安全监控、工地考勤、城市全景监控等信息，便于决策者把控项目建设情况，提高园区建设的设备管理、数据管理、监控运维以及安全能力，如图 9–28 所示。

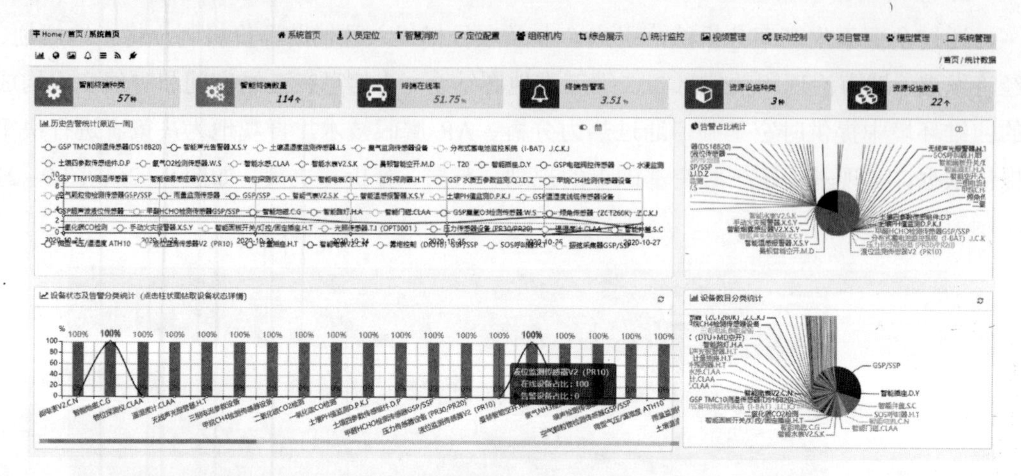

图 9–28　数据分析决策系统

4. 节能诊断分析系统

该系统将实现对园区能耗数据及产能情况的监测分析。能耗监测主要针对制造业企业、居民小区、商业建筑、公共建筑及学校等 5 大类建筑进行水、电能耗数据监测分析，后期将扩展至天然气、热力能耗监测。其中电力监测级别最高为 4 级（楼座、楼层、户、用能分项），监测分项包括动力、空调、照明等；用水监测级别为 2 级（楼座、户），监测类别包括居住用水、公共服务用水及生产经营用水等。产能监测主要针对园区太阳能、风能、地源热泵及可再生能源占比等数据进行统计分析，如图 9–29、图 9–30 所示。

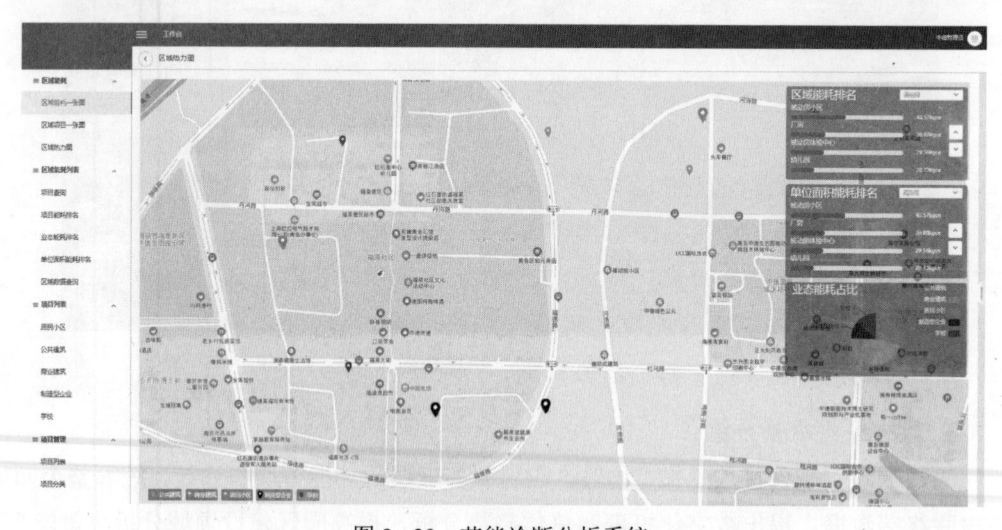

图 9–29　节能诊断分析系统

中德生态园10月能耗报告

1.能耗统计

1.1.能耗总计

1.1.1 能源分类统计

序号	能源	本期	同期	同比(%)	环量	环比(%)
1	电（KWH）					
2	水(t)					
3	气(m³)					
4	热(KJ)					
总计	标准煤（kgce）					

1.1.2 建筑分类统计（标准煤/kgce）

序号	能源	本期	同期	同比(%)	环量	环比(%)
1	电（KWH）					
2	水(t)					
3	气(m³)					
4	热(KJ)					
5	标准煤（kgce）					

1.1.3 业态能耗占比

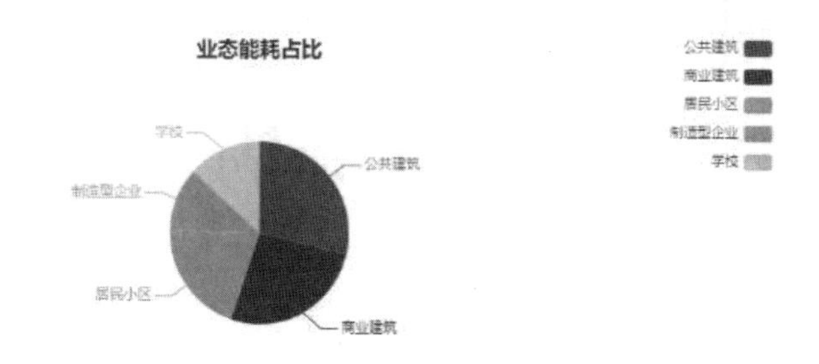

1.1.4 区域项目能耗排名

排序	项目名称	项目分类	总耗能kgce
1	被动房1期	居民小区	
2	ICIC德国中心	公共建筑	

1.1.5 单位面积能耗排名

排序	项目名称	项目分类	总耗能kgce	建筑面积m²	单位面积能耗kgce
1	被动房1期	居民小区			

图 9－30　能耗报告

5. 环境健康诊断分析系统

建立自然资源变化监测从“采集—存储—加工—服务”的全流程地理空间大数据技术服务体系，为成果信息赋予时间、空间和属性“三域”标识，以时空联动的方式进行数据可视化展现，最直观地展示土地利用、地貌保护、海绵城市、建设用地、村庄变化、生态保护、规划评估、基础设施的变化规律，为领导宏观决策提供直观依据。通过园区自然资源变化时空监测，可以全面、及时、准确掌握园区资源利用现状及发展变化规律，揭示自然资源资产管理开发利用和生态环境保护中存在的突出问题以及影响自然资源和生态环境安全的风险隐患，并推动及时解决，为园区规划建设方案的提出与调整、优化资源配置以及园区生态系统的可持续发展提供参考依据，为山水林田湖草自然资源调查监测提供技术保障，为生态保护、资源资产评估、自然资源离任审计等提供决策支撑，如图 9－31 所示。

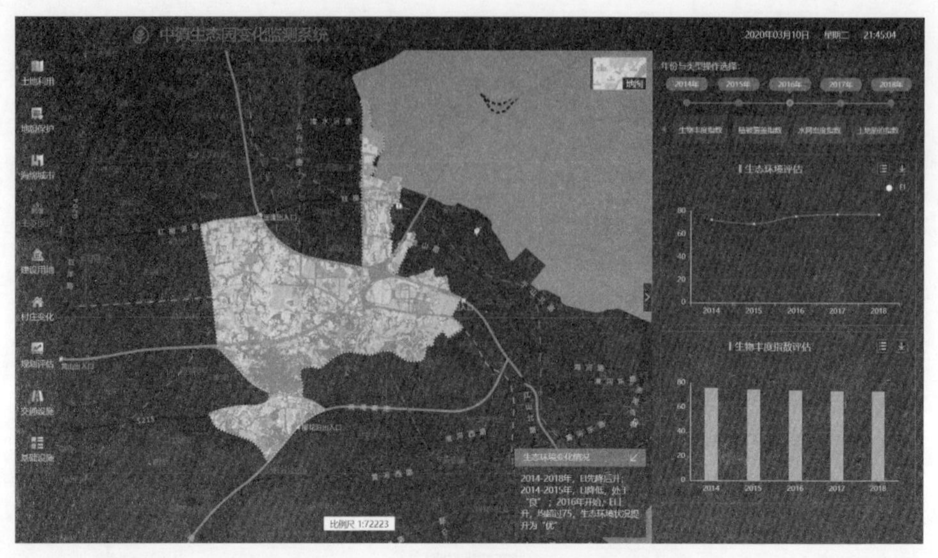

图 9-31 环境健康诊断分析系统

6. AI 图像分析预警系统

通过引入 AI 图像识别、边缘计算、物联网、大数据分析等技术，构建一体化的新型城园区能管理监管平台，实现对城市运行实时监测、科学分析、自动预警、智能联动等功能，大力提升城市现代化管理水平。

系统将打通事项告警、指挥调度、现场处置、巡查预防等各环节业务流程，实现人员管理、质量管理、安全管理可感知、可反馈、可预测，降低城管人力沟通等方面成本，提高发现处置解决问题的效率。通过城市运管物联网大数据平台，试行动态监管、科学分析与自动预警，促进管理提质增效，如图 9-32 所示。

图 9-32 AI 图像分析预警系统

9.6.5 应用价值

青岛国际经济合作区通过专家分析决策辅助系统，全面掌控园区的招商信息、自然资源变化情况、重点项目建设信息、园区经济运行情况以及动态能耗监控等物联终端信息。自 2019 年专家分析辅助决策系统上线使用以来，青岛国际经济合作区实现主要经济指标倍增，推进重点项目建设与变化监督管理，全年开工、竣工、投产重点项目达 30 个，优化道路交通、完善市政配套及功能性配套、规划建设新型“公园城市”，落实“高端制造业+人工智能”，培育智能制造产业动能。青岛市委组织部为实现该市人才结构和发展环境双优化的总体思路，应用专家分析辅助决策系统打造人才创新创业的信息化平台综合体，搭建人才落户与创新创业服务桥梁纽带，打造青岛市智能可视化平台地图创新示范；青岛市西海岸新区招商局利用该系统辅助大数据分析决策，准确研判项目建设过程中存在的问题，实现省、市重点项目，招商引资工程建设项目进度全流程调度，为部门项目管理提供平台，为政府领导决策提供数据支撑。

9.6.6 发展趋势

当前，5G、人工智能、物联网、云计算等新一代技术正处在快速发展阶段，城市大脑决策支持在技术层面朝着围绕多技术要素融合创新方向发展，利用“5G+人工智能+云计算”等技术驱动方式来实现新旧动能转换，兼顾新兴产业和传统产业的协调发展，促进城市发展由高速增长阶段转向高质量发展阶段；在服务领域层面，应围绕“以人为本”这一核心来提升城市的整体运营和精准治理水平，让城市居民享受到信息化成果带来的便利，最终实现幸福指数的提高。

第 10 章　智慧园区未来发展展望

10.1　智慧园区未来发展趋势

以物联网、5G、大数据、云计算、人工智能为新兴技术驱动的第四次工业革命时代，正在引导人们迈向以数字科技主导的全新智能时代。2019 年政府工作报告，正式提出了“智能+”战略：“深化大数据、人工智能等研发应用。打造工业互联网平台，拓展‘智能+’，为制造业转型升级赋能。”以物联网、5G、人工智能等技术为代表的智能技术群落迅速成熟，从万物互联到万物智能、从连接到赋能的智能+浪潮即将开启。万物感知、万物互联、万物智能成为智能社会的典型特征。园区作为社会的细胞单元，连接了个体、家庭、社会、国家，逐步成了物理世界、人文世界和数字世界三位一体的、“数字孪生”的空间综合体，成为智慧城市的最小落脚点和缩影。在新技术和新需求的双重驱动下，出现了新商业模式革新和业务形态升级，使得智慧园区的内涵不断丰富和发展，向着生态化、服务化和智慧化的人机物事深度融合体、有机生命体和可持续发展空间不断地演进（见图 10–1）。在数据方面，“数字孪生”的空间综合体对物理城市的精准刻画要求城市采用物联网、互联网等更加多样的数据采集手段，实时性、精准性、更新频率等要求也大大提高，数据量更会爆炸式增长。在技术方面，巨量的数据使得数据处理的复杂度大为增加，同时，虚实交互、智能互动等全新应用也

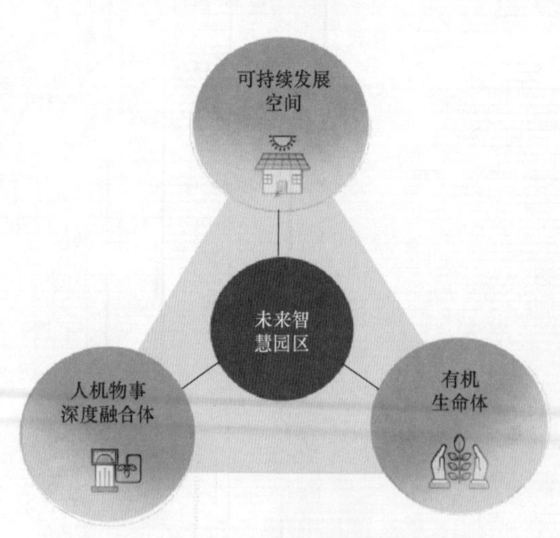

图 10–1　未来智慧园区
［来源：华为技术有限公司，埃森哲（中国）有限公司. 未来智慧园区白皮书］

使得技术要素更复杂，人工智能、5G、AR/VR、边缘计算等新技术的应用和集成创新已成必然。

10.1.1 技术发展趋势

物联网、5G、云计算、数字孪生、人工智能、边缘计算等智能技术群的“核聚变”，推动着万物互联（Internet of Everything）迈向万物智能（Intelligence of Everything）时代，进而带动了智能+时代的到来。多种技术的集成是本次智能技术浪潮的核心特征。以物联网、5G、大数据、云计算、人工智能为代表的新一代信息技术，在不断的融合、叠加、迭代中，为智能经济提供了高经济性、高可用性、高可靠性的智能技术底座，推动人类社会进入一个全面感知、可靠传输、智能处理、精准决策的万物智能时代（见图 10-2）。

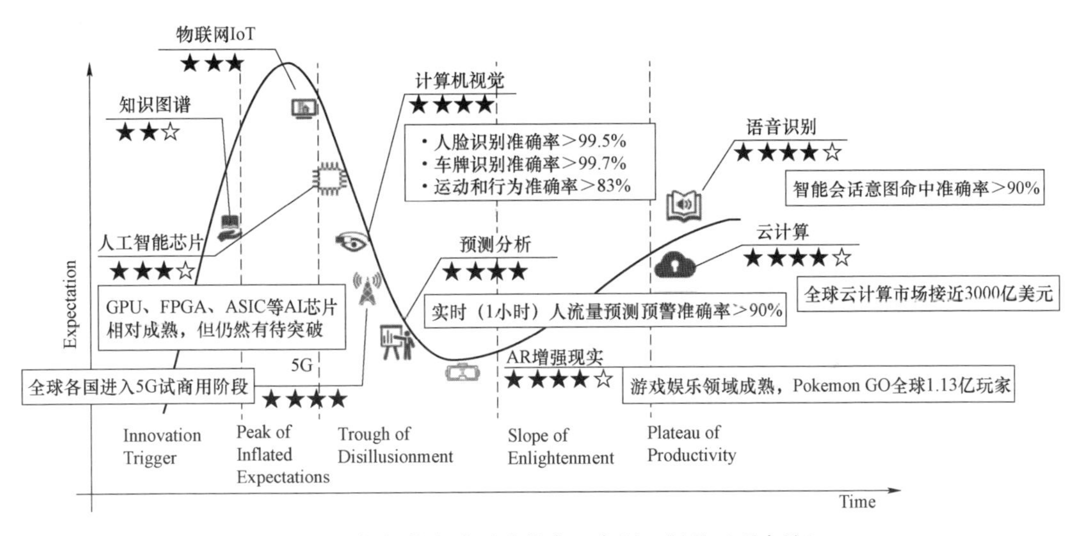

图 10-2 智能技术发展成熟度（来源：阿里云研究院）

2020 年 4 月，国家提出了“新基建”的战略部署，新基建引发的投资方向，全面贯通物流、人流、数据流、产业流、资金流和价值流，以 5G、人工智能、工业互联网、物联网为代表的“数字基建”，建设以数字化为核心的全新基础设施，以及经过数字化改造的传统基建，为数字经济的持续发展奠定基础，具有极为重要的战略意义。未来的智慧园区空间是一个物理空间和数字空间相结合的孪生空间，与传统智慧城市相比，“数字孪生”空间的技术要素更复杂，不仅覆盖新型测绘、地理信息、语义建模、模拟仿真、智能控制、深度学习、协同计算、虚拟现实等多技术门类，而且对物联网、人工智能、边缘计算等技术赋予新的要求，多技术集成创新需求更加旺盛。“数字基建”是建立“数字孪生”空间的基础设施，而“全面感知”和“泛在连接”是智慧园区未来深度发展融合的重要技术支撑。通过感知连接、边缘计算、云计算和人工智能等技术，将打通数据和业务，构建人、机、物、环境融合的空间，支持智慧园区的实现。未来的智慧园区发展，将通过感知和连接，采集人机物事的状态数据和业务数据，汇聚到智能化平台，实现数据和业务的融合，以及实时分析和决策。提供主动服务。基于 AI 的园区各项功能可以不断适应、优化和调整，使得园区生命体不断演进和迭代，使得“主动服务”“智能进化”成为未来智慧园区所具有的能力，将“以人为本，绿色高效，业务增值”作为智慧园区未来发展的根本目标。

具体来讲，就是采用各类传感器和物联网技术，构成感知神经网络，采集园区各类状态数据和业务数据，主动感知变化和需求。通过全面感知，实现园区内资源可视、状态可视，是园区事件可控、业务可管的基础。借助多种连接方式，连接园区中的管理系统、数据系统和生产系统，是智慧园区建设的前提，是园区数据聚合的基础。园区具有主动告警、自动控制调节和辅助决策等能力，不再是完全被动响应需求。园区借助 AI 和大数据决策判断，实现对园区物、事及环境等对象的自动控制、自动调节、主动处置，对人进行主要服务和关怀，具备自学习、自适应、自进化的能力，可以快速应用新技术，实现园区自我适应、优化和完善。园区将以人的需求作为根本点，促进人的发展，使园区中的人工作生活高效、便捷、舒适。满足人们安全、健康、舒适、便捷、社交成长、价值实现等各层次诉求。借助多种技术手段和新型节能环保材料，实现园区智能运营和精益运营，资源和空间高效配置和充分共享，园区经济运行、绿色环保、低碳节能和可持续发展。同时，通过园区平台的数据共享、信息互通，有效促进园区内生态链建设与共赢，创新业务模式，带来新业务收益（见图 10-3）。

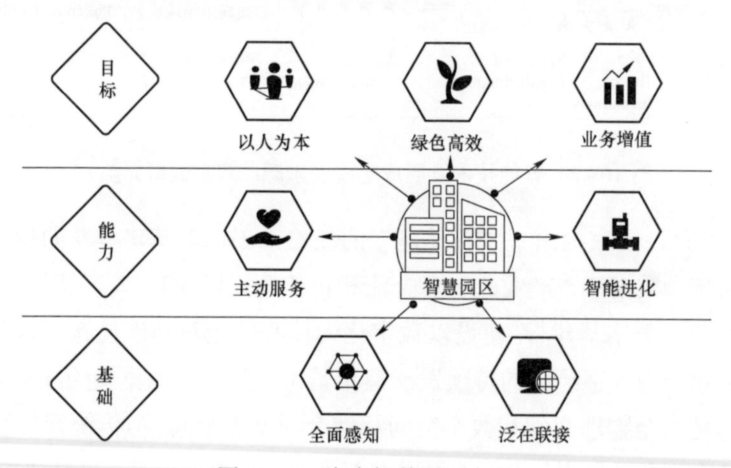

图 10-3　未来智慧园区内涵

［来源：华为技术有限公司，埃森哲（中国）有限公司. 未来智慧园区白皮书］

1. 全面感知的物联网

“互联网+”实现了人人互联，而 IoT 终将实现万物互联。信息技术发展的终极目标是基于物联网平台实现设备无所不在的连接，开发各类应用，提供多种数据支撑和服务，但仅仅是连接远远不够，物联网中的设备应当具有一定的计算能力和智能能力，这令其不仅成为可监测、可控制、可优化、自主性的产品，更成为边缘计算节点和智能产品。

随着“人人相联”到“万物相联”在各个行业的渗透，物联网已经成为互联网+时代智慧城市和智慧园区的标志。据IDC公司预测，到2020年，全球的物联网总连接数将达到300亿，市场规模达到1.7万亿美元，且55%的物联网应用将集中在商业领域，如智能制造、智能电商、智慧城市、智慧园区等。物联网技术的发展将呈现：终端硬件集成化和高性能化、小型化、低功耗、功能多元化、终端软件智能化和Web化等特点。像NB-IoT、LoRa等现有物联网技术，因其具备广覆盖、多连接、低功耗和低成本的优势，将会进一步广泛应用于智慧园区。

智慧园区以新一代信息技术为支撑，实现对园区部件信息的感知、分析、处理和整合，实现更全面的感知、更智能的控制、更广泛的交互、更深度的融合和更紧密的协同。“更全面的感知”作为智慧园区的一个特征，要求园区基础设施能够更深入收集各类数据和信息，以便整合和分析海量的数据和信息，为园区共享服务和运营管理提供基础的底层资源。而智能感知技术作为新一代信息技术，是智慧园区收集复杂数据和信息的关键手段。物联网就是把各种传感器嵌入和装备到物理建筑、供电、供水、交通、基础设施等各种物体中，然后将全面感知的“物联网”与现有的互联网整合起来，实现物理设施与信息系统的整合，对整个网络内的人员、机器、设备和基础设施进行实时管理和控制。

智慧园区通过物联网技术将与人工智能、5G技术深度结合，对现有互联网技术、传感器技术、智能信息处理等信息技术高度集成，通过监测、整合以及智慧响应的方式，采取感知化、互联化、智能化的手段、将园区中分散的、各自为政的基础设施连接起来，成为新一代的智慧化系统，从而提升为一个具有较好协同能力和调控能力的有机生命体。能够全面、实时、准确获取园区运行的相关信息，加快办公自动化、招商服务、应急安防、综合物业、交通管理、园区安全、能源管理等重点领域的信息系统融合集成应用，将静态管理向动态管理转变，事后管理向事前管理转变，提高园区的信息共享化（见图10-4）。

2. 5G网络为智慧园区带来新动能

从全球和中国智慧城市的发展进程来看，通信网络的部署是各国建设智慧城市过程中的重点之一。要实现智慧城市的诸多应用场景，终端数据采集、通信网络数据传输、数据存储计算缺一不可。其中通信网络作为连接数据采集端和处理端的通道，扮演着十分重要的角色。随着物联网终端在基础设施中的大规模应用，海量数据正推动着当前智慧城市的建设逐渐深入，从早期的并行发展到目前的系统整合，仅仅依靠固网宽带和4G网络作为数据的传输手段日益难以全面支撑未来智慧城市场景的需求。以5G为基础所构建的泛在传感网络将成为智慧城市的基石，也是实现智慧城市万物智联，人、机、物深度融合发展的关键基础设施之一。

图 10-4　智慧城市感知体系

（来源：杨靖等. 新型智慧城市全面感知体系［J］. 物联网学报）

2019 年 6 月 6 日，工信部正式向中国联通在内的 4 家运营商发放 5G 商用牌照，我国正式进入 5G 商用元年。5G 将以全新的网络架构，提供至少十倍于 4G 的峰值速率、毫秒级的传输时延和千亿级的连接能力，开启万物广泛互联、人机深度交互的新时代，ITU 为 5G 定义了三大应用场景，eMBB（增强型移动宽带）、mMTC（海量机器类通信）、uRLLC（超可靠、低时延通信），从三大场景的定位看，基本涵盖了当前及未来一段时间工业互联网企业级应用的主要需求。eMBB 的典型应用包括超高清视频、虚拟现实、增强现实等，可实现视频产业新变革。mMTC 主要为了满足海量的机器接入需求，也就是即通常所说的物联网业务及应用。uRLLC 主要是面向低延时、高可靠的应用场景。5G 技术为智慧园区的智慧应用场景落地提供了可能，如无人巴士、无人物流、智能机器人、VR 安防、全息会议、智慧展厅等场景（见图 10-5）。

5G 作为最新一代的无线通信技术，其超高速率、超低时延、超大连接特性对智慧城市建设产生巨大的影响，将全面支撑智慧城市（智慧园区）的创新发展。作为新一代数字基础设施，以其为基础的泛在传感网络将实现万物智联，人、机、物深度融合发展。随着园区智能化建设深入推进，与云计算、大数据、人工智能以及物联网等为代表的新一代信息技术的深度融合，将成为新型智慧园区发展趋势。通过使 5G 网络根据末端应用场景灵活配置网络资源，满足智慧园区对网络差异化需求，未来电脑、智能手机、智能摄像头、智能机器人、智能电能表、智能井盖等将全面渗透到园区生产、生活、生态各方面，园区可实现从基础设施、园区交通、园区服务、产业服务等多维度场景的全面互联和数据化，实现园区全场景全时空感知和多维度智能监测，进而推动多场景 AI 应用落地，真正实现园区内的万物智联，为智慧园区和智慧城市带来新动能。

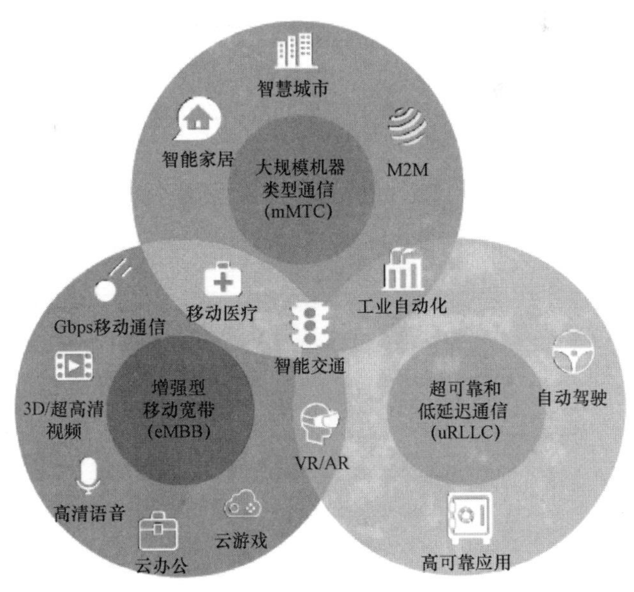

图 10-5　5G 典型应用场景（来源：许浩.5G 助力智慧城市发展［J］. 张江科技评论）

5G+AIoT 将成为智慧园区的典型应用模式，在 5G+AIoT 技术的发展促进之下，智慧园区的发展机遇与变化主要有如下几点：

1）5G 技术的加持将极大提升系统响应速度，使得云计算、边缘计算等更好地服务于 AI 应用。

2）智慧园区建设的各类监控设备采集的视频可直接利用 5G 通信技术提供的边缘计算实现对视频的智能分析。

3）IoT 技术和 BIM 技术结合可控制解决园区设施的实时动态的状态数据问题，提高设施运行状态监控的效率。5G 的超高速率、超低时延和大连接优势结合更多的 AI 应用，多种传感器数据实时汇聚功能，实现园区全局感知。

4）借助 AR 技术、实景融合技术、位置智能达到园区设施物理实体对象和园区设施数字实体对象的交互控制，实现类似远程灭火阻燃、远程开关警报、远程启动关闭仓库防火墙隔离带等技防措施。

5）5G+AIoT 技术深度赋能智慧园区的各种应用场景，园区将得以高效运转，极大缩短园区数字化、智能化的进化周期，园区用户能获得更好的使用体验。

6）未来智慧园区将是高度智能化、自动化的，各种服务可以根据使用者的喜好个性化定制，同时在出行等多方面的协同化程序更高。借助 5G 通信技术构筑园区内部网络，借助 5G 通信技术的超高宽带超低延时特性，将物联感知数据传输速率达到秒级，利用云端强大的分析计算能力，实现对数据的可计算，再借助 5G 超高速传输能力将结果快速输出。

7）智慧园区的规划设计、建设和管理将通过 5G、BIM（建筑信息模型）、物联网、GIS（地理信息系统）、云计算等技术实现，实现园区规划建设管理全过程数据的高度智能化使用。

整个智慧园区时空大数据平台在 5G 技术的支撑下得以高效运转，可缩短园区数字化、智能化的进化周期。5G+AIoT 结合边缘计算设备的部署，让 AI 监控覆盖更多空间，对园区物联网接入的实时数据和状态进行监测，最终通过5G和智能感知设施，以智慧园区时空大数据平台实现数据融合，将极大释放数据运营价值，促进物理空间、数字空间、人文空间的深度融合，实现以数字化、可视化、集成化的 IOC 为核心的数字孪生园区空间综合体。实现数据全融合、状态全可视、业务全可管、事件全可控，全方位重塑园区的安全、体验、成本和效率，全面助力园区运营与产业升级，使智能化建设成为园区发展的助推器与发动机。

3. 大数据+云计算平台的智慧园区管理、服务与决策

大数据侧重于海量数据的存储、处理与分析，从海量数据中发现价值，服务于生产和生活，园区各类活动的重大决策越来越依赖大数据提供全面、可靠、新颖的信息源。新型大数据挖掘方法和人工智能新技术的大量出现，新的大数据应用模式层出不穷，通过对海量感知数据进行并行处理、数据挖掘与知识发现，为园区各主体提供各种不同层次、低成本、高效率的智能化服务，推动智慧园区产业的转型升级。

智慧园区大数据技术的应用主要体现在为园区提供大数据云平台和工具，在云平台上集成了园区管理和服务相关的各个系统，这些系统在云平台上聚集了海量的数据，对聚集资源进行整理分析，便于园区管理与运营。智慧园区中各主体授权把数据及服务部署于云中，可大大降低主体在信息化建设中的成本，同时主体能够获取更多、更广泛的服务资源，实现数据交互和数据共享，使政府、企业、居民在信息化时代实现有效协同。同时，深化数据汇聚共享，依托城市大数据中心，优化公共数据采集质量，实现公共数据集中汇聚，建立健全跨部门数据共享流通机制。

云计算技术从提出到现在，发展十分迅速，且最早被应用于工业领域，其最初的技术应用模型来自 Google 公司的搜索引擎。云计算技术是智慧园区应用的重要基础。首先，作为基础架构，为智慧园区的各类应用服务提供计算和存储资源，支持按需使用、灵活扩展、绿色高效的智慧园区基础设施使用模式；其次，依托云计算技术，搭建业务、一站式企业 IT 服务平台，为园区管理者\驻园区企业提供专业的信息资源和服务，帮助解决智慧园区业务应用问题，如企业财务、CRM、人力资源、ERP、网络会议管理、电子邮件、信息管理等。

从未来发展趋势来看，智慧园区将建设统一的智慧园区时空大数据云平台，平台是

通过大数据、物联网、云计算等新一代信息技术，实时汇集城市各种时空信息并提供智能决策及服务的时空信息基础平台。平台采用统一的时空基准，构建地下、地表、地上全空间三维可视化场景，并在此之上提供大数据采集、存储、管理、计算、分析挖掘等服务，致力于打造一个充分感知、互联互通、融合共享、业务协同、按需服务的一站式智慧化服务环境。面向政府、企业、公众提供各类智慧应用服务，提高城市信息资源管理效率、消除部门信息鸿沟，提升居民生活质量，为各类用户提供一个泛在的、精细化的、多层次的智慧城市服务体系。

以 MapGIS 时空大数据平台为例，如图 10－6 所示。

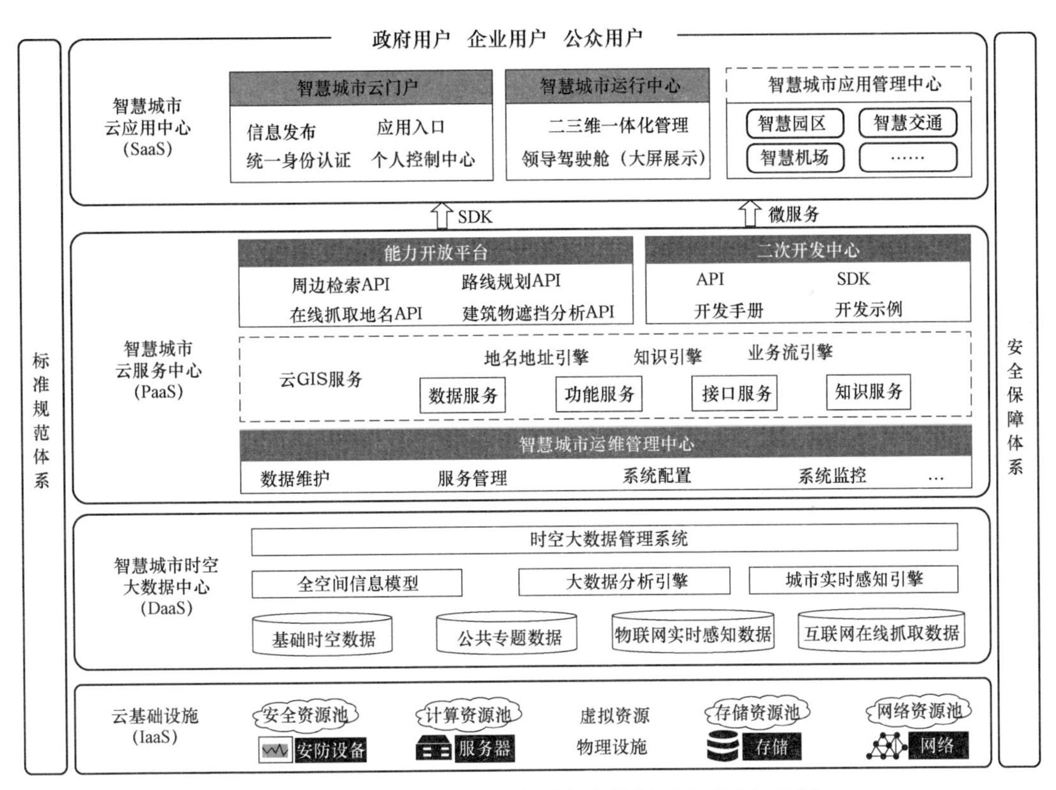

图 10－6　MapGIS 智慧城市时空大数据平台系统架构图

（来源：吴信才.《时空大数据与云平台. 理论篇》）

平台采用四层体系架构，分别是 IaaS（云基础设施）、DaaS（智慧城市时空大数据中心）、PaaS（智慧城市云服务中心）、SaaS（智慧城市云应用中心）。云基础设施是 MapGIS 智慧城市时空大数据平台的基础支撑，主要由云计算资源、云存储资源、云网络资源和云安全资源构成。保障智慧城市时空大数据高效存储和计算，确保智慧城市各类应用高效运行。时空大数据中心实现海量多源异构数据资源的汇聚、整合，提供全空间一体化的数据管理能力、高性能的分析计算能力，为智慧城市云服务中心提供基础支撑。云服务中心由能力开放平台、二次开发中心和运维管理中心组成，面向不同用户提供多层次的二次开发服务。云应用中心面向政府、公众、行业用户提供平台访问入口和专业应用服务，由智慧城市云门户、智慧城市运行中心以及各类智慧应用组成。

基于云服务等先进技术，未来智慧园区将具备以下技术功能。真正实现城市地上地下空间一体化管理，支持接入倾斜摄影数据、3DMAX 模型、点云等多种数据类型，可在同一场景中融合地面景观模型、建筑模型、地下构（建）筑物、地下管线模型、地质体模型等内容，实现城市立体空间中所有对象的统一描述和管理，支持城市地上、地下空间的一体化管理、展示和分析应用，是实现“数字孪生”智慧园区和智慧化运营管理的核心要素。支持 GIS+BIM 无缝集成室内外场景，通过 BIM 模型轻量化处理和高性能渲染，可以带来 BIM 模型在城市场景中的流畅展示效果，实现宏观地理环境与精细室内场景的一体化集成与综合应用。平台针对园区建设、管理、运维中所涉及的海量多源异构时空大数据，采用大数据计算框架，提供矢量大数据高性能分析计算、实时数据高效接入处理等大数据计算能力，可以实现千万级别的点数据、百万级别的区和线数据的秒级响应，针对实时传感器数据支持区域热力图、人口迁徙图、时空立方体等多维度实时展现，为园区各类决策提供有效支持。园区多行业、细粒度的时空信息服务，基于时空大数据中心提供基础的时空数据服务、功能服务、接口服务，同时面向城市规划、公共安全、市政设施管理、交通等行业的个性化需求，提供多种园区场景化服务，可以支撑智慧园区行业应用快速构建，全方位提升园区智慧指数（见图 10－7）。智能化云服务集群部署，在短时间内实现大规模集群资源一键式部署，满足智慧城市平台与应用弹性伸缩、动态扩展、快速响应等应用需求。

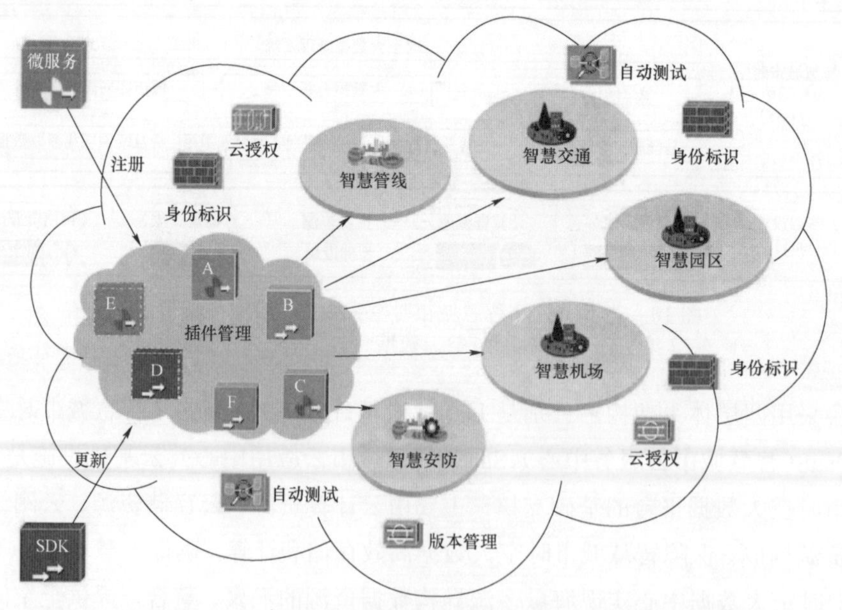

图 10－7　场景化服务（来源：吴信才.《时空大数据与云平台. 理论篇》）

未来智慧园区将更重注个人数据的管理和保护，个人数据空间管理、Web 数据继承以及隐私安全等问题将成为发展重点。园区的传统行业将会与云服务充分融合，在未来五年内将产生行业性云服务，云服务将加速渗透到政府、金融、医疗等各个行业。未来智慧园区云服务的一种重要形式就是依托智慧城市及政务服务网建设统一的数据共享、交换平台，实现物联化、智能化，通过对海量感知数据进行并行处理、数据挖掘与知识发现，为社会提供各种不同层次、不同要求的低成本、高效率的智能化服务。

4. 人工智能、区块链及边缘计算

城市的生产、居民生活和城市运营管理的智能化升级，都对新一代人工智能技术、产品、服务及解决方案有着旺盛的需求。利用先进人工智能，如深度学习（DL）、边缘计算等技术，促进物联网领域的分析和学习，利用园区共享的各类大数据，研究人工智能在物联网、互联网中的应用，使园区各主体能够深度分析，开发高效的智能化应用已成为一种趋势。同时，BIM 技术与大数据、AI 技术的结合，将使园区建筑的日常管理、维护更加智能、生态和低能耗。5G 时代的到来，可满足智能城市海量智能设备的并发接入需求以及设备之间虚实互动的毫秒级响应，进而推动多场景 AI 应用落地，如人脸识别、视频周界、安防机器人、智能监控、无人驾驶、客服机器人、行为识别等，真正实现万物智联（见图 10-8）。在智慧城市（智慧园区）的各个应用场景下，以深度学习为代表的人工智能技术快速普及，将机器人、语言识别、图像识别、自然语言处理等 AI 技术，注入智慧城市（园区）的泛在连接中，推动园区管理决策科学化和公共服务智慧化。

园区入口和大堂，协助安保快速识别员工、访客、陌生人、黑名单，危险提前预防

园区状态，一览无余，协同安防事件处理和日常巡查

长距离巡航园区，远程操控，360度VR，无死角实时跟踪，协助应急处理突发事件

机器人24小时全天候、全天气自动巡航，360视频全景回传，自动识别人/车/物

图 10-8　AI 在智慧安防中的应用

［来源：华为技术有限公司，埃森哲（中国）有限公司. 未来智慧园区白皮书］

区块链技术将进一步深化大数据的应用，区块链技术能让数据保密、生产数据的价值被记录，从而促进数据被更好流通。数据通过区块链技术被高效地利用和组织，将会为智慧园区提供更安全、高质量、高附加值、更隐私和透明的大数据服务。5G 万物智

联带来了大量端到端的信息互换，特别是大规模商业场景中的信息互换对安全性有更严格的要求。区块链底层分布式账本技术与5G融合，可应用到信息认证、地址、标识等管理及频谱资源共享等方面，还可以改变未来网络的商业模式和体系架构，实现从信息网络到价值网络的变革，实现网络与信息资产的价值化。

通过5G为基础的AI与边缘计算结合，搭建边缘智能设备的计算体系，海量数据属地处理，避免大量数据传送到核心网处理所带来的带宽浪费和延迟，形成功能层次分明、高效集约的云服务布局，实现智慧城市应用的集约建设、快速部署与敏捷响应。一方面，5G+移动边缘计算能够有效降低数据传输量，仅通过网络传输处理完成的数据信息，为应用使用方提供高清视频监控、AR/VR、车联网等应用的本地化快速处理分析，能更好地匹配用户诉求，降低访问时延。另一方面，依托5G网络优势，能够广泛采集智能终端数据，并在终端边缘通过人工智能技术进行信息分析处理，汇聚到相应数据平台，计算处理完成后，实现快速反馈。云服务的头部公司依托云计算技术先发优势，将云技术下沉到边缘侧，以强化边缘侧人工智能为契机，大力发展边缘计算。工业企业依托丰富的工业场景，开展边缘计算实践，强化现场级控制力。电信运营商正迎接5G重大市场机遇，将全面部署边缘节点，为布局下一代智能化基础设施打牢根基。随着数字孪生智慧园区建设持续深入和功能的不断完善，未来生活场景将发生深刻改变，超级智能时代即将到来。

10.1.2 应用发展趋势

1. 数字化管理

智慧园区是在全面数字化基础上建设的，园区的管理和运营实现了智能化，是未来我国园区发展的必然趋势（见图10-9）。智慧园区监控和管理决策系统建设，充分整合园区内各信息化系统，能实现人、物随时随地接入智慧网络，充分体现数字化管理优势。通过5G通信网络、物联网、大数据、BIM（建筑信息模型）、GIS（地理信息系统）和云计算等高技术应用，获取智慧园区资源利用、生态环境、园区安全、规划建设、园区管理、能源管理、人员来访的实时数据和信息。使用者足不出户就能身临其境地实时掌握操作园区环境、运营场景、基础设施等的实时状态和利用状况，实现对园区实时动态的感知，有效节省园区运行所需的能源和人工成本的消耗，提高工作效率、增强园区服务质量和建筑环境的利用率。

智慧园区建设中非常注重公共领域管理与服务，需要充分利用新一代信息技术打造一个高效、便利、安全、智慧的环境，紧紧围绕园区管理和公共服务需求，构建基于信息化、网络化、智能化的园区精细化管理服务体系。加快建设面向个人用户的智慧园区信息服务网络，建立惠及人人的电子政务平台和公共服务平台。智慧园区信息平台要考虑数据采集和传输安全、数据传输安全、数据存储和处理安全以及服务使用安全。因此，智慧园区平台要在各个层面上采用适当的安全技术。在数据采集阶段，需采用数据整合所需的各种接口协议和数据格式支持，根据设定的规则和条件，按需从各类数据源采集数据，经格式转换、数据校验后等数据质量检查后写入数据存储库中。针对不同数据情况及业务需求进行数据的融合、清洗转换等操作。在数据传输阶段，采用物理隔离方式单独建设园区政务光缆网，确保政务网络安全。采用独立光纤建设视频专网，保护视频数据传输安全，提高前端点位访问的流畅度。其他专网建设，可根据数据重要程度合理采用 5G 网络切片技术、VPN 技术、独立光缆的方式部署，严防数据泄露。在数据存储和处理阶段，建立数据目录分类，将数据分为可离线批量计算数据和实时处理数据。在服务使用阶段，采用用户与角色、访问权限、安全防护和数据加密等安全管理策略，提供安全可靠访问。

图 10–9　智慧园区数字化管理平台

（来源：周翔.5G+AIoT 时代，智慧园区的发展机遇与挑战［J］. 中国安防）

2. 面向未来的新型智慧园区平台体系架构

信息化是与传统园区最根本的区别，是智慧园区的核心体现。智慧园区的信息化建设主要是利用信息通信技术（ICT），构建一个全方位、智能化的园区服务平台，其体系结构包括感知层、网络层、平台层和应用层。

1）感知层。感知层是信息平台的数据来源，也是整个系统的终端层，主要用于标识产品和获取信息，核心技术包括射频识别技术（RFID）、全球定位（GPS）、二维码标签、传感技术等。它的作用是识别物体，并把这些物体的属性和特征转换为计算机系统能识别、处理的形式后传入网络层，为实现海量数据的采集，在该层中会部署大量的数据采集点。

2）网络层。网络层是物联网的中枢神经系统，用来传输和处理信息。网络层包括各种服务器设备和网络传输设备，如交换机、网关、路由器等。同时，提供对底层的协议适配、系统对接交互、跨系统的联动及联动控制。核心技术包括要包括 Wifi、ZigBee、无线通信技术、移动通信网络技术和局域网、物联网技术等，其中如何利用 ZigBee 技术实现海量数据的传输是实现智慧园区信息平台各项功能的关键点之一。

3）平台层。平台层作为智慧园区的支撑核心，一方面是对下层的数据进行汇总处理分析交换，另一方面是支撑上层不同应用系统实现各种预先设定的智能化功能。平台层主要应包括公共服务平台、地理信息平台、运营管理平台、智能决策支撑平台、数据共享交换平台等。

4）应用层。园区日常运营管理和服务的各项智能化应用搭载，主要分为资源管理、设备设施管理、安防管理、出入管理、能源管理和协同办公等运营管理类应用，以及物业服务、生活服务和园区服务的服务类应用，满足园区在日常运营管理中的各种需求。应用层可以有多种形式，包括 Web 程序、App 和微信小程序等。应用层融合了多种高新技术，可以根据园区各主体需求实现特定功能。

3. BIM+GIS+IoT 的智能运营服务

地理信息系统（Geographic Information System，GIS）是在采集地理空间数据的基础上，对地理信息数据进行储存、管理、模拟及运算分析等操作的空间信息系统。GIS 以及三维 GIS 可为智慧园区提供各种空间查询及空间分析支持，从而有助于智慧园区实现数据的可视化、精细化管理。建筑信息模型（Building Information Modeling，BIM）是以建筑工程项目的各项相关信息数据为基础，通过数字三维仿真模拟建筑物所具有的真实信息。对于智慧园区来讲，建筑的智能化是其智慧的核心，是建筑物在全生命过程中形成的智慧化、互联化并达到相互协同。BIM 通过集成 GIS、IoT 等技术，可以辅助园区管理方和企业等主体进行决策模拟、虚拟建造、方案优化等工作。在此基础上可构建出新一代的智能化园区运营平台，综合运用物联网、互联网、智能控制、大数据挖掘、人工智能等信息技术，实现客观世界和信息世界的相互映射并融合智能运营信息平台需要与各类服务提供商，开展顶层设计，深入合作、共同运营，体现数字孪生-GIS 智能化结合。

4. 运营模式调整创新

园区管理模式一般可分为政府主导型、运营商主导型、企业主导型和混合型（行政+公司）4 种运营模式。

政府主导型模式是由政府负责投资建设及运营，资金来源为财政资金，由地方政府相关领导组成的园区管理委员会负责园区发展重大决策和重大问题的协调，但不插手园区内的具体事务。这种模式的优点在于，可以充分发挥政府的宏观调控性对园区进行整体规划和布局，同时有利于园区争取到更多的优惠政策和财政资金。缺点是政府必须承担建设费用及运营风险。

运营商主导模式是由运营商负责投资建设及运营，政府仅提供有限的基础设施或政策支持。这种模式下，运营商可以充分发挥自己的客户资源、运营经验、人才以及资金等优势，而政府不必承担投资和风险。缺点是政府缺乏具体管理事权。

企业主导行模式主要由社会信息服务机构自建或者联合建设，资金来源由企业自筹。这种模式的优点在于贴近市场，专业性强，运作效率高。但是由于企业自身的规模和实力有限，该模式的服务性和共享性略显不足。同时，政府对于园区参与度不高，缺乏管理权。

共建型模式由政府部门、社会信息服务机构和园区管理方等多方共同发起建设及运营。其主要优点在于共建各方联系紧密、实现资源共享、优势互补明显，并且公益性及实用性较强。因此，需要加强政府、运营商及第三方的合作，展开共同运营。

5. 发展园区产业链协同创新模式

智慧园区通过各种智能化、信息化应用实现园区产业生产方式、经营模式及运营方式的转变，增强企业竞争力，提升企业的生产效率，实现转型升级，并以园区为核心形成产业链的有效聚合。未来智慧园区，将以创新驱动和服务型制造打造价值创新园区转型提质发展的强力引擎，与周边大学、企业总部和企业制造商共同形成创新土壤和动力资源，围绕产业链部署创新链，根据产业链各个环节的需要、产业链现代化水平提升的需求，与高水平大学、高科技企业联合，进行任务部署和攻关。推动创新链高效服务产业链；围绕创新链布局产业链，向产业领域提供高质量的科技供给，实现创新成果快速转移转化并推动产业结构转型升级。二者互为支撑，从而为推动经济高质量发展迈出更大步伐提供强大动力，构建跨行业和跨地域协同融合发展的新型科技服务体系和创新生态系统，实现创新链、服务链与产业链的紧密互动与深度融合，形成专业化的服务闭环。

6. 促进智慧园区人才汇聚

智慧园区要明确组织架构、职能职责，确保产业人力资源配置合理，能够为人才的引进、流通和发展创造有利条件、为园区各方面发展提供充足人力资源。要合理制定高端人才激励政策，加快推动智慧园区关键核心技术领域高端人才和团队的引进，根据智慧园区产业特色优势和布局，面向国际一流大学、一流企业精准引进创新型高端人才及团队，在人才政策、产业政策、运营空间配置、金融服务等方面给予大力支持。同时，实施园区人才开发与培养计划，依托周边的重点大学、科研机构做好人才招聘、企业人才培训等工作，充足人才储备。多种形式引进社会科技人力资源，联合国内外高水平大学、科研机构研究团队开展国家重大需求项目的申报和研发，实施产学研结合，带动园区企业科技人员共同参与，形成有效的开发团队和试验平台，为园区企业培养一批具有研究与开发经验的领域专家、具有丰富实践经验的开发、应用与推广的技术梯队。

10.2 智慧园区建设策略建议

1. 科学规划与可持续发展

智慧园区建设是一个复杂的系统工程。在建设初期，必须发挥政府先导及主导的作用，根据园区定位及特色，在园区建设初期制定统一的规划方案，这有利于战略上的统一、建设上的循序推进，同时能够引导多种建设要素的合理高效配置。财政资金的投入及政府的全面责任制建设方式，有利于智慧园区与城市整体发展协同，有利于政府对园区智慧化建设信息的采集控制，有利于建设过程中资源配置的高效化。在智慧化建设的中后期，智慧化建设范围将以点及面的全面开展，从行业模块上也将从智慧园区向物流、民生等各方面全面拓展，政府资金及精力将后继乏力，届时可逐渐转化成政府支持下的第三方为主的建设模式。市场条件成熟情况下，可以在专业性较强的行业，如通信、电力等行业引入运营商建设管理的模式，但仍需保障政府的管控能力，保证园区建设的可持续性。

2. 推进智慧园区智库建设

建立国内智库团队和园区管理方、骨干企业的定期联络机制，推动国内外智库开展相关前瞻性、战略性重大问题研究，共建联合实验室（研究中心）、国际技术转移中心、产业合作创新中心等，在先进技术咨询以及管理培训等方面发挥作用。同时，为国家高端智库建设提供试点支持平台，以智慧园区的政策研究咨询为主攻方向，共同提升科技创新能力。重点开展智慧园区的前瞻性、针对性、储备性政策研究，对智慧园创新发展决策提供咨询评估，并及时总结和推广试点经验。

3. 创新园区融资模式

园区建设资金投入巨大，应坚持市场化方式运作，吸引企业和社会资金共同参与。充分发挥政府财政资金的引导作用，以企业投资为主体，坚持“谁投资，谁受益；谁使用，谁付费”的原则。发挥国家到省市级各财政专项资金的支持作用，充分发挥各类资金投资工具的作用，促进社会资本参与智慧园区建设。同时，对于优质高技术园区在政策上给予扶持，延长财政税收的优惠政策，加大资金与项目融资渠道的支持力度。由传统融资模式向金融创新模式发展是园区融资模式的发展的一个必然的趋势，也是园区融资客户的主要诉求。在投资额较大的公共平台项目建设方面，采用合作方式在金融市场进行大规模的融资，平台建设的费用并非园区方资金的直接投资。

4. 拓展园区应用场景

智慧园区不仅要开拓国际市场，还应立足于区域社会发展、公共服务需求和区域供应链，利用园区技术创新优势、人才高地优势，打开智慧园区应用的广阔区域市场空间和应用场景支撑，促进区域和国家经济发展。提高智慧园区应用的服务管理水平，加快推进在城市管理、医疗卫生、社会治理等领域的智慧化应用，提高智慧园区与区域发展融合力度，助力提升区域治理的智能化水平。

5. 提升AI风险的防控能力

技术的进步和变革是一把“双刃剑”，深刻影响了人类社会发展和制度的演变。从人工智能概念的提出，到人工智能应用的落地，已经影响到社会发展的诸多方面，而人工智能技术本身的安全问题和与此相关的安全威胁，同样不容忽视。人工智能扩展了人类自身能力，甚至超越了人类生物极限。作为一项革命性的技术，其在为人类认识世界、改造世界增添新工具新手段新方法的同时，也给人类社会法律、伦理及安全带来了风险。人工智能的安全风险取决于技术发展及其安全可控的程度，其包括了不同层次的安全风险：国家安全风险、社会安全、网络安全、数据安全等，要为人工智能的发展应用在法律、技术等层面规划一条安全边界，防止其被恶意运用、滥用，给人类社会造成不可逆转的伤害。人工智能理论、方法、技术及其应用引发社会关系、社会结构和行为方式的变化，产生不可预知的法律及伦理问题。对于人工智能的伦理风险，主要从道德风险、隐私风险、程序偏见风险、人身安全风险等方面进行防范。建议运用法律手段，重点防控人工智能行为主体及其行为的异化。在立法方面应加强对人工智能技术应用可能出现的法律问题的前瞻性研究探索。深入探索智慧园区建设及大数据应用的监管机制，加强在国家安全、技术安全、网络及数据安全、个人隐私风险等方面大数据应用的管制，加强知识产权保护，提升技术转移转化过程中的风险防范能力，制定保障智慧园区健康发展的相关法律法规和园区运营规范。

未来我国智慧园区的建设将会向创新性、生态化发展，使得智慧园区的内涵不断丰富和发展，向着生态化、服务化和智慧化的人机物事深度融合体、有机生命体和可持续发展空间不断地演进。智慧园区会更加注重新一代信息技术、先进制造技术、生态环保、节能技术等产业的发展，注重公共领域管理与服务，加强园区科学规划与可持续发展，推进园区人才智库建设，创新园区融资模式，开拓园区应用场景，完善法治环境，全面提升园区核心竞争力，建造高端、高效、绿色智能的智慧园区。

参 考 文 献

［1］从互联网+到智能+：智能技术群落的聚变与赋能［OL］. http://www.199it.com/archives/866004.html.2019.04.

［2］未来智慧园区白皮书［OL］. https://e.huawei.com/cn/material/industry/smartcampus/20b8e6583ecb4f3ab0fc2f91379ef4fb.2020.5.

［3］百度城市大脑白皮书［OL］. http://ipoipo.cn/post/9012.html.2020.6.

［4］傅小宁，王震. 基于物联网、云计算新型智慧园区的部署研究［J］. 邮电设计技术，2017（10）：83－87.

［5］严坤，赵琰. “互联网＋”时代物联网终端发展趋势探析［J］. 科技经济导刊，

2020，28（02）：24.

［6］郑赟，谢述旭. 基于物联网的智慧园区建设探索［J］. 信息与电脑（理论版），2018（20）：33-36.

［7］江园园. 基于物联网的智慧园区管理软件设计［J］. 电子技术与软件工程，2019（23）：42-43.

［8］杨靖，张祖伟，姚道远，等. 新型智慧城市全面感知体系［J］. 物联网学报，2018，2（03）：91-97.

［9］德勤5G赋能智慧城市白皮书（https://www.vzkoo.com/doc/10019.html？a=5&rid=4）

［10］许浩. 5G助力智慧城市发展［J］. 张江科技评论，2020（01）：34-37.

［11］孙玲，毛峥. 产业园区回归本质 科技赋能智慧园区——北京经开关于产业园区发展的回顾与前瞻［J］. 中国科技产业，2020（03）：25-28.

［12］梁芳，孙亮，郭中梅. 新型5G智慧园区建设的探索与研究［J］. 邮电设计技术，2020（02）：51-54.

［13］江彩新. 5G+AIoT趋势下智慧园区的发展与应用趋势［J］. 中国安防，2020（03）：66-71.

［14］马斌，薛守钰. 基于大数据的工业园区智慧决策平台研究——以上海化工园区为例［J］. 中国市政工程，2019（06）：89-91.

［15］胡兰. 当大数据遇上"智慧园区"——苏州工业园探索云模式下政府公共服务平台实践纪实［J］. 中国高新区，2016（02）：72-75.

［16］李慧. 云计算技术现状与发展趋势分析［J］. 科技经济信息化，2019，27（29）：30.

［17］蔡予强. 市场导向型的智慧园区系统发展战略分析与研究［D］. 广西师范大学，2015.

［18］吴信才. 时空大数据与云平台-理论篇［M］. 科学出版社，2018.

［19］韩丹萍. 云计算技术现状与发展趋势分析［J］. 无线互联科技，2019，16（21）：7-8.

［20］代颖. 云计算技术现状与发展趋势分析［J］. 科技风，2019（18）：99.

［21］秦晋渊. 云计算技术发展趋势研究［J］. 电子测试，2019（16）：123-124.

［22］徐为成. 5G时代云计算发展的五大新趋势［J］. 通信世界，2019（20）：46.

［23］梁影君. 智慧城市视角下智慧园区规划建设策略与探索［J］. 智能建筑与智慧城市，2018（06）：81-82.

［24］陈玥，吴晓晖，张丽娟，赵春晓，吴一博. 智慧园区的发展与现状［J］. 智能

建筑，2019（01）：49－50.

［25］周翔. 5G+AIoT时代智慧园区的发展机遇与挑战［J］. 中国安防，2020（03）：72－75.

［26］许斌，苏家兴，郭栋，等. 智慧园区信息基础设施规划思路研究［J］. 城市住宅，2020，27（03）：129－130.

［27］马斌，薛守钰. 基于大数据的工业园区智慧决策平台研究——以上海化工园区为例［J］. 中国市政工程，2019（06）：89－91+95+108－109.

［28］杜博. 物联网产业发展趋势及我国物联网产业发展［J］. 电子技术与软件工程，2019（24）：1－2.

［29］赵东辉. 基于物联网的智慧园区信息平台的设计与实现［D］. 河北科技大学，2018，92.

［30］凌敏，殷文珊. 基于人脸识别的智慧园区访客系统研究［J］. 湖南邮电职业技术学院学报，2020，19（01）：8－10.

［31］陈峰. 基于物联网的新型智慧园区应用研究与实现［J］. 数字通信世界，2019（04）：191－192+200.

［32］王亚丽，孙志国，王晓丽. 国家农业科技园区智慧园区规划方案设计与实施前景［J］. 农业展望，2019，15（11）：94－98.

［33］彭丽文. 三南示范产业园区智慧园区规划研究［J］. 智能建筑与智慧城市，2019（06）：61－64.

［34］陈秀英. "创新链+服务链"嵌入与广州市价值创新园区产业升级［J］. 科技创新发展战略研究，2020，4（01）：37－40.

［35］聂献忠. 建智慧园区强智慧产业　推进智慧湾区建设［J］. 浙江经济，2019（19）：41－42.

［36］林立. 智慧园区的规划和思考——以福建可门经济开发区为例［J］. 智能建筑与智慧城市，2018（03）：34－37.

［37］打造高端产业基地　做低碳智慧园区领跑者［J］. 中国科技产业，2013（03）：56－59.

［38］张卫炜. 探索云南省产业园区转型升级的发展趋势［J］. 中国商论，2017（31）：129－130.

［39］魏婷. 基于速赢点战略的三十里堡临港智慧园区方案设计［D］. 大连理工大学，2015，43.

［40］盘冠员. 人工智能发展应用中的安全风险及应对策略［J］. 中国国情国力，2019（02）：65－67.

[41] 朱丽芳. 人工智能技术在应用中的安全风险与管控研究 [J]. 电信工程技术与标准化，2019，32（12）：33-37.

[42] 严卫，钱振江. 人工智能伦理风险及其对策 [J]. 电脑知识与技术，2019，15（18）：221-222.